U0393073

本书由广西高校人文社科重点研究基地——“南岭走廊族群文化研究基地”立项资助出版

人類學高級論壇

ADVANCED FORUM OF ANTHROPOLOGY

顾　问◎黄树民　金　力　徐杰舜

人类学与都市文明

RENLEIXUEYUDUSHIWENMING

李晓明　邢海燕　韦小鹏◎主编

黑龙江人民出版社

图书在版编目(CIP)数据

人类学与都市文明 / 李晓明, 邢海燕, 韦小鹏主编.
— 哈尔滨 : 黑龙江人民出版社, 2019. 1
ISBN 978 - 7 - 207 - 11733 - 5

Ⅰ. ①人… Ⅱ. ①李… ②邢… ③韦… Ⅲ. ①人类学
—关系—城市学—研究 Ⅳ. ①Q98②C912. 81

中国版本图书馆 CIP 数据核字(2019)第 026037 号

责任编辑: 朱佳新
封面设计: 欣鲲鹏

人类学与都市文明
李晓明 邢海燕 韦小鹏 主编

出版发行 黑龙江人民出版社
地址 哈尔滨市南岗区宣庆小区 1 号楼 (150008)
网址 www. hljrmcbs. com
印 刷 永清县晔盛亚胶印有限公司
开 本 787 × 1092 1/16
印 张 24
字 数 460 千字
版次印次 2019 年 8 月第 1 版 2021 年 6 月第 2 次印刷
书 号 ISBN 978 - 7 - 207 - 11733 - 5
定 价 68. 00 元

第十七届人类学高级论坛

上海师范大学 2018.11.3

全体合影

秘书长交接仪式(左起):新任秘书长范可教授、首任秘书长徐杰舜教授、第二任秘书长周大鸣教授

开幕式

闭幕式(左起):范可、周大鸣、徐杰舜、杜发春、邢海燕

范可教授

周大鸣教授

徐杰舜教授

徐新建教授

张展鸿教授

孙九霞教授

蒋传光教授

Gerald F. Murray 教授

潘天舒教授

陈刚教授

李晓明教授

邢海燕副教授

分论坛一

分论坛二

分论坛三

分论坛四

人类学高级论坛/总序

人类学研究本质上是理论研究，要解决的是人类各民族文化发展的一般规律问题。人类学本土化的意义，就在于怎么把产生于西方的人类学这门学问引进中国，拿来解决我们中国自己的本土问题，甚至包括理论的本土化、对象的本土化、话语的本土化，还包括手段和队伍的本土化。人类已经跨入充满挑战与机遇的21世纪，回顾人类学从西方传入中国后，至今已有一百余年的历史，经过中国人类学家的不懈努力，中国人类学从无到有，从依附到独立发展，从引进到形成具有某些特点的中国学术倾向，并着力从事中国人类学体系的建立。人类学作为一种方法论，其精神实质是博大的世界目光，是科学的论证方法。因此，人类学要求人类学家跳出狭隘的地域限制，以一种俯仰天地、融会中西、贯通古今的宏观视野来审视其研究对象。所以对国内外研究的经验，我们要认真学习，但反对全盘照抄。纯粹的“拿来主义”是要不得的，只有将西方人类学的理论、方法与中国人类学研究实践相结合，在学习国内外研究经验的同时，发挥个人研究专长，在研究中强调综合取向，跳出西方学术界固有的窠臼，发扬中国文化兼容并蓄的传统进行研究。为此，人类学高级论坛的宗旨是：

1. 对中国历史文献进行人类学的解读和分析

中国历史悠久是举世公认的，其相关历史文献的丰富也是举世无双的。可以毫无疑问地说，这是人类学一座古老而丰富的学术宝库。但是，几千年来，虽然出现过以《史记》作者司马迁为代表的历史学派，他开创了纪传体的研究方法，在《史记》中对当时中国的民族做了我们今天所称的民族志描述，但其后，尤其是清代考据学派的兴盛，他们运用训诂、校勘和资料收集整理的方法研究中国丰富的历史文献，使得近现代的学者往往只重史料的考证，却忽视对经过考证的材料的理论升华。今天我们面对新世纪，在推进人类学本土化的时候，提倡运用人类学的理论与方法，对中国浩如烟海的历史文献重新审视、重新整合，做出新的解读和分析，从中概括出新的论题，升华出新的理论，使人类学在中国的历史文献中受一次洗礼。

2. 对中国社会进行人类学的田野调查

田野调查一向是人类学家们看重的研究方法，在中国人类学发展的今天，由于人类学本土化的需要，田野调查的作用越来越重要。因此，人类学必须走向人民、走向社会，而不应该走进书斋、走进象牙塔。而走向人民、走向社会就是走进田野进行调查。当前在占有世界五分之一人口的中国正进行着人类历史上最巨大的一次社会变革，从封闭社会转向开放社会的迅速转型为人类学提供了最大最丰富的田野研究园地。中国人类学家应该抓住这一千载难逢的机遇，对目前中国正在进行的空前的社会经济文化大变迁展开广泛深入的田野调查，写出不愧于这个时代的研究成果。只有这样才能让人类学理论在具体的田野调查中受到一次洗礼，从而使人类学的理论提升到一个新高度，甚至从中升华出新的理论来。

3. 把对中国历史文献的人类学解读与对中国现实社会进行人类学的田野调查结合起来

西方人类学界有许多流派，其共同特点是十分重视田野调查；中国学者的特点是擅长历史文献的考据。而人类学的研究则既要求中国的人类学家们从考据中跳出来，运用人类学的理论和方法对中国历史文献进行人类学的解读和分析，又要求中国的人类学家要十分重视田野调查，为国家服务、为社会服务。换句话说，就是要求中国的人类学家把对中国历史文献的人类学解读与对中国现实社会进行人类学的田野调查结合起来，只有这样，中国的人类学才具有生命力，才能产生具有国际影响的人类学大师，才能形成具有中国特色、中国风格、中国气派的中国人类学学派。

本着这样的宗旨，由中国海峡两岸20家有影响的人类学研究机构和机关单位发起设立的人类学高级论坛，每年或隔年举行一次。每次论坛的演讲、发言和论文结集后由决心推动中国人类学发展的黑龙江人民出版社出版。

我们坚信，在“人类学高级论坛”这个舞台上，将演出一幕又一幕中国人类学发展的“大戏”。

徐杰舜

2002年7月20日

于广西民族学院相思湖畔

目 录

特 稿

都市人类学

城市空间/社区营造

目录

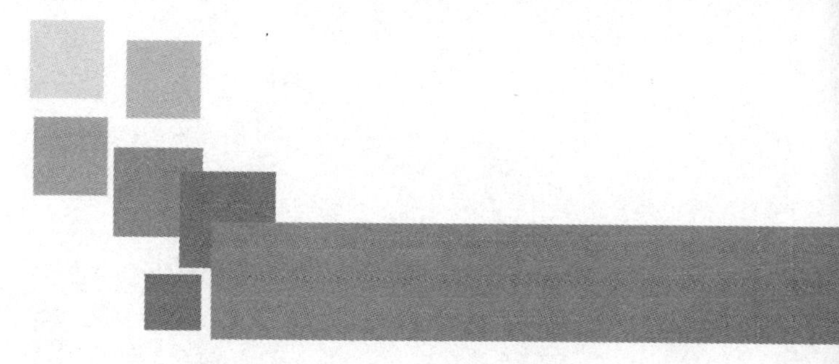

特　稿

追念乔健先生的人生与学术

范 可 张展鸿 周大鸣 徐新建 赵树冈

乔健先生（摄影 韦小鹏）

【编者按】 2018年10月7日，著名人类学家、香港中文大学人类学讲座教授、人类学高级论坛顾问兼学术委员会主席乔健先生在台北驾鹤西去。为了缅怀这位人类学大师，11月3日上午，在第十七届人类学高级论坛开幕仪式后，举行了由人类学高级论坛秘书长、学术委员会主席团主席范可教授主持的“追念乔健先生的人生与学术”活动。

范可（南京大学教授，人类学高级论坛秘书长、学术委员会主席团主席）：

乔健先生是我们都非常尊敬的一位学者。我是20世纪80年代中期在厦门大学和他认识的。那时没有什么过多的交往。后来再次碰到他是在美国西雅图，那时他刚刚从香港中文大学任上退休。到西雅图来，他约见了我的指导老师郝瑞。见面的时候，乔先生实际上已认不出我来了，毕竟过了那么多年。我也从一个年轻人成为一个中年人。从那之后，我们就一直不断联系。

乔先生是今年10月7日中午在台北去世的。8月底的时候，我到香港中文大学参加一位博士的论文答辩。乔先生知道我来了，他们一家三口就到凯悦酒店请我吃北京烤鸭，张展鸿老师也参加了。那时候乔先生精神非常好，我们都觉得他比前两年的状况好。乔先生谈笑风生的画面还历历在目，没想到现在人已经走了。让人非常伤感。

本来今天第一个发言的应该是乔先生的公子乔立，但他因为发高烧，身体非常不适而不能前来。他委托我代他做一下书面发言。之后还要播放一个十来分钟的纪念乔先生的小视频。

乔健先生1934年3月20日生于太原，祖籍山西介休洪山，为晋商望族之后。尊父乔鹏书先生，北京大学毕业，曾任山西大学教授。先生幼承家学，奠定深厚国学基础。1948—1954年，先生先后就读于南京金陵大学附中及台北成功中学。1954年考入台湾大学历史系，次年转入考古人类学系。1958年大学毕业，同年考取考古人类学研究所。1961年赴美国康乃尔大学人类学系攻读博士学位，师从约翰·罗伯茨教授，研究北美印第安文化。1969年获得哲学博士学位。1966年与李洁予女士结婚，育有一子乔立。乔夫人曾任职香港城市大学图书馆副馆长，现已退休。乔立于台湾大学毕业，获美国伊利诺伊大学香槟校区硕士、清华大学博士，现服务于香港金融界，担任公募基金管理人。

1966—1976年，先生在美国印第安纳大学人类学系任教十年。1976年应邀赴香港中文大学协助创办人类学系。1980年香港中文大学人类学系成立，先生担任系主任至1991年。1994年升任讲座教授，自香港中文大学荣休。1995年应邀赴新成立于台湾花莲的东华大学，创建族群关系与文化研究所，担任创所所长至2005年。2001年创建台湾东华大学原住民民族学院。在东华大学任教期间，荣膺台湾教育主管部门颁授的最高学术荣誉“讲座教授”。

2006—2016年受聘于台湾世新大学，并荣任该校讲座教授。任教期间曾举办了四次大规模的学术会议，四次研讨会的议题如下：“底边阶级的传统与现代：两岸三地人类学与传播交流合作工作坊”（2006）、“异文化与多元媒体两岸三地学术研讨会”（2008）、“谈情说异：情、婚姻暨异文化的跨界研究学术研讨会”（2011）、“谋略、关系与华人的管理思维学术研讨会”（2012），参与者均为中国大陆、中国台湾、中国香港和国外的著名学者，会后出版了相应的专书。

乔健先生师从李济、董作宾、芮逸夫、凌纯声、卫惠林、陈奇禄等中国人类学界的先驱巨擘，毕生致力于文化人类学的田野调查与理论研究，尤其以跨文化、多族群、重比较的研究视野著称；先生生平学术论著丰硕，成就卓著，撰写及编辑的中英文学术专书近四十种，中英文学术论文、书评与序文等近百篇。

先生从事族群与文化研究多年，曾在多个族群进行长期田野工作，包括中国台湾原住民中的卑南人、美国印第安人中的拿瓦侯族、中国大陆的瑶族和山西的“乐户”等，其中多项研究在中国人类学学术史上，具有重要的里程碑意义。先生长期关注并致力于亚洲美洲文化关联研究，在该领域也取得了开创性成果。例如他对中国藏族格萨尔艺人和美洲印第安人拿瓦侯族祭祀诵唱者的传承进行比较分析，即是以人类学方法，为史诗艺人及口述传统研究开辟了新的研究路径。李亦园院士曾对乔健先生的上述的一些工作给了很高评价，他认为“从乔健的这一些比较研究，我们可以看到他对人类整体文化的视野是多么广阔而深远”。先生最早在20世纪70年代初，便围绕中国古代精英谋略与决策行为“三十六计”发表了多篇中英论文。金耀基教授也曾评价说：“乔健先生为研究中国人计策行为建立了理论构架，做了很重要的开头工作，是人类学中国化必走的一条路。”

1994年起，先生与山西大学合作，对山西“乐户”展开了开拓性的研究。此后先生进一步拓展了华北“底边阶级”和“底边社会”研究，并于2003年将底边阶级研究由大陆延伸到台湾；2013年，先生在晚年仍然坚持以学术回报桑梓，率领由中山、厦门、四川和复旦等四所大学组成的研究团队，在家乡介休开展了大规模的深度田野调查，以高瞻远瞩的学术视野，将黄土文明研究推向另一个新的高度。

进行学术研究的同时，乔健先生更在倡导和推动华人人类学界的学术交流与合作方面作出了巨大贡献。20世纪80年代，先生创办国际瑶族研究协会。在中国香港、湖南，和法国召开了三届瑶族研究国际研讨会，吸纳瑶族代表和大陆学者与会，促进了瑶族研究的国际交流和中西方文化的沟通。

从1983年到2018年间，由费孝通先生和乔健先生共同倡导、乔健先生主持了八届“现代化与中国文化研讨会”（1983—2003）。同时乔健先生还亲自参与创建了“人类学高级论坛”并担任顾问和学术委员会主席，从2002年至今，开辟了两岸三地学术界交流和沟通的重要管道，在学术界产生广泛而深远的影响。2011 年 10 月，乔健先生荣获首届人类学高级论坛颁发的“新世纪人类学终身成就奖”，2015 年上海人类学学会再授予“人类学终身成就奖”。

自学生时代起，乔健先生与人类学结缘近 70 载，将毕生心血献给了发展人类学事业和发扬中国文化的工作。先生谦和儒雅、博学多识，堪称后世师范。作为一名人类学家，先生一生坚守人类学的学术规范和理想，为开创和发展两岸三地人类学学科建设事业、推动华人人类学界的学术交流与合作，筚路蓝缕、鞠躬尽瘁。作为一个教育工作者，在师生眼中，乔健教授平易近人、慈祥温和，是位和蔼可亲的师长。先生的成就和精神，是留给后人的宝贵财富。他将永远铭记在我们心中。

谢谢大家！下面我们请乔先生的同事，香港中文大学人类学系张展鸿老师发言。等大家发言完了，我们再放视频。

张展鸿（香港中文大学教授，人类学高级论坛学术委员会主席团主席）：

大家好！我跟乔先生工作的经验其实不多。乔先生差不多是在 1994 年退休的，我也是从差不多 1994 年左右进到香港中文大学人类学系。所以中间我跟乔健先生一起共事的时间其实是很短。后来在一些会议上和他来往比较多一点。

这两天我在思考乔先生对香港人类学的贡献。20 世纪 80 年代初，乔先生把人类学从社会学独立出来建系。一开始老师只有三个，学生也是从其他学科转过来的。当时比较艰辛。那个时候香港有个电视节目报道说，有户人家的儿子考上了香港中文大学人类学系。哥哥问弟弟要学什么？弟弟说学人类学。哥哥很生气地骂他：“你学猴子干什么？”尽管已经是 20 世纪 80 年代中后期了，但是大家对人类学却没有什么认知，以为人类学是研究猴子的。尽管如此，乔先生他们仍旧坚持不懈地努力推动和发展人类学。得益于此，香港中文大学成为香港唯一有人类学系的院校。我们人类学系才发展得比较好，师资有 9 人，每年招生差不多有 80 人左右。

乔先生还建了“香港人类学会”。现在这个学会成了人类学学者学习和交流的平台。乔先生在香港的时候，还不断推动大陆、香港和台湾人类学界的交流和互动，除了办会议，还推动学者到大陆开展课题研究等。谢谢！

周大鸣（中山大学教授，人类学高级论坛学术委员会主席团主席、2019 年度执行主席）：

我跟乔健先生认识时间应该是最长的，1982 年，乔先生当时是香港中文大学人类学系的系主任，我们当时的中山大学在 1981 年成立人类学系，在 1982 年，他带着他们系里所有的老师来访问中山大学。他当时也是想中山大学作为广东省的大学，通过两校的合作来推动人类学系的发展，进而推动中国整个人类学的发展。当年其他的人我不太记得，但记得有谢剑老师，为什么会记得呢？因为当时有一些分歧。乔先生温文尔雅，不跟人家争。谢老师跟大家争得很厉害，但这不影响大家的友谊。乔健先生率先把资源全部带过来给我们大家交流，而且当时跟我们商量计划做粤北瑶族的研究，早些年杨成志先生也做过粤北瑶族的研究。1984 年第一次中国现代化的会议在香港开，梁钊韬先生还参加了在香港开的这个会议，这应该是一个划时代意义的会议，它真正地把台湾和大陆的学者聚集起来第一次对话。李亦园先生和费孝通先生是在那一次会议上第一次见的，我看他们当时的照片，他们还很年轻，两个人是会议主要组织者，以香港为桥梁，联结两岸的学术界，他们为中国两岸的学术交流作了很大贡献。我记得最后一次会议是在上海开的，还真是巧，在上海大学召开的第八届也是最后一届名为中国文化与现代化的会议，当时乔健先生就说历史使命已经完成了，因为两岸的交流不再成为障碍，就像香港的桥梁作用也不需要，所以他说我们开完第八届就不开了。我们在写中国人类学历史的时候，其实常常会把台湾和香港忘记。大家都喜欢写中山大学是第一个建立人类学系的，厦门大学是第二个，但我们常常把香港把台湾忘记了。实际上，台湾大学很早就建了人类学系。香港在 1976 年就开始有人类学的课程班，然后到了 1978 年成立了人类学系，这是香港的第一个人类学系，后来才推广到大陆。

徐新建（四川大学教授，人类学高级论坛副秘书长、学术委员会主席团主席）：

在我印象中，乔建先生是一个杰出的人类学家，一个真正的学者。他所体现的人类学只是一种专业分工而已。当今的学术界分为很多专业，不少人因此画地为牢，但我觉得乔先生的实践和成就超越了人类学。

我跟乔健先生的接触其实很晚，跟刚才范可和周大鸣教授讲的都不一样。我们的结识有着时代和地域的因缘，那是在 20 世纪末的泰国清迈。那时我还在贵州社会科学院工作，主要关注本土少数民族文学与文化的调研。当时的大陆还比较封闭，跟境外的学术联系不多，西南尤为闭塞。我第一次跟乔健先生接触于他组织举办的第四届国际瑶族研讨会。经好友彭兆荣推荐，我得以应邀参加，还提交并宣读了论文。会议在泰国的清迈举行，有来自不少国家的学者出席，包括担任国际瑶协主席的乔健和法国人类学家雅克·勒穆瓦纳。我就在那届会上认识了乔健先生，而他却一定不认识我。当时我们还很年轻，三十出头，觉得能从边远闭塞的西南山区走出去，亲眼见到这些国际知名的大家就很满足了，倍感欣喜和自豪，对他们发表的演讲也十分敬佩，所获甚丰。后来随着中国“改革开放”政策的推动，大陆与境外学界的接触日益增多，我跟乔健先生的往来次数也越发频繁起来。在这当中，堪称“两岸多地学术桥梁”的人类学高级论坛起了最重要的平台作用。以充满活力的民间机构为中介，我几乎每年都能见到乔健先生，听他若干次发表不同主题的学术演讲，而且经由论坛学术委员会这样的平台，与乔先生成了“同事”。在他作为主席的带领下，参与了论坛组织的多次重要决策。其中印象最深，对我也是获益最大的便是一同商定启动黄土文明的人类学研究。该项研究由人类学高级论坛发起组织，乔健先生作为首席专家带队实施，其他四个子课题组除了我牵头的四川大学团队外，还包括中山大学周大鸣、厦门大学彭兆荣以及复旦大学安介生带领的该校成员。在乔健先生召集下，我们不仅一起深入山西介休等地分工考察，还先后在两岸多所大学举办专题研讨，最终合作出版了系列成果“黄土文明·介休范例”丛书。

在这项周期长达三年的课题调研中，我跟乔先生有了更频繁的近距离接触。正是通过这样的接触，我深深感到他是一个真正的学者，因为他有学者的情怀和人类学的梦想，并且胸怀如何使中国人类学对世界作出贡献的长远愿景。这一点，早在他出任香港中文大学人类学系创系主任时发表的就职演说里就体现了出来。在那篇里程碑式的发言中，乔健先生最为关切的议题便是“中国人类学的困境与前景”。他所提出的“中国人类学要在国际学术的格局寻找自己的路”这一愿景至今仍激励后辈，鞭策我们继续前行。也正是基于这样的激励和鞭策，使我深切感到乔健是一位真正的学者，一位以学术为使命的学者。

长久以来，他一直坚持这样的使命，并以此为目标不断调整自己的学术转型：从少数民族到底边社会再到跨境比较，最后又由费孝通的“文化自觉”引出“自觉发展”，并延伸出一个更新的也更深刻的人类学的中国问题，即对于中国这样的大文明共同体，选择什么样的理论范式才与之相配？是否要一直坚守对小社会、小乡村的个案考察？抑或通过必要的学术转型，关注整体的“中国文明”？

自从启动黄土文明的人类学研究课题以来，大约前后有四年多的时间，乔健先生一直在思考，并多次和我们交谈这一话题。有一次我记得很清楚，在台北，他约我和彭兆荣到诚品书店会谈，边喝咖啡边聊，聚焦的议题就是人类学的范式转变与创建中国话语。他跟我们反复强调，说我们一定要在今后解决中国人类学的理论突破，要在世界人类学的格局中探索出中国的理论类型，要对世界人类学作出贡献。

作为一个真正的学者，乔健先生的业绩还体现在他的顽强与坚持。有一个例子让我至今难忘。2016 年，在北京出席中国艺术研究院举办的学术讨论会上，已年近八十的他要准备次日的主题演讲，不料因身体不适在浴室意外摔倒，头部受伤流血，被送往医院医治。第二天，会议照常开始，我们参会人员都不知情，等候很久仍不见乔先生到场，以为老人家或许睡过了钟点什么的，虽然着急却不便去催，都在会场耐心等候。过了一阵，乔健先生终于出现在会场上，头上戴着帽子，先若无其事地说自己不小心出了点小事故，还向大家表示歉意，接着就开始了他的演讲。我们很快便被他的演讲吸引，却不知道乔健先生是带伤出席，帽子底下遮盖着医院包扎的绷带，绷带上面还带着头部伤口的血迹。

后来我才真正明白，那天在北京，乔先生的演讲不仅只是发表对艺术人类学的学术见解，而且是要去给年轻的学科和学者“站台”。他说这是一个重要的机会，主办方很重视他的参与。他觉得自己有使命，要帮助年轻人。如今有那么多艺术家想做人类学，需要人类学，因此无论出了什么问题都应该到场，要出席和演讲，以行动表达支持。回想起来，乔先生那天大概讲了二十多分钟，大家听得津津有味。而在我的印象中，记忆最深的却是老人家头戴绷带的身影。那一幕已如历史影片的镜头，长久地印在脑海之中。

今天，沿着这样的记忆，我想表达的是，最好的纪念就是继承——纪念乔健一代的学术品格和人格魅力；继承他们开创的精神遗产和学术业绩。

赵树冈（安徽大学教授，人类学高级论坛学术委员会委员）：

乔健先生是两岸三地重要的人类学前辈。我最早得知乔先生的大名是和李亦园先生的交谈中，后来李先生邀请乔先生担任我的论文答辩主席，才有机会与乔先生互动。台湾的博硕士论文答辩可以自己和导师商量时间，因此每个人的答辩时间都不同，每次答辩也如同学生的“专场”。因此，台湾有一个说法，答辩委员等同半个指导教授，就我的情况而言也确实如此，乔先生非常仔细地看了我的论文，也不断给予我相当宝贵的意见。2013 年我主办的两岸研究生活动还邀请乔先生、师母参加，他们对我的工作也十分支持。我今天以《乔健先生的“中国底边社会研究”及其启示》为报告主题，借此缅怀与追思这位可亲的长者。

正式报告前，我将话题暂时带回李亦园先生。和李先生熟识的师友都知道，李先生的文字与口头表达能力都非常系统，总结能力非常强。2005 年，李先生写了一篇概括乔先生研究的文章《乔建：族群与社会研究的先驱》，总结了乔建先生研究的五大方向：第一个是有关印第安人研究，第二个是台湾南岛民族，第三个是大陆少数民族，第四个是中国传统文化，第五个是中国底边社会。这篇文章对乔先生的研究进行全面的回顾，也对乔先生有极高的评价。我们这次会议所有人的报告应该都不会超出这个范围。我今天报告个人所理解的乔先生的中国“底边社会”定义、研究意义、研究文献和方法，以及这个取向对人类学的意义。

可能有些人会有疑问，乔先生为什么用“底边”而不直接用“底层”社会？到底“底边”和“底层”有什么不同？这是一个非常关键的问题。“底”就是在社会当中最底端的一群人，“边”是指边缘、边界，而“底边”的概念来自人类学学者透纳（Victor Tunnel）的 communitas，相对于整个社会结构而言，底边社会是反结构，是四民之外，不从事生产的人群。因此，乔先生所谓的“底边”不仅是位于社会底层的人群，这些人群还因为职业自成体系，与不是他们体系的人群形成一道无形的边界。乔先生的底边社会研究，除了晋东南的乐户，还包括河北保定的乞丐、北京天桥的杂耍卖艺人。这些群体在我们传统观念里，都是属于“下九流”的人群。他们的凝聚，讲究的不是我们非底边社会里面所讲的忠孝观念，他们所讲究的是类似兄弟的“义”，就是一种义气。底边社会里，乔先生经常提到他的家乡——山西乐户，直到雍正以前被政治上归类为贱民的群体。乐户的特殊性在于，他们在社会上虽然属于低下的贱民，但经济收入却往往较邻近的人来得高；在特殊仪式上也扮演重要的角色。

我个人关注的两类人群与乔先生的底边社会类似。第一类是赵翼《清稗类钞》“凤阳丐者”条记载，“年不荒亦行乞如故”的“凤阳丐者”。我对“凤阳丐者”的关注来自安徽一个过去属于凤阳府的田野点。今天一讲到凤阳，大家都想到小岗村的改革开放。但其实从《清稗类钞》和各类戏曲中可以清楚地发现，凤阳的名气除了大家熟悉的“凤阳花鼓”和明太祖的故乡外，“凤阳丐者”也被外界视为相当特殊的人群，至少在清代仍然如此。第二类是天地会。我对天地会谈不上研究，只是对私会党凝聚人群的方式有兴趣。在搜集海峡殖民地华人秘密社会材料的时候，阅读过国外相关研究，也得到了一些英国殖民政府的档案材料。我用文本、仪式与认同写了一篇海峡殖民地私会党的小文章，就是讨论天地会流传的“海底”和英国殖民档案记载的入会仪式，背后反映出这群人凝聚的基础复仇的叙事，他们强调的“义”也不是儒家所讲的对国家和民族的大义，而是一种世俗化，为兄弟复仇的“义”。

我个人相当粗浅地认识到，国内人类学背景的学者对乔健先生所讲的，从过去延续到当代的底边社会与人群没有多少学者关注，更不用说运用人类学的理论与视野进行探讨。如果说中国人类学要开拓一条能与国际人类学、史学对话的研究方向，探讨中国历史上的底边社会本身，以及从整个中国社会结构观察底边社会的反结构特质应该是值得努力的方向。有关乐户的研究已经有相当多的历史学者从清代的贱民研究进行讨论，但是却没有如乔健先生的《乐户：田野调查与历史追踪》对乐户的后人进行田野访谈。透过乔健先生与他的团队成员的研究工作，我们可以发现，这群过去属于“底边社会”的人群似乎还延续着过去的社会文化特质。可惜乔健先生已经无法持续带领团队继续进行相关研究。但山西的乐户还是值得更深入地研究他们的家庭生命史，以及外界如何描述这个人群。我觉得这些很值得人类学学者继续追随着乔先生的脚步，延续中国底边社会的研究。

我的报告就到这里。谢谢大家！

都市人类学

三十而立

——中国都市人类学的发展与展望[①]

周大鸣

人类学自产生以来，经历了从简单社会向乡村社会、向都市社会发展的过程。人类学传入中国已有百余年，在相当长的时间被认为是研究少数民族的学科；改革开放以来，人类学开始进入汉人社会研究，转向研究乡村社会、都市社会。中国都市人类学既受国外都市人类学的影响，也源自中国都市化进程的驱使。关于都市人类学的研究，在中国的实践并不长。从 1989 年首届都市人类学国际会议在北京召开，至今已有三十余年。在此，即对中国都市人类学研究的三十年做一个简单的回顾，以总结过去，展望未来。

一、国外都市人类学的发展脉络

要全面了解中国都市人类学的历史、现状与未来，就必须将其置于国外都市人类学研究的脉络中来考量。都市人类学在国外兴起的时间也不长，大概在 20 世纪六七十年代。如果更往前追溯，可推至社区研究、雷德菲尔德乡民社会的研究、非洲铜矿带的研究等。所以，人类学从乡村到都市的研究，可以看成是先从乡村、社区的研究，然后到一些小镇的研究，这样的一个过程。

始于 20 世纪 30 年代的“社区研究”，即利用一些综合的策略，包括参与观察和其他研究技术以试图了解单一的社区。“社区研究”以美国学者林德夫妇的“中镇”研究和华纳（W. Lloyd Warner）的“杨基城（Yankee City）”研究为代表，这既是美国都市人类学研究之始，也开启了国际都市人类学研究。20 世纪 40 年代，美国人类学家罗伯特·芮德菲尔德做了墨西哥的农民社会的研究，他在《农民社会与文化》[②] 中将民间文化与都市文化做了一系列的比较，提出了“大传统”与“小传统”。后来很多人类学家，比如福斯特、奥斯卡·刘易斯（Oscar Lewis）也到墨西哥的乡村去做研究。福斯特提出农

① 本文原为在上海师范大学的演讲稿。感谢李亚博士的记录和整理！

② ［美］罗伯特·芮德菲尔德：《农民社会与文化》，王莹译，中国社会科学出版社，2013 年版。

民“幸福有限观”，奥斯卡·刘易斯（Oscar Lewis）提出了著名的“贫困文化”理论。从这个例子可以看出，都市人类学的兴起，便是跟随研究对象，从乡村到城市的一个过程，而都市人类学研究也表现为这样的一个过程。

都市人类学的早期研究还有对一些发展中国家里面的一些矿山、各种各样的城镇的研究。比如，关于赞比亚铜矿带城市的研究。另外，还有对城市的起源的研究。因为城市的起源，涉及一个比较复杂的过程，城市国家与农业的起源几乎在同时。著名的考古学家柴尔德认为都市的兴起是一场革命。都市在人类的历史发展中，可以看作是一个很重要的转折点。有很多人类学家致力于讨论都市为什么会突然兴起，它这种兴起的动力来自什么地方？又是什么样的原因使得大家都开始往城市里面居住？这个讨论的过程，一直都在持续。因此，可以说这种早期的考古学的研究、早期的对城市起源的研究，都会影响都市人类学的兴起。

都市人类学正式发展成为一门独立的分支学科是在20世纪70年代。1972年，美国人类学家杰克·罗尔瓦根（Jack R. Rollwagen）在纽约创办《都市人类学》（Urban Anthropology）刊物，正式把都市人类学作为人类学的独立分支学科，自此，“都市人类学”的学科名称固定了下来。然而，70年代国外都市人类学研究关注的主题具有明显的时代性，其研究主要关注于以下几个主题：城市贫困问题；“乡—城移民”及“城市中的农民”；都市邻里关系；志愿社团的适应功能和结构；亲属关系在城市中的持续性；角色差异的分化及网络分析技术的应用；族群和族群性的研究。60年代美国因为经济发展很快，成为世界第一的经济大国，但是贫富的差异很大，美国总统肯尼迪提出向贫困开战的口号，贫困的人群成为社会关注的热点。这也是为什么奥斯卡·刘易斯（Oscar Lewis）关于贫困文化的研究会有那么大的影响。随着工业化、城市化的发展，大量的乡村人口开始向城市里面移动，乡城移民也成为另一个关注点，比如离美国比较近的墨西哥有大量的移民进入美国城市，满足了美国的工业化所需的大量人力资源（类似于我们现在的农民工）。伴随着大量移民进入城市，那么农民进入城市以后如何适应，乡村社会里面的一些人类学的主题，比如说亲属制度、各种各样的社会组织、各种各样的网络关系等，进入城市以后会有什么影响，这些都成为都市人类学关注的问题。

20世纪80年代以后，都市人类学进一步发展，同时又对既有研究进行了反思与批判。第一，已有研究比较关注底层社会，比较关注贫困人群，而忽视了对社会上层、富人、中产阶级和决策者等的研究。第二，忽视对城市的“世界体系”的透视，仅注意乡城移民和国际移民推拉的文化意义，而忽视资本主义的重构和全球流动性的分析。在过去比较重视各个不同的区域的城市的发展，会注意到一个区域的城市发展的特征，但没有注意到一个城市发展的整体性，没有注意指数发展类型。比如，在华侨研究中，总是从中国的角度去研究，而不是从世界的眼光去看华侨，忽视了华侨对整个世界的经济文化的推动作用，这其实是一个缺陷。第三，仅注意工作场所和工作关系而缺乏对本地居民与活动的比较。第四，缺乏对妇女、性别和性生活的比较研究。第五，缺乏对整个生命周期的探讨；都市人类学家重视老年人研究而忽视青年人的教育和培训。第六，对都市宗教、卫生和大众文化缺乏兴趣。第七，社会基层政治很少用来作为中心研究课题。第八，强调都市生活的秩序和连续性，较少调查社会关系的结构和转化。

20 世纪 80 年代的都市人类学在批判的基础上，有继承与发展，也表现出了一些新特点，主要体现在四个方面：首先，提出了“城市不是一个孤岛”的理论，将都市的研究置于整体性的研究视角中；其次，扩大了研究视野，强调对都市进行全方位的考察；再次，研究主题集中在都市人群的研究上，研究都市人群的人口密度、权力关系、人群结构以及人群之间的关系；最后，研究的地域从英语国家扩展到世界各地，都市人类学被各国广泛接受。

二、国际都市人类学研究主题

强调对都市的全方位的研究，再不仅仅是一个乡村人类学的延续，不是把乡村的题目延续到城市里面的研究的延续，是一个扩展到对一些城市里面所特有的各种组织、各种宗教、各种东西的、新的一些主题的研究。

研究的主题集中在都市人群的研究上，关注都市人群的人口密度、权力关系、人群结构，以及人群和人群之间的关系。关系是人类学一直最关心的话题。无论是乡村的研究，还是都市的研究，我们都非常关心人和人之间的关系，不只是乡村人口密度相对比较稀少，他们之间的关系是一个熟人社会，城市里面随着人口密度的扩大，人和人之间的关系会变成怎么样？整个芝加哥学派都在讨论这个话题。乡村的人口相互之间很熟悉，城市里面的人口因为很陌生而形成的相互的陌生感、疏离感等。但是，笔者的观点其实是与芝加哥学派不同的。笔者认为，中国城市的发展是把乡村的熟人社会或者熟悉社会的这一套制度搬到了城市。比如，大院制度、单位制度就可以说，是把乡村聚落的这套方式搬进来了。每一个大院，邻里之间非常熟悉，其实是一个熟悉的社会，这种社会最大的好处是基层权力的控制成本非常低。

研究的地域，也从英语国家扩展到世界各地，所以都市人类学开始被各国开始广泛接受。像英、美及欧洲一些国家，因为有过去的殖民地去做研究，它很容易延续都市研究。笔者去过荷兰的雷顿大学，他们就一直延续对印尼的研究，过去做印尼的乡村研究，现在做印尼的大都市研究。

20 世纪 70 年代，城市变迁开始受到越来越多的关注。比如，艾伦·斯玛特和约瑟芬·斯玛特认为“城市化”不仅指的是城市的成长，也包括了现有都市所在的变化，他们重点关注了城市变迁研究中的三个问题：第一，探讨随着生产过程的世界扩展和知识的日益重要，城市的中介职能是否已萎缩。第二，考察人们在全球化城市中的生活发生何种变化。这些变化一方面表现为日益加剧的隔阂和不平等，而被归为社会排斥和手指状分割的浮现；另一方面也包括人们对这些压力的不断抵制，并积极建构自己的社区。第三，通过关注跨地方、隶属多国的公民身份以及跨国社会迁移，思考跨边界联系的建立和维系对于城市转变的作用和意义。①

到80年代以后，一个很重要的变化就是，都市人类学研究不再局限于西方或东方的视野，而是在全球化的视野下来讨论。不再是从西方看西方，不再是从东方看东方就说是从一个全球的视野来看这个城市。从 Horace Miner（1953）到 Aiden Southall（1998）的许多学者推动了都市研究跳出西方城市的局限，而关注各种类型的城市的发展历程。全球化（globalization）的历史其实很长，其历史往往又与远距离贸易和创新传播之类的跨文化联系密切相关。随着全球范围内工业化与城市化的扩散与发展，都市人类学关注全球城市化和都市生活的跨文化的、民族志的和生物文化的研究，这些研究成果有助于理解都市中的移民、住房供应、社会和空间组织、非正式经济体系及其他课题。

除了全球化以外，移民与跨国主义的理论也在相当长的一段时间流行，做此类研究的学者认为全球化的动力因素之一，即是来自移民与跨国主义。当下，人们比较少讲跨国主义（transnational），而比较多地用全球化（globalization），两个词的基本含义都有，但很难说清楚这两个词到底哪个更好。到底哪个词好我也不知道。全球化应该是时间和空间概括得更长一点，大概可以从整个地理大发现，从殖民时代开始算起。跨国主义主要是由于跨国移民的兴起，跨国主义理论随之兴起，特别是90年代跨国主义的文章非常多。关于移民现象，继澳大利亚之后，加拿大成为海外移民人口比例最高的国家，其中71.2%的移民定居在多伦多、温哥华和蒙特利尔三大城市，近半的多伦多市民出生在国外。来自不同国家、不同城市的移民聚集居住，他们保持各异的消费习惯，并影响着都市的形象和活力。

都市人类学跨国主义视野下的研究点在于：对跨国行为的限制以及政治联盟如何改变这些限制；宗教组织的加入；跨国族群边界的横向联系；跨国主义对性别关系的影响。所有这些过程都影响着都市景观的面貌和性质。

20世纪70年代以来的负都市化（deurbanization）现象，也成了都市人类学家关注的话题。负都市化主要是随着汽车的普及，交通便利，使得大量的

① ［加］艾伦·斯玛特、约瑟芬·斯玛特：《都市化与全球视野》，杨小柳编译，《广西民族大学学报（哲学社会科学版）》，2006年第6期。

人住到郊区去，即都市中心衰落，同时大量的中产阶级的郊区化。这在80、90年代的美国城市非常明显。笔者90年代初曾到美国，当时美国的都市中心基本上就是所谓的少数族裔居住的地方，主要是黑人居住区，很多黑人整天在都市中心闲晃，而都市中心有点像是武斗后留下的场景，到处是破碎玻璃，以及随处可见的涂鸦。美国社区的建设是来自地方税收，当高收入人群搬离都市中心后，税收自然减少，城市建设随之缺少资金。在此情形下，美国在80、90年代，最重要的一点就是如何复兴都市中心，负都市化研究也因此受到很多人的关注。与此情形相关的是，中国50年代的反城市化研究。可见，都市人类学的研究越来越多元化。

1985年12月2日在印度新德里召开了一次题为“面临都市化过程中的家庭”的国际学术讨论会。学术讨论的范围涉及都市化的模式与影响，家庭在都市化背景下的变迁、国际移民、城市中的种族与文化、贫富隔离问题、城市居住环境、城市暴力、城市中的妇女与儿童的保护等问题。都市人类学对城市里的家庭的研究并不多，这是一个遗憾。婚姻家庭是人类学最传统的研究话题之一，在城市化的过程中，它相对于乡村来讲可能是变化最大的。比如，笔者曾经调查过的凤凰村，离婚率是零，而反观城市里面的离婚率却日渐升高，这是很值得关注的一个问题。

综合来看，都市人类学的研究内容呈现多元性特征，但在主流学科里面，声音还不是很强。《都市研究》（Urban Studies）、《都市问题评述》（Urban Affairs Review）、《都市及区域研究国际辑刊》（International Journal of Urban and Regional Research）三大都市研究主要期刊2002年共有173篇文章，其中只有2篇是人类学家撰写的，比例只有1.1%。都市人类学家需要将自己融入都市研究更广泛的领域中，同时还应该展现自己的研究成果，并致力于发现研究城市变迁的新方法。

三、都市民族志与研究主题

20世纪80年代，中国人类学科重建，都市人类学逐渐进入中国。然而，笔者一行人在1987年做都市人类学的课题时，算是人类学的“异类”。都市人类学的发展与美国太平洋路德大学顾定国（Greg E. Guldin）有很大关系。1986年，顾定国（Greg E. Guldin）到中山大学做访问教授，且开设了都市人类学课程，还带研究生到南海、花县做实习调查，开展珠三角都市化的研究。此后又与云南大学、厦门大学、中国藏学研究中心合作，在云南、福建、西藏和广东做都市化比较研究。另外，当时为了合作研究，还在中山大学和北京中国藏学研究中心举办都市人类学培训班。在顾先生的大力推动下，1989年12月28日在北京召开了都市人类学的国际会议。1992年6月，中国都市人类学会（China Urban Anthropology Association）成立。该学会是由从事有关都市人类学教学、研究的机构和人员，以及从事城市工作的部门和实际工作者自愿结成的全国性、非营利性的学术研究团体。该会长年编辑出版《中国都市人类学会通讯》及其他都市人类学相关研究成果。2000 年世界人类学民族学联合会中期会议在北京召开，就是由中国都市人类学会承办的。

回顾国内外学者出版的中国都市民族志。已翻译的国外民族志主要有：《苏北人在上海，1850—1980》① 《都市里的农家女：性别流动与社会变迁》② 《邻里东京》③ 《泰利的街角：一项街角黑人的研究》④ 《跨国灰姑娘：当东南亚的帮佣遇上台湾新富家庭》⑤ 《远逝的天堂：一个巴西小社区的全球化》⑥ 《城市里的陌生人：中国流动人口的空间、权力与社会网络的重构》⑦ （它实际上写的就是北京的浙江村），以及麦高登的《香港重庆大厦：世界中心的边缘地带》⑧ 等。此外，还有一些英文著作。通过这些著作可以到国外都市人类学在做什么研究，既有不同国家，也有都市村庄、各种小镇等不同主题。

国内的都市人类学民族志近年来也比较多，在此亦列举一些。比如：项飚做的北京浙江村研究——《跨越边界的社区：北京“浙江村”的生活史》⑨；马强在广州做的广州穆斯林研究——《流动的精神社区：人类学视野下的广州穆斯林哲玛提研究》⑩；张晓春的《文化适应与中心转移：近现代上海空间变迁的都市人类学研究》⑪ 关于上海空间变迁的研究；有关上海火车站流浪儿童研究的《流浪儿：基于对上海火车站地区流浪儿童的民族志调

---

① 韩起澜：《苏北人在上海 1850—1980》，卢明华译，上海古籍出版社，2004 年版。

② ［澳］杰华：《都市里的农家女：性别流动与社会变迁》，吴小英译，江苏人民出版社，2006 年版。

③ ［美］西奥多·C. 贝斯特：《邻里东京》，国云丹译，上海译文出版社，2007 年版。

④ ［美］艾略特·列堡：《泰利的街角：一项街角黑人的研究》，李文茂、邹小艳译，重庆大学出版社，2010 年版。

⑤ 蓝佩嘉：《跨国灰姑娘：当东南亚帮佣遇上台湾新富家庭》，行人文化实验室，2008 年版。

⑥ ［美］康拉德·科塔克：《远逝的天堂：一个巴西小社区的全球化》，张经纬、向瑛瑛、马丹丹译，北京大学出版社，2012 年版。

⑦ 张鹂：《城市里的陌生人：中国流动人口的空间、权力与社会网络的重构》，江苏人民出版社，2014 年版。

⑧ ［美］麦高登：《香港重庆大厦：世界中心的边缘地带》，杨旸译，华东师范大学出版社，2015 年版。

⑨ 项飙：《跨越边界的社区：北京“浙江村”的生活史》，上海三联书店，2000 年版。

⑩ 马强：《流动的精神社区：人类学视野下的广州穆斯林哲玛提研究》，中国社会科学出版社，2006 年版。

⑪ 张晓春：《文化适应与中心转移：近现代上海空间变迁的都市人类学研究》，东南大学出版社，2006 年版。

查》①；朱健刚的《国与家之间：上海邻里的市民团体与社区运动的民族志》②；王琛的《漂移的时空：当代中国少数民族的经济生活》③ 是关注深圳的苗族；李荣荣的《美国的社会与个人：加州悠然城社会生活的民族志》④；富晓星的《空间 文化 表演：东北 A 市男同性恋群体的人类学观察》⑤；秦洁的《重庆"棒棒"：都市感知与乡土性》⑥；夏循祥的写香港市区重建的民族志——《权力的生成：香港市区重建的民族志》⑦ 等。从这些国内外的民族志看，很明显都市人类学是关心一些亚文化群体，像拉拉、男同、流浪儿童等，也关注西部少数民族到城市里面的情况等。

笔者查阅了本系的硕士和博士学位论文，有 50 余篇是关于都市研究的。综合民族志和学位论文，可以看到都市人类学的研究主题：

第一，关于农民工研究。第二，对城市中少数民族的研究，这也是对城市中不同人群的研究。第三，关于都市化的研究。第四，国际移民研究。第五，关注都市病症（包括贫困、艾滋病）等一系列问题的研究。

（一）农民工的研究。

改革开放后，农民工的出现和井喷式的增长，他们成为城市化建设的重要参与者，是城市中一个特别的人群。都市人类学针对农民工的研究有很多，尤其注重采用人类学传统的田野调查方法，以掌握可靠的第一手实地资料。学界关于农民工的研究往往跟随农民工移动的足迹，既关注了他们在城市的生活状况，也探讨了农民工跨区域流动对于乡村社会经济发展与文化变革的作用。笔者也曾做过农民工的一些研究，最早是 1989 年在国际人类学会提交的第一篇有关农民工的珠江三角洲文章，最近又写了一篇农民工研究 30 年的文章。笔者在农民工研究中，有点贡献的就是所谓钟摆理论，就是说农民工在输出地和输入地，像钟摆一样摇动，因为城市不会把农民工容纳进去，那么他最终只能回到乡下，就像钟摆一样。另外，笔者在对珠江三角洲外来工的考察中，发现外来工与本地居民在生存状态方面呈现两个截然不同的系统，就此提出了"二元社区"的概念，即指在现有户籍制度下，在同一社区（如

---

① 程福财：《流浪儿：基于对上海火车站地区流浪儿童的民族志调查》，上海社会科学院出版社，2008 年版。

② 朱健刚：《国与家之间：上海邻里的市民团体与社区运动的民族志》，社会科学文献出版社，2010 年版。

③ 王琛：《漂移的时空：当代中国少数民族的经济生活》，社会科学文献出版社，2012 年版。

④ 李荣荣：《美国的社会与个人：加州悠然城社会生活的民族志》，北京大学出版社，2012 年版。

⑤ 富晓星：《空间 文化 表演：东北 A 市男同性恋群体的人类学观察》，光明日报出版社，2012 年版。

⑥ 秦洁：《重庆"棒棒"：都市感知与乡土性》，上海三联书店，2015 年版。

⑦ 夏循祥：《权利的生成：香港市区重建的民族志》，社会科学文献出版社，2017 年版。

一个村落和集镇）外来人与本地人在分配、就业、地位、居住上形成不同的体系，以致心理上形成互不认同，构成所谓“二元”①。关于二元社区的这个文章的引用率比较高，下载率更高，已经上千次下载，这说明大家对二元社区的概念是比较认可的，这是本地人跟外地人所构成的这种二元。

还有一个是散工的研究，这也是笔者首次提出的一个概念。农民工的研究者中，大多关注的是企业正式雇佣的工人，然而，还有大量的非正式雇佣的人流入城市，笔者把其称为“散工”。散工大致可以分成四类，第一类是建筑工地的工人；第二类是搬运工，在城市里的各种搬运工；第三类是做保姆或者钟点工的；第四类是打零工的。② 散工在城市里大量存在，然而，因为非正式雇佣，他们的合法权益却常常难以保障，这也是城市社会问题的一个反映。对于城市化的行为主体——农民，理论界给予的关注是极其不够的，在城市化这个涉及农民切身利益的大问题上，我国长期以来固有的“为民做主”的决策模式从来都不问农民。所以，“谁有权力、谁有资格决定农民能或不能进入到哪一类、哪一级城市”是值得一问的大问题。

农民工研究已经派生出很多新的研究，如留守儿童研究、随迁儿童研究、留守老人研究等。

对农民工权益与声音的关心是中国都市人类学在20世纪80年代就已经关注的问题，而都市人类学的研究可就其他关于城市研究的学科对农民工的忽略或是偏误进行自己力所能及的修正。笔者对此是比较乐观的，社会大众会逐渐地意识到农民工的重要性。中国的互联网产业为什么能够发展起来，就是因为农民工当投递，建立起这么廉价的、快捷的、覆盖面这么广泛的投递的网络，我们每个人都是受益者。随着农民工的重要性的体现，大家就会对这个人群日益关注。国务院在2000年以后就已经建立了一个专门的农民工管理办公室。

最后，是关于城市新移民的研究。笔者专门做了一个这样的课题，研究地点是广州、沈阳、杭州、成都等六个大城市。在城市里面，以地缘来连接起来的人群，越来越普遍，这意味着地域的认同非常的强，那么，地域性认同什么时候开始形成也是个问题。在中国，不但每个地方的地域性认同很强，而且不同地域的人也会有地域性的歧视。之前笔者讲，除了民族的问题，还有地域的人群的问题，这也是要引起大家重视的。在省与省之间的地域性歧视，地区与地区之间的地域性歧视，而且这种地域性歧视是分层的，这些问

---

① 周大鸣：《外来工与“二元社区”——珠江三角洲的考察》，《中山大学学报（社会科学版）》，2000年第2期。

② 周大鸣、周建新、刘志军：《自由的都市边缘人：中国东南沿海散工研究》，中山大学出版社，2007年版。

题现在还没有引起大家的关注。这种地域性的认同会给我们将来的多元社会带来一种什么样的影响？它既是我们到一个城市里面适应的时候很重要的社会网络社会资源，同时它也会成为群体和群体之间的一种边界。

（二）城市民族与民族工作研究

首先，人类学的研究主题是由众多学者的研究共同推动，这方面的主要推动者有张继焦、高永久、许宪隆、巫达等，有大量研究是针对流入城市的少数民族群体，如回族、苗族、蒙古族、藏族、彝族的研究。对此，笔者也作了些微贡献。比如笔者与马建钊主编的《城市化进程的民族问题研究》①，推动了城市中少数民族问题的研究，这直接推动了国家民族事务委员会每年召开一次城市民族工作。随着全国流动人口，尤其是少数民族进城务工人员的增加，城市民族问题日益凸显。笔者曾经强调今后继续开展对城市中的少数民族的研究，多关注城市多元文化的研究。通过开展城市多元文化的比较研究，来显示各个城市文化的特色。另外，城市中的民族关系研究也很重要。过去都市人类学的研究虽然在这方面做了一些研究，但还远远不够。今后应该多组织专题研究，可考虑把城市民族关系作为都市人类学学会某一年会的主题报告，有针对性地来进行研究。

其次，关于城市民族与民族关系的研究。随着城市流动人口的不断增多，城市民族多元化趋势更加明显，风俗习惯、民族性格、语言等文化方面的差异仍是影响民族关系的深层因素。对城市民族和民族关系的研究，已成为时代的必然要求。然而，目前学界在这方面做得很不够。学术接触的不够，基本上主流学科对这个问题不关注，经济、法律这些在当代比较有话语权的学科，没有进入这个研究。在美国做经济学、法学，不可能缺少民族关系的研究。在中国，主流学科的进入还是比较缓慢的，不过现在已经有越来越多的985大学开始注意这个问题了，包括北大成立了跟民族相关的研究机构，笔者在广州也申请了一个国家民委的研究基地，以便更多地关注珠三角的城市民族和民族关系。

另外，研究亦有关注不同的宗教在城市里的影响。然而，城市里的宗教问题往往与敏感挂钩，本来越是敏感的问题越要人去研究，可实际上在这方面研究的人却非常少。城市宗教问题会变得日益严峻，这个不是蒙住眼睛就可以视而不见的。如果没有正式的官方的聚会场所，那么就会变成家庭聚会，则形势更难以控制，这个问题要引起大家的关注。新的现象的出现，应该要及时去研究、去把握，否则何谈和谐社会的建立。宗教关系、民族关系，是相互联系的。笔者提倡建立起一种文化共生生态，这对于城市宗教问题来说，相互尊重、相互理解尤为重要。

---

① 周大鸣、马建钊：《城市化进程中的民族问题研究》，民族出版社，2005年版。

（三）都市化研究

关于乡村发展有很多提法，有的叫作城乡协调发展，有的叫作小城镇发展，有的叫作微文化发展，笔者几个人一起提出一个概念叫“乡村都市化”，就是说乡村越来越多的人，接受城市生活方式的一个过程。笔者在对珠三角的研究，以及对几个省区的比较研究中，都是用“乡村都市化”的这个概念①。乡村都市化可以从五个方面来探讨，一是人口结构的分化。因为在一个社区或家庭里面，可能有的人去经商，有的人去打工，有的人继续务农。二是经济结构的多元化。在乡村它可能就是非农化越来越大，另外农业本身的商品化也在变化。比如笔者在 20 世纪 80 年代末做调查时，所谓的农村，实际上它的农业经济已经占很小的比重了。当时的珠三角，农业比重占不到 20%，它的工业化发展很快，主要是大量的劳动力密集型的企业的建立，即“三来一补”企业。三是生活方式的都市化。就是人们的衣食住行方面越来越接近城市生活。四是大众传播。这是笔者很强调的一点，因为当时媒体对人的影响很大，尤其在珠三角，受港澳媒体的影响，当时的珠三角主要收看的电视就是香港电视，这对珠三角的影响非常大，笔者曾专门写过相关的文章。五是思想观念的现代化。这主要是受当时的现代化的影响，可以做一个很重要的测量指标。

根据不同的层面，乡村都市化也可以分为不同的类型。一是村庄变成集镇。像珠三角的很多村，每个村搞工业园，有很多企业、工人，它实际上已经具备了集镇的功能，有银行、卫生院、派出所、环保等各种各样的服务。二是原来的乡镇向市镇发展，完全成为一个城市。现在国务院意识到这个问题的重要性，开始试点办镇级市（即镇一级的市），这是一个新的名词。虽然它行政级别不高，但是它的人口达到了市的规模。比如虎门镇，本地人口大概 10 万人，但是加上外来的人口，有 80 万人左右，相当于一个很大的地级市了，在东莞类似这样的镇很多。在珠三角过去县一级的城市，也变的规模很大。三是原有的小城市大都市化。中国的城市可以分成两个阶段：早期的城市化是一个自下而上的过程，杂志 实际上是由于小城镇的发展、底层的发展来带动整个中国的城市发展；城市化发展到后来国家开始成为一个主导，成为一个自上而下的城市化过程。所以，中国城市化可以说是从一个自下而上到一个自上而下的过程。到 20 世纪 90 年代末，房地产的兴起，城市化成为以政府为主导的自上而下的发展。

此外，关于农民市民化、民族地区城市化、边疆开发与城市化的研究也方兴未艾。

在纪念改革开放 30 年时，笔者负责写广东农村改革三十年的部分，现在

① 周大鸣、郭正林：《中国乡村都市化》，广东人民出版社，1996 年版。

40 年了。笔者强调 30 年广东的农村，它是怎么样从一个传统的乡村向现代化发展的一个道路，怎么样从一个自给自足的社会到市场的风险社会，另外还有农民和村落的衰落和症结。在此情形下，笔者认为农民还是要重新组织起来。因为在一个市场风险化的社会，单个的联产承包责任制、单个家庭的单兵作战的时代过去了，他们在一个市场竞争那么激烈，风险那么大的社会里面，真的是很难生存下去。另外，包括整个中国的家族企业，平均寿命 2.71 年，中小企业平均寿命只有 2.7 年，都是很短命的。这是当时笔者提出的口号，现在的各种专业协会其实已经有重新组织的意涵了。

另外，当然也要关注由血缘、亲缘、地缘，这一套宗族制度、亲属制度、民间信仰制度、乡规民约制度，构成的传统乡村社会的东西，在城市化的过程中，它是什么样的结局。比如笔者有一篇文章就是讲陈氏宗族。乡村的宗族进入城市以后，是一个什么样的状况？有些地方宗族的东西保存得很好，在拆迁的过程中会保留下来。如广州的猎德村，在拆迁时把各家的祠堂建在一起，给当地居民留了一点可以怀旧的地方。另外，城市拆迁中，把各村原来的村庙全部建在一个地方（因为每个村有村庙），这就注意到了文化传承的问题。当然发展过程中还有一个叫“城中村”的现象，比如广州有 140 个左右的城中村，深圳有 120 多个城中村。后集体化时代，一个村庄中的集体遗产如何继承下去是一个很重要的问题。比如，土地的所有权所产生的这一部分集体遗产将来怎么办？现在大多采用类似股份制的形式。大城市中的集体遗产往往又是很庞大的，比如深圳的南岭村大概 900 人，总资产是 570 个亿；黄岗村，总资产超过 800 个亿。因此，笔者认为集体遗产是值得研究的问题，当这个集体没有了的时候归谁。

另外，还有一个就是民俗文化。乡村的民俗文化到了城市以后是不是应该保存下来，是不是应该继续传承下去。笔者曾经在上海的一个城市论坛上，提出要把民俗变成城市里亚文化的主张。因为现在千城一面，每个城市从外观上面看都差不多，都是一堆钢筋混凝土。那么，如何来保持每个城市的特色？笔者认为民俗文化能扮演这样的角色。现在很多的城市，也在有意识地试图把民俗文化延续下去。比如广州黄埔区的南海神庙每年有个波罗诞活动，后由一个民间的活动，变成了一个官方的活动。这也代表，官方愿意以这种民俗活动来推动城市的特色文化建设。现在非物质文化遗产保护与传承一直都是在乡村做，那么如何在城市里把它做起来，这恐怕是一个很大的研究空间。

人类学传统的研究——邻里研究大家都在讨论，是公众的话题。怎么样从过去榕树头的聚会，变成麻将馆的聚会，然后再变成一个互联网平台。我们现在从有聚会，变成每个人拿手机来对话，那么我们最后怎么样把手机变成一个联系的平台，其实也值得研究。另外，还包括广场舞这一类的活动，都涉及邻里的文化、邻里的关系。这一类对都市邻里的研究应该要加强。大家不仅要去看表面的东西，更要看真的、背后的东西，为什么街舞、广场舞会流行起来呢？

（四）国际移民研究

国际移民包括两个部分：一部分是中国人向海外的迁移，传统上海外华人的研究，以及侨乡的研究，如对东南亚华人、对北美华人、对非洲华人及企业的研究。另一部分是进入中国的外国人研究。云南大学对东南亚华人、跨界民族的研究已有大量成果；广西民族大学对越南跨境民族的研究，以及边界开发与城市化，对入境的越南劳工，以及越南新娘研究等方面已经开展了大量的工作；此外，东北亚地区，对朝鲜族赴韩国务工者的研究、对中俄边界跨界民族的研究也常见到；对于中亚地区跨境民族的研究也开展起来。广州，作为入境人数较多的都市，在此方面的研究尤为突出。据笔者不完全统计，仅中山大学对国际移民研究的论文超过 20 篇，学位论文超过 30 篇，其中主要是对非洲人的研究。

牛冬通过对广州非洲人的深入调查对“移民”概念提出反思，非洲人缺乏融入中国社会的需求和不能融入中国社会而频繁往返于两国或多国，形成了“过客家户”①“过客社团”②。因而研究视野的拓展、移民类型的挖掘有助于对复杂多样的迁移过程及结果的解释。Gordon Mathews 等人通过在香港和广州基于非洲移民生计的调查，展现这些非洲移民们在华南地区通过小额资本、灰色交易，转手由中国生产的大量的低端货品，实现“低端全球化”③。广州整顿城市环境和对“三非”外国人打击力度的不断加强首先影响的是广州非洲人的生存状态。研究发现，政府的管控力度加大会明显提高非洲人的迁居频率，在粤非洲人的迁居存在源于被动而后主动适应的特点，迁居是他们适应当地生存的重要手段。④ 一些非洲人为了摆脱聚集区日趋严格的环境而开始离开广州，进入周边甚至内地城市如佛山、义乌等。Adams B. Bodomo 等人比较了广州的非洲移民和较晚近出现的义乌的非洲移民与当地社区融入程度的差异，认为代表国家的行政部门的专业程度、执法效率和对移民的态度对非

---

① 牛冬：《“过客家户”：广州非洲人的亲属关系和居住方式》，《开放时代》，2016（04）：108～124。

② 牛冬：《“过客社团”：广州非洲人的社会组织》，《社会学研究》，2015，30（02）：124～148、244。

③ Mathews，Gordon & Yang Yang（2010），How Africans Pursue Low－End Globalization in Hong Kong and Mainland China，in：Journal of Current China Affairs，95～120.

④ 柳林、梁玉成、宋广文、何深静：《在粤非洲人的迁居状况及其影响因素分析——来自广州、佛山市的调查》，《中国人口科学》，2015（01）：115～122、128。

洲人在当地生活的难易程度有相当的影响。①

据笔者调查，在华韩国人普遍拥有较高学历，以男性青壮年居多，多数接受过本科及以上教育。相对而言，韩国人来穗的原因更加多元，除了经商和创业，还有受韩国政府、韩资企业等派遣和到华留学。早期来穗的韩国人多是单身出户，后随着居住时间增长也有部分家属因家庭团聚来华。总体而言，三分之二的在穗韩国人从事经营和贸易，主要经营服装、皮革、鞋子、布匹等及相关的餐馆、住宿、医疗等服务；另外三分之一的韩国人主要集中在领事馆、贸易馆等政府派出机构以及学校里面。②

（五）城市特殊人群研究

都市人类学家继承了人类学关注底层社会和弱势群体的传统，如对下岗工人、出租车司机、同性恋人群、监狱亚文化、拾荒者人群、戏班等研究。

城市艾滋病问题的蔓延，引发了一批人类学家的关注与参与。曾经艾滋病被看成是一个纯医学的问题，后来发现艾滋病实际上是跟人的行为直接相关，所以研究肯定是要跟人类学这些研究行为的学科结合起来。庄孔韶、张海洋、景军等很多学者都做过艾滋病的研究。同时，关注女同男同的研究，其实也是跟研究艾滋病有关的，因为他们这些人群是艾滋病的高发人群。用人类学的角度去研究艾滋病，去关注这样的人群，要发现隐藏在后面的东西。艾滋病的人类学研究从深入实地进行人的研究开始，要求调查人员与被调查者有近距离的交流，调查者需出入各种会所、酒吧、监狱、戒毒所等，常常是从文化的角度，关注艾滋病防治过程中人的心理机制、反应与应对措施，以期能从艾滋病人群本身来发掘艾滋病防治问题的症结，并提出相关应用性策略。

另外，就是失地农民的问题。现在每年大概有 400 万以上的人口失去土地，这个比例应该还在不断增长。那么，如何能让这一部分人可持续发展下去，对于失地农民怎么样向市民化转变，任重而道远。比如珠海，1986 年市政府就把所有农民的土地全部征用，这也是为什么珠海在整个珠三角的城市里发展滞后的原因。因为占人口的主体的这部分农民一直在求生存，而不是在求发展。这部分人失去土地了，政府给了一笔钱补偿，当时看起来很多，但是几十年以后，这些钱就贬值了，这会直接影响他们的生存状态，可以说珠海的失地农民一直生存在这样的状态下，而珠三角其他地方的农民，因为

---

① Adams B. Bodomo & Grace Ma (2010): From Guangzhou to Yiwu: Emerging Facet of the African Diaspora in China, International Journal of African Renaissance Studies – Multi – Inter and Transdisciplinarity, 5: 283 ~ 289.

② 周大鸣、杨小柳：《浅层融入与深度区隔：广州韩国人的文化适应》，《民族研究》，2014 (02): 51 ~ 60、124。

土地资本不断升值，农民的土地等于不断在银行里面存钱。

此外，还有下岗工人的研究。矿山社区有一定的代表性，它是一种资源型的城市，资源开采完了，这个城市还能不能发展下去，是一个问题，所以这些地方下岗的人最多，相对来说贫困人口也比较多，也是社会问题比较集中的地方，这几乎是每一个矿区的共性。这个人群的变化，其实就是跟整个中国、整个社会的变化紧紧相连的。因此，做这样的社区研究既有现实意义，也有理论意义。此类研究还有沈阳铁西区的研究。铁西区就是中国最大的国企所在地，也是曾经最牛的一个区域，连女孩子找对象都喜欢找大国企里的小伙子。然而，现在国企一下子垮塌，几十万工人下岗，铁西区也变成了一个国企厂房。那么，这些原来的工人要如何生活呢？现在讲东北叫重心东北，那么，解决好这一部分人的问题也是其中的一部分。这一类的研究还是有很大的潜力的，笔者的一个学生就做过铁西区的博士论文。

综合以上中国都市人类学的五大研究主题，都市人类学的研究内容随着都市化进程的延续，呈现出较为丰富的探讨主题，给都市人类学的后续发展提供研究资源。同时，伴随着快速都市化带来的诸多都市化问题，也在考验着都市人类学的学科能力。

四、都市人类学研究方法

都市人类学研究的内容在延续，而一个没有结论的话题，就是都市人类学要用什么样的研究方法来研究都市。过去人类学核心的东西，参与观察、整体观、相对论、跨文化比较等，在都市研究里面，是不是可以实现？我们怎么样来进行观察，怎么样从一个整体的视角来看这个城市的社区，怎么样用一个文化相对论的观点来看不同的人群，对不同的人群进行跨文化比较？

都市人类学针对方法论的探讨，将研究的规模大致可以分为小规模研究（Small Scale）、个案研究（Case Study）和较大规模的研究（Large Study）。小规模研究是指对个人生活史、社会联系（如在小酒店、购物中心、机场、海滩、节日、帮团等对人们的社会交往情况）、居民居住区（如邻居、活动住居集中地、公寓、退休者住宅等），以及学习和工作场所（如工厂、流水作业车间、学校等）等的研究。个案研究则指对某一族群或社区，以及地区性人群的居住社区等的定位研究。笔者曾在广州做过不同人群的研究，有非洲人、朝鲜人、日本人、山东人、河南人、湖北人等。较大规模的研究是对某个社会中的不同群体的比较研究、多民族杂居社区研究、地区性研究、全国性研究，以及一般性的理论和方法探讨（如都市中的社会网络、作为现代推动力量的本地化和族群性、宏观和微观研究方法的一体化、揭示不同国家社会分层模式的方法论问题）等。张继焦在对都市人类学方法论的探讨中，提出都市的研究应是宏观视野与微观视野的研究。他认为，都市与乡村相比，地域范围更大，人口众多且人口流动性大，人口异质性也更高，因此都市人类学的研究，不仅要沿袭人类学的传统调查方法，还需要寻求传统调查方法之上的突破。①

有人类学家说，跟随访谈对象和移民进入城市。原来的乡村变成城市以后，大家跟着人群进城市去进行研究。实际上现在所做的一些移民的输出地与输入地的比较研究，也有点类似于对这个方法论的挑战。在一个都市的研究里面如何参与观察，如何能够达到整体观的目的？都市流动的频率很高，变化的速度很快，要像过去人类学那样做长时间的参与观察的研究，越来越难。因为过去是假定一个社区，是一个相对比较静态的状态，而现在城市的每个社区，都是一个动态的，同时，高速铁路、飞机、地铁都是带着人群在不断流动，这实际上为参与观察带来了很多问题。笔者曾经提出，是不是可以利用各种观察仪器来进行人类学的观察。现在心理学、旅游学在研究中，都开始用定向观察仪进行观察。通过远距离的追踪一个人的行为，可以把这些观察的所有记录传到计算机中，然后变为数据再做处理，这应该也是人类学参与观察的一个可以解决问题的方法。另外一个方法就是，现在几乎所有的地方都有摄像头，是不是可以利用摄像头，把所摄下来的各种各样的自然的数据进行分析。

另外，进入一个社区也有困难。到一个乡村社区，要敲开一个人的门很容易，但是在城市社区，要入户访谈不是件容易的事情，大家很自然地会很警惕你要干吗。假如要做贫困研究，要住下来也很困难，更不要说要做到参与观察。另外，在每一座高大的写字楼里面，可能有几十部高速运转的电梯，每个人都在快速地流动之中，要寻找访谈对象又谈何容易。最近笔者在与人合作做非洲人的研究，也是面临着类似的困难，因为一份访谈问卷差不多要两个小时完成，这对于所有被访谈者都是一个很大的难题。因此，传统的研究方法在当代如果不变革的话，会是研究中的一大麻烦。还有一点，就是跟官员打交道也很难。因为我们到一个地方去做调查，他会怀疑你的动机，你做这个调查的目的是干什么？笔者到西藏去做调查，永远是一个题目，就是西藏的现代化，这总是与官员的追求是一致的。此外，都市研究有没有明确的一个地域所在？我们所研究的社区还存在吗？这是我们在选择田野点时候所要面对的问题。面对一个城市的时候，怎么去选择调查点，怎么来收集自己能够控制的城市整体的资料，这是研究前必须要解决的问题。

当然，也有很多人对方法论进行了批判，说城市只能作为研究的地点所在，而非研究概念上的对象，还有对过去没有注意到整体的联系，对城市历史的忽视等的批评，也有对二元论的批判，以及对城市整体的刻板印象等。

---

① 张继焦：《都市人类学分析方法的演进与创新》，《世界民族》，1996 年第 1 期。

这里有两种风格，一种是侧重整体观，放弃参与观察；还有一种是侧重参与观察，放弃整体观。一种是所谓宏观民族志，就是追溯都市和农村在生活方式上的差异，建构城市文化的不同类型，还有就是原生性的城市和异生性的城市的比较，城市里的行政体系、福利体系、市场工业等相关的研究。另外一种，就是微观民族志，运用网络分析技术来进行研究。做都市人类学是多学科的合作，靠单一的学科很难做好，尤其是在一个大数据时代。现在已经有香港中文大学等高校在研究中融入了新科技，比如利用卫星、无人机等实时资料，未来研究方法的创新，以及多学科合作研究都很值得期待。另外，现在应该更注重多点民族志。实际上也有很多人类学家开始了多点民族志的实践，通过组织团队进行调查研究。美国人类学家詹姆斯·华生的《金拱向东：麦当劳在东亚》①，就是研究亚洲不同城市的麦当劳，他分别找不同的人对东京、北京、台北、香港、深圳等不同城市的麦当劳做调查，然后看这样一个跨国企业，在不同的地方是什么样子。当然人类学家更想了解的是所谓全球化的东西的一个在地化的过程，而不是看它一体化的过程。我们现在做的项目很多都是采取多点民族志，由多个人合作，尤其是一些应用性项目。这同时也显示了团队合作在人类学研究中发挥越来越大的作用，尤其现在专题性的研究越来越多，团队合作往往成为研究中最优的路径选择。多个团体，可以围绕一个共同目标，制定相关的研究计划，对专题做更深入、更全面的研究。

五、都市人类学学科展望

笔者一直提倡，中国的都市人类学发展，除了借鉴国外都市人类学发展的经验以外，更重要的是结合中国的实际来进行研究，要把都市化过程中面临的重要问题，作为都市人类学的主题，将理论与应用相结合。都市人类学的研究内容是多元的，都市人类学的研究就应具备在诸多理论、诸多经验的交流基础上，做到“派与汇”的整合。过去三十年都市人类学所关注的主题，在未来仍然需要继续推进传统研究，同时，要注意把握新时代都市化进程中新情况、新问题，使都市人类学的研究体现时代性与创新性。

伴随着中国都市人类学学科的日渐成熟，都市人类学逐渐成为被其他学科认可并积极借鉴与交流的对象。中国都市人类学发展至今，已是成绩斐然，但因中国都市化进程的需要，中国实际发展中对都市人类学应用性探究的需求、都市人类学自身持续长久的研究需要等，皆需要中国都市人类学在自己学科的舞台上不断贡献一己之力。未来的中国都市人类学研究，还需要从以下几个方面做努力。

---

① ［美］詹姆斯·华生：《金拱向东：麦当劳在东亚》，祝鹏程译，浙江大学出版社，2015年版。

第一，城市转型的研究。城市转型是笔者最近几年一直在讲的话题：文化转型与城市转型。中国正面临一个文化的转型，就是从一种农业的文明，向一种城市的文明的转型。一方面，农业文明向城市文明的转变中，建立在农业文明基础上的中国文化传统将如何转型；另一方面，随着人口流动的程度越来越高，城市本身也从地域性城市向移民城市转变，也面临着地域性文化向移民性文化的转型。另外，传统社会下的亲属制度、家庭和家族、民间信仰体系、邻里关系、社会网络、文化习俗等，在城市中又如何适应？如何转型？诸如此类的问题，都是时代所赋予都市人类学的研究使命。中国现在的新型城镇化战略，还要让几亿的农村人口转移到城市，但是现在怎么样来容纳这几亿人，大家讨论得比较多的是各个城市管理者愿意讨论的，就是土地制度的改革，而对农民的市民化这一类的问题，都不愿意讨论。那么，让几亿农民市民化的问题，谁来买单。另外一个就是城市本身也在转型，就是从一种单纯的、地域性的城市，向一种多元的、文化的城市的转变。那么，这次转变它所带来的变化是全方位的、多样的，这也就留给我们无尽的研究话题。

第二，都市人类学应更多注重对策性的应用研究。目前都市人类学学界在学术上的理论探讨比较多，有针对性的应用研究相对比较少。另外，在一个大数据时代，如何运用大数据做研究，尤其要注重做定量研究，也成为其中的关键。从泰勒开始，人类学就开始做定量分析，做比较研究，所以人类学本来就有定量和定性研究相结合的传统。在当代，更是要充分利用新技术手段，把定量与定性研究相结合的研究传统应用于更多的研究中。未来都市人类学的发展，在研究的方法上面，我们可能需要转弯，这既是研究方法上的创新与变革，也是研究主题上的与时俱进。中国城市现在占的比重越来越大，城市应该作为人类学的一个主战场，当越来越多的民族、越来越多的不同人群开始进入城市，那么，加强一些应用研究自然成为时代的需求。

第三，要加强多元文化的探讨，要注重文化转型的研究。都市人类学在继承早期民族关系研究的基础上，要更多地关注城市多元文化与社会文化转型。随着不断加快的城市化进程，中国传统社会必然面临着转型，一方面，农业文明向城市文明的转变中，建立在农业文明基础上的中国文化传统将如何转型；另一方面，随着人口流动的程度越来越高，城市本身也从地域性城市向移民城市转变，也面临着地域性文化向移民性文化的转型。另外，传统社会下的亲属制度、家庭和家族、民间信仰体系、邻里关系、社会网络、文化习俗等，在城市中又如何适应？如何转型？诸如此类的问题，都是时代所赋予都市人类学的研究使命。

第四，要加强都市人类学与其他学科的交流，注重跨学科合作研究。都市人类学作为人类学的分支学科，在研究方法、研究主题上要秉持人类学的传统，要坚持人类学的社会服务取向，同时，要注重跨学科的交流与合作，既要有技术、方法上的创新，也要有内容、理论上的拓展与深化。在研究实践中，要注重团队合作，取其他各学科之所长。

第五，要发挥都市人类学的研究特色，发展都市人类学的学科理论。中国的城市发展，有自己独特的道路。韦伯当年在中国的城市与欧洲的城市进行比较时，明确指出中国的城市有它的独特性。中国经验，就是要研究中国的特色，这也是人类学被赋予的一个历史使命。对于中国城市的这种独特性，我们做研究既要有实践的价值，为时代发展服务，也要追求理论贡献，并用中国的独特性为世界的学术作出贡献。

第六，关注新的技术给城市生活带来的变化。如今，快速交通的发展，高铁、高速公路，对城市会有什么影响，尤其是不同层级的城市的差异。互联网的快速发展、人工智能的成熟，对城市的工作和生活会有什么影响。新的生育技术、生物工程技术对我们的生活、环境会有什么影响？这都是我们应该关注的。

第七，城市文化与城市精神的研究。面对全球化的挑战，城市的建设在景观上越来越“千城一面”，因而，研究城市文化、创见城市精神尤为重要。笔者曾经提出“以俗建雅”，把具有地方特色、民族特色的俗文化建设成为城市的雅文化，成为城市精神的一部分。建设一种具有独特性格又能海纳百川的城市精神，建设一种能够破除种族主义和狭隘民族主义的城市理念。作为人类学家应该去探寻这样的文化精神！

作者简介：周大鸣，教育部长江学者特聘教授，中山大学社会学与人类学学院教授、博士生导师，人类学高级论坛学术委员会主席团主席。

沿海城市小区的发展和互动

——从湿地保育、生态旅游到水产养殖

张展鸿

过去十年间，我一直注意香港新界湿地的粮食生产、农业发展、文化保育和环境政策的相关发展，而且希望人类学的研究方法可以为了解湿地发展及其文化多样化做出一些补充。沿海湿地是海洋和内陆的交融区，突显两个生态环境的共存和相互交流；加上湿地包含了丰富的自然和文化资源，而其经历的社会变迁更是代表了当下文化保育和环境管理的重要议题。很多人认为研究湿地是生物学家和地理学家的专利，而人类学家感兴趣的是生活在高地和密林中的部落群体。这是一个过时的看法，因为一方面湿地研究已经发展成跨学科的研究领域，而另一方面人类学的当下研究更多关注现代城市和全球化的相关问题。在沿海湿地地区，我们看到许多生活方式的转变，例如新移民大量涌人、渔村在沼泽地形成、渔民弃渔后的生活等，都和当地人的海岸资源管理有关。

饮食文化是表示我们文化身份的重要指标，也让我们更了解各种社会关系、家庭氏族、阶级与消费、性别含义、文化象征意义等。如今，饮食文化是社会文化人类学中一个很热门的研究领域，许多学者会研究我们的“口味”是怎样由社会和文化构成。当中，人类学的学者和研究员，尤其热衷于研究在现代化与全球化的时代，传统饮食文化的产生如何反映它作为人类文化一部分的意义。因此，假如我们想知道在传统文化背景下，食物的生产模式和饮食文化如何转变，我们就不应忽视一些主要农业和农产品的革新，从而全面地认识当中的玄机。

香港的新界研究

在香港的“新界”，除了以氏族为本的单性村落，一些传统的聚落群和居所会根据氏族南来的时间先后而分布于不同地区，有些地方更是集合本地、客家和蜑家（水上人）一同聚居。一些新界原居民的祖先也可追溯至南宋或明清时期，但自从新界也继香港岛和九龙南部之后落入英国人手中，他们的农村生活便有了翻天覆地的变化。香港，历史上曾经是中国广东省新安县的

一部分，在19世纪中期起由英国管治。1842年的《南京条约》，将香港岛和一些邻近小岛割让予英国。1860年起，割让范围扩展至包括九龙半岛。英国人此后继续扩大殖民范围，1898年签订的《展拓香港界址专条》，将一片由九龙半岛的界限街北延至广东深圳边界、名为“新界”的土地租借予英政府，为期九十九年。虽然香港在地理上十分细小，城市和新界之间却有相当实在的文化差异。和我有共同背景的人，便能体会到这种差异。正如新界地区特有的农村生活方式，对我来说实在很难明了。要是从这个角度看，研究新界生活仿佛是一次寻根的旅程。除了在20世纪90年代，我做了几年有关屏山和文化遗产的研究之外，过去几年我比较关心新界西北地区的淡水渔业和湿地保育的关系。

虽然我是香港土生土长，但在20世纪80年代要考进本地大学，谈何容易。而我在中学时期对日本电影特别感兴趣，加上当时香港年轻文化人的推动，电影会特别活跃。也就在这特殊的文化环境下，选择到日本升学。我的高等教育都在日本完成，我的博士论文也是研究北海道原住民的图像表达。因此，当我开始了相关的资料搜集，便发现新界本土文化对我来说可算是一个全新的范畴。初次接触新界社会文化的课题，乃在我刚从日本返港、在香港中文大学人类学系开始教学事业之时。后来我和中大建筑系的一位同事开展了我第一份关于新界的共同研究，探讨“屏山文物径”作为香港第一条文物径，对原居民的本土社会政治身份建构造成什么冲击（Cheung，1999、2000、2003）。要从“宗族为本聚落”的角度了解屏山在新界的地位，便不得不提1968年杰克波特的《资本主义与中国农民》一书，这本书是我研究新界的学术基础（Potter，1968）。从他的书中，我认识到新界经济作物的转变（尤其20世纪60年代白米的没落和青菜的崛起），以及农民家庭成员的职业愈趋多元化，均导致了一系列的社会变迁。另外，达斯华于1977年提交给夏威夷大学的博士论文《香港海岸湿地的本土管理——新界天水围农业地段的湿地变迁个案研究》，令我得知20世纪初土地用途和海岸规划的历史（Da Silva，1977）。他很细心地观察这些变迁，包括海岸资源的管理，以及本地稻米农民在咸淡水区种植红米的经济收益低，因而要以养殖水产为出路。其他的既有研究还包括一些早年的大学论文和文章（Fung，1963；Grant，1971）。

香港超过九成的淡水渔场都混养了多种鱼类（如乌头、大头鱼、银鲤、鲤鱼、鲩鱼、非洲鲫和生鱼等）；传统的鱼塘中，鲩鱼和乌头会在较近水域生活，因为这是它们惯常觅食的地方；大头鱼、银鲤和非洲鲫喜欢在中层浮游；而在水底，则多见较凶恶的鲤鱼和生鱼。其中生鱼会吃其他鱼类，本地渔民会利用它们控制鱼塘内非洲鲫的数量，因非洲鲫现今的经济价值较低。香港政府部门中，关注农业发展的渔农自然护理署（简称渔护署）似乎较倾向引入未必能适应传统养殖方法的外地品种，而非帮助本地农民进行传统混养。

过去十多年，渔护处不断引入各种非本地鱼种，例如丁桂、长吻鮠、宝石鲈等，希望增加养鱼业的收入。但由于丁桂鱼多骨、长吻鮠外貌不佳，影响本地顾客的购买意欲，这个策略不甚成功。渔护署一直尝试自行孵化澳洲宝石鲈，希望减低进口鱼苗的成本。终于，在2007年，渔护署成功孵化澳洲宝石鲈鱼苗，令本地养鱼户有稳定的鱼苗供应之余，也可节省成本。不过，由于澳洲宝石鲈只能够独立养殖，对大多数从事混养（polyculture）的本地渔户来说，未能带来明显的经济改变。

除了这些内陆农地外，在20世纪初，大片天水围的沿岸湿地也被转化为农地。这些土地经历了多个阶段的变化，包括泥滩、水稻田、芦苇床、虾塘、鱼塘；到最后，部分剩下的湿地被划为米埔沼泽自然护理区及香港湿地公园，其余则是现代化的住宅区（如天水围的公共屋邨及私人屋苑）及一些硕果仅存、由平均六十岁以上的老渔民维持的鱼塘。自从米埔湿地于1976年被列为保护区，成为候鸟每年从北方西伯利亚飞往南方澳洲度冬的中途栖息站，该处的生态价值便开始受注目。尽管如此，缓冲区内的淡水鱼养殖户依然备受冷落，原因不外乎他们的移民背景，以及初级产业在当代的香港社会已经式微。在众多社会及政治因素影响下，本地人在湿地上开垦了农地，导致今天我们眼见的海岸“湿地面貌”，已经不是完全天然的景观。

香港的基围虾和乌头鱼

乌头：乌头属于鲻科，它们本生于大海，却比同科的其他鱼类更能适应淡水鱼塘的环境。在香港，它们在冬季颇能卖得好价钱，又能跟鲩鱼、大头鱼、土鲮鱼、非洲鲫等和平共处，多年来也深受传统混养模式的本地养育户欢迎。以前还未有人工鱼苗出售时，渔民需要自行到岸边采集乌头苗。到沿海浅滩捕捉鱼苗，再放到元朗的淡水或咸淡水鱼塘饲养，是本地淡水养鱼业的一大特色，也传承了华南地区的一部分文化。

谈到香港西北后海的沿海湿地，一定要提基围虾和乌头养殖的衍生过程。“基围”是两种生境的融合，在咸淡水中以基堤和水闸围起，用来捕捉鱼虾的池塘。基围既能引入自上游流下的河水，也能为红米田引入海水。由于在基围养虾无须喂饲虾苗，因此运营成本很低。一些农民/养虾人说，他们要做的事情不多，最多只是透过开关水闸来控制基围内的水质。这是一种天然的养殖方式，因此基围的面积大，那里的虾苗浓密度却很低。基围的经营是否成功，主要取决于岸边虾苗数量的多少。潮涨时，虾苗随水流入水位低的基围，在基围内饲养约九个月；当虾苗长大至一定体积，便可收虾。入夜后，虾群会游上水面，这时是收虾的好时机。潮退（或基围内的水位较外面高）时，基围内的水会流走，虾群便会被水闸上设的网捞获。

此外，在传统淡水混养模式下，捕捉沿岸的乌头种（乌头鱼苗）是养殖乌头的重要一环。乌头种通常在咸淡水交界的河口出没。那里的水营养较丰富，更有从住宅区和村落排出的“有机”水。过去数年，我有机会在新界一些小溪、曾是河道的水沟和浅滩中观察本地养鱼人捕捉乌头种。在浅滩捕获的乌头种体积较大，相反水沟末端捉到的则一般较小。捉乌头也有技巧，首先要留心水流和冬春之间的季节与天气变化。了解水流十分重要，因为在潮涨时，小鱼会在近岸或到下游近海一带觅食，为渔民制造最好的捕捉机会。而在每年农历年的腊月起，成熟的乌头会在近岸水中产卵两至四个月，养鱼人就知道该在什么时候捉鱼苗，以在接下来的十至十二个月繁殖了。

小结

回到如何理解香港的西北区沿岸湿地环境和沿海城市的关系。如果上环南北行的干货进出口贸易代表了香港全球化的一面，那么沿海湿地则代表了珠江三角洲原生态生活文化的一面。具体来说，我更注重研究沿海地区环境与社会文化变迁之间的互动，特别是在三角洲和河盆区域。三角洲地区和河盆大致上都可以称为湿地。它们都有共同点，就是集合了两组生态及环境特征，而且相互影响；由于资源丰富，这些地区的社会文化变迁一般都很频繁。另外，在湿地地区，我们看到许多生活方式的转变，例如新移民大量涌入、渔村在沼泽地形成、渔民弃渔后的生活等，都和当地人的海岸资源管理有关。这些转变并不限于较大的三角洲地区，在新界的后海内湾等小环境中也可轻易找到。

参考文献

[1] 张展鸿：《渔翁移山：香港本土渔业民俗志》，上书局，2009 年版。

[2] Cheung，Sidney C. H. 1999. The Meanings of a Heritage Trail in Hong Kong. Annals of Tourism Research 26 (3)：570 ~ 588.

[3] 2000. Martyrs，Mystery and Memory Behind a Communal Hall. Traditional Dwellings and Settlements 11 (2)：29 ~ 39.

[4] 2003. Remembering through Space：The Politics of Heritage in Hong Kong. International Journal of Heritage Studies 9 (1)：7 ~ 26.

[5] 2011. The Politics of Wetlandscape：Fishery Heritage and Natural Conservation in Hong Kong. International Journal of Heritage Studies 17 (1)：36 ~ 45.

[6] Da Silva，Armando M. 1977. Native Management of Coastal Wetlands in Hong Kong：A Case Study of Wetland Change at Tin Shui Wai Agricultural Lot，New Territories (Unpublished doctoral dissertation，University of Hawaii，Hawaii).

[7] Fung，Emily W. Y. 1963. Pond fish Culture in the New Territories of Hong Kong (Unpublished BA thesis. Department of Geography and Geology，University of Hong Kong).

[8] Grant，C. J. 1971. Fish Farming in Hong Kong. In The Changing Face of Hong Kong，D. J. Dwyer ed. Hong

Kong: Hong Kong Branch of the Royal Asiatic Society, 36 ~ 46.
[9] Potter, Jack M. 1968. Capitalism and the Chinese Peasant: Social and Economic Change in a Hong Kong Village. California: University of California Press.

作者简介：张展鸿，香港中文大学人类学系教授，兼文学院副院长；人类学高级论坛学术委员会主席团主席。

城与国：我国的城市遗产

彭兆荣

小引

作为一种发展的潮流，当今“城市化”的“话语权力”正在全世界漫延。这里有两点需要厘析：1. 中西方的城市话语不同，西方是的城市是“大传统”，乡村是“小传统”；中国是一个传统的农耕文明的国家，“农本”是“社稷”之本。乡村与城市的关系宛如“社（乡土）”与“稷”（土地上的作物），没有后者，便无前者。然而，不幸的是，当今中国的城市形制则事实上遵循城市作为“大传统”的西式话语，大体上丢失了我国城市作为文化遗产的“中国特色”；包括“天人合一”的认知形态（如北京都城的原始建制）、井田制度的摹本形制（如街道与街坊关系）、城市特有的遗续（如城池、城隍庙、城市民俗等）形式。2. 作为一种特殊的文化遗产（既指作为城市的共有遗产，也指特定城市的特有遗产）具有特殊的传承性。西方（特别是欧洲的城市建制）的传统与其早期形态为“城市国家”，即国家以一个城市为中心而建——有着内在关系。现存的雅典卫城遗址 Acropolis 不失为西方古代“城市国家”的标准模型。现在西方的“共和制”便是继承发展的“城市遗产”。“共和”（re - public）的原始意思指在公共场所中具有“公正”“公开”“公平”，以强调“公民”“公众”“公权”，原指“公众集会广场”，是公共空间，是安放“公共之火”（Hestia Koine）之所，也是讨论公共事务的场所。当城市以公众集会广场为中心，它就成为严格意义上的“城邦”（polis）。① 这也就是“政治”（politics）。

鉴于此，如何保留、保护和恢复我国城市遗产也成为一个重要的城市发展的原则，成为历史交给我们这一代的历史使命。换言之，中国的“城镇化”既不是简单模仿欧洲的“城市—政治”的缘生模型，更不是搬移美国式“土豪版”的城市模型，而是中国自己的城市发展模式。

---

① ［法］让 - 皮埃尔·韦尔南：《希腊思想的起源》，秦海鹰译，三联书店，1996 年版，第 33 ~ 34 页。

一、城郭之形

中国的城市智慧、知识、经验、技术同样也化成一种特殊的城市文化遗产，为我国今日之“城镇化”发展提供难得的文化滋养。我国古代的城囗（國）营造形制以“城—郊—野”为模范。早在周代，“城郭”（囗、國）的营造以“囗”为形，可瞥见“国家”是以一个具体的城郭为中心的“天下观”。我国大量城郭遗址所提供的城郭形制，“城”与“郭”是一个二合一的整体。而这种城郭建设的始祖和设计师是鲧。他是夏禹的父亲，父子皆治水的英雄，只是因为鲧的治水方式不得当（围堵）而被天帝所杀，但他却为历史留下了营造城郭的模范。鲧在治水的功业中开创了城郭建制。① 这一说法来自《世本·作篇》之“鲧作城郭”。《世本》张澍补注转引《吴越春秋》：“鲧筑城以卫君，造郭以守民。”《吴越春秋》还说：“尧听四岳之言，用鲧修水，鲧曰：帝遭天灾，厥黎不康，乃筑城造郭，以为固国。”换言之，我国的城郭创建与水患有关。在这里，“城池”成了一个功能性的隐喻。《墨子·七患》以此说为据曰：“城者所以自守也。”《淮南子·原道训》有：“夏鲧作三仞之城。”即使到了北京的皇城，仍然以水为生命，北京的护城河、海子、太液池、通惠河是一个整体。②

中华文明，某种意义上说，与城郭文明存在着剪不断的关系。因为从可知的文化史源头，必先以“圣王”起始，这是任何“谱系”的开章，即说明我是从哪里来的。“英雄祖先”成了开场人物。“圣王”必有“城郭”。梁思成认为，《史记·周公世家》所载，成王之时，周公“复营洛邑，如武王之意”。此为我国史籍中关于都市设计最古之实录。③

> 匠人营国，方九里，旁三门，国中九经九纬，经涂九轨。左祖右社，面朝后市，市朝一夫。④

---

① 虽然在筑城的创始人的传说版本中，还是黄帝，《尸子》：“黄帝作合宫。”《白虎通》（佚文）：“黄帝作宫室避寒暑，此宫屋之始也。”（参见雷从云、陈绍棣、林秀贞：《中国宫殿史》（修订本），百花文艺出版社，2008 年版，第 5 页。）此外尚有黄帝“邑于涿鹿之阿，迁徙往来无常处，以师兵为营卫”。（《史记·五帝本纪》显然当时城郭未有成形）总体而言，对创建城郭的始祖，学术界共识性观点是鲧。

② 参见王世仁：《皇都与市井》，百花文艺出版社，2006 年版，第 13 页。

③ 梁思成：《中国建筑史》，三联书店，2011 年版，第 18 页。

④ 注：“‘方各百步’，案司市，市有三期，揔于一市之上为之。若市揔一夫之地，则为大狭。盖市曹、司次、介次所居之处，与天子二朝皆居一夫之地，各方百步也。”或意为管理王城的行政长官的居住情形。（汉）郑玄注，（唐）贾公彦疏：《周礼注疏》（下）“周礼注疏卷第四十九”，上海古籍出版社，2010 年版，第 1663 ~ 1664 页。

盖三代以降，我国都市设计已采取方形城郭，正角交叉街道之方式。①《周礼·考工记》的开句便是“惟王建国”。而“城市”文化也是辨析不同文化的重要领域。我国城市文化遗产中与众不同之处同样也非常多。这在《考工记》中表现得非常清楚，这些原则一直沿袭至北京城的建制。北京皇城的建制基本上按照周礼《考工记》王城规划理念设计的：第一，“择中”立宫，对称布局，即确立一条南北中心线作为王城的中轴。第二，“前朝后市，左祖右社”布局。今天北京城的商业街在后（海子桥一带），太庙在左（东），社稷坛在右（西）。第三，城中有城，如内城和外城，仍然是古代“城郭”的形制。城中之城为皇城，皇城城墙名萧墙。第四布置城门。《考工记》中有“旁三门”，在北京皇城有点变化，即北城墙改为二门。第五，经纬垂直的道路。② 比如北京后城的社稷坛③依据周礼“左祖右社”之制，布置在皇宫之右（西）。④

许多学者在讨论我国古代城郭时都谈到防御和守护的功能。这是必定的。《礼记·礼运》有：“大人世及以为礼，城郭沟池以为固。”古代的城市和城郭具有防护功能这大抵是世界城市文明中大都共同具有的。许多王城具备“王国”的性质也较为普遍。依据《周礼·考工记》所描绘“国（國）”的模型，即以“國”字为基型，或是域、國的本字，甲骨文、（戈，武力）保卫（口即城），强调城郭的防御与保卫。金文意同，指“口”“城”。既然“城郭”即“城国”，而“国之大事，在祀与戎”（《左传》），征战与防御也就成为一事之二面。“城”，金文，字形构造为，代表“郭”，即环绕村邑的护墙，加上，即成，意为以武力保护都邑的郭墙。有的金文，即“土”（代表墙，夯土），（城墙）。《说文》释：“城，以盛民也。从土从成，成亦声。”表示以土墙累起来的，用于保护君王和民众的地方。《礼记·礼运》：“城郭沟池以为固。”我国古代的城市也称城邑，《左传·庄公二十八年》：“邑曰筑，都曰城。”《史记·廉颇蔺相如列传》：“臣观大王无意偿赵王城邑。”从城的构造可知，城墙与武器是两个基本要件。武器之要，容后再议。城墙是城郭之基本，仿佛国家之边界；其实，城墙就是早期国家的边界。

城的防卫功能自然呈现于外。陈梦家根据卜辞对商邑诸多记录，绘制了西周以城邑为中心的关系图：

---

① 梁思成：《中国建筑史》，三联书店，2011年版，第18页。

② 参见王世仁：《皇都与市井》，百花文艺出版社，2006年版，第12页。

③ 社稷坛祭祀是太社和太稷之神。“社”代表土地，“稷”代表农业。土地和农业是国家之本，“社稷”代表国家。

④ 参见王世仁：《皇都与市井》，百花文艺出版社，2006年版，第39页。

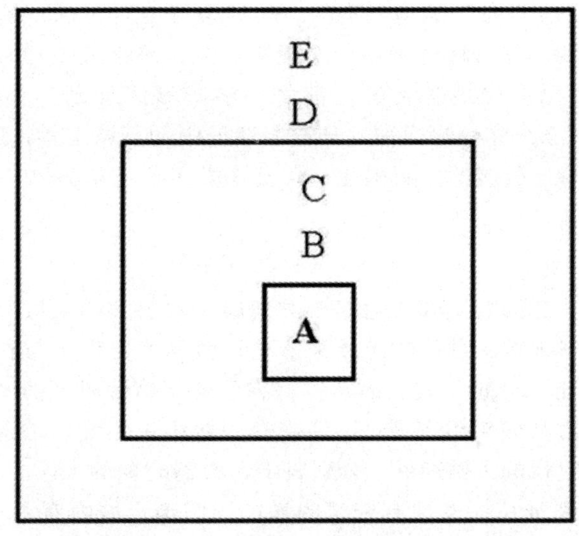

卜辞所见	西周所述
A 商，大邑	商邑，天邑商
B 奠	
C 四方，四土	殷国，殷邦，大邦殷
D 四戈壁	殷边
E 四方，多方，邦方	四方，多方，小大邦

在这个关系图中，A“所指商之大邑”，即商都王城。B 指王城外郊的“奠”，《说文》释：“置祭也。”主要为祭祀之地。窃以为，它与后来所说的“郊”（郊礼）或有关联。原义也为祭祀之处。CDE 大致为围绕在商的周围的广大乡野和邻国、方国和“敌方”等。① 而根据卜辞所见都邑与征伐的方国，所确立的商殷的区域及其四界为北约在纬度 40°以南易水流域及其周围地区；南约在纬度 33°以北淮水流域与淮阴山脉；西不过经度 112°在太行山脉与伏牛山脉之东，东至黄海、渤海。② 由于殷商时期曾经多次迁都，张衡《西京赋》：“殷人屡迁，前八后五，居相圮耿，不常厥土。”所依据的材料大概为《尚书·序》：“自契至于成汤八迁，汤始居亳，从先王居。”《盘庚·上》曰：“先王有服，恪谨天命，兹犹不常宁，不常厥邑，于今五邦。”③

张光直说：“中国初期的城市，不是经济起飞的产物，而是政治领域中的工具。”④所以我国古代的城市形制是以内城（城）和外城（郭）两部分形成

---

① 陈梦家：《殷虚卜辞综述》，中华书局，2008［1988］年版，第 325 页。

② 陈梦家：《殷虚卜辞综述》，中华书局，2008［1988］年版，第 311 页。

③ 陈梦家：《殷虚卜辞综述》“方国地理”，中华书局，2008［1988］年版。

④ 张光直：《中国青铜时代》，三联书店，2013 年版，第 33 页。

的主体，“城”与“郭”的功能不同，前者为“卫君”的宫城，后者是“守民”的郭城。我国考古材料所知早期规模最大、保存最完好的偃师商城遗址即现雏形，① 我国古代最著名的古都之一洛阳城遗址则完全依照城郭制建造。② 如果按照新公布的陕西神木县石峁遗址中的石城来看，这座距今 4 300 年的古城，内城、外城的总面积达 400 万平方米，被认为是“中国目前已知最大的史前城池”③。

二、城之名实

本质上说，我国的城郭文化遗产类型属于农耕文明。从我国史前考古资料所提供的材料来看，古代的氏族聚落遗址就已经出现了与农耕和水利灌溉体系的城郭遗址。20 世纪我国的考古材料佐证了黄帝时期的城池、宫屋建筑的形制。湖南澧县城头山古遗址、河南郑州西山古遗址，是迄今发现的我国最早的新石器时代的古城遗址，分别属于新石器时期的大溪文化和仰韶文化。在城头山古城遗址里，发现有夯筑的城门、门道，城内有人工夯筑的土台，台上有近似方形的建筑基址。另有一些遗迹表明，城内修建的水塘、排水沟、居住区、祭坛、制陶作坊以及水稻田和灌溉系统。④

这在商代的卜辞中就有大量的记录，其中不少涉及田猎，并非与我们今天观念中的“农田”一致，而是包括了田地、丘陵的广大区域。⑤ 这或许与商都多次迁都，且在不同的地理环境有关。但在《周礼》的王城建制中，我们已经可以很清晰地看到其与农田耕作之间的紧密关联。具体地说，城郭的营建无不以井田之秩序和格局为模本。国囗國廓郭的形制都是方形（长方形），与传统农耕作业的井田制相互配合。《考工记》述之甚详：

> 匠人为沟洫，耜广为五寸，二耜为耦，一耦之伐，广尺，深尺，谓之甽；田首倍之，广二尺深二尺，谓之遂。九夫为井，井间广四尺，深四尺，谓之沟；方十里为成，成间广八尺，深八尺，谓之洫；方百里为

---

① 朱乃诚：《考古学史话》，社会科学文献出版社，2011 年版，第 126 页。

② 在历代的考古探索中，洛阳城的廓城长时间未现其形，考古学家在对北魏洛阳城遗址的探索中，特别注意其是否有外廓城。据杨衒在洛阳城荒废后的公元 547 年重游洛阳后所写《洛阳伽蓝记》中十分清晰地描述外廓城的实际情况：东西 10 千米、南北 7.5 千米，全城划分为 320 坊，每个坊呈长形，四周筑有围墙，边长为 0.5 千米，规划得十分严密整齐。20 世纪 80 年代，考古学家终于探明了洛阳城的大体位置。见朱乃诚：《考古学史话》，社会科学文献出版社，2011 年版，第 177 页。

③ 参见叶舒宪：《从汉字“國”的原型看华夏国家起源》，《百色学院学报》，2014 年第 3 期，第 3～4 页。

④ 参见雷从云、陈绍棣、林秀贞：《中国宫殿史》（修订本），百花文艺出版社，2008 年版，第 6 页。

⑤ 陈梦家：《殷虚卜辞综述》“殷的王都与沁阳田猎区”，中华书局，2008［1988］年版，第 255～264 页。

同，同间广二寻，深二仞，谓之浍……①

城之经营与农业耕作为“国家”统筹的大事。“国”之营建与经营，以井田之制为据。疏云：“井田之法，畎纵遂横，沟纵洫横，浍纵自然川横。其夫间纵者，分夫间之界耳。无遂，其遂注沟，沟注入洫，洫注入浍，浍注自然入川。此图略举一成于一角，以三隅反之，一同可见矣。”② 中华文明最突出的特点是农耕文明，这也决定了“国”的性质。这是与西方早期城市“王国”不同之处。虽然城市与经济活动、货物流通、专业行会等都存在关系，但中西方在此有本质上的不同。

我国古代的“城邑”（大致以宗族分支和传承为原则）和“城郭”（大致以王城的建筑形制为原则）共同形成了古代中国式的“城市模式”。不少学者认为用“城邑制”概念来概括我国古代的城郭形制更为恰当，因为“中国的早期城邑，作为政治、宗教、文化和权力的中心是十分显著的，而商品集散功能并不突出，为此可称之为城邑国家或都邑国家文明”③。邑，甲骨文[illegible]，[illegible]（囗，四面围墙的聚居区）；[illegible]（人），表示众人的聚居区。本义是人民居住在有围墙的城郭中。金文[illegible]、篆文[illegible]承续甲骨文字形。《说文》释：“邑，国也。”《尔雅》：“邑外谓之郊。”张光直说：“甲骨文中的‘作邑’卜辞与《诗经·绵》等文献资料都清楚地表明古代城邑的建造乃政治行为的表现，而不是聚落自然成长的结果。这种特性便决定了聚落布局的规则性。”④

中国古代的城邑还与先王制度中的公、侯、伯、子、男有尊卑高下的差异，所管辖的地域有大小不同。周代城郭的等级大体可分为三类：第一类是周王都城（称为“王城”或“国”）；第二类是诸侯封国都城；第三类是宗室或卿大夫的封地都邑。《左传·隐公元年》云：“先王之制，大都不过国三之一，中五之一，小九之一。”也就是说，诸侯之城分为三等：“大都”（公）之城是天子之国的1/3；“中都”（侯、伯）为1/5；“子都”（子、男）为1/9。有学者测算，唐代的城市人口可能达到了100万，其中约50万住在城墙之内，有相等数量的人住在城墙之外。他们都知道自己生活在一座经过规划、严格管理的城市中。以长安为例，它在隋朝时营建，隋朝把长安城作为权力的象征。长安是一座大城，其城墙东西走向延伸达9.5公里，南北走向

① （汉）郑玄注、（唐）贾公彦疏：《周礼注疏》（下）“卷第四十九”，上海古籍出版社，2010年版，第1673～1674页。

② （汉）郑玄注、（唐）贾公彦疏：《周礼注疏》（下）“卷第四十九”，上海古籍出版社，2010年版，第1675页。

③ 李学勤主编：《中国古代文明与国家形成研究》，云南人民出版社，1997年版，第8页。

④ 张光直：《中国青铜时代》，三联书店，2013年版，第33页。

延伸达 8.4 公里。城墙高 5 米，上夯土和表面的砖建成，构成完整的长方形。①

城墙的建筑是我国城郭营造中至为重要的部分。我国城墙主要的修建方式是夯土。张光直根据考古材料评述：

> 中原文化史再往上推便是二里头文化。依据已发表的资料来看，这一期的遗址中还没有时代清楚无疑的夯土城墙的发现，但在二里头遗址的上层曾发现了东西长 108 米、南北宽 100 米的一座正南北向的夯土台基，依其大小和由柱洞所见的堂、庑、庭、门的排列，说它是一座宫殿式的建筑，是合理的。这个基址的附近还发现了若干大小不等的其他夯土台基、用石板和卵石铺的路、陶质排水管，可见这是一群规模宏大的建筑。②

关于我国古代中原地区的城墙以夯土为基本的方式似已没有争议。考古材料和现存实况足以说明。

三、城池与天象

古本《竹书纪年》开篇“夏纪”之首句：“禹都阳城。”（《汲冢书》《汲冢古文》）案：《汉书·地理志》注：“臣瓒曰：《世本》禹都阳城，《汲都古文》亦云居之，不居阳翟也。”阮元校勘记引齐召南说“‘咸阳’当作‘阳城’”，据改。《存真》作“禹都阳城”。《辑校》作“居阳城”……可证。③笔者非训诂考据，是己所不能。只是以此为题引，即“夏纪”以“禹都阳城”开始。说明古之王朝以都城所在为纪录的开章。接下来的是：“《纪年》曰：禹立四十五年。”这其实涉及中国的宇宙观，即从空间和时间开始。王城都邑也就成为历代王朝开始的象征，无论是续用旧都，还是迁居新城，皆以都邑和“纪年”“帝号”“皇历”开始。开始即言都城。

我国古代的天象、城市与皇宫建制存在着密切的关系。比如汉高祖（公元前 202 年）奠都长乐；嗣营未央，就秦宫而增补之，六年（公元前 187 年）城乃成。城周回六十五里，每面辟三门，城下有池围绕。此时的都城已经将地理的因素结合起来。城的形状已非方形，其南北两面都不是直线。营建之初，增补长乐、未央两宫，城南迂回迁就；而城北又以西北隅滨渭水，故有

---

① ［美］韩森：《开放的帝国：1600 年前的中国历史》，梁侃等译，凤凰出版传媒集团、江苏人民出版社，2009 年版，第 188 页。

② 张光直：《中国青铜时代》，三联书店，2013 年版，第 40 页。

③ 参见方诗铭、王修龄：《古本竹书纪年辑证》（修订本），上海古籍出版社，2008［2005］年版，第 1 页。

顺流之势，亦筑成曲折之状。后人仍倡城像南北斗之说。①

历法与城建也是一个重要的依据。我国的历法，源自天象，尤以日月运行为据。王斯福认为：

> 这种历法通过季节的周转以及天文学和占星术的实际相位来安排一个理想的设计为模型的皇宫或城市，这便被称之为“明堂”。都城和皇宫便以这种理想的设计为模型来建造。这一核心概念也反映在坟茔、居所以及庙宇这类重要的建筑物上。所以，帝国的历法是以宫殿南门为新的开始，作为保护者的皇帝，则要面南背北。并且，对于“天下”的南方而言，其位于气之原始之处。②

农业传统也必然会将天时、地利、人和的认知关系反映到节律和时节中。当然，这些与“天时”有关的时令也会反映到城邑建设中。《尚书·尧典》：帝“乃命羲和，钦若昊天；历象日月星辰，敬授人时”。“时”与“日”有关。文字上，“时（時)”，属“日族”，诸如旦、早、晨、旭、晓、朝、暮、晚、昏、明、暗等涉及时间的文字必以“日”表示。甲骨文[古文字]，表示太阳运行，本义为太阳运行的节奏、季节。金文[古文字]、籀文[古文字]承甲骨文字形。四季为“时”；一天为“日”。《说文解字》：“时，四时也。从日寺声。”《管子·山权数》：“时者，所以记岁也。”故我国古代重“天时”，农耕文明的根本就在于与四季（四时）节气相配合，即围绕天时而进行各种农事活动。如无“天时”，农耕文明便无依据。

我国古代的时间以日的移动为观测根据，“日历”为我国最早记录时间的历法。“历”的古用有两种，歷、曆。歷者，指经过，甲骨文[古文字]，《象形字典》解义为穿过丛林。《说文》：“歷，过也。”曆者，从日，可知其与日有关。与“歷”合并，厤，既是声旁也是形旁，是“歷”的省略。曆，金文[古文字]（厤，“歷”的省略，穿越、经过）加[古文字]（日、时光、岁月），表示经过一段时间。本义为时光流逝穿越。《说文》释曆：“历象。”《史记》中“曆”与“歷”通用。“历”作名词解释的本义指“纪时法”。《周易·革》：“君子以治历明时。”农耕田作不仅遵守天时之历，也与城郭建设存在关联，其中包括修建的

① 梁思成：《中国建筑史》，三联书店，2011 年版，第 21 页。

② ［英］王斯福：《帝国的隐喻：中国民间宗教》，赵旭东译，凤凰出版传媒集团、江苏人民出版社，2009 年版，第 34 页。

时间规定。比如《月令》中有关于城郭和宫室修建时间的记述如下："孟春之月"①，"毋置城郭"；"仲春之月"，"毋作大事，以妨农之事"；"季春之月"，"周视原野，修利堤防，道达沟渎，开通道路，毋有障塞"。这些规矩原本只是根据时节和农事的关系而进行的"天时"安排。

时间与方位在宇宙观中是并置的，自然也会完整地体现在都城的营建中，这样的王城形制几乎沿袭至清朝。这种形制具有中国传统的宇宙认知；同时融"天下观"的理念于其中。一如殷人重屋，周人明堂皆贯彻之。关于"明堂"的建筑，王斯福在《帝国的隐喻》中认为其以洛书为魔方，是以宇宙四季为基础，皇帝在其中一直在掌管着运转的秩序。② 人们今天所看到的北京城的祭坛（祭祀社稷）即以南为上。方坛二层，上面按五行铺黄（中）、红（南）、蓝（东）、白（西）、黑（北）。③ 这种王城的建制中许多认知性元素和知识也广泛流传于民间。比如建筑上面向南方。

结语

西方的现代城市问题甚至危机其实都存在着"被遮蔽"的情形。就像"西方中心"的政治话语一样，被历史奉为圭臬的惯性所延续，而其危机总"被遮蔽"。其实，西方学者不断地自己为自己的城市历史敲警钟。《没有郊区的城市》就是其中之一，作者把美国城市的经验教训归纳了24点。其中列举了美国一些著名和重要的城市人口变化数据，以说明这些城市已经进入了"非弹性"④ 的"极限点"，属于"没有郊区的城市"形态。⑤ 虽然作者也在结尾得出了"结论与建议"，但他本人其实对于改善美国的城市化建设的发展并不乐观，因为"全球化"，因为资本匮乏，因为社会关系依赖性的脆弱，因为"暴力技术无所不在"，因为富人与穷人、不同族裔的隔绝等。⑥ 或许这只

---

① 农历年分十二月份，即正月、二月、三月、四月、五月、六月、七月、八月、九月、十月、冬月、腊月。一年分四季，春、夏、秋、冬。每三个月为一季，即孟、仲、季。所以，孟春即指正月，依此类推。

② ［英］王斯福：《帝国的隐喻：中国民间宗教》，赵旭东译，凤凰出版传媒集团、江苏人民出版社，2009年版，第34页。

③ 参见王世仁：《皇都与市井》，百花文艺出版社，2006年版，第39页。

④ 城市的"弹性"和"非弹性"被认为是一个城市发展过程中生命力的重要依据。城市弹性大指城市在建设和发展中有很多空地可以用来开发建设，城市政治和立法则以拓展空间为目标。这类城市被称为"弹性城市"。反之，城市的建设密度已经超出平均水平的传统城市，而这些城市因为各种原因处于无法拓展其发展空间的为"非弹性城市"。见［美］戴维·鲁斯克：《没有郊区的城市》，王英等译，上海人民出版社，2011年版，第12~13页。

⑤ ［美］戴维·鲁斯克：《没有郊区的城市》，王英等译，上海人民出版社，2011年版，第94~97页。

⑥ ［美］戴维·鲁斯克：《没有郊区的城市》，王英等译，上海人民出版社，2011年版，第168~169页。

代表西方学者中的一部分，甚至是独立的个体，但作者提供的材料和数据应该是可以相信的。这些材料和数据表明：美国的城市发展处于危机之中。概而言之，作为我国重要的文化遗产，我国古代的城郭建制一以贯之，从黄帝时代一直延续到清代，从未中断。今日我国的城镇化建设需要顺之理，承其范。西方的城市模型或可借鉴，但却有限。因此，中国的城镇化发展在借鉴西方的城市发展模式时需要特别谨慎。

作者简介：彭兆荣，四川美术学院“中国艺术遗产研究中心”首席专家；厦门大学人类学系教授（一级岗），博士生导师；人类学高级论坛学术委员会主席团主席。

都市人类学视角中的上海“士绅化”实践

——集体记忆、空间重构和地方归属感

潘天舒

自20世纪90年代至今，上海城市的每个角落都经历了开埠以来最大的一次改造，其变化程度之剧烈，可谓沧海桑田。为重振昔日东亚经济中心雄风而推出的一系列市政建设项目，完全达到了规划者所预期的“一年一个样，三年大变样”的效果。过去近二十年间上海城区内工地之多以及市区交通地图版本更新速度之快，也可以说是举世罕见的奇迹。在转瞬间就建成并投入使用的环路、南北高架桥、横跨浦江两岸的斜拉桥、隧道、地铁、轻轨和磁悬浮列车，同林立的摩天大楼一起，改变着城市居住者原有的时间和空间概念，也呈现出上海成为新型国际大都市的前所未有的人文和社会生态景观。

目睹如此世纪剧变，我们也许会认为所谓的区域性和地方情结也将随之淡化或消失。然而，笔者在1998—2002年以及2010年世博会期间在上海东南部湾桥社区所进行的田野体验和实地观察显示，在日常生活中，尤其是本地人利用自己居住地点在城市所属区域来喻指自己的社会和经济地位并借此抒发文化优越感或者自卑感时，仍会不经意地使用早该过时的“上只角”和“下只角”陈旧说法（Pan and Liu，2011）。笔者惊奇地发现：这种理应存入历史语言学档案的老掉牙的空间二元论，居然还有相当茁壮的生命力，能继续成为探讨今日上海城区结构调整和公共生活变迁在具体空间体现形式的一个象征符号。不久前，由于闸北和静安两区合并在网络和微信朋友圈引起的众说纷纭，即是明证。

与其他国际大都市的市民类似，在上海世代生活和工作的居民都会在日常交谈闲聊时以地段或者“角”这样的传统说法，来特指其在城市生活的社区，并以居住地点来暗示其社会和经济地位。这种微妙的表达方式所透露的是社会关系与空间等级布局之间的逻辑关系。“角”在实际使用中产生的多层

含义，涵盖了阿格纽（Agnew）所阐述的有关“地方”概念的几个方面：首先是指形成社会关系的场所或地点（即所谓的locale）；其次是地段（location），是由社会经济活动而拓展的更广的范围；当然还有人们对特定地点和场所产生的“地方感”（Agnew，1987：28）。一百多年来在上海方言中颇有市场的“上下只角”之说，仍然不失为居住者以空间地理位置为自己定位的一种策略性话语手段。

本文试图探讨城市中心特定地方的集体记忆对于公共话语构建和特定地方营造的现实意义。在上海，承载极具地方色彩的记忆，在公众话语中的表述，便是代代相传的“上只角”和“下只角”之说。著名人类学家阿鲍杜莱（Appadurai）曾经吁请人类学学者在田野研究中注意“将等级关系（在特定地方）定位”的方法。作为回应，笔者在文中将以上/下只角的说法为观察切入点（而非分析框架），描述“上只角”和“下只角”作为想象社区，是如何被作为文化和社会标签“贴在想象的地方之上的”（Gupta and Ferguson 1997：37）。

“上只角”/“下只角”二元论与都市空间重构

在上海方言里，“上只角”可直译成英语里离人口繁杂地段有一定距离的幽静的富人住宅区（uptown）；而“下只角”则是拥挤的穷人聚居区（如棚户）的代名词。在许多方面，“上下只角”二元论，在身处欧美工业社会语境的社会学家看来，在体现阶级和族裔差异的空间和地方感方面，也不失为一种绝妙的表达方式。在过去的一百五十多年间，上海历经城市化和工业化的洗礼，成为“十里洋场”和华洋杂居的繁华都市。在此过程中，这一空间二元论，却始终代表了两种截然不同的生活方式、个人或家庭乃至社区邻里层面的生活历程。它在话语表述中所展现的，是一种对于本土或出生地的认同感和对于目前所处生活环境的体会。社会史学者早已敏锐地察觉到这一空间二元论所凸显的社会优越感和市井势利性（参见Honig，1992；Lu，1999：15，376）。如下文所述，作为历史想象力和社会现实的双重表征，这一空间二元论不失为本地居民（包括已经扎根立业的“新上海人”）、各级官员和房地产商在社会关系网络中定位的参照点。尤其是在新世纪上海社会各方面发生剧变之际。

具体地说，所谓的“上只角”就是指上海因为鸦片战争成为租界之后来自英法美等国的洋人的住宅区。现在的衡山路、华山路和武康路地区，静安区南部和卢湾区（现已经归属黄浦区）北部，是久居上海的市民公认的典型的“上只角”（参见徐中振、卢汉龙和马伊里1996：42）。一百多年前，西方列强瓜分上海这块宝地，以租界形式来划定各自的势力范围。法租界和公共租界（代表英美势力）成了“上只角”的历史雏形。不管是昔日公共租界内的外滩和南京路十里洋场，还是法租界内幽静的旧别墅区，如今都是方兴未艾的“上海怀旧”产业的文化地标。值得注意的是，即便是在1949年以后，那些收归国有的西式楼宇也继续在为新政权的各个相应政府部门服务，其建筑风格也得以保留。在“上只角”地段，人们不时能看到在梧桐掩映之中的多数已经易主的旧宅大院，青苔挂壁却风韵犹存。

计划经济时期的社会主义城市规划的一大特征是控制人口和固定户籍（Ma and Hanten，1981；Whyte and Parish，1984）。由此上海内城的“上只角”的地位，并没有因为20世纪90年代城市改造的浪潮而下降。居住在“上只角”内的众多宁波籍居民在言谈举止间流露出的优越感，往往源自居住地的象征意义，而非实际的居住条件。比如，当某位带有浓重宁波口音的老人说“我住在南京路永安公司附近”时，我们完全可以猜测其实际的居住地点不过是在一栋相当拥挤的年老失修的公寓楼里。但在房地产开发尚未成气候时，居住方位（即“上/下只角”）对于宁波移民的后代们来说远比居住条件重要。

对于居住环境中处于“上下只角”之间的南市老城厢来说，这种夹在地段优劣程度与实际住房条件之间的矛盾，更为突出。现在已成为黄浦区（其辖区覆盖了原公共租界地段）一部分的南市，曾是上海市人口极为稠密的居住区。区内本地老屋和旧式石库门里弄鳞次栉比，是极富上海本土特色的居住模式。近年来，旅游业的兴盛使该地区焕然一“新”的城隍庙、豫园、文庙、茶楼、老字号的饭店乃至遗存的上海县城城墙，成为重要的文化地标。但是，这些地标周围的居住环境，却令地方官员难堪。蕴藏在本地居民中的那种和无奈交织的情绪，使他们不愿迁往近郊新开发的住宅区，而宁肯忍受合用公共厨卫以及马桶带来的不便、烦恼和尴尬。一方面老城厢的悠久历史使他们对于世代居住的街区有一种归属感。另一方面，由于“上只角”近在咫尺，老城厢的居民还时而庆幸自己能在心理上和文化上保持与“下只角”的距离。

就实际居住条件和环境而言，在上海闹市区与“上只角”相对应的“下只角”是那些拥挤不堪的棚户区。在城区大规模改造之前，上海的“下只角”通常包括从周家角到外白渡桥的苏州河两岸，北部的沪宁铁路和中山北路之间地区，南部的徐家汇路以南，中山南路以北地区（参见徐中振、卢汉龙和马伊里1996年：42）。“下只角”的传统居民是来自邻近苏北地区的移民或难民的后代，经常说一口带有浓重家乡口音的上海方言。在最能体现上海普通市民文化生活的滑稽戏表演中，苏北口音就是一种象征剧中小人物处于“下只角”卑微社会地位的符号。这种艺术的真实的确是生活现实的反映。而宁波口音由于甬籍经济势力的强大而成为上海方言的一种标准音（如从“我呢上海人”到“阿拉上海人”的变化所示）。早在20年前，加州大学教授韩起澜（Honig）就指出："苏北"在语言使用中实际上已失去指代籍贯的作用，而是一个充满歧视色彩的词汇（Honig，1992：28～35）。由此在上海的社会空间中，"下只角"成了针对以苏北人移民为主的下层平民的偏见的源头。与世界上多数地方对贫民居住区固有的误解和成见相似，上海"下只角"的棚户区常常认作充斥陋屋和违章建筑、破碎家庭、社会风气、陷入贫困泥潭而难以自拔的"都市中的村庄"。可以说在长达半个多世纪的时间里，"上只角"是以宁波移民群体为代表的中上阶层上海市民努力追求的一种代表现代和文明的美好理想，那么"下只角"只能属于落后、愚昧和"缺乏文化教养"的下层移民和他们的后代。

著名上海研究学者瓦瑟斯特穆（Wasserstrom，2000）曾质疑中外学界将租界时期定位成中国现代性发展重要标志的倾向，从而间接对"上下只角"二元说法在学术探究上的合理性提出了挑战。笔者在对他深邃的历史眼光表示钦佩的同时，不得不指出：作为都市生活集体和个人生活体验的一种地方性知识，"上下只角"的二元论在地方行政区划实践中，确有参照系的作用，使地方官员对某一地段居民的社会背景有所了解。1949 年以后，新政府对上海城区重新划分，力图改变租界时代留下的格局。新设立的区中，常常将"上只角"和"下只角"一并纳入，以体现新社会所倡导的对居住条件不同的居民区一视同仁的平等精神。在地图上，"上只角"和"下只角"的界限随着地方政治版图的改变（如静安和闸北两区合并），已几乎消失。然而，在日常话语系统里，这一本该作古的二元论为何还有市场呢？

应该说，在 1949 年之后租界时代遗留的以路标、马路和建筑区隔"上只角"和"下只角"的做法已被摈弃。然而，在新设区内设立的街道和居委，在有意无意之间又延续了以行政手段区分"上下只角"的做法。如卢汉超所指出的，街道组织领导为了方便日常工作和管理，索性用居民出生地的地名来命名居委会（Lu，1999：316）。在上海人眼中，"苏北里委"和"南通里委"这些实实在在的社区的社会和经济地位以及其名称中所蕴含的象征意义是不言而喻的。在"上只角"原法租界的霞飞路，尽管在崭新的政治和社会语境中被更名为淮海路，但是对于居住在那里的普通居民或者是慕名而来的"老上海迷"来说，它所代表的特殊的历史风貌、艺术品位乃至文化资本（Bourdieu，1984）仍然未见丝毫减少。

诚如安德森（Benedict Anderson）在《想象的社区》一书中所言，革命者在取得胜利后往往会有意无意地去继承其前任的遗产（B. Anderson，1991：160～161），而并非真的在物质上毁灭旧时代留下的一切东西。如原上海汇丰银行大楼，在成为浦东发展银行之前，一直作为市政府行政大楼，是外滩的标志性建筑。外滩的其他风格各异的西洋建筑，长期以来也发挥着市政府的商贸和其他部局单位的日常办公功能。正是由于这些足以成为上海历史文化遗产的楼堂会所的客观存在，使得“上只角”的符号表征意义在崭新的形势下没有实质性的改变。因而1949年后新的区划不但没能使人们心中的“上只角”和“下只角”消失，相反，这一“上/下”二元论在不同社会交往情境中，继续成为人们在日常谈吐中区别高低贵贱的重要指标。

城市社区的“士绅化”进程

史无前例的大规模基建和商业发展项目，在快速地重构中国沿海和内地城市的社会空间。与经济和社会转型同步的城市化进程，无时无刻不在影响和重塑城区的新旧邻里之间的互动关系。导致中国城市面貌改变的因素，并不仅仅是如雨后春笋般出现的楼宇和道路，更是过去十年来规模空前的人口流动。弹指之间，昔日宁波帮的后代已成为地地道道的老上海。在日常会话中，经过宁波方言改造的上海话比原本听上去更接近本地土话和吴侬软语的上海方言要更为标准和自然。当然上海话的实际发音体系中也在不知不觉中加入了个别苏北方言的元素，变得越来越多元和多源。这一过程暗示苏北移民的后代在随着下只角被推土机碾为平地之后，告别了不堪回首的过去。而他们在城市社会生活中饱受不公待遇的地位已被如潮水般涌入的民工群体迅速代替。

随着改革的深化，新一代具有专业知识和国际眼光的政府官员开始主导城市管理实践。与老一代相比，他们有足够的心理准备、新颖的思路和强烈的进取意愿，来应对新的历史条件下城市扩张和“流动人口”剧增带来的压力。与此同时，城市产业结构调整和国企重组过程中采取的一系列包括消肿和分流在内的措施，使得数量可观的待岗和下岗职工，逐渐代替老弱病残，成为社区“困难人群”的主要组成部分。尽管上海有领先全国的社会福利制度，应付下岗带来的社会问题仍然是城市管理的当务之急。由于上海在20世纪一直是国家重轻工业集中的超大型城市，纺织等产业在结构调整过程中不可避免受到冲击。许多传统的制造行业都有不同程度的下岗现象存在。必须指出的是，上海市内未开发的“下只角,”是“吃低保”（享受社会福利待遇）的下岗工人和其他困难人群的主要集中地。

跨国公司和私有企业的涌现，也使城市的社会和经济生活变得更加多元。全球化浪潮所带来的各种知识、技术和观念的普及，也在渐渐地影响上海都市“上下只角”的社区改造思路。社区管理和社区服务的专业化和细分化，以及强调社区有序发展和注重经济效益的路径选择，正在主导着城市旧区改造中具有上海地方特色的高档化和“士绅化”进程（gentrification）。作为后工业化社会所特有的城市社区重构和住宅建设变化模式，“士绅化”（高档化）这一社会学家所造的词汇，描述的是最近二三十年欧美大城市（如伦敦、纽约和华盛顿等）的一种复兴和重塑过程（参见 E. Anderson ，1990；Butler，

2003；Caulifield，1994）。依照城市社会学的一般共识，“士绅化”的典型表现形式为：高收入的专业人士迁入改建后住房条件和治安状况显著改善的内城，同时社区重建所引起的房价和租金上涨，使久居内城的低收入居民（以少数族裔和来自第三世界的移民为主）被迫外迁。房地产开发商、当地政府官员和新近迁入的高收入人士都在“士绅化”过程中扮演极为重要的角色。

近几年来因商务和学术研究久居上海的欧美人士，在谈到上海市中心及周边地带在近十年发生的瞩目变化，都会使用“士绅化”这一词汇。但要更好地理解这一具有当代中国特色的“士绅化”进程，我们不能脱离住房改革、地方行政管理的专业化和基建发展的大背景。在20世纪末上海城市改造的具体语境中，“士绅化”首先表现为一系列旨在美化市容和改变文化景观的市政措施和建设项目。与欧美和许多发展中国家城市发展所经历过的富裕人士因穷人不断迁入，“放弃”内城，在近郊购置房产所不同的是，在上海，即便是拥挤的内城和闹市区也有相当部分属于“上只角。”而来自海内外各种社会和经济力量近年来对这部分“上只角”所展开的空间重构，是值得城市研究者认真关注的“士绅化”进程的重要方面。总之，“士绅化”作为一股造就上海文化生态景观的结构性力量，不仅是自上而下的制度、决策和规划机构，也是自下而上的植根于邻里社区的组织和网络。

“士绅化”进程的催化剂是以怀旧为主题的老上海文化产业。与国内其他城市盛行的红色怀旧所不同的是，以上海怀旧为题材的小说、戏剧、影视剧、摄影集、回忆录、散文、音乐和物品收藏等一系列文化产品的创作、营销和消费，就其内容和形式而言，无非是对当年十里洋场繁华旧梦的回味、想象和咏叹。这一怀旧产业的兴盛，得益于上海在城市改革进程中涌现出的来自海内外社会精英人士的精心策划和推介。当然，上海怀旧的产业化也为研究观察都市文化变迁与城市规划和社区构建之间的互动提供了宝贵契机。透过怀旧的表象，我们看到的是一个饶有意味的对老上海集体记忆的重新发掘、重新评价和再度包装，以期重现和重构文化的复杂过程。基于笔者的观察，对于记忆的策略选择和历史的想象重构，是人们在经历城市百年未有的在社会和经济领域的巨变时的回应。从某种程度上讲，上海怀旧能使城市的新生代精英（如各级政府官员、作家和艺术家、建筑师、地产开发商和白领人士等）回味大都市的昔日辉煌，“以史为鉴，”为实现规划蓝图，营造新世纪的全球化都市做好热身准备。从新天地到思南公馆以及徐汇和静安的学区房，都是特定地段和社区士绅化程度在崭新语境中的鲜明体现。

从20世纪90年代末开始，在笔者的主要田野点湾桥社区以北的“上只角”地段，各类租界时期的公寓楼、别墅和洋房修缮一新，与时下兴建的风格迥异的高层住宅和办公楼相映成趣。的确，日渐多元化的建筑与景观设计，在卢湾北部商业中心周边高档消费区（以新天地为代表）刻意凸显的新“上只角”氛围，与美国波士顿城旧区改造“士绅化”杰作之一的昆西市场旅游景点，可谓异曲同工。公共艺术和灯饰的巧妙使用，使一些历史建筑旧貌换新颜。同时，一些废弃的老厂房和车间经翻修重整，成为时尚设计室、画廊和工作坊。位于原法租界和公共租界交界处的新天地多功能消费和娱乐区，与红色圣地“一大”会址比邻而居，集历史凝重、现实思考和未来憧憬于一体。在这里，投资者煞费苦心，耗资千万，打造以展示上海石库门民居风格的新旧混合建筑群体，其轰动效应非同一般，引得远近游人纷至沓来。新天地在商业上的初步成功，使市内其他地段（尤其是位于“上只角”附近住房条件陈旧的一些街区）纷纷效仿，以重建文化街和维护沪上旧别墅群为目标，试图再造“新天地，”从而人为地加快和加深新时期海派“士绅化”的程度。

从理念上讲，在城市改革语境中依靠市场和文化重建的力量来促进街区“士绅化”，比单纯依赖行政手段来进行美化市容和塑造文明社区要更为有效和持久。然而，与后工业化城市复兴实践经历相仿的是，真正受益于“士绅化”的往往是经济转型时期的宠儿，而低收入人群却难以欣赏和分享良好的家居环境和治安状况带来的好处。20 世纪 90 年代末，南部湾桥的“士绅化”进程比其北部“上只角”地区要缓慢得多，笔者在街道结识的那些干部朋友们为此常常感到心有余而力不足。

以湾桥所在城区的街道设置为例，我们不难看到这“上/下”二分论在考察“士绅化”过程中的实际意义。该区北部的三个街道大致位于“上只角”内，而位于南部的湾桥则是闻名遐迩的“下只角”，由一个街道单独管辖的小型行政单元。与市内其他的“下只角”相类似的是，湾桥街道的老居民多是解放前逃荒和躲避战乱的难民和本地菜农的后代。在 1998 年初次进行人类学田野研究时，笔者不无惊讶地注意到：那已经变了调的苏北和山东方言，在某些里弄，是比上海话更为有效和实用的沟通语言（Pan，2007，2011）。

笔者发现：不管是上海本地人也好，或是研究上海的专业学者也好，对于“上/下只角”二元论，难免会有一种不屑一顾或莫衷一是的态度。这种难以启齿的感觉，类似于我与来自印度的学者谈到种姓和美国同学论及族裔和阶级差异话题遭遇的莫名的尴尬。一般来说，相对于其他阶层，具有婆罗门背景的印度同学更愿意带有一种优越感来谈论种姓在日常生活中的意义，而低种姓阶层的人士则会高谈阔论圣雄甘地废除种姓差异的壮举，却闭口不谈平等理想与现实之间的距离。在笔者曾任教的美国乔治城学院，来自中上层背景的美国白人学生会轻松地谈论他们所居住的高尚住宅区以及同样高尚的邻近学区。而来自华府东南黑人区的学生则干脆以“巧克力城”（喻指其所属种族的肤色）作为首都的昵称，在心理空间上与居住在华府西北部的精英人士保持距离。

笔者的童年是在黄浦区的一个住房类型混杂，与卢湾区北部一街之隔的社区（位于原法租界和公共租界交界处）度过的。然而多年来笔者从不记得街坊邻里提起过在本市东南部有一个叫湾桥的地方。当笔者在与街道和居委会的朋友们谈起自己竟然对湾桥这一近在咫尺、比邻而居的实实在在的社区如此无知而感到羞愧时，他们却十分大度地告诉本人这是情理之中的事。因为，用他们的话来说，湾桥不过是“卢湾的下只角而已”。

在田野研究过程中，笔者逐渐感觉到，湾桥的“下只角”地位，因为一些附加的历史因素而变得更加独特。首先，1949 年前兴盛的当地殡葬业，是数代居民坚信的败坏本地风水的重要根源。1937 年日军空袭上海之后，成千上万的无主尸体未经丧葬仪式，便掩埋在湾桥，填平了众多臭水沟，也进一步污染了当地的文化生态环境。在解放战争期间，湾桥的某些传说中的“鬼魂”出没之地，成了国民党残兵、流寇和因土地改革而逃亡来此的地主的歇息场所。这段当地老居民觉得难以启齿并希冀尘封忘却的历史，却又在 90 年代大兴土木的基建和住房改造高潮中，破土而出，显露在光天化日之下。在有些建造摩天办公楼和高层住宅的工地，挖土机掘地数尺之后，工人们便会惊恐地看到遗骸和尸骨。这些不经意的发现，又会勾起老一代的记忆。难以考证的琐碎叙述，经过街坊邻里的道听途说和添油加醋，变成一种“历史事实”，成为工地附近的居民寝食不安的缘由。

1949 年前的湾桥，乱草丛中、死水潭旁，处处蚊蝇滋生。据老居民回忆，夜出无街灯，受散兵游勇和地痞流氓打劫乃是家常便饭。白天外出常会看到弃婴和饥寒交迫、流落街头的乞丐，甚至还有破草席包裹的冻死骨。一位已退休多年的街道干部告诉笔者：湾桥在 1950 年之前本是一片藏垢纳污之地，连一所学校也没有。与北部“上只角”的居民区相比，湾桥无疑是被历史遗忘之地，其居民不幸成了“没有历史的人们”（Wolf，1982）。在区政府派往湾桥工作的干部眼中，湾桥与该区北部的反差巨大，缺乏文化、历史和传统，简直就是他们的“伤心岛”。

有意思的是，就地理位置而言，湾桥与市内地处边缘的“下只角”有明显的不同。首先是湾桥距其北部“上只角”街区的步行时间不过十来分钟。也就是说，湾桥离众多历史地标，尤其是那些象征“标志式时间”（Herzfeld，1991）的建筑，仅一箭之遥。湾桥之北是中共一大会址和在此附近兴建不久的“新天地”高档娱乐区。湾桥之南则是被称作中国工人阶级摇篮的江南造船厂（原江南制造局）。湾桥之东是豫园城隍庙旅游景区。由湾桥向西行二十分钟，便是远近闻名的徐家汇地区。在湾桥北部的“上只角”，在上海怀旧文化产业和政府历史建筑保护措施驱动下，租界时代风格各异的建筑修葺一新。出于不同的商业目的，老洋房、老公寓楼和里弄石库门等，或整旧如新，或整新如旧。建筑文化的再次发明似乎在暗示慕名而来的参观者该区法租界的昔日风采。与此同时，位于南部的湾桥，却相形见绌，“下只角”的阴影挥之不去。已成为交通干道的徐家汇路，在某种意义上，仍然是“上下只角”的分界线。

直到20世纪末，你如果从卢湾北部向南往湾桥方向走去，不难发现你视线中房屋建筑风格会“移步换景”，从夹在后现代风格摩天大楼之间的欧式洋楼，到传统的石库门排楼以及式样统一的新村楼房。到了湾桥，你会看到老工房、低矮的本地老房和尚未拆迁的棚户内为拓展生活空间“违章搭建”的小屋。在鳞次栉比的高楼还处在城建规划馆的模型展示盘的发展阶段，你在湾桥所看到的是新旧交替的真实生活图景。

在1995年成为文明社区之前，湾桥从未被外界重视。在厚达200多页的区志中，占地三平方公里，拥有八十多万常住户口居民的湾桥，只有区区两三页的介绍。在眼界甚高的地方官员眼中，本区的亮点从来就应该是其北部文化气息浓厚的“上只角”，而绝不是相形见绌的湾桥。难怪在2000年夏天，当笔者将刚完成的一份涉及湾桥1949年前历史的田野报告面呈一位街道干部时，他颇不以为然地说道：过去的事情有什么好研究的，而且这么小一块地方也值得大书特书吗？显然新一代的街道和居委会干部，似乎没有那种怀旧情结，他们的着眼点是社区的现状和未来，而湾桥作为“下只角”的过去，只是一个可以甩去的历史包袱而已（Pan，2007）。

虽然居委会和街道干部朋友们对湾桥社区的过去兴趣寡然，但笔者对于湾桥地方性知识的进一步探求，也许冒犯了那种人类学家所说的充溢着“文化亲密度”的集体空间（Herzfeld，1997）。笔者在随后的几次访问中得知，有关湾桥过去的讯息（尤其是有关风水的说法），如果被好事者大肆渲染，会间接地损害地方发展的经济利益。比如说，位于大路两侧的硬件设施相似的新建住宅区，由于一个接近“下只角，”另一个则属于原租界的南侧，两者间每平方米的房价可相差近1 000元人民币。其中来自港澳台的风水先生通过调查（主要是对于湾桥过去的探寻）得出的结论，对于房价的高低起了市场之外的“调节”作用。与城内其他原“下只角”地段的街道和居委会干部一样，湾桥的地方干部竭尽全力，通过积极参与文明社区和其他社区发展活动，吸引传媒的注意力，以改变人们对社区的刻板印象。从20世纪50年代到21世纪初，每一届的街道领导都为摆脱湾桥的落后面貌而倾注无数汗水和时间，试图在这白纸一张的“下只角”中，描绘出美妙的图画。他们意识到存在于湾桥历史记忆的潜在力量，并未随着时间而消逝。而他们的努力方向，恰恰是要使这种集体记忆转化成社区“士绅化”的驱动力。

对经济全球化的积极参与，使上海走向从制造业逐渐发展成以服务和金融业的面向高科技未来的国际大都市的轨道。这一城市产业的结构性调整，在不同程度上影响着卢湾北部（“上只角”）和南部（“下只角”）的“士绅化”进程。在北部，保存完好的租界时期的洋房和傲然屹立的摩天楼宇，似乎预示着新一代城市的主人在努力恢复昔日东方巴黎和亚洲商业中心地位的决心。在这里上班的白领们充满自信和活力，体验着其父辈所梦想不到的职业人生。而与此同时，南部的湾桥却在目睹国有企业重组关闭、职工分流和下岗的尴尬场景。在新旧世纪交替之际，展现在卢湾的这种反差极大的南北生活方式，似乎又拉大了上下角之间的距离。

在湾桥的众多工厂关门大吉之后，房地产开发商在厂房拆除后的土地上，建造起了高级住宅小区。在新生代街道领导的眼里，迁入这些小区的居民大都有相当高的教育程度和专业背景，能极大地提高街道的人口素质，是湾桥保持其文明社区光荣称号的重要保证。于是，湾桥的新建小区开始代替传统的工人新村，成为街道社区发展项目试点和推广的主要对象。尽管迁入高档小区的居民对湾桥社区毫无感觉，他们却成为街道干部在参加市级文明社区评比中的取胜关键。由于新建小区的“软硬件”设施较湾桥的普通新村更为完善，街道将其视作向外界展示其促进社区发展和推动基层民主的示范点。结果，还未完全认同湾桥社区的新居民，却在不知不觉中成为居委会选举和业委会组建的生力军，在媒体中曝光率极高。而多数传统新村中的老居民却在社区日渐“士绅化”之际，成为可有可无的陪衬“边缘人。”而正在城区之内蓬勃兴起的“上海怀旧”产业，就其所处的地理位置和在城市生活中的服务对象而言，还是以重现“上只角”当年风貌，迎合当今时尚潮流为主要特色。对于同属一区但地处湾桥“下只角”的平民百姓来说，其意义实在有限。

令笔者宽慰的是，在2010年世博会期间的湾桥文明社区建设，似乎又再次印证了地方归属感和集体共享记忆的珍贵价值。日新月异的时空变幻图景，通常会使管理者忽视社区邻里内部原有的人情和伦理资源对城市凝聚力、城市治理的公共文化意义和实际价值，而无形的社区内道德传统力量一旦流失，则需要有形的公共资源来弥补，被割裂的社区网络也平添了公共的治理成本。湾桥与2010年上海世博会园区仅一箭之遥，其独特的地理位置决定了它在世博举办期间所占据的展示社区文明舞台的重要性。在增强邻里功能、追求管理效益最大化的前提下，新一代的街道干部在实践中尝试降低日常行政运营的间接成本，同时积极迎接士绅化的趋势，适时营造对社区成员产生影响的公共文化氛围。而这种公共文化的氛围是以自发的和受到激励油然而生的志愿精神为存在的前提和基础的。社区内原有的各种关系网络、成员之间的信任感和责任感以及对行为规范和道德伦理的认同和行动上的默契，也为志愿精神的培育和发扬提供了必要的条件和充沛的能量。熟悉的乡音、对于小区里弄新村内一草一木的共同记忆以及源自孩童时代的同窗友情，也会使志愿精神得以延续和拓展。

本文以沪人皆知的“上下角”空间二元论入手，论述特定社会语境中历史记忆对“上下只角”这些想象社区的空间重构的作用。城市人类学学者所强调的将个人与集体记忆及权力结构和特定地方相连的研究手段，有助于我们观察、了解、体会和分析具有新上海特色的“士绅化”进程及其城市中心社区发展的推动和限制作用。有鉴于此，笔者认为：摧枯拉朽般的造城运动，实际并未造成人们地方感的消失，相反，这种地方感会随着社会分层的加剧，在特定的时间和场合，以各种方式表现出来，成为城市日常生活不可或缺的一部分。

英文文献

[1] Agnew, J. A. *Place and Politics: the Geographical Mediation of State and Society* [M]. Boston: Allen and Unwin, 1987.

[2] Anderson, B. *Imagined Communities: Reflections on the Origin and Spread of Nationalism* [M] revised edition, London: Verso, 160 ~ 161, 1991.

[3] Anderson, E. *Streetwise: Race, Class, and Change in an Urban Community* [M]. Chicago: University of Chicago Press, 1990.

[4] Appadurai, A. Putting Hierarchy in itsPlace [J]. *Cultural Anthropology*, 3 (1988): 36 ~ 49.

[5] Bourdieu, P. *Distinction: A Social Critique of Judgment of Taste* [M]. Cambridge, MA: Harvard University Press, 1984.

[6] Butler, T. *London Calling: The Middle Class and the Remaking of Inner London* [M] Oxford: Berg Publishers, 2003.

[7] Caulfield, J. *City Form and Everyday Life: Toronto' s Gentrification and Critical Practice* [M]. Toronto: University of Toronto Press, 1994.

[8] Gupta, A. and Ferguson, J. (eds.) *Culture, Power, Place: Explorations in Critical Anthropology* [M]. Durham and London: Duke University Press, 1997.

[9] Herzfeld, M. *A Place in History: Social and Monumental Time in a Cretan Town, Princeton* [M]. NJ: Princeton University Press, 1991.

[10] Herzfeld, M. *Cultural Intimacy: Social Poetics in the Nation - State* [M]. New York and London: Routledge, 1997.

[11] Honig, E. *Creating Chinese Ethnicity: Subei People in Shanghai*, 1850—1980 [M]. New Haven: Yale University, 1992.

[12] Lu, H. C. *Beyond the Neon Lights: Everyday Shanghai in the Early Twentieth Century* [M]. Berkeley: University of California Press, 1999.

[13] Ma, L. J. C. and Hanten, E. W. (eds) 1981. *Urban Development in Modern China* [M]. Boulder: Westview Press, 1981.

[14] Pan, Tianshu. *Neighborhood Shanghai* [M]. Shanghai : Fudan University Press, 2007.

[15] Pan, Tianshu and Zhijun Liu. Place Matters: An Ethnographic Perspective on Historical Memory, Place Attachment, and Neighborhood Gentrification in Post - reform Shanghai, In *Chinese Sociology and Anthropology* [J]. Vol. 43, 4 (2011): 52 ~ 73.

[16] Wasserstrom, J. N. Questioning the modernity of the model settlement: Citizenship and Exclusion in Old Shanghai, in M. Goldman and E. J. Perry (eds) *Changing Meanings of Citizenship in Modern China* [M]. Cambridge and London: Harvard University Press, 110～132, 2002.

[17] Whyte, M. K. and Parish, W. L. *Urban Life in Contemporary China* [M]. Chicago and London: The University of Chicago Press, 1984.

[18] Wolf. E. *Europe and the People without History* [M]. Berkeley, CA: University of California Press, 1982.

中文文献

[1] 徐中振、卢汉龙、马伊里:《社区发展与现代文明:上海城市社区发展研究报告》,上海远东出版社,1996年版。

作者简介:潘天舒,复旦大学人类学民族学研究所教授。

新时代中国都市人类学的新发展

杨小柳　胡敏哲

改革开放以来，随着我国城镇化进程的不断加速，我国正在经历从一个数千年以农业文明为中心的乡土社会转型进入一个以开放性和流动性为特点城市社会的时代。城镇化对整个中国社会转型的重大意义，在十八大以后出台的新型城镇化规划纲要中从国家战略的层面上得到了确认。在这一纲要中，城镇化被视为是保持经济持续健康发展的强大引擎，是加快产业结构转型升级的重要抓手，是解决农业农村农民问题的重要途径，是推动区域协调发展的有力支撑，是促进社会全面进步的必然要求。快速的城镇化在为推动经济转型升级、加快社会主义现代化建设带来巨大机遇和推动力的同时，更需要我们准确研判城镇化发展的新趋势、新特点，妥善应对城镇化面临的风险挑战。作为人类学现代社会研究的一支重要力量，都市人类学亟待积极有效地参与到新时代全面建设社会主义现代化强国社会转型的研究中，对中国新型城镇化发展的问题、经验和模式进行理论总结和提升，通过理论和实践的紧密结合，探索一条以坚持中国特色社会主义道路自信、理论自信、制度自信、文化自信为核心宗旨的学科发展道路，为更好服务党和国家事业发展、为不断满足各族人民对美好生活的向往贡献力量。

一、都市人类学研究的主要特点

早期的人类学以前现代、非西方的部落社会和农民社会为主要研究对象。二战以后，随着国际政治经济格局的转变，世界性的大规模人口迁移，全球的城镇化发展掀起高潮。人类学学者伴随着他们的研究对象进入了都市研究。从早期学科内部对都市人类学学科定位的质疑，到今天都市人类学成为现代人类学最活跃的一个组成部分，都市人类学在研究问题、研究理论和研究方法上都进行了一系列大胆尝试，有效拓展了人类学研究的领域，并极大地推动了现代人类学学科的发展和转型。经过半个世纪的发展，都市人类学研究已经从早期的都市乡民、移民适应等有限的主题拓展到了包括产业关系、社会排斥、性别问题、政治与城市规划、移民抗争、多元文化体系、城市体系、环境保护等，涵盖了现代城市经济、社会、政治、文化发展各个方面。都市人类学的研究主题虽然非常多样，学科边界十分开放，但仍在都市研究中形成了极具自身特色的研究领域：

一是在跨文化的视野中理解城市的多种形态和发展模式。在都市人类学学者的眼中，城市是由规模相当大，而且异质性极高的个人形成的永久聚居点（Wirth，1938），这是一种“与外界有着最少接触的孤立社会”的农民社会（雷德菲尔德）有着本质区别的人类聚落形式。从沃斯的现代都市性到雷德菲尔德的农民社会，构成一个认识论上的从农村到城市的连续统一体，为都市人类学学者跨文化的城市形态探索奠定了基础。都市人类学学者在研究中积累了大量不同时代、不同地域的城镇发展类型，对城市研究中存在的一些基本研究假设提出了反思和质疑，展现了世界城市发展模式的多样性。

如人类学学者对原深受殖民主义影响的国家和地区城市发展问题研究，其中极具代表性的就是人类学学者对中非铜矿带城市的一系列研究。从 20 世纪 40 年代开始，人类学学者即突破非洲“部落研究”以及“种族隔离研究”思路的限制，认为中非矿业城市的崛起，其实就是一个通过工业化发展、土地流转、劳动力流动，推动非洲人与欧洲人一起加入作为整体的殖民社会体系的过程，去部落化成为学者们研究的重点（Wislon，1941）。再到赞比亚独立之后，国家围绕铜矿开采和出口，形成了依靠城镇核心区工业化的发展推动国家现代化的发展模式，来自农村地区的流动人口大量迁入，城市人口急剧膨胀，学者们注意到从暂时性城镇化到永久性城市化的转变，关注了非洲矿工切断农村联系，完全无产阶级化，成为真正的城市工人阶级的过程（Magubane，1969，1971）。20 世纪 80 年代以后，崛起的赞比亚遭遇了经济的急剧衰退，城市工业发展停滞，城市化让位于逆城市化，工业化也被去工业化取代，绝大多数矿工在退休后，迫于城镇的生活压力，在退休后返回从来没有住过的农村的“家”，铜矿带城市现代性梦想破裂。中非矿业城市的城镇化发展历程，打破了学界对城镇化线性发展的简单判断，反思了城镇化研究中有关“传统”和“文明”“农村”与“城市”二元转型的假设，认为非洲的城镇化远不止是两种社会和经济制度之间的转型，还要面临处理复杂的殖民资本主义制度（Mitchell，1962，233），尝试用一种城乡一体的研究框架重新理解中非矿业城镇的发展脉络。比如弗格森就从文化风格的角度，认为非洲的城镇化不是类型化的从传统向现代社会的大转型，而是平凡且具有历史特殊性的文化风格的转变，是一场短期性的、地方性的，从某种程度来说是可以逆转的变迁（弗格森：2018，227）。

又如人类学学者对中国改革开放以后对中国东南沿海地区城镇化发展模式的研究。改革开放初期，我国长江三角洲、珠江三角洲等沿海发达农村地区率先迈出了乡村工业化的步伐。村村点火、户户冒烟，乡村工业的蓬勃发展，迅速改变了农村的贫困面貌，并通过“离土不离乡”“进厂不进城”等形式，吸收解决了当地农村剩余劳动力，掀起了这些地区乡村城镇化的浪潮。这种以乡村工业推动的分散式农村城镇化模式扎根于中国传统乡土社会的结构特点（如农副结合的农民家庭生计方式、庞大的农业人口）上，因此分散的小城镇发展一度成为中国特色城市发展模式的讨论重点（费孝通）。这一模式也与欧美城市化发展历程中先是城市中心的发展再到中心的分散形成郊区城镇的模式非常不同，从而引起学者们对人口、产业、空间的聚集与城市发展之间的对应关系进行重新思考，提出了乡村都市化的研究概念，认为都市化并非简单地指越来越多的人居住在城市和城镇，而应该指社会中城市与非城市地区之间的来往和相互联系日益增多这种过程，强调都市化是城市与乡村同步发展的双向过程，乡村都市化指的是一种乡村文明与城市文明整合后的新的社会理想（周大鸣、顾定国）。

二是城市移民与族群研究贯穿了整个都市人类学的研究。人口迁移是现代城市发展的一个重要动力。人口的大规模迁移，使得许多背景差异极大的人们在城市中聚集。异质性是现代城市区别于传统农民社会的关键点，因此都市社会的各种异质性，包括族群差异、城乡差异、职业差异、阶层差异、性别差异等①成为都市人类学研究的重点。其中族群差异往往与特定制度、文化、意识形态等紧密结合，成为社会区隔、等级划分的重要机制，甚至是分隔种族和族群的制度被取消后，种族和族群的差异作为一种信仰体系，内化到人们的日常生活中，长期持续难以被改变。都市人类学对城市移民和族群的研究，从早期的传统主题和规模较小的边缘群体社区，逐渐发展到对异质性较强的群体的研究，具体来说，主要有以下几个研究主题：

第一，都市中的家庭和亲属关系研究。家庭和亲属关系是人类学传统的研究领域。学者们发现，即使在城市中无法完全模仿传统的乡村社会关系，但家庭和亲属关系仍然是移民在城市生活的基础。比如，世界各地的移民普遍存在着由城市里的亲戚为移入城市的亲戚临时提供吃住的现象（Schwarzweller，1964；Kemper，1977）。尽管某些移民群体的亲属关系无法在都市中长期维系（如 Lewis，1968），但对于一些在传统价值观中强调亲属关系重要性的群体而言，即使在度过了移民初期阶段后，亲属关系仍然会继续保持，甚至得到增强（Watson，1974）。这些研究挑战了 20 世纪社会科学家认为城市生活特征是失去人性的观点，揭示了在城市中的亲属关系有可能继续保持紧密的现实。

第二，少数族裔聚居区研究。少数族裔聚居区研究可以说是人类学社区研究传统的延续。从 20 世纪 20 年代起，芝加哥学派的学者们就关注了美国

① 周大鸣、杨小柳：《从农民工到城市新移民：一个概念、一种思路》，《中山大学学报（社会科学版）》，2014（05）。

的意大利人、波兰人、犹太人等少数族裔聚居区现象。学者们认为，基于种族和族群差异建立起来的移民聚居区，是一些代表着疏离和隔绝的相对稳定的区域，他们称之为“隔陀”（ghetto）。在这些研究中，社会凝聚成了讨论的焦点，学者们认为，强有力的传统关系和族群认同在成员生存中起着非常重要的作用，为移民提供了社会保障和感情上的安全感，比如犹太人在自己的社区里就“可以完全不考虑社会规定的礼仪和形式主义而全身心地放松自己……过的完全是自己的生活”（Wirth，1928）。这种将族群差异性视为一种社会区隔机制的观点，也把随之而来的族群分层、偏见与歧视、文化融入等主题纳入了都市人类学的研究视野（Bernard Wong，1978；Min Zhou，1995）。

第三，都市邻里研究。经典社会学认为，现代社会的演化就是从“共同体”走向“社会”，随着“匿名性”“原子化”成为都市生活的特征，传统乡村社会中守望相助的邻里将不可避免地走向消亡。都市人类学的研究则驳斥了这些观点，为我们展示了城市中邻里形态的存续性和多样性。20世纪20年代芝加哥学派对于移民聚居区的研究实际上是都市人类学邻里研究的先驱，甘斯（Gans，1962）对于“都市村民”的研究，也证实了邻里中的人们可以通过扩大的血缘和地缘关系，形成大众性的持续性的互助网络。同时，学者们也发现现实中的邻里形态可能是多种多样的，城市邻里生活不一定是乡村生活的历史性延续。如贝斯特（2008）发现，东京老中产阶级对于邻里生活形态的保留，并不是一种独立于社会潮流的乡村生活“传统”，而是对乡村社会传统文化的借鉴，人们通过对文化模式、文化符号和文化主题进行操纵、创造和重新组合，从而使都市邻里呈现出稳定的生活模式，作为对当代日本社会结构的策略性回应。

第四，都市职业群体研究。学者们发现，在收入、职业、文化、族群等方面相似的人们会居住在一起形成社区，因此，在少数族裔聚居区和都市邻里等以社区为对象的研究中，逐渐形成了对社区中特定人群的研究，其中具有代表性的就是都市职业群体研究。都市职业群体的研究既脱胎于社区研究，同时也超越了社区的边界，开始关注城市中的特定人群与更广阔社会的联系。如克瑞塞（Cressey，1969）在歌舞会馆舞女群体的研究中发现，歌舞会馆实际上是一个自成体系的小社会，老板、舞女和顾客是社会中的主要人群。这些舞女由于种种原因脱离了家庭和社区的控制而踏入了歌舞会馆，她们在自己的居住区中一起生活，从会馆挣钱谋生，有自己的关系圈子。另一方面，他又发现这个小社会是匿名化的、流动性极高的，与外部世界有着千丝万缕的关系，是都市中各种组织团体碰撞的某个交叉点。

第五，都市里的陌生人关系研究。都市社会生活就像任何其他社会生活一样，是不同的个人参与不同场景、追求特定目标的产物。这种有目的的情境涉入，使得人们形成了各种各样的角色储备（role repertoire）。学者们注意到，在现代都市中，除了有家庭和亲属关系、社区和邻里等相对稳定的生活领域外，还有诸如休闲娱乐、交通等基本上由陌生人合作形成的互动场景。在这些场景中，人们行走时的摩肩接踵或不经意的眼神相交，实际上是人们有选择地去接近特定的彼此的产物。学者们认为，正是由于现代都市的匿名性，使得这些情境涉入中的陌生人关系变得尤为关键，它们成为都市社会生活的重要组成部分。

三是都市文化研究是都市人类学研究的特色领域。随着世界各地城镇化历程的开启，越来越多的人口生活在都市，都市文化也在现代社会中占据了日益重要的地位。现代西方都市的文化特质是具有“刺激性”和“异化特征”的，如“专业分工、现代法律和社会控制手段、基于利益形成的人际关系及货币的重要地位”等（Wirth，1938）。沃斯对于现代都市性的论述成为人类学理解都市文化的起点，学者们在把握西方都市文化的基础上，着重探讨了都市文化的多元性。

首先是不同国家和地区都市文化的多元性。人类学学者认为，每个文化传统，不论历史悠久与否，都对都市文化的建构具有重要影响，从而使得非西方城市呈现出不同于西方大都市的文化形态。波科克（David Pocock，1960）指出，印度城市有着从乡村生活直接而来的文化延续性，种姓制度在城市中得到充分发展，城市的设计如乡村一样，是宇宙秩序的表现，而非商业和工业的空间需求和购买力的表现。在中国，都市人类学学者注意到，不同区域、不同层级的城市，其自然人文条件、历史沿革和经济发展基础有所差别，从而呈现出各有特色的城市文化。因此个体城镇的综合调查，对掌握城镇历史文化全貌、了解中国都市发展概况具有重要意义。

其次是同一都市内部的文化多元性。学者们发现，即使在同一城市内部，也不存在一种普遍意义上的都市生活方式，各群体的生活方式有明显不同。刘易斯（Oscar Lewis，1965）在对墨西哥城下层社会社区的研究中指出，乡村移民的生活方式没有背离传统的价值，其在都市中的人际关系具有稳定性和亲密性，而非其他阶层居民人际关系所表现出的“表面性”“匿名性”和“暂时性”。中国都市人类学学者也指出，随着大规模的人口迁移，城市人口来源日益复杂化，各种不同的文化和生活方式在城市中随处可见，多样性和差异性已经成为当前城市生活的日常。

再次是不同历史时期都市文化的多元性。有学者从历时的角度来考察都市文化，如斯鸠伯格（Gideon Sjoberg，1960）通过比较从城市生活的开始到中世纪欧洲再到亚洲、非洲和拉美的一些先进城市，尝试构建不同于西方工业城市的“前工业社会城市”的基本特质；又如雷德菲尔德（Robert Redfield）和辛格（Milton Singer）将不同时期的城市划分出“直生性”和“异质性”两种类型，探讨不同类型城市的文化职能。在中国，学者们也关注到地域城市与移民城市在文化特质上的区别。中国古代的城市大多为地域城市，城市居民以周边农村迁入为主，以某一种方言群体为主体，文化构成相对单一，本质上是没有脱离乡土本色的熟人社会；随着改革开放后“移民时代”的到来，移民城市逐渐形成，不同的移民文化在城市相互交融，城市演变为以契约秩序为核心的陌生人社会（周大鸣，2017）。对于中国都市人类学来说，移民城市中的多元文化如何共生发展、文化的融合互动如何推动城市社会的变迁、多元文化下城市治理结构如何转型等，都是值得进一步探讨的问题。

四是应用研究特点显著。都市人类学作为现代人类学最具活力的一个分支领域，始终坚持与时俱进，把学科研究与都市社会的发展变迁紧密结合。在伴随着大规模人口迁移的城镇化过程中，都市社会异质性的与日俱增不仅为都市文化的多元性奠定了基础，同时也意味着许多新的社会问题的产生。都市人类学的许多研究主题，正是来源于都市发展过程中面临的重要问题，其众多的研究成果，对于政府决策具有现实影响力，推动了社会制度的改良与创新。

比如，西方国家在都市快速繁荣发展的同时，一些都市族群的贫困现象却日益突出，这逐渐引起了人类学学者的关注。20世纪60年代，美国人类学学者突破了单纯地把贫困现象视为“自然环境的产物”或“经济现象”等思路的限制，提出了“贫困文化”的理论①。贫困文化论者认为，现代国家的贫穷“不是经济上的一贫如洗、无组织状态，或是一无所有的状态”②，而是已经形成了一种亚文化。在这种亚文化中的穷人脱离了社会生活的主流，陷入了自我封闭的境地。由于意识到即使通过努力也无法获取成功和财富，穷人形成了一整套具有自我防卫意味的生活方式，如不求进取、及时行乐、放弃组建家庭等，并通过社会化代代相传。“贫困文化”理论的提出，挑战了学界将贫困当作一种具体社会经济问题的简单判断，反思了过往仅从土地、资本、技术等物质层面来分析和解决贫困问题的做法，认为要消除贫困，就必须改变贫困文化的规范和价值观，使亚文化中的人们重新与主流社会建立起正常的联系。人类学学者对“贫困文化”的研究引起了强烈反响，主流社会开始重新思考美国的福利制度，美国政府也因此提出“向贫困开战”的反贫困行动口号。

---

① 贫困文化的概念由美国人类学学者奥斯卡·刘易斯（Oscar Lewis）提出，他在《五个家庭：墨西哥贫困文化研究》（1959）中首次提出“贫困文化”的概念，后来又在《桑切斯的孩子们》（1961）和《生涯》（1966）中进一步阐述了“贫困文化”的内涵。

② 刘易斯：《桑切斯的孩子们：一个墨西哥家庭的自传》，李雪顺译，上海译文出版社，2014年版。

又如，中国人类学学者对人口流动的研究，对我国人口管理制度的发展有着积极的推动作用。20 世纪 80 年代，随着我国东部沿海地区经济的起飞以及流动人口管理政策的松动，大量外来人口涌入珠三角和长三角地区，形成了“民工潮”。学者们对散工等各类“农民工”群体进行了全面研究，反思了当时政府、大众和媒体视外来人口为威胁社会稳定的“盲流”的观点，认为“民工潮”是社会发展的结果，农民工的工作是城市经济中不可缺少的辅助部分，为城市发展作出了重要贡献，提倡对农民工持有公平的态度，以管理和协调的办法取代禁止、整顿和清扫的政策（周大鸣，1994）。进入 21 世纪，随着“以人为本”理念的提出，我国流动人口管理理念产生了重大转变。特别是 2003 年国务院《关于做好农民进城务工就业管理和服务工作的通知》中提出了“公平对待、合理引导、完善管理、搞好服务”的政策原则后，各地政府为农民工在城市就业、医疗、子女教育、社会保障等方面给予了财政扶持和政策帮助，流动人口政策进入了管理与服务统筹并重的阶段。人类学学者研究发现，这一时期的农民工群体正在经历着内部分化，比如许多农民工不再是暂时居住城市，而是倾向于长期居住并且举家迁移。在此背景下，学者们提出了“城市新移民”的概念，并将长期在城市居留，具有在城市定居意愿的农民工作为城市新移民的主要构成部分。学者们认为，政府应理解城市融合过程的长期性和持续性，并从长远的角度，为具有城市定居意向的城市新移民融入城市制定相关政策。十八大以来，“农业转移人口市民化”作为城镇化的核心内容，被纳入国家发展战略之中，政府着力解决农业转移人口落户城镇，以及城镇基本公共服务和平等公民权利的享有等问题。学者们注意到，农业转移人口的城市融入包括经济、社会、心理、身份等多个方面，单纯经济层次的融入并不必然带来其他层次的融入，提倡建立农民工向上流动的社会机制，营造社会融合的宏观环境，从而推进农业转移人口市民化的进程（李培林、田丰，2012）。

二、新时代中国新型城镇化发展的新形势

改革开放四十年来，我国城镇化经历了一个“起点低”“速度快”的发展过程，取得了举世瞩目的成就。1978—2017 年，我国城镇常住人口从 1.72 亿人增加到 8.13 亿人，城镇化率从 17.92% 提升到 58.52%，① 城市数量从 193 个增加到 657 个，形成了京津冀、长江三角洲、珠江三角洲三大城市群，城市基础设施和公共服务水平显著改善。根据世界城镇化发展的普遍规律，我国当前仍处于城镇化率 30% ~70% 的快速发展区间，然而，过去粗放式的城镇化模式，使得产业升级缓慢、资源环境恶化、社会矛盾增多等方面的风

① 来源于国家统计局 2017 年公布数据。

险日益显现。对此，2014 年出台的《国家新型城镇化规划（2014—2020 年）》提出城镇化必须进入以提升质量为主的转型发展新阶段，走“以人为本、四化同步、优化布局、生态文明、文化传承”的中国特色新型城镇化道路。2015 年习总书记提出“创新、协调、绿色、开放、共享”的新发展理念，特别是十九大以来，就贯彻新发展理念，建设现代化经济体系做出的一系列战略部署，为推动新时代中国新型城镇化发展指明了方向。

笔者认为，新时代新型城镇化发展的终极目标在于推动中国社会告别乡土社会，在社会结构上完成向城市社会的转型。珠三角地区是最早开始这一转型历程的地区，并经过改革开放四十年的城镇化发展，基本完成了城市社会的转型（笔者另有文章论述）。根据笔者在珠三角的研究经验，城市社会的转型过程主要涉及几个层面：

一是在经济层面的转型，从宏观的经济发展结构来说，二、三产业的比值大大超过第一产业，全社会出现非农化发展的趋势；从具体的人群来说，出现大规模的农业转移人口，非农就业的比例极大提高，非农收入成为人们收入的主要来源。这既是城市社会转型的起点，也是城市社会转型的基础。

二是城乡关系的全面调整。一方面体现为随着城市的不断扩大和增多，大量处于城市化不同阶段地区内部平衡各个不同利益相关群体的利益诉求，结合自上而下和自下而上的力量，进行一系列城乡二元结构制度，特别是土地、户籍、产业、福利等制度的调整和创新。以及在制度调整和创新的激发下，相应地区在空间、人群、生计、结构、组织、文化等方面的属性转变。另一方面是城市对乡村形成有效带动，实现乡村的振兴。城市社会的转型并不意味着乡村的消失和凋敝。而是在城市发展的带动下，乡村实现传统农业转型，获得新的生机和活力的过程。城乡关系的调整贯穿于整个城市社会转型的历程中，是我国实现城市社会转型的重点和难点，对其他层面的转型推进具有决定作用。

三是移民城市的形成，以及相应社会管理体系的构建。与世界上其他国家的城市发展一样，我国城市成长发展的结果也是带来了大量移民在城市的聚集。移民城市是一种与我国以往的地域城市结构完全不一样的城市类型。在中国近代之前漫长的历史长河中，基于农业文明形成的地域城市一直是我国城市的主要特征。这类城市成长于安土重迁的小农经济之上，是地域文化的代表，其城市居民主要来自周边地区，居民的同质性程度很高。改革开放以来大规模的人口迁移浪潮，打破了地域城市的格局，以多元文化聚集为特征的移民城市迅速崛起（杨小柳，2015）。从地域城市向移民城市的转型，不但带来了我国长久以来适应地域城市特点的城市管理体系的转变，还意味着多元文化成为人们日常生活的常态，除了引发物质和制度层面的文化变迁，更是涉及道德、伦理、精神、价值层面文化的全面转型。从地域城市向移民城市的转型，是我国城市社会新的主体结构形成的过程，是城市社会转型需要最终实现的目标。其中，自上而下的政策和制度引导是转型的第一步，而自下而上的文化变迁则需要一个相对长时段的转型过程。

四是就全国范围来看，城市社会的转型还要有效处理一个协调发展的问题，特别是东中西部城市社会转型步调的协调，以及城市体系内部大中小城市、小城镇的协调发展问题。区域层面的协调是城市社会转型在全国层面全面展开的一个必经过程，而城市体系内部的协调则是城市群健康发展的内在需求。

从我国目前城市化发展的状况来看，经济层面的城市社会转型已经全面启动，深刻影响着我国东中西部城乡社会的发展，城市化已经成为我国经济健康发展的引擎。东南沿海地带在改革开放初期，通过乡村工业的发展迅速实现了本地的非农化，迈出了向城市社会转型的第一步。随着外向型经济的发展，珠三角成为我国最早的和最大的流动人口流入中心。“东西南北中，发财到广东”，开启了我国大规模城乡人口迁移的序幕。随后，长三角地区从20世纪90年代起开始成长为我国最具影响力的多功能的制造业中心，也随之迅速成为全国人口迁移的热点。2000年以后，广大少数民族地区也被卷入了外出务工的浪潮中。农民围绕以代际分工为基础的半工半耕模式，形成了一种渐进城镇化模式（夏柱智，2017），通过迁移入城实现了非农化。我国被统计为城镇人口的农业转移人口及其随迁家属已近3亿人，农业转移人口已经成为我国产业工人的主体。由此，城乡人口迁移是全国范围内经济层面城市社会转型的主要动力，大规模农业转移人口的出现正是全国经济层面发生的向城市社会转型的主要表征。

经济层面非农化转型的迅速铺开，集中暴露出我国城市社会转型面临的两大亟待重点攻克的问题。第一个问题是围绕城乡二元结构展开的城乡关系的制度调整。其中最突出的就是大量农业转移人口结束循环式迁移，定居城市实现永久性城镇化的问题。而农业转移人口在城市所能获得的社会福利保障是促使其永久定居的一个重要决定因素。由此，“人的城市化”问题构成了今天新型城镇化发展的新内涵，农业转移人口的市民化成为制度调整的重点。通过开放城镇户籍制度、推进农业转移人口享有城镇基本公共服务等一系列调整，实现农业转移人口对城市社会的结构性融入，从而促使其最终定居城市。另一个制度调整的重点在于土地制度。土地是城镇化进程中最稀缺的资源，其价值伴随着城镇化的发展不断攀升，成为各利益群体争夺博弈的焦点。在利益的驱动下，城乡二元的土地制度在为大量农业转移人口提供基本生存保障的同时，更多的时候是造成了告别乡土社会，向城市社会转型历程中的各种波折和起伏，典型的案例就是珠三角地区城中村的延续和发展，其背后的关键因素就是以土地为中心的一系列制度调整和博弈。

第二个问题是城镇化的协调发展。首先，是区域的协调，与东部地区相比，中西部城市社会转型的历程明显滞后。在改革开放的前三十年，中西部地区主要是通过参与人口迁移的方式启动了区域内的非农化城市社会转型，区域经济结构层面上的城市社会转型力度相对较弱。近十年来，随着国家主体功能区战略实施，中西部地区城市社会的经济转型有所加快，表现为中西部劳务输出大省出现人口回流。即便如此，其目前仍主要处于构建城市社会转型的经济基础的阶段。如何在保护生态环境的基础上，引导有市场、有效益的劳动密集型产业优先向中西部转移，吸纳东部返乡和就近转移的农业转移人口，加快产业集群发展和人口集聚，促进中西部地区城市群的培育发展，在优化全国城镇化战略格局中显得十分重要。其次，是城市体系内部协调。城市群内部各个层级城市之间分工协作不足、集群效率不高。特大城市的主城区人口压力偏大；中小城市集聚产业和人口不足，发展潜力有待挖掘；而小城镇因投入不足、功能不完善、缺乏吸引力等原因，发展相对缓慢。最后，是城乡的协调。城市社会的转型发展并不意味乡村的凋敝和消失，而是意味着新型乡村传统农业生产方式发生转变，农村农业生产与再生产的社会关系与动力，农业结构及其变化过程中的财产与权力关系都发生了深刻的变化，在城市的带动下，乡村社会重新获得活力，传统的乡土记忆和文化遗产得以活态保护和利用。

因此，在新发展观指导下开展的新型城镇化发展、乡村振兴战略以及精准扶贫开发战略等正是在对我国城市社会转型所处阶段做出正确判断基础上实施的国家发展战略。其中新型城镇化发展重点在于解决人的城镇化及其城镇化协调发展的问题；乡村振兴战略重在重新定位在城市社会转型大背景下乡村发展的内涵、意义和路径，推动实现城乡的协调发展；精准扶贫战略则特别关注和扶持缺乏发展禀赋的人群和区域的发展，保证其能赶上和融入城市社会转型的变迁节奏。

由此可见，目前我国城市社会的转型正处于一个制度引导变革的关键节点，其变革的重点主要集中在通过一系列发展战略的实施和制度的调整和改革，推动全国在经济层面和城乡关系调整层面的城市社会转型。其具体内容包括四个方面：一是加快中西部地区经济层面城市社会转型的步骤，培育和发展中西部地区的城市群。二是加快推进农业转移人口的市民化，通过政策引导农业专业人口在城市的结构性融入，促使其在城镇的永久定居。三是实施乡村振兴和精准扶贫，推进传统农村、农业、农民的转型。四是城市体系的协调发展，实现人口、资源、产业、空间等要素的合理布局。

对城市社会转型的第三个方面，即移民城市的形成及相应社会管理体系的构建在全国的发展也有显著的差异。东南沿海地区作为我国最早出现城市移民化趋势的区域，在这方面的转型远远走在了全国前列。这首先体现在制度的探索和完善方面。以外来人口最集中的珠三角地区来说，最早在全国建立了完备的外来人口服务和管理体系，从早期主要以公安、计生部门为中心实施的暂住证制度、出租屋管理、计划生育管理；到后来涵盖劳动、民政、教育、医疗等多个部门的参与联动，从暂住证到居住证的转变，积分制入户、入学制度的试点和完善，再到现在一系列农业转移人口市民化政策的实施，以及营建移民社会共建共治共享的社区治理格局的探索，每一个阶段移民城市社会管理体系的主要做法和经验，都成为全国其他城市的示范。

除了社会管理体系的完善，自下而上的文化转型是移民城市构建的核心问题。一系列打破城乡二元结构，推进农业人口转移市民化的制度调整，力图消除的是移民城市中的城—乡、本—外差异，这类差异是一种基于公共资源和公民权利而形成的结构性差异。而文化转型则是一个文化涵化的问题，是多元文化整合互动，形成现代移民城市文化的过程。

我国移民城市发展进程中文化多样性的来源主要是地域性的文化差异，以及族群种族的差异。地域性的文化差异主要是指汉族及部分与汉族接触频繁的少数民族群体内部存在的文化形式上的差异，而族群和种族的差异则涉及了在身体、语言、信仰等方面表现出来的文化内核上的差别，且移民群体往往形成与周边群体边界明显的移民聚集。不论是何种姓质的多样性，均要在文化转型过程中成为移民城市文化构成要素。这个过程意味着多样性、异质性渗透到城市居民（不论是原居民还是移民）婚姻、家庭、人际关系、社区、职业群体等社会基本结构的构建中，并引发伦理、道德、情感、价值观等精神层面文化的全面转变。移民城市的文化转型与我国人口迁移、城镇化发展同时起步，并将贯穿于我国城市社会转型的整个过程，随着我国下一步城市社会转型的深入，其转型的持续性、困难性和重要性将日益显著。

三、新时代中国特色都市人类学研究的思路

都市人类学自20世纪80年代进入中国后，对改革开放以来中国都市化历程带来的城乡社会的变迁进行了大量、深入的研究，形成了许多具有理论和实践意义的学术成果。当前，我国城镇化发展出现了新趋势、新特点，也面临着诸多风险与挑战。在此背景下，中国都市人类学应立足于自身的学科传统和已有研究，把握研究重点、扩宽研究思路、创新理论方法，在为我国城镇化建设研究新情况、解决新问题的同时，推动中国都市人类学的学科建设与发展。笔者认为，可以从以下三个方面着手，构建新时代中国特色的都市人类学研究：

1. 移民研究的突破和创新。中国都市人类学具有深厚的移民研究传统，从最初的农民工研究到新近兴起的国际移民研究，都走在学术界的前列。2018年，我国组建了国家移民管理局，这一举措说明，移民研究和移民管理

将成为中国下一步社会建设和管理的重要平台。都市人类学应沿袭移民研究的传统，从以下方面着手，建立移民研究的基本范式：

一是人口迁移的发展动向。当前，我国对于人口迁移的数据统计主要集中在公安部门、统计部门和计生部门，由于存在着统计口径不一、采集内容不一、缺乏跟踪数据等问题，制约了城市移民服务和管理工作的开展。对此，都市人类学应积极寻求与相关政府部门的合作，针对移民的流动、生存和发展状况开展全面性调研。这一调研应是具有丰富层次的：从范围来看，其不仅是单个城市的，还应是区域性的，既要关注京津唐、长三角、珠三角等移民问题突出的东部沿海都市群，也应关注东北地区、中西部地区、少数民族地区等处于不同城镇化阶段的区域；从内容来看，既要通过科学抽样、数据收集和分析工作，搭建人口迁移信息追踪数据库，还要通过质性研究，把握不同移民群体在城市中的生活轨迹；从对象来看，当前我国城市中的少数民族群体日益增多，其与一般性的人口迁移在迁移规律、迁移动向、适应策略、融合模式等方面存在诸多不同，应予以特别关注。以期通过这一系统的研究，为制定城市移民服务和管理的政策提供实证依据。

二是民族地区的移民。过去，学界对移民的研究主要聚焦于东部沿海城市，对于欠发达地区，特别是民族地区的移民关注较少。党的十九大以来，随着乡村振兴战略的实施，以产业发展为核心的特色小镇建设得到快速推进，特别是在民族地区，涌现出一批以现代农业、特色资源加工、旅游开发、边境商贸等为支柱产业的小城镇，推动了民族地区城镇化的发展。由于少数民族原有的经济发展水平较低，在城镇化的初期，是以外来人口和非本民族人口的移民为主的。这些移民作为外来产业者，在民族地区开展投资、商务活动，或者直接从事具体的岗位工作。民族地区移民的出现，是我国新型城镇化发展的新现象，都市人类学应及时把握这一趋势，把移民研究的目光投向民族地区，了解这些迁移人群在移民地区的生存发展、社会适应状况，关注外来移民与少数民族群体的民族团结问题、利益分享问题、文化融合问题，为民族地区城镇化建设以及城市中各民族文化的和谐发展作出贡献。

三是大城市中的国际移民。近年来，在北京、上海、广州、深圳等这些具备世界性城市特质的大城市中，外国人社区在这些城市中迅速涌现。例如，北京的望京新城已成为韩国人聚居区，长富宫和发展大厦附近形成日本人聚集区，燕莎友谊商城、凯宾斯基饭店周边发展为德国人聚集区，朝阳区麦子店形成了国际社区，还有广州的小北路（非洲街）、远景路（韩国街），以及义乌的稠州路（国际街）等①。这些地区汇集了全球与地方的各种要素，也集中了各类族群的冲突与矛盾。目前，都市人类学已经关注到这一现象，如

---

① 杨小柳：《从地域城市到移民城市：全国性城市社会的构建》，《民族研究》，2015（05）。

周大鸣、李志刚等学者已相继开展了一些相关研究。在今后一段时间内，国际移民研究仍具有相当大的发展潜力，对于我们考察都市族群关系、城市社会融合，以及移民城市社会治理等问题具有重要意义。

2. 城镇化研究理论的提升。都市人类学自进入中国以来，对中国城镇化的研究已有三十余年。如前所述，当前我国仍然处于城镇化快速发展阶段，并且面临着区域发展不平衡、各类城市发展不协调等新问题。新时期的中国都市人类学，应继续将城镇化作为重要研究领域，并围绕我国城镇化的发展动向，在理论深度、研究广度上做进一步提升：

一是城镇化模式的理论提炼。对于已有一定研究积累的地区，不应仅满足于个案的简单叠加，而应对其城镇化发展模式进行理论提炼，建议可以从珠三角开始做起。珠三角作为我国最早改革开放的地区，是理解我国城镇化历程的经典案例。多年来，学者们围绕珠三角的城镇化历程进行了许多研究，提出了如“desakota”（T. G. McGee，1991）、“乡村都市化”（周大鸣，1995）、“外向型城市化”（薛凤旋，1997）、“自下外联型城市化”（周一星，1999）等多种模式，也有学者对珠三角城镇化的未来进行展望，提出了如“大都会区”（许学强、阎小培，2000）、“泛都市化”（周大鸣，2004）等不同的意见。随着粤港澳大湾区的建成，珠三角地区仍将在我国社会经济发展中发挥重要作用。都市人类学应在已有研究的基础上，推进珠三角城镇化研究的深度，对其城镇化模式进行理论提炼，把珠三角从现实的研究对象上升为学界相关学科重要的研究概念、方法和理论的推演中心。

二是不同区域、不同层级城市发展模式的讨论。新型城镇化建设要求我们准确把握不同区域、不同层级城市的战略定位和发展目标，探讨个性化、差异化的城市发展模式。在城市体系层面，都市人类学应重点围绕小城镇的发展进行研究。一方面，小城镇一直是人类学的重要研究对象，如 20 世纪 80 年代起，费孝通便以吴江小城镇为起点，开展了全国范围内的小城镇研究。他提出了“小城镇大问题”的观点，认为中国应大力发展小城镇，走小城镇模式的城市化道路，这对我国城镇化建设产生了重大的实际影响。另一方面，当前小城镇在我国城市体系中仍处于重要地位，它们散落在广袤的农村区域，是“城乡互动的桥头堡”，起着推动城乡产业合作、促进农村劳动力转移、缩小城乡发展差距等重要作用，如何探索出一条符合我国实际的小城镇发展模式，亟待都市人类学开展更深入的研究。在区域层面，过去我们对东部沿海地区讨论较多，如费孝通早已在小城镇研究的基础上总结出“苏南模式”“温州模式”“珠江模式”等具有地方特色的城市发展模式。目前，中西部地区、民族地区正处于城镇化的加速时期，是未来我国加快城镇化的主战场，都市人类学应对这些地区的城市发展模式给予更多关注。如在不少民族地区的城镇化案例中，都是通过政府来建立城市中心服务体系、培育主导产业，从而引导周边人口向城市中心集聚。这种从民族地区实际出发的、不同于东部沿海地区的城市化发展道路，值得我们进一步探讨。

三是移民社会文化转型的研究。伴随着大规模人口迁移的城镇化进程，推动着我国从地域社会向移民社会转变。与此同时，城市里也出现了从一种地域性文化向多元文化的转型。在这一转型过程中，许多人类学传统的研究主题，如亲属制度、家庭关系、民间信仰、邻里关系、社会网络、文化习俗等，都面临着如何面对文化转型、如何传承、如何适应的问题（周大鸣，2013），比如跨文化家庭内部的冲突、地域性歧视、传统道德伦理的弱化，等等。这些都可以成为未来中国都市人类学做深入探讨的地方。

3. 应用研究的突破。当前，都市人类学应更多地关注应用研究。除了要在研究方法和研究对象上进行更新，以适应日益复杂的社会现实外，还要在多个层面参与城镇化建设的进程。只有这样，才能在为新时期城镇化建设贡献力量的同时，进一步增强学科在政府部门、社会大众以及相关学科领域的影响力。

一是研究方法的突破，包括多点民族志、数据的收集分析两个方面。多点民族志的概念由马尔库斯（George Marcus，1995）首先提出，通过在多个田野地点针对同一主题进行研究，使民族志摆脱单一地点的局限性，增强研究的宏观性。对于国外都市人类学尤其是移民研究而言，多点民族志的应用已有先例，如 Roger Rouse（1991）就跟随他的研究对象——墨西哥移民，跨越了国界和地点。对于国内正在形成的移民城市而言，无论是乡村移民，还是国际移民都在迅速增加，流动性的增强也使得民族志研究的时空边界变得模糊。多点民族志的方法，特别是对人群的追踪，可以连接城市与乡村、国内与国外，从而帮助研究者更全面地把握迁移群体特征、迁移规律及其社会网络。另一方面，随着都市人类学研究对象的个体差异逐渐变大、研究内容也趋于多样化，引入数据资料的收集和分析并与传统的定性研究形成互补，就显得相当必要。大数据的发展，尤其是基于人机互动在互联网平台上生成和采集的社交关系数据、网络文本数据、电子踪迹数据等，使得运用海量数据以及数据分析新技术，对人类行为、群体互动以及社会适应系统进行研究成为可能，也为都市人类学提供了理解人口迁移、族群关系、多元城市社会治理等问题的新路径。

二是研究对象的突破。都市人类学的应用研究，应该结合当前的国家战略和社会现实，准确定位新时期的重点研究对象。在国家战略层面，近年来提出的“一带一路”“精准扶贫”“乡村振兴”等，都与人类学的传统研究对象——如民族走廊、边疆地区、小城镇等高度相关。都市人类学应发挥本学科优势，在新发展理念的指导下，重点关注上述地区的城市体系协调发展、城镇化模式、移民与族群关系、城市社会治理等问题，为新型城镇化的建设建言献策。在社会现实层面，除了延续对城市少数民族、边缘群体的研究以外，还应该关注都市的主流文化和社会发展趋势，从而把握都市生活的全景，更深刻地理解处于转型时期的中国社会，近年来出现的企业社区研究、网络文化研究、城市中产研究等，都具有积极的探索意义。

三是应用层面的突破。一方面，都市人类学应延续在城市发展策略层面的参与。比如，就社会治理而言，应针对城市少数民族人口迅速增加的现象，协助各级民委等相关部门提升基层管理机构人员的民族学理论素养，提升城市民族事务管理的水平。另一方面，都市人类学应加强在城市发展战略层面的参与。比如，尽管当前城市多元族群文化聚集的局面已经形成，但民众的多元文化意识和习惯尚未培养起来。对此，都市人类学应着力引导城市中的族际交流，增强各族群多元文化和谐发展的意识，减少不同族群间因文化习俗和个人利益诉求而引起的各类矛盾，从而在更加深刻的层面为多元城市社会的建设作出贡献。

结语

国内外都市人类学过去数十年的研究，在城镇化与都市问题、移民与族群研究、都市文化研究等关键领域形成了兼具学术性和应用性的研究成果，其中部分成果已经对各国政府的城镇化建设、城市治理、移民政策等产生了重要影响。这既体现了都市人类学的学术使命感和社会责任感，也充分说明了其对于现代社会的洞察力和解释力。

改革开放四十年来，中国社会发生了深刻的变化，其中最令人瞩目的变化之一便是快速的城镇化进程。中国的城镇化既取得了伟大的成就，也面临着许多风险和挑战。从都市人类学的学科角度来看，农业转移人口市民化、区域协调发展、多元城市社会治理等，是当前新型城镇化建设中不容忽视的问题。这些社会发展的动向，既为都市人类学提供了丰富的学术研究资源，也对学科建设与发展提出了新的要求。中国都市人类学应在新发展理念的指导下，发挥学科的传统优势，准确把握中国城镇化发展的新趋势、新问题，从移民研究、城镇化研究、应用研究等关键领域着手，对学科的基础理论、研究方法、研究对象等进行全面的突破与提升，在服务于新型城镇化建设的同时，进一步推动学科的建设与发展。

作者简介：杨小柳，中山大学社会学与人类学学院教授、博士生导师；胡敏哲，中山大学社会学与人类学学院博士研究生。

都市文明研究范本

——人类学视界内的新加坡城市文明

娄芸鹤

“城（都）市文明”是一个现代汉语派生词，在中文语法结构中，“城（都）市”和“文明”两个名词可以并列且前后词性一致，并列名词两个部分之间是平等关系，没有修饰、限制关系。而在西方语境中，Civilization（文明）一词源于拉丁文‘Civis’，意思是城市的居民；Civilized（文明）指人类社会发展到较高阶段并具有较高文化的状态，这个“较高阶段和文化状态”具有两种含义：一是指作为一定社会成员的公民所特有的素质和修养，二是指对公民有益的教育和影响。在考古学研究领域，“文明”一般是指有人居住，有一定的经济、文化现象形成的地区。① 美国历史学家 L. S. 斯塔夫里阿诺斯在其《全球通史：从史前史到 21 世纪》一书中以文明模式论建立全球史体系，并提出“全球史观”的研究理论和方法。他认为：“（文明）这些特征包括：城市中心、由制度确立的国家的政治权利、纳贡或税收、文字、社会分化为阶级或等级、巨大的建筑物、各种专门的艺术和科学，等等。并非所有的文明都具备这一切特征，……但是，这一组特征在确定世界各地时期的文明的性质时确实可被用作一般的标准。”② 法国启蒙思想家伏尔泰、孟德斯鸠、卢梭等人把“文明”视为民主、自由和平等的社会状态；摩尔根的社

---

① 1968 年英国考古学者格林·丹尼尔（剑桥大学考古学系主任）出版《最初的文明——文明起源的考古学》一书，在书中他提出了“文明的三条标准”，第一条标准就是要有城市，作为一个城市要能容纳五千人以上的人口；第二个条件是文字，没有文字的文明很难想象，因为没有文字的发明，人类的思想文化的积累就不可能存留和传播；第三个条件是要有复杂的礼仪建筑，就是出于宗教的、政治的或者经济的原因而特别建造的一种复杂的建筑。这个观点是对于 1958 年美国芝加哥大学东方研究所召开“近东文明起源学术研讨会”上学者克拉克洪“文明的三条标准”发言的补充，而后经丹尼尔通过《最初的文明》一书在全世界得到了普及。

② ［美］L. S. 斯塔夫里阿诺斯：《全球通史》（第七版），北京大学出版社，2005 年版，第 50 页。

会发展学说则认为“文明”是人类从蒙昧、野蛮时期通过各种物质创造活动和社会交往活动，最终发明了文字并利用文字记载语言而进入的一个社会发展的高级阶段。“文明”一词在哲学、社会学领域里被引申为：一种先进的社会和文化发展状态，以及到达这一状态的过程，其涉及的领域广泛，包括民族意识、技术水准、礼仪规范、宗教思想、风俗习惯以及科学知识的发展等。总之，人类社会的“文明”经常与“城市”有很密切的联系，“文明”一词本身就有“城市化”和“城市的形成”的含义，因此，将“城市文明”这样一个词汇置于人类学学术范畴进行思考时，无疑将会使这个词域拥有更为广阔的人文情怀和深远的意境。

从人类社会发展的历史角度来看，“城市”① 不仅是一个个历史时期人类社会文化、艺术和生产力相结合而构建的物质空间，也是一个历史阶段人类社会文化体系和文明程度的综合表现方式。从“城市”出现以来，作为人类社会文明成果聚合的一个重要载体，它既可以反映出自然环境的变迁、民俗风情仪轨、建筑景观和公共空间等所呈现的文化艺术形式、风格；也可以透过“城市”区域设置和设施归置等，反映社会经济、政治、文化、制度规则等城市运行逻辑和潜在功能。19 世纪工业经济的迅速发展，加快了世界各地区城市化发展的进程，从城市综合经济实力和世界城市发展的历史来看，“城市”作为一个主体，日渐成为人类社会发展成熟和文明的标志。

进行与“城市文明”相关问题的观察和研究，就要明确“城市文明”的词意内涵、表征体系和指标标准。同时，对于“城市文明”相关问题的思考，要基于历史性和发展性的视角，并且不能脱离国家的纬度，从而做到剖开城市物质空间的表象，探寻“城市文明”的本质所在。人类学学科的田野研究范式恰恰具有“物我两望（忘）”② 的客观性和可行性，故而，笔者认为人类学视界内的“城市文明”词意初步可界定为：“以现代城市为个体单位，将基于城市实体功能、物质基础之上的人类社会行为和自然行为所构成的文化现象的总和，包括：公共秩序、宗教信仰、道德观念、礼仪规范、风俗习惯、科学技术、发明创造、文学、艺术、工具、语言、文字、法律、城邦和国家认知等，置入人类学的研究范式进行观察和研究的一种方式。”

“城市文明”的表征体系应该涵盖两个方面：一个方面是与建构城市物质空间相关的文明指征体系，这个指征体系中应该包含城市主体在发展历史进

---

① 由于城市（City）词域泛指所有城市建制的区域，涵盖了都市（Capital City）和首都（Capital）等词意，故笔者选取城市（City）一词作为本研究的主体词汇。

② “物我两望（忘）”是笔者对于人类学研究方法之参与观察法客观性特点的一种表述，参与式观察，指研究者深入所研究对象的生活背景中，不暴露研究者真正的身份，在实际参与研究对象日常社会生活的过程中所进行的隐蔽性观察。

程中积淀而成的建筑（群）①、居住区、交通网络、园林景观、公共设施、遗址②、文物③等人类创造的物质文明成果；另一个方面，因为城市是人类群居生活的高级形式，与城市内人类生活方式相关的社会文化现象就成了重要的指征体系。相对于城市跨越历史时间长河而形成的物质成果而言，与城市运行相关的社会文化现象指征体系所涉及的内容就更为复杂和庞大，它不仅要包含人类社会发展过程中世代传承的民俗传统、宗教信仰、礼仪、节庆、手工技艺、语言文字、表演艺术等，它还包含与城市发展相关的、潜在的、正在不断运行的社会政治经济政策、制度、法律法规、文化教育、医疗保险、公共服务、科技创新等功能体系，因此，这个体系的表征与城市中生活的人的行为结果密不可分，具有潜隐性和不断发展变化的特点的同时，也会因人（民族、信仰、受教育程度等）而异。

在上述“城市文明”指征体系的基础上进一步明确“城市文明”指标标准，是一项十分庞大的工程，堪比联合国教科文组织创建《保护世界文化和自然遗产公约》一样的难度。费孝通先生认为，人类学的功能不仅在于“回顾与展望”或者“解释”，还在于“参与和创新”。因此，尝试从人类学的视界去观察和研究“城市文明”本源，讨论和建立这些指征和标准，将是一个具有创新意义的人类学研究发展方向。

素有“花园之城”美誉的新加坡，以其优美的自然环境、良好的社会治安、优质的服务、富足的经济和独特的文化魅力，无可非议成为世界“城市文明”一种类型的代表。由于任何一个城市的存在与发展都是无法独立于现行的全球主权国家体系之外，亦国亦城的新加坡，以其既是城市的格局（新加坡领土总面积 719.1 平方公里，相当于世界上许多发达国家一个城市的大小），又是国家的建制，被笔者选取作为“城市文明”研究的范本，并凭借笔者多年在新加坡进行的田野调查为基础，提供一些有关“城市文明”研究的思考和依据。

一、务实政府构筑新加坡物质文明基础

新加坡于 1965 年被迫独立出来之时，经济前景十分黯淡。新加坡不仅没有任何可供开发的天然资源，甚至连淡水都无法自给自足。加上邻国马来西亚拒绝与新加坡建立共同市场、印尼的敌对阻挠，原来赖以生存的马来西亚

---

① 《保护世界文化和自然遗产公约》对建筑群的定义为：从历史、艺术或科学角度看，因其建筑的形式、同一性及其在景观中的地位，具有突出、普遍价值的单独或相互联系的建筑群。

② 《保护世界文化和自然遗产公约》对“遗址”的定义为：从历史、美学、人种学或人类学角度看，具有突出、普遍价值的人造工程或人与自然的共同杰作以及考古遗址地带。

③ 《保护世界文化和自然遗产公约》对文物的定义为：从历史、艺术或科学角度看，具有突出、普遍价值的建筑物、雕刻和绘画，具有考古意义的成分或结构，铭文、洞穴、住区及各类文物的综合体。

橡胶和锡的港口转口贸易进一步衰落；1968—1971 年期间，英军陆续撤出新加坡后，新加坡一下子丧失了相当于国内总产值 20% 的经济收入和七万份工作岗位，失业人数不断上升，社会处于动荡不安的边缘。① 面对如此困境，新加坡政府在李光耀的带领下，本着务实的态度，迅速制定了发展旅游业、鼓励本地商家开设小型工厂的计划，意图以旅游业、小商户（小业主）这样一个劳动密集型的行业解决人民的就业生存和社会稳定等问题。同时，积极发展工业园区，希望新加坡也能够参与世界工业化发展的进程。配合这样的策略，新加坡把原英军海军船坞改成民用航运码头，把圣淘沙岛建成旅游胜地，在樟宜建起了国际化的航空港…… 这一系列的举措行之有效，暂时缓解了独立之初新加坡国民们的忧虑和不安情绪。但是，新加坡政府把新加坡国家建设的目标设定得更为高远。

胡适曾经说过：你要看一个国家的文明，只需考察三件事：第一看他们怎样待小孩子；第二看他们怎样待女人；第三看他们怎样利用闲暇的时间。李光耀所领导的新加坡政府认为，建立一个人人平等的社会，国家财富必须确保国民在教育、住房和公共卫生等方面的公平享有和适当地重新分配，以保障能力不足的国民可以获得平等的生存权利，是国家和政府的职责所在。这个国家发展原则，奠定了新加坡“城市文明”的核心价值观。

1. 树立公正平等信念凝聚民心

新加坡独立后，李光耀、拉惹勒南等第一届新加坡内阁成员们迅速起草和通过了《新加坡国民信约》，信约起草者拉惹勒南将“一个国民、一个新加坡”的愿景展现出来，号召新加坡人“不分种族、言语、宗教，团结一致，建设公正平等的民主社会，并为实现国家之幸福、繁荣与进步，共同努力”。此信约的诞生，在新加坡建国初期凝聚了新加坡人民奋进的力量，同时奠定了新加坡“多元种族主义”（multiracialism）等政策的基本原则，也成为新加坡国民身份认同和国家认同的象征。

2. 建立和完善社会保障体系

新加坡于 1968 年修改政令，在原英国殖民政府所建立的公积金基础上，建立和不断完善了“中央公积金”制度体系。新加坡的中央公积金让会员能以自筹资金的方式来养老，不需要将养老的风险和压力由下一代来承担。新加坡政府规定会员每月收入的 1% 拨入一个专门账户，用来支付会员本身和家人医疗费用；公积金除用于投资住宅、商业与工业房地产之外，还可以用来支付教育费用，并具有一定的金融功能，可用于投资信托基金、黄金等方面，所赚取的利润若高出中央公积金的利息，会员可以提取出高出利息部分的资金，同时，为了控制由于投资风险而导致的资本流失，政府也制定了最低保

① ［新加坡］池例芳主编：《光耀一生》，新加坡《联合早报》出版，2015 年版，第 66 ~ 69 页。

障制度，以防止会员因投资失败丧失所有公积金储蓄。

为了维持中央公积金这样的社会保障体系的稳健发展，新加坡政府始终致力于将通货膨胀率保持在较低水平，不断调整和完善国家财政政策和财政预算，切实而有效地保障国民在为国家建设发展作出贡献后，享有优良的生活福利。

3. “居者有其屋”让国民安居乐业

1963年李光耀领导的人民行动党获胜后，制定了“居者有其屋”计划。新加坡从20世纪60年代开始，就成立了建屋发展局（Housing Development Board，简称HDB），由HDB不断规划和建设功能合理、居住舒适的组屋（社区），鼓励新加坡公民利用公积金政策购买组屋，提高和改善生存品质。被誉为“新加坡规划之父”的刘太格先生，是新加坡“花园城市”城市规划和“居者有其屋”公共住宅建设理念的实践者，他在HDB工作期间，率先提出组屋开发结合“卫星镇”的系统规划概念。① 刘太格讲到自己在做规划时，一直在坚持一个理念，就是“以人为本”。他说：“我们在做规划，规划是为谁服务的？这些都是为了居住在里面的居民，他们生活需要的所有方便的东西都要有，包括公园、学校、商场、工业……”他为“居者有其屋”理想的实现倾注了满腔的心血。历时半个世纪，高达85%～90%的新加坡人住在政府组屋中（其他为私人住宅），新加坡成功解决了国民住房问题、消灭了城市贫民窟，这一成功经验使得国际社会很多国家效仿和学习。

以组屋为主体构成的社区由市镇理事会负责管理，社区居民委员会则代表社区民众向政府反映各种问题和要求（民众也可以自己写信或者致电给相关部门直接反映问题和情况，以便于获得政府的解答或帮助）。新加坡政府的高效率和务实精神还体现在新加坡执政党和在野党都十分重视社区民众的生活福祉，不仅总理和国会内阁成员经常出面为社区民众解决公共福利、设施之类的问题和要求，新加坡大选时，各党派的承诺，也具体到诸如增加社区花园里老年人的健身设备、翻修某栋组屋电梯这样的事务上。

2015年，新加坡建国50周年，BBC专门撰文《新加坡50岁：从贫民窟到摩天大楼》，对刘太格先生主持规划建设的闻名遐迩的新加坡“组屋”（公

---

① 新加坡“卫星镇”规划上，每100万～150万人口划分为一个组团，每个组团的功能高度齐全，宜居就能实现，生活、工作能够近距离完成，还能减少能源的消耗，增强人的宜居性。新加坡的标准，是人口每达到100万～150万就做拆分，保持一个中等个头。每个150万人口的片区，底下还有若干个“卫星镇”，中个子和小个子加在一起，就是一个大家族，形成了“卫星镇”。新加坡有很多个城中“卫星镇”，它们合理分布，组成了大的框架。卫星城的规模在20万到30万人口之间，功能高度齐全，不仅满足住户日常生活需求，更能提供很多就业岗位。在自成一体的同时，很多居民可以在“卫星镇”内得到从工作到生活的条件，节省了路途奔波的时间，增强了家人共处的宜居性，完全是一举多得的方案。

共住宅）系统评价颇高：这不只是房屋修建，这是一个国家的修建。

4. 环境治理和优化公共服务

新加坡独立之初，新加坡河的污染十分严重，工业废水和生活垃圾都倾倒在河流之中，臭气熏天，不仅如此，20 世纪 60 年代城市街道上到处是垃圾，非法商贩经营着各种食品，其安全和卫生都无法保证，人们随意践踏草地、随地吐痰、吐口香糖、丢垃圾，甚至在公共空间里便溺。60 年代期间，新加坡政府先号召国民“反随地吐痰”运动，随后又推行了“礼貌运动”和“反吸烟运动”，这几项运动颇见成效，对国民素质提升起了一定的推动作用。然而真正促进新加坡国民提高素质、增强爱护环境意识的却是新加坡基础设施的不断建设和完善，以及河流治理和绿化城市等具体措施。1971 年 11 月的第一个星期日，新加坡举办了第一个“植树节”，开启了绿化新加坡城市的持久性工程；1977 年，新加坡政府开始清理新加坡河和加冷盆地计划，将河流两岸的工厂和养殖场等搬离到规划好的工业区和农业区，使得城市内的河流逐步恢复了干净清澈的状态，改善了周边居民的生活环境。53 年来，新加坡在城市建设和发展的过程中一直遵循“尊重和保护山水生态”① 的原则，至 2018 年，新加坡国土（城市）绿化面积已达 80% 以上，是世界上绿化程度最高的国家之一。

高度绿化之外，为了实现城市的宜居性，新加坡政府在社区、公共空间里建设和安置了许多公共设施，诸如：儿童乐园、健身器械、公共休闲区、步行遮雨廊、照明系统等；在旅游区设置太阳能充电接口、多种语言的服务和指示系统，以及所有公共场所都设有环境良好的公共洗手间（并备有厕纸），每个洗手间里都一定会有方便残疾人的通道和方便轮椅进出的如厕空间。新加坡政府更为细致的公共服务体现在为残疾人和老年人设计的出行服务系统，不仅可以保障残疾人和老年人安全、畅通无阻，甚至在交通路口的灯柱上也会特别设置“老年卡”识别装置，只要有老年人或残障人士通过，人行通道的绿灯时长就会增加，让老年人或残障人士踏踏实实地通过街道。这些保障老年人和残障人士生存尊严、生活方便性的设施，充分体现了新加坡政府的人文关怀精神和社会文明意识。

5. 面向全球的自由贸易港口服务

新加坡自古就是海上丝绸之路的重要港口，将本岛港口的优势充分发挥出来，实现获取港口运输、贸易、服务等产业经济增长，是新加坡政府务实理念的一个重要实践。新加坡政府在建国后，率先实施改造三巴旺和吉宝船坞，将实里达机场改为民用机场，以及国际空港樟宜机场的建设等一系列措

① 《“新加坡规划之父”刘太格：城市与生态和谐发展，有心就能做到》，《成都商报》记者访谈。https：//baijiahao. baidu. com/s？ id = 1594688493181565317&wfr = spider&for = pc

施，彻底奠定了新加坡海空运输大港的经济发展模式。这使得新加坡不仅打破了周边国家的经济禁锢，也打开了与美国、日本等发达国家的经济往来，快速提升了新加坡国家资本的储备和增长。

国际港口就要有国际港口的服务设施和品质，新加坡在为全球贸易提供服务的同时，也为各国海军提供港口补给服务。“特别要说明的是美国航母停靠在樟宜港口，也是新加坡经济来源的一部分，并不是美国海军军事基地”，笔者在新加坡的访谈对象黄先生（曾在新加坡海军服役）这样解释，作为新加坡公民，他说新加坡很务实，愿意为世界各国的发展服务，并获取合理的经济回馈，但是不愿意被同是华人的中国民众误解新加坡是美国的军事合作伙伴。

如今，新加坡人均 GDP 位居世界前五位，经济长期增长促进了新加坡城市物质文明程度的不断提升，沿着新加坡本岛的海岸线可以看到密密麻麻待靠港的货船、繁忙而有序的码头吊装平台；“全球唯一的五星级机场”新加坡樟宜国际机场的四座已建好（第五座航站楼在建）并运行着的航站楼；被誉为“亚洲诺亚方舟”的金沙大酒店；以新加坡文化地标之一的“新加坡滨海艺术中心”（被华人世界称为“榴莲壳剧院”）等，除此之外，繁华热闹的乌节路、小印度、小马来街区，世界旅游岛目的地之一的圣淘沙岛等也成为兼具传统（文化遗址）与创新（当代科技成果）城市化发展的最好证明，赢得了全世界的关注和好评，而这一切物质文明成果都应归功于新加坡政府的务实精神。

二、创新理念推动新加坡经济飞速发展

全球化概念的核心是资本主义的全球化……是在经济上以资本主义经济体系为中心，来讨论所谓的现代化、未开放国家对发达国家的依赖以及资本主义经济的世界体系。20 世纪 60 年代东亚经济的起飞和亚洲四小龙的出现，对以西方为中心的现代化理论提出挑战，东亚的现代化被称为世界第二现代化之路。但是，资本主义经济体系的主导地位并没有改变，四小龙只是加入这个体系的成功范例。① 四小龙之一的新加坡，经济快速发展的现状，并没有使得李光耀领导的新加坡执政党感到满足和轻松，反而使他们认识到依赖新加坡之外部资源的发展模式所带来的局限性和紧迫性，把握 20 世纪末工业经济向知识经济转型的契机，逐步转变成“创新型”的发展模式，尽快实现新加坡自主创新的发展模式势在必行。

1. 创新政策引导建立创新型社会发展模式

1991 年新加坡成立了科技局，并制定了周期五年的国家科技发展计划，

① 庄孔韶：《人类学通论》，中国人民大学出版社，2016 年版，第 75 页。

政府共投入20亿新加坡元，目标是建立和完善研究设施，包括建立公共研究所和科学园区，以资助的方式鼓励本地企业更新技术、投入研发。1996—2000年的第二个五年计划共投入40亿新加坡元，目标是招募大批研究和工程技术人员，创造良好的研发环境，提高本地加工业的技术水平和创新能力，促进技术成果转化。政府对研发投入的增长幅度近乎每五年翻一番。2001—2005年的第三个五年计划共投入70亿新加坡元，其中，基础和应用研究50亿新加坡元，以应用研究为主，用于资助公共研究院所和大学研究项目。20亿新加坡元用于风险投资、技术转移和创新创业。①三个五年计划期间共建立公共研究所12家，研究领域集中在电子信息、制造技术、精细化工、生物医药等领域。

为鼓励技术发明人创业和中小企业技术创新，新加坡政府出台了《中小企业发展辅助计划》（GDAP Government Development Assistance Progrom）等一系列引导性政策，修改《公司竞争法》，保障公有和私营业者都具有平等的商业竞争地位等具体举措。

2003年新加坡科技局提出了研究开发三大资本战略，即所谓的人才资本战略、专利资本战略和工业资本战略，旨在以资本增值和市场化的优势吸引国际人才参与科技研发的同时培养本地人才，并建立技术转移知识产权体系，使新加坡成为世界上具有一流的知识产权保护体系的国家。

2. 创新基金扶持全球科技进步和成果转化

新加坡四周环海，却是世界上最缺水的国家之一。因为水资源的短缺，新加坡政府积极开辟新的水资源供给方式，在全岛建设完整的雨水收集系统和（至今已多达十七个）蓄水池，使得高达80%的雨水被收集和利用起来；建设五座新生水厂和先进的工业供水和污水处理系统，实现污水的处理和循环利用；建设海水淡化厂，并将海水淡化科技不断完善和提升。水源是城市生命的动力，新加坡通过对包括新加坡河在内的内陆河流进行的综合治理，创造性地实施了沿海水闸工程，让新加坡本岛开始焕发出了勃勃生机。

2008年由新加坡淡马锡控股公司（Temasek Holdings）支持的新加坡千禧基金会独立赞助，以新加坡第一任总理李光耀名字命名的“李光耀水源荣誉大奖”，成为国际水利行业最有影响力的奖项之一。这项大奖用于奖励国际上为解决全球性水问题而作出卓越贡献的个人和机构，这些贡献采用突破性技术或实施创新性政策和项目而使人类受益。该奖项得主除了可以获得30万新币奖金、获奖证书和金质奖牌，还将推动其成果转化为人类社会现实的生产力，以及生态保护的积极实践。“李光耀水源荣誉大奖”的设立，表达了新加

① 《新加坡的发展模式和创新政策》，教育部科技发展中心。http：//www. cutech. edu. cn/cn/jssc/webinfo/2007/04/1179971247470466. htm

坡对人类社会与地球环境和谐发展积极关注的态度。

新加坡对社会的人文关怀还体现在着眼于建立一个充满活力的生物医药科学研究的生态系统。在近20年的时间里，由新加坡国立大学、新加坡科学卫生局等机构牵头与世界上著名的大学、实验室、生命技术公司合作建立研究机构和临床医学研究平台。新加坡政府还通过各种生物医学产业支持计划，如：临床科学家奖（CSA）、新加坡转化研究者奖（STaR）、转化与临床研究（TCR）旗舰计划和竞争性科研计划等奖励和扶持政策，培养和招募了一批出色的生物医药技术和临床科学家，在基因测试学、干细胞生物学和传染病、癌症生物学、生物工程和纳米技术等学术领域研究上的突破以及成果转化，获得了国际科学界的尊重。此外，新加坡还为来自世界一流学府的研究生提供奖学金，资助他们来新加坡学习和就业，这项举措为新加坡成为全球领先的创新药物制造基地做好了长足的准备。

3. 绿色生态和可持续城市发展模式

新加坡的创新发展模式在20世纪末金融风暴后，逐渐呈现出其强劲的成长力，“国家科技发展计划”所扶持的电子信息、制造技术等领域的创新科技成果也为新加坡向着智慧型城市的发展方向做好了准备。

21世纪初叶，“新加坡滨海花园”（Garden by the Bay）便以国际著名“旅游目的地”的角色进入了全球游人的视野。这座城中之城，是新加坡建立可持续发展、绿色生态城市理念的一个重要实践。在“新加坡滨海花园”这个模型建设中采用了太阳能发电、雨水收集、植物冷室和能源中心相结合的中央空调系统等具有创新性的环保科技成果；生态温室模拟各类自然环境，供来自全球各大洲（除南极洲）的几万株植物生长；室外“蜻蜓湖”和“翠鸟湖”则模拟天然湖泊、湿地系统，这个系统的设计，一方面作为整个滨海花园区域内收集雨水的天然过滤系统，同时支持花园内灌溉系统；另一方面又为鱼类、蜻蜓等昆虫、鸟类等生物提供了水生栖息地，创造了一个有利于促进生物生态系统多样性和可持续性发展的重要样板。

支撑“新加坡滨海花园”实现人与自然、人与动植物和谐发展状态的智慧管理系统，仅仅是新加坡将大数据创新应用于城市（国家）发展管理的一个部分。笔者自2016年起，在新加坡期间亲身体验了新加坡樟宜机场海关在全球范围内率先实现生物识别系统验证通关，新加坡樟宜机场第四航站楼的落成，真正体现出大数据时代的生活方式——值机、行李托运、安检、登机、到达、出海关……全部自助，凡是到达过新加坡（在新加坡海关有过一次进出记录的）人，都可以凭借“扫脸”“扫码”进出海关，包括遗失物品的寻找都变得越来越容易（图片1）；目睹人工智能草坪管理机器人自动巡航修剪草坪、自动回归太阳能充电桩充电（图片2）；亲历新加坡城市公共交通系统于2016年启动无人驾驶公交系统运行实验；以及作为城市居民水、电费用等大数据信息收集和信息处理的用户，体会城市管理的智慧化和便捷化特点（新加坡公共事业局可以为用户提供每个月水电费用数据，同时提供社区范围内的能源使用对比数据，意在引导国民环保节能意识）。

图 1

图 2

新加坡也是世界上居住环境科技更新最快、实践最多的国家之一。在城市街道上各具特色的现代建筑与保留街区的传统建筑群落相映成趣，共同构建出新加坡城市的独特风格。自 2005 年新加坡建设局推出了自愿性质的绿色建筑（Green Mark）认证，对满足不同的绿色环保指标的开发商、建筑商给予资金或免费建筑面积等实质性奖励，有效推动了城市建设向着绿色、环保、生态化方向发展。至 2016 年底，新加坡已经全面实行绿色建筑材料应用政策，以及与之相关的降低人力成本、提升生产效率和提高社会生产力的政策举措。

在医疗科技、生物医药、人工智能等领域科技的突破和成果应用，使得新加坡在 21 世纪成为全球最早智能化的国家之一。科技的支撑，使新加坡城市文明飞跃到一个新的阶段，引起全球国家（城市）管理者们的重视，“新加坡经验”也成为各国政府和学术界关注和研究的方向，这也是中国政府在近几十年派出官员赴新加坡学习的重要原因。

三、文化交融建构新加坡和谐自信精神

在人类学视界内审视“新加坡经验”，会发现可以展开从“多元种族主义”“种族认同和国家认同”“跨文化交流”“现代城市管理与传统文化的关系”等诸多现象到理论层面的讨论。事实上，有诸多学者已经在更为广泛的人文学科里将新加坡作为研究对象，并总结出了不同的观点和结论。费孝通先生在其《“美美与共”和人类文明》一文中指出：在处理跨文明关系、跨文化交流这样更复杂、更微妙的人文活动时，就要求我们运用一套特殊的方法和原则，最大限度地注意到“人文关怀”和“主体感受”。这是一项涉及历史、文化、传统、习俗、文学、艺术等诸多领域里的以“人”为中心的系

统工程。① 新加坡是移民国家，因此，笔者在进行“新加坡城市文明”问题的思考时，无疑要将城市文明的另一主体——“新加坡人”作为观察对象，从新加坡人的文化习俗、宗教信仰、社会生活方式等几个方面，客观呈现新加坡城市文明现象。

1. 多种族（Ethnic）、宗教平等共处

据考古和文献记载，新加坡本岛自公元3世纪就已经有马来人在此居住②，14世纪初已可见华人居住于此岛的记载③，1819年后，随着莱佛士所代表的英国不列颠东印度公司的登陆和商业开埠建立港口后，来自亚洲以外的新移民不断增加。近两百多年，虽然经历了葡萄牙、英、日等国家的殖民和占领，实质上新加坡本岛并没有明确的（种族）主权归属。直至1965年新加坡成为独立主权的国家，李光耀领导的第一届执政党以“信约”精神凝聚了全岛各族人民对这个新成立国家的信念和信心，并将“信约”精神以“多元种族主义”概念确定为宪法原则。新加坡宪法规定保障各种族在权利、义务、教育、工作等方面一律平等，并且专门成立“宪法委员会”“少数民族权利总统理事会”（PCMR）和“宗教和谐总统理事会”（PCRH）等机构以确保各项法律和政策必须维护各种族和谐共处的社会形态。这种平等共处原则也体现在新加坡政府国家行政事务管理和具体政策制定实施上。

从1989年3月起，新加坡政府规定组屋必须按固定的种族比例出售。其中，华族在每个社区的比例不得超过84%，在每一栋组屋公寓楼内不得超过87%；马来族分别为22%和25%；印度族和其他族一起，不得超过10%和13%。④ 这一政策被社会学、民族学学者所诟病，认为这是一种旨在拆解传统民族聚集社区、弱化民族主义的手段。而笔者在田野工作过程中，从新加坡建屋署官方的角度了解到，这一举措无疑是增强各种族之间相互了解、相互适应、平等共处的最好方式。对于学者或社会异见者们的种族文化弱化或同化质疑，新加坡政府则从鼓励国民参与社区文化中心、宗教场所、宗乡社团等社会文化组织、团体活动等方式，来弥补和满足不同种族群体对于宗教信仰和传统知识的分享需求。

对于各个种族民俗、重大节日，新加坡政府也是一视同仁的，新加坡国民除了公历的元旦以外，一年有四次连休两天的节日，他们习惯上称之为“中国新年（农历春节）”“马来新年（开斋节）”和“印度新年（迪帕瓦里，

---

① 费孝通：《费孝通论文化与文化自觉》，群言出版社，2005年版，第539页。

② ［新加坡］许云樵：《康泰吴时外国传辑注·蒲罗中国》，新加坡南洋研究所出版，1971年版，第44页。

③ 1330年，中国元代航海家汪大渊所著《岛夷志略》书中将新加坡称作“单马锡”，亦提到“男女兼中国人居之”。

④ 资料来源“新加坡建屋局官方网站”。

又称青灯节或屠妖节)”。每年不同节日到来前，街道和社区里都会根据这个种族的文化元素进行精心的装饰布置，夜晚来临时绚烂的彩灯将节日的气氛烘托得更为热烈，加上丰富的、各具特色的文化传统的活动和传统美食等，节日文化也成了新加坡旅游局吸引游人来新加坡的重要内容。(见图3)

图3（上左图为：新加坡华人新年滨海湾景观；上右图为：马来族新年街道景观；下左图为：印度族新年小印度街道景观；下右图为：圣淘沙旅游景区节日景观）

宗教信仰和习惯在新加坡是受到尊重的。新加坡人主要宗教信仰为佛教、道教、伊斯兰教、天主教、基督教和印度教，20世纪30年代兴起的德教，也在新加坡拥有较多的信众。在新加坡每一个社区（街区）都可以看到同时建有华人寺庙（包括佛教、道教、宗祠等）、清真寺、印度庙（兴都教、锡克教等）、天主教和基督教教堂、德教教堂等，供不同信仰的国民参加宗教仪式和活动。笔者在新加坡期间做了一个初步统计，新加坡全境有华人寺庙350多座，供奉主神不仅有佛教和道教的神像，还有不同姓氏的祖先，以及“拿督公”等东南亚民间信仰的神祇109种之多;① 什叶派、逊尼派的清真寺80多座;② 著名的印度神庙39座③，天主教和基督教教堂（数据还在整理中）。如此多的宗教场所，又同时聚集在新加坡本岛（628.35平方公里）的城市中心和主要社区，其密集程度是可以想象的。这种多种宗教汇聚，彼此和平相处，也是新加坡国家治理的一项重要经验。

笔者在新加坡期间，通过多次观察发现，每周日基督教教众做礼拜时，对于拥堵的街边停车现象，陆路交通管理局也是网开一面不抄牌和罚款；与此相同的是每当传统节日来临，历来严格执法的警察们也会送上祝福，对于违章现象给予相对宽容的处理；不同宗教之间的相处也显示出了包容和理解，每到周五伊斯兰教众到清真寺做礼拜时，相邻的华人寺庙广场允许伊斯兰教众停车，而每到华人的传统节日，例如中元节祭祀活动时，清真寺也会为华人提供方便，这样的礼让和互助似乎已经约定俗成了。

2018年6月10日，笔者受邀参加新加坡后港社区一座印度神庙的祭祀活动，在传统祭祀仪式之间，还增添了华人舞狮队表演和祝贺，该教区的印度长老说，他们认为华人舞狮这个形式很有气氛，有助于表达他们对所供奉的胜利女神（湿婆老婆）的敬意。整个祭祀活动热闹非凡，社区里不仅同信仰的印度人全部参与其中，奉上贡品和虔诚的膜拜，祈求神灵的护佑。也有华人（或者亚裔其他种族）参与活动，甚至也在现场拜神求签，“希望今夜好梦得到一个Lucky Number”，社区里的华人阿姨说。对于在社区生活几十年的华人严女士来说，不同种族、信仰的活动每年都举办，像华人过新年、端午和中秋节一样，相互参与文化活动这一现象，在新加坡人眼中已经不是什么新鲜事了，严女士对于整个印度神庙的祭祀程序都十分了解，她告诉笔者说：“都已经看了几十年了，知道他们下面要做什么（仪式）了。”

新加坡多种族和宗教平等共处的另一个重要举措，是将每年的7月21日定为“种族和谐日”。这个节日是基于1964年7月21日的一起种族冲突历史性事件的惨痛教训而订立的。④ 每年这个节日来临，学校鼓励学生们穿上自己种族的传统服装，举办各种庆祝活动，让新生代在学校教育和社会活动中潜

① 参考资料来源：List Chinese Temple in Singapore http：//www. beokeng. com/list. php

② 参考资料来源：List of mosques in Singapore. http：//en. m. wikipedia. org/wiki/list_ of_ mosques_ in_ Singapore. php

③ 参考资料来源：List of mosques in Singapore. http：//en. m. wikipedia. org/wiki/list_ of_ Hindu_ Temple_ in_ Singapore. php

④ 1964年7月21日，穆斯林举办先知穆罕默德的诞辰纪念日大游行，引发了一起种族冲突事件。当时，有不少路人和旁观者被殴打，伤亡惨重。政府不得不实行戒严，并一直持续到8月2日。这次事件，导致了23人死亡、454人受伤。为了避免种族冲突再次上演，新加坡政府就把每年的7月21日，定为种族和谐日。

移默化地建立各种族、宗教平等意识，建立新加坡人互相之间不分种族、语言和宗教，大家要团结一致，为新加坡作出贡献的信念。

2. 文化融合与国家认同

新加坡是经历了从渔村到港口、城市的发展，历史沿袭至今的港口城市文化特征依旧明显：来自世界各地的多种族的移民、多宗教信仰汇聚、曾经被殖民统治的历史，以及现代国际化港口的服务特性，使得新加坡人对于不同种族、不同文化具有较高的接受性和包容性。

相对于仅有53年历史的国家新加坡而言，一个特别的族群“峇峇娘惹”，又称土生华人、海峡华人等，已经从几百年的历史中积淀而成，成为新加坡人的重要组成部分。笔者在此采用“族群”（Ethnicity）这一词汇表述这一现象，因这个族群是华人与东南亚当地土著通婚而形成的后裔群体，他们自认华人身份，却又大多不会说普通话，只会讲英语或者其（华人）祖先的方言。这个族群的特点是：在带有一定的中国明朝时期的文化痕迹、华人祖先故乡的民俗、生活习惯等保存和传承下来的同时，又与马来西亚或印尼的本土环境和文化结合，建构了独特的生活和生产方式，并创造和形成较为完整的族群语言、生活习俗、宗教信仰、婚葬仪式、文学、艺术以及手工技艺等方面的体系。“峇峇（娘惹）”文化在满足所存在时代自然环境、社会环境的变化，不断调整、不断再造、不断发生、发展并积淀延续至今，从而形成了蔚为可观的人文资源，承载着东南亚一定历史、文化、审美、科学、和谐、教育、经济等社会功能属性，与东南亚人类社会发展的历史紧密相关。因此，如果将文化看成是人类社会发展中所创造的物质（文明）成果和精神（文明）成果的总和，那么，“峇峇（娘惹）”文化则是当代仍旧存续的人类文化融合和发展的“活态标本”。① 在近十几年里，“峇峇（娘惹）”文化、美食、服饰和艺术产品等，通过影视媒体等艺术再创造形式表现出来，已然成为新加坡文化的特有标志。

在新加坡有很多“峇峇（娘惹）”族群的后裔，第一任新加坡李光耀也是这个族群中的一员，他带领土生华人和新移民共同打造了一个新加坡人的新加坡。笔者认为李光耀在1979年提出的“亚洲价值”（Asian Values）概念，被理解为“并非某一具体亚洲民族，而是亚洲各民族共享的价值”，这一理念的产生极有可能受到“土生华人”族群形成和发展的启示。在此理念基础之上，新加坡内政部于2010年1月公布了混合种族界定方式，即允许族际通婚者的后代将父母双方的种族联合使用，中间用横线隔开。例如：“华—欧亚族”“马来—印度族”等表示方式。新一代新加坡混合种族身份的认定，将

① 娄芸鹤：《人类文化融合“活标本”——“峇峇”文化传承与思考》，新加坡期刊《源》，新加坡宗乡总会期刊，2013.9，第17～19页。

近代东南亚社会中混合种族的种族认同和文化认同焦虑，置于国家认同的项下，赋予他们新加坡国民的身份和文化认同的（多种族文化融合后的）新符号，这也是新加坡国家认同建构，并实现国家治理的有效手段。《新加坡人口白皮书（2013—2030 年）》中写道：我们的移民遗产塑造了今天的新加坡，包括我们珍视的价值观。随着社会的成熟，新加坡身份将继续发展。它不仅基于我们来自何方，还包括我们共同的经历。新加坡人强调，新移民适合我们的社会是很重要的。今天，我们看到更多的新加坡人与非新加坡人结婚。他们的孩子和后世可能很好地融合在一起，在这里成长并分享形成的经历。① 一次笔者与所搭乘的马来裔出租车司机聊天，话题谈到他是哪里的马来人的时候（笔者本意是了解他的家族源自马来西亚何地区），他马上更正笔者说："I am Singaporean ，I am Singapore ' s Malay. I am not Malaysia ' s Malay.（我是新加坡人，我是新加坡马来人，我不是马来西亚的马来人）。"无独有偶，笔者在社区里与印度裔的饭店业主谈到他的祖籍地时，这个第二代印度裔移民的店主也是如此回应说："I am Singaporean . I am Singapore ' s India .（我是新加坡人，我是新加坡印度人）。"从这种表述中可以感受到他们极为强烈的新加坡人认同感，也就是说，对他们而言国家认同感是建筑在对自己种族认同之上的。

在新加坡这个国际化程度很高的国家，种族的融合既是国家种族平等、信仰平等理念的体现，也是促进多元文化融合的过程。新加坡人对外来种族和文化的接受性和包容性显而易见的是在新加坡可以找到全世界不同地区的美食；人们可以根据自己的喜好着装，甚至是奇装异服和裸露服饰（在宗教场所是禁止和违法的）；在新加坡赌博和色情业是可以依法经营的服务产业；新加坡的官方语言有四种：英语、汉语（普通话）、马来语和泰米尔语，大部分新加坡人可以说 2 ~ 3 种语言，英语反而是中性语种，成为各种族沟通的重要工具。隐藏在新加坡人生活中的文化交融现象也比比皆是。笔者在新加坡期间发现华人新年传统给亲友和家人"红包"的习俗，被马来人接受，也成为他们节日时的一个祝福和表达情感的形式，只是"红包"的颜色换成了他们民族喜爱的绿色；在印度新年期间，印度人的年货里也增添了类似华人爆竹的"电子鞭炮"等；新加坡人也积极参与圣诞节、感恩节和万圣节等这些西方国家的节日仪式和活动，无疑，这些已经成为新加坡人生活乐趣的一部分。

各民族文化之间产生交融的现象，足以说明各个民族的文化有自己的一

① 参考资料：POPULATION WHITE PAPER："A SUSTAINABLE POPULATION FOR A DYNAMIC SINGAPORE"。

致性，由于双方接触，不同的文化特点相互影响以致融合。①新加坡现代社会发展过程中不同种族、不同文化融合的进程也不断创造出了新的文化艺术成果，以新加坡近代历史为轴反映“峇峇娘惹”族群生活方式的连续剧《小娘惹》，将新加坡文化推上了世界的舞台；以新加坡国民服役为题材的电影“Ah boys to Men”，以现实主义的表现手法、诙谐幽默的手段为观众呈现了新加坡多种族、多元文化交融的特色，以及国民服役军人强烈的国家价值认同感和保卫国家安全的责任感。由于新加坡经济的蓬勃发展，城市文化景观系统成为新加坡城市艺术成果展示的主要空间。榴莲剧场、亚洲文明博物馆、新加坡艺术博物馆、国家博物馆等文化艺术机构、展览与演出被《国际先驱论坛》《时代周刊》等著名媒体广为报道。新加坡艺术节也已经成为亚洲最具影响力的艺术节之一，新加坡城市文明程度也在21世纪初登上了一个新的高度。

四、依法治国保障新加坡安全稳定发展

“一个肮脏的国家，如果人人讲规则而不是谈道德，最终会变成一个有人味儿的正常国家，道德自然会逐渐回归；一个干净的国家，如果人人都不讲规则却大谈道德、谈高尚，天天没事儿就谈道德规范、人人大公无私，最终这个国家会堕落成为一个伪君子遍布的肮脏国家。”胡适在《道德和规则》一文中精准地阐释了法律纲纪是国家、社会稳定和发展的重要保障。新加坡在短短的几十年里经济腾飞、社会稳定、治安良好、文明风尚，与其国家法律的执行力度和对腐败的控制是分不开的。人类学视界内的新加坡法制体系设立是依据其国家的宪法原则，并根据社会发展进行不断完善的过程。

1. 宪法法律至上

新加坡是一个宪政国家，新加坡宪法具有至高无上的地位，任何法令、法规都不得与宪法相抵触，其“多元种族主义”原则也写进了宪法。1991年《共享价值白皮书》再次为新加坡人确立了五大共享价值观：（1）国家高于共同体，社会高于个人；（2）家庭是社会的基本单位；（3）共同体支持并尊重个人；（4）以协商取代冲突；（5）种族与宗教和谐。② 因而，新加坡在国家治理和城市管理等各个层面上，都体现出各种族在法律、政治、社会、教育、语言、宗教等方面的平等原则与和谐理念，同时，人人平等、法律至上、有法可依、有法必依、执法必严、严刑峻法，成为新加坡遵循宪法原则和维护社会运行的基本模式。现代新加坡法律包括宪法、法令、法规和附属法规。从法的渊源分，有成文法、不成文法和国际法规则。成文法包括宪法、法令、

① 中山大学人类学系、中山大学中国族群研究中心：《庆贺黄淑娉教授从教50周年暨人类学理论与方法学术研讨会论文集》，中山大学人类学系、中山大学中国族群研究中心，2002年版。

② 详见新加坡《共享价值白皮书》（Shard Values），1991年颁布。

法规及附属法规。在新加坡，现行的法律、法规达400多种，从政府各部门职能、政府权力的范畴、公民权利、社会、经济秩序、宗教事务，到家庭关系（子女对父母的赡养、父母对儿女抚养的责任等）、公共卫生、动植物保护等方面皆有法可依、有章可循。例如，新加坡禁毒，贩卖（携带、持有）或进出口15克海洛因或30克吗啡的贩毒者必遭绞刑，[①] 破坏公共设施或他人财物，不仅罚款，还要根据情节处以鞭刑（该刑罚只针对成年男性）及相应的刑期，“1993年美国人迈克尔·费伊案件”[②] 让世人对新加坡执法之严厉留下了深刻印象；新加坡禁止在公共场所（包括公园）吸烟，最高可罚款1 000元新币；禁止采拾公共花园和园林里的果实，违者罚款50元以上不等，其他诸如随地吐痰、违章停车、过马路闯红灯罚款等法规的严格执行，也成就了新加坡花园城市的清洁安全、美丽和文明，所以说，新加坡城市之文明是建筑在新加坡“宪法基石”之上的。

2. 法律面前人人平等

新加坡宪法明文规定，司法系统是独立的国家机关，独立行使司法权，禁止司法受到外在力量的干扰。新加坡国家的司法体系独立，在维持社会运作秩序、维护人们对法治的信仰方面，发挥了不可忽视的作用。1992年李光耀在菲律宾发表演讲时指出：“一个面对动乱和落后的发展中国家需要一个强大而廉洁的政府。高层政治领袖如果能够以身作则，树立榜样，贪腐之风就可以铲除。只要把三个高官绳之以法，便足以产生杀鸡儆猴的作用。这是新加坡经验。”新加坡在法制面前人人平等，不会因你是官员便可以凌驾于人民和法律之上。新加坡法律面前对违法者都一视同仁，哪怕是李光耀的儿子也毫无例外。据新加坡友人介绍，现任新加坡总理李显龙当年服兵役期间，因疏忽大意而触犯了军纪，李显龙没有因为是总理之子而逃避处罚，也没有找李光耀出面说情，而是主动承认错误，虚心接受处罚，新加坡军队更是军纪严明，照章办事，无一例外依法处罚了李显龙。这一事件过去了许多年，但是，仍旧为年轻人在履行国民服役责任时遵守军纪和法律的范本。

司法独立，不仅需要法律体系的严密和制度的不断完善，更需要公正、能干、廉洁、认真、严格和富有经验的法官群体，要想治理好一个国家，最佳方法就是让最优秀的人做难度最大的工作。李光耀曾经在一次演讲中指出，只有委任杰出的法律人才出任法官，秉公执法，为新加坡带来（公平公正社

---

① 详见新加坡《滥用毒品修正法令》，1975年颁布。

② 1993年到新加坡旅游的美国青年迈克尔·费伊，因肆无忌惮地破坏公路上的交通指示牌，并在20多辆轿车上喷漆涂鸦，被控上法庭，罪名成立，被新加坡法官判处监禁4个月，鞭笞6下，罚款3 500新元。美国总统亲自出面恳请新加坡特赦，新加坡法院为维护法律至上的原则和司法尊严，拒绝特赦，只是将鞭刑由6下减至4下。

会）赞誉，“才能使法治成为新加坡无形的珍贵经济资本”。① 新加坡人对于法律的认同和遵守，实际上就是他们对于宪法所确定的社会价值观的认同，宪法赋予司法体系独立的地位，其意义在于严格划定了政府、官员们的行为规范，使整个社会建立了一个运行良好的行为规范监督约束系统。这个系统使新加坡政府高效负责，其清廉程度连年名列世界三甲。

3. 安全保障发展

不管是在哪一个学术领域去研究“文明”的概念，其中一个很重要的指标应该是社会和平安全的状态。1651 年，托马斯·霍布斯首次在其《利维坦》一书中提出“文明社会”一词，就指出“文明”是相对于战争而言的和平状态。② 新加坡周边都是种族意识强烈的伊斯兰国家，这种政治地缘状态使之被称作“东方以色列”。20 世纪 60 年代，新加坡这个国家被充满敌意的国家包围，李光耀所领导的新加坡执政党在建国初期就寻求世界各国的帮助，建立自己的防卫力量，以色列伸出援手，帮助新加坡组建军队和提升军事装备的配置。1967 年新加坡通过国民服役的法令，并在以色列的帮助下建立起新加坡一支海岸卫队、一支战斗机中队、17 个国民服役营和 14 个战备营。③ 时至今日，新加坡在经济发展的同时，军备也不断提升。如果说司法体系是一个国家或地区内部安全稳定运行的保障系统，那么强有力的军事力量就是一个国家（城市）文明状态的最好保障。“第三代新加坡军人为人民和外来投资者提供了安全和信心，使他们放心，新加坡不仅能保护自己，还能保护他们。”④ 保卫国家安全和抵御侵略风险的危机意识、忧患意识牢牢根植于参与国民服役的青年人的脑海中，促使他们非常珍惜现有的生活和国家尊严。一代一代的国民服役人员成长起来，成为新加坡发展的中坚力量，与新移民一起工作在新加坡（城市）发展建设、安全守卫的各个岗位上，他们崇尚纪律和权威，强烈追求法治和秩序，也十分重视发挥法治在解决社会危机、保持政治和社会稳定方面的作用，同时，他们也关心国际政治的风云变幻，始终保持对国际政治的敏感度，对于新加坡的未来充满信心。

新加坡国防教育是在全社会范围内开展的，每年新加坡国防部以各种主题举办国防、国家安全教育活动，尤其鼓励儿童、青少年和新移民参与。2017 年 11 月 9 日新加坡海军建军 50 周年，笔者亲自到周年庆活动现场观察，看到以新加坡海军发展史、军舰型号和性能等为主题的展览；有趣和富有探

① ［美］Graham Allison：《李光耀论中国与世界》，中信出版社，2013 年版。

② ［英］托马斯·霍布斯：Thomas Hobbes，Leviathan，the Essence，Form，and Power of the Church State and the Citizen State，Originally published in 1651. Copyright 201 Anodos Books.

③ ［新加坡］池例芳主编：《光耀一生》，新加坡《联合早报》出版，2015 年版，第 65 页。

④ ［美］Graham Allison：《李光耀论中国与世界》，中信出版社，2013 年版。

究性的军事问题和游戏设计；舰船模型和枪械体验；以及年轻的海军士兵和现场的国民互动的热烈场面，都使得在场的活动参与者们兴奋不已，“当我知道我们国家有这样厉害的潜艇和战舰后，我感到十分骄傲！我们不怕敌人，我长大也想当海军”，在场的一位小朋友告诉笔者，笔者相信在场的很多青少年都会有这样的想法。每年的国庆节也是凝聚新加坡人国家认同感和国防意识培养的重要机会。笔者观察发现，每年 6 月份开始，新加坡上空就会经常有不同型号的飞机咆哮飞过，每周六傍晚在滨海海湾都会有焰火表演（国庆焰火演习），直至 8 月 9 日国庆节那天正式的庆祝活动开始，历时两个月之久的国庆节预演就在国民生活中不断出现，“这种预演即是提醒我们国庆节快要来了，我们也借着机会顺便训练飞行员，毕竟新加坡领空太小，平时是不能进行太多的空军军事训练的，焰火表演也是吸引世界游客的好节目啊!”新加坡朋友这样告诉我。笔者在新加坡田野工作期间，发现新加坡的华人（因为有些问题相对敏感，所以主要访谈对象是华人）可以说是世界上最自信的华人。因为在新加坡这个国家（城市）里，他们不仅有完备的司法体系保障他们的生活稳定和公民权利，而且在面对国际社会的政治压力和战争风险时，他们对自己的国家也充分信任，认为新加坡会为保护他们的生命和财产安全不遗余力地战斗。

五、比较反思借鉴新加坡经验

尽管文化与文明的概念边界从来都是模糊不清的，但恰恰是这种概念界定的模糊性使得人类学有足够的自由空间去讨论当今世界物质和精神在文化与文明的向度上的各自表达。甚至可以说，文明的互动与跨地域的文化交流这二者将会成为人类学未来发展中的一个新的知识增长点。在这个意义上，文明继文化之后又会成为一个新的概念而引领着各种视角的人类学家们形成真正有深度的文化分析。① 如果说“城市文明”概念的提出是人类学学界一个研究人类社会现代文化发生发展方式的“新知识增长点”的话，观察与探究“新加坡城市文明”无疑是一个非常有意义的尝试。笔者认为，以新加坡作为人类社会近代文明（文化）发展的样本是极其有代表性的，通过在人类学视界内观察新加坡，在城市文明发展、国家治理、种族关系处理、国际政治、社会伦理以及生态环境保护等方面，都可以让人得到灵感和启迪。

1. 潜隐在组屋补贴制度中的社会伦理观念

新加坡与中国一样社会人口老龄化问题显著，老人社会问题早已引起政府的重视。由于华族比例大，新加坡华人家庭伦理观念深受大中华儒家等传

① 赵旭东：《个体自觉、问题意识与本土人类学构建》，《青海民族研究》，2014 年第 4 期，第 7 ~15 页。

统文化的影响，如何引导年轻一代人延续传统，并有效缓解政府在老龄化社会所必须面对的老年照护资源紧缺的压力，新加坡做出了许多积极尝试。其中，最被新加坡年轻一代人接受的政策是“接近住房补贴政策 Proximity Housing Grant（简称 PHG）”。该政策规定，如果（具备条件的）申请人选择与父母住在一起，或选择居住在位于你父母家附近（四公里范围以内）的组屋，申请人可获得“接近住房补助金”2 万元（住在 4 公里以内的父母）、3 万元（与父母住在一起）；除此之外，申请人还可以获得“中央公积金住房补助金 CPF Housing Grant（Family Grant）”，新币 2.5 万（2 ~4 室平）、2 万元（5 室平），以及中央公积金（房屋补助金 AHG）从 2 500 元到 2 万元不等，所有补助合计可达 6 万新元。“接近住房补贴政策”提供一定数额的补助金，对于新加坡普通 2 ~5 居室组屋大概价值 20 万 ~50 万左右的房价而言，这部分补贴可以达到 10% ~35% 以上，这对于年轻一代人的购房者是难得的帮助（其他部分可以用贷款，新加坡国民购房贷款利率相比于其他国家是很低的，最高贷款利率 3.5%，甚至更低）。新加坡组屋价格始终稳定在国民收入可接受的消费范围内，组屋的品质和环境设施优良，年轻一代新加坡人在考虑购房、开始自己独立（或婚姻）生活方式之时，与父母共同居住或临近地居住可以获得国家的支持和资助，其潜在的社会意义即为照顾父母的责任担当是被鼓励和支持的、孝道伦理是被社会认同的道德标准。

相比于中国不断调控、不断上涨的城市房价所引发的“啃老”，以及娱乐至上引发的“奢侈”“拜金”的社会现象，新加坡不仅将孝道等道德观念植入中小学生的课本中，还不断于社会政策的方方面面固化孝道、节俭、勤奋、尊重知识和忠于家庭等价值观于年轻一代的生活方式中，是值得我们反思和学习的。

2. 服务型政府

许多关于新加坡的研究指出新加坡是“保姆型”政府，意即新加坡政府将人民的方方面面都设计和安排好了，让人民无法“自由”和“民主”地生活在这个国家里。这种指责是背离历史和现实的，笔者翻阅东南亚历史资料和新加坡历史，发现一个很重要的事实，新加坡历史上港口城市背景使其具有极其明显的“码头文化”① 色彩，虽然经过英殖民时期的严苛管制，但是来自五湖四海的移民普遍受教育程度不高，他们和往来的商贾都要依靠“权威”和利益才能够驱动。这样的国民素质现状，以及独立后的经济萧条，都使得李光耀领导的执政党意识到“民选政府要永远与人民保持联系，不仅为

① 码头文化一般来说指来自五湖四海的社会中、下层群体，围绕河岸、港口码头货运为生存方式，注重现实利益，崇尚江湖义气，畏惧权威，没有传统道德观念约束和更高层次的精神追求的群体文化现象。

了体察人民疾苦，而且为了引导和组织他们，并给人民有利于社会建设的优秀品质”①。新加坡在建国之初将法制、经济和教育作为国家发展之根本，依据宪法建立一个适合新加坡移民多样性的政治框架，并秉持“以人为本”的理念，建构服务型政府。李光耀认为，作为一个诚实的民选政府，不是要通过贿赂选民获得选票，而是要通过创造就业机会、兴建学校、医院及住屋等实际的利益，改善人民的生活，来争取人民的支持。② 2015 年春天，笔者的朋友突发脑出血被送进新加坡中央医院，笔者在陪同期间观察到几个与中国医疗体制完全不同的现象。首先，急诊中心的医生迅速确认了朋友脑出血的症状，将其直接推入急诊室展开一系列检查，没有任何人向陪同的我提出要先缴费或者缴费后才会开始抢救的要求，直到朋友的全部检查结束、确诊，并送至 ICU（重症监护室）里观察；其次，在 ICU 里所有的住院必需品都已经准备好，并合理安置在房间适当的地方，不需要患者以外的家属额外采购；再次，ICU 里所有照护都由护士处理，包括清理朋友的排泄物等。在朋友因症状缓解移到普通病房继续治疗和进行恢复性训练期间，笔者又发现所有医护人员对待患者都是轻声细语、关怀备至，在治疗过程中严谨亦不失亲切。这一切让笔者十分感慨，而朋友却习以为常。他解释说：“新加坡是全民社保覆盖医疗，所以，治病是不需要先交钱的，待病治好了，医院才会发账单给患者，账单这时候已经是扣除了国家公积金保障的部分（根据工资水平最高可承担 90%），若个人参加了商业保险，公积金不能支付的费用也会由保险公司负担并减掉相应额度，之后，通常这笔费用就没有多少钱了，个人只承担 5% 左右。”至于说医护态度好，笔者认为新加坡医院是社会保障（服务）体系的一部分，没有“用药养医”和医院商业化、作为社会生产力的一部分的问题，医生和护士的薪水较高并由政府拨款，由此对医生的聘、任用条件要求很高，保障了医护队伍维持较高素质和医疗服务水平。

笔者发现新加坡人遇到问题很喜欢寻求政府部门的帮助，遇到不合理对待就会找相应部门投诉，而且投诉到具体部门后一定会有反馈或解决问题，所以，国民将相应的问题投诉到不同部门的部长那里是十分正常的事情，甚至可以直接写信给李显龙总理，总理办公室也一定会予以回应，所有政府部门的电话和办公室都可以根据需要直接联系或者预约拜访；每周一，国会议员们还会到所负责的选区值班一天，专门接待国民反馈国家、政府在执政期间需要改善的问题的建议，这些建议都会得到积极的回应和改善落实后的汇报。

---

① ［新加坡］Lee Kuan Yew, speech given at the National Recreation Center, Singapore, April25, 1960.

② ［新加坡］池例芳主编：《光耀一生》，新加坡《联合早报》出版，2015 年版，第 85 页。

1962年李光耀在“五一国际劳动节”上致辞，他说：“我们的迫切任务就是建立这样一个社会，即不以人们拥有财富的多寡作为奖赏依据，而是以人们通过体力劳动或脑力劳动对社会作出的积极贡献作为奖赏依据，力争做到人尽其才，实现对社会的价值与贡献。”① 新加坡服务型政府的建立是在一个没有特权可以凌驾于国民权利之上，将公权力的行使者置于法律的规范之下，尊重和保障人民权利的制度体系之上的。也只有如此，一个真正意义上的为人们寻求公平正义，而且提供发展平台的文明社会才有可能存在。反观中国改革开放几十年，经济发展的同时，滋生了一批因权而富、因富而无视人民生命财产安全的特权人群，我们是不是要认真思考一下问题的根源在哪里？党的十八大以来，习近平总书记的治国理念始终围绕着“为人民服务”的宗旨，也在积极推动中国政府向着服务型政府转型，然而，实现这一目标与约束特权群体和依法治国是不可分割的。

3. 城市文化生态

伴随着“城市文明”的讨论，文化生态一定是人类学界最为关注的问题，新加坡历史学者柯木林先生曾对笔者说，他认为“现代的新加坡人是没有文化的一代”。本人理解柯先生并不是真的认为新加坡人没有文化，而是他认为同为华人，就需要了解中国历史和传统文化。当前新加坡的双语教育已经不再备受诟病，② 因为英语教育使得新加坡在近几十年的国际化发展过程中获益良多。而华文课程重新被重视，并被大多数新加坡家庭中、小学生选择，甚至是额外找辅导班补习以提高华文水平的现象，应该是从中国改革开放后，积极加强与世界互动和沟通，并且以快速发展的经济体出现于国际政治舞台上开始的。即便如此，新加坡教育部并没有刻意设置与中国历史相关的课程于中小学生的课程体系之中，虽然也有儒家文化（所有宗教、儒家文化和道德学科）等教育课程，但是设置于初中的人文社科（Social studies）选修课程（取代了七八十年代的公民教育）部分，是不作为学分考核的。这就导致新加坡社会上一个现象出现，新加坡年轻一代华族对中国（古代和现代）文化和文明没有特别的种族认同式的亲近感，而是对所有可接触到的东西方“先进”的文化形式感兴趣，这就使得新加坡本土的现代文化艺术创作和表现形式充满了国际化元素、文化融合的特色，表现出了十分鲜明的“新加坡特色”(Singapore Characteristics)。

---

① ［新加坡］Lee Kuan Yew, May Day Massage, May1, 1962.

② 新加坡中华总商会曾于1955年创建了以华语为教学语言的南洋大学（Nanyang University），人民行动党执政后，认为如果强化国家认同，就必须拆解华人组织。政府于是以国家的医疗、教育、住房等福利逐渐取代上述组织的功能，并以“华人沙文主义”为名撤销大量华文报纸，还以普及英文教学的方式排挤华文学校。最终，政府以中文文凭不具备竞争力为由，关闭了南洋大学，很多华人至今仍耿耿于怀。

1989年4月，新加坡前总理吴作栋指出："我们国家在经济和国家发展上已经到了应该在文化艺术上投入更大的关注和资源的阶段。"1998年，新加坡将"创意产业"定为21世纪的经济发展引擎之一。2000年3月，新加坡信息与艺术部提交的《文艺复兴城市报告——文艺复兴新加坡的文化与艺术》提出将新加坡建设成为一座充满文化艺术的城市。2002年9月，新加坡创意工作小组一份《创意产业发展策略：推动新加坡的创意经济》，将新加坡建设成为"新亚洲创意中心"的目标树立起来；新加坡重金从世界各地引入文化创意产业高端人才，鼓励本土机构与世界顶级的文化创意机构合作的同时，2003—2008年之间，政府投入2亿元新币致力扶持创意产业在新加坡的发展和人才培养。新加坡教育部不仅在中小学教育课程中设置创意意识培养的课程体系，还组建起文化艺术高等教育、继续教育和研究机构，此外，由多个政府部门联合成立文化科研成果转化团队、企业家管理训练团队等，以务实和具体的行动推动新文化创意成果产业化和创意人才培养的可持续化。20多年过去了，新加坡在向"新亚洲创意中心"的目标不断前进。新加坡现有新加坡国家博物馆（National Museum of Singapore建立于1887年，是间拥有120多年历史，也是新加坡最大、最古老的博物馆）、亚洲文明博物馆（展示亚洲不同文化之间，以及亚洲和世界之间的历史联系），此外还有新加坡国家美术馆（新加坡乃至东南亚地区最新、最大的现代艺术博物馆）、新加坡美术馆（是一座专注于东南亚当代艺术的博物馆）、滨海湾金沙艺术科学博物馆、樟宜博物馆、新加坡城市展览馆、新加坡国立大学博物馆、新加坡钱币博物馆、新加坡集邮馆、MINT玩具博物馆、榴莲剧院等文化与艺术的殿堂，供国民和来自世界的游人学习、参观，感受文化与艺术的魅力；除此之外，各个社区都建有可共享国家图书馆库藏资源的图书馆，方便国人借阅；城市建设规划中，都会预留出可供社区内举办文化活动（包括民俗活动、举办婚礼或丧葬仪式）的空间；公园和旅游区内也设置了周末文化展演露天剧场，供来自世界各地的文化艺术团体为新加坡国民和游客贡献精彩的演出。新加坡的公共文化服务体系保障了人民精神生活的丰富多彩，也从不同层次上满足了人们向着高层次文化精神品质追求的愿望，在新加坡城市文明与和谐社会构建过程中发挥了不可忽视的作用，并推动了新加坡文化生态环境向着创新化、国际化与本土化融合的方向发展前进，让文化艺术领域充满活力。

新加坡2017年财政总收入690亿元（S$），仅文化事业财政投入就达到21.6亿元（S$），占国家财政支出的3.1%，① 人均②文化事业费544元（S

① 《Ministry of Culture，Community and Youth》，p. 209。www. singaporebudget. gov. sg

② 《2017年人口简报》显示，截至2017年6月，新加坡公民总数344万，永久居民人口总数53万人。总计397万人。

$)。中国改革开放几十年来，经济发展迅速，在教育和公共文化服务层面上的投入还远远不足，2017年，国家财政投入文化事业费855.8亿元（RMB），比1979年的5.84亿元增长了140多倍，占国家财政支出的0.42%。全国人均文化事业费从1979年的0.6元（RMB）增加到2017年的61.57元（RMB）。[①] 与新加坡相比，中国在公共文化事业经费上的投入是有较大差距的，同时，在制定和实施鼓励文化创新的政策时，也需要更为务实的方式和方法。

4. 健康和可持续发展城市

新加坡人口密度高达7 796人/平方公里，是世界上人口密度排名第二高的国家，但是，自建国以来，新加坡就把合理规划利用土地资源，并为国家（城市）未来发展预留出空间，当作是新加坡健康和可持续发展的基础。2017年12月，“新加坡城市规划之父”刘太格先生在新加坡办公室接受《每日经济新闻》采访时说：“那时候我们做了一个‘百年规划’，总的时间范围是从1991年到2091年，因为新加坡面积太小、人口太多，必须从长远考虑，现在想来依然是个好事。”

笔者在审视近十几年新加坡关于“SINGAPORE SMART CITY（智慧城市）”建设等相关政策时发现，新加坡信息部、创新局（和企业发展局合并）、革新工业属、建设局等政府各部门之间协同运作的原则和逻辑，不仅是以科学的、生态的和可持续发展的原则规划新加坡（城市）百年发展的进程，还在国家（城市）发展规划上充分附加信息科学技术等对城市空间、物质成果形式（形态）等方面的影响，并予以政策和法制的约束及保障。与此同时，新加坡健康可持续发展的理念，也未曾忽略社会学与人类学问题的考量。笔者在新加坡期间，多次看到新加坡信息部和卫生部等政府部门以免费赠送FITBIT等运动智能设备并奖励运动成果显著的国民等方式，鼓励国民步行、参加各种运动；同时，也可以看到新加坡始终坚持减少私有车辆、不断完善自行车通道和公共交通服务系统等措施，为新加坡国民提供健康、低碳生活方式保障；新加坡政府还鼓励和支持南洋理工大学社会学系等机构开展“老年型社会课题”研究；鼓励社会机构、组织不断完善老年型社会服务功能体系建设；积极开发绿色新能源、水循环利用、粮食蔬菜智慧农业生产等可支持区域民生自给自足的具体措施……新加坡健康和可持续发展的相关实践，也为国际社会做出了未来城市发展的示范。

相比之下，中国城市的规模越来越大，很多城市还在加速城镇一体化的进程。然而由于近几十年房地产经济暴利的驱动，导致短视的城市规划、公

① 李静：《改革四十年：现代公共文化服务体系建设的特色之路》，《中国文化产业评论》，2018年12月12日。

共交通体系的不完善、私家车数量激增、城市绿化面积减少、空气土壤水源污染对人们健康的损害等问题逐渐显露出来，除此之外，中国老年型社会医疗和养护体系，也成为中国社会亟待解决的重要问题。因此，新加坡健康和可持续发展的百年发展规划，对于中国城市发展具有重要的参考和借鉴价值。

六、结语和提出问题

53 年的历史虽然短暂，但是已经将新加坡建国后的几代人打上了清晰的“新加坡人”的烙印。笔者在新加坡期间可以看到许多熟悉的中国传统文化、社会生活方式的场景，同时，也可以感受到完全不同的社会秩序和文化认知上的差异。

自 1965 年建国的半个世纪以来，新加坡以其稳定的政局、廉洁高效的政府、优质的港口服务和不断创新的科技产业等，快速跻身于世界发达国家之列，人均 GDP 从 1960 年独立前的 3 389. 60 美元，于 2017 年已达到人均 GDP55 235. 51 美元。根据 2018 年的全球金融中心指数（GFCI）排名报告，新加坡又成为继纽约、伦敦、中国香港之后的第四大国际金融中心。① 新加坡已经不再是任何国家的从属国和殖民地，其经济发展、国家治理的成功赢得了国际社会的尊重，同时，也赢得了在国际社会事务处理上一定的话语权。我们（学术界）在进行有关“文明”问题的研究和讨论时，是否注意到不同历史阶段、不同区域（国家、城市）“文明”自身发展的运行轨迹，都是有其深刻的历史背景和内外部原因的。在此意义上，新加坡的“城市文明”将不再是一个独立而封闭的田野调查对象，它可能转变成为人类文化向着数字信息时代整体转型中的“活态样本”，是文化融合、种族平等共处，以及人类社会发展至信息数字化阶段，新文化、新生活方式的转折点，总之，“新加坡城市文明”将会是人类学不可或缺的一个重要的观察点。

2019 年，新加坡这个建国历史仅五十三年的国家，将迎来开埠 200 周年的庆典，②新加坡（在此指代国家主体）将带领世界共同见证新加坡这个城市的前世和今生。

作者简介：娄芸鹤，博士，北京大学社会学系博士后，新加坡南洋理工大学社会学系访问学者，上海复旦大学民族研究中心特聘研究员、副教授。

【注】本研究获得南洋理工大学支持。

---

① 全球金融中心指数（英语：Global Financial Centres Index，简称 GFCI）是全球金融中心城市竞争力的评价指数，由英国智库机构 Z/Yen 每年颁布两次。该指数被广泛用于全球金融中心的排名。

② 学界普遍认为新加坡现代历史要追溯至 1819 年，英国人史丹佛·莱佛士登陆石叻（马来语名为 Negeri Selat，意为海峡之国，新加坡早期的华人移民称之以“石叻”），并把该岛建成为重要的转运港口，成为印度至中国，以及东南亚间贸易的著名港口城市。

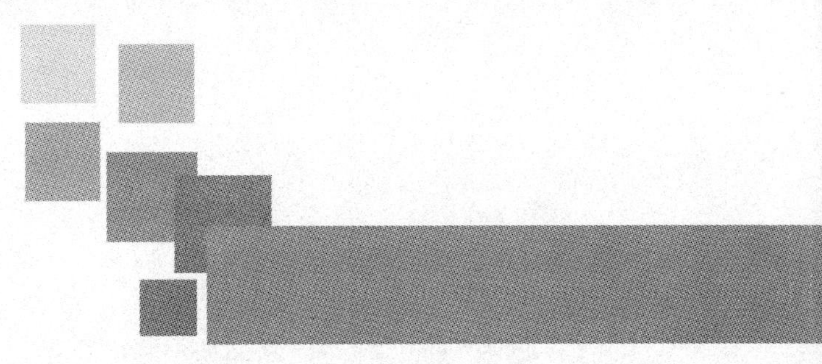

城市空间/社区营造

城市社区空间再生产：亚运会背景下的荔枝湾

孙九霞　刘国果

前言

随着全球化进程的日益深化，城市间的竞争越来越激烈，地方政府需要采取积极的竞争来优化城市的发展环境。通过举办大型活动提高城市知名度，提升竞争力，促进城市更新，受到了各国中央及地方政府的青睐（张祥云，2011）。相继举办的 2008 年北京奥运会、2010 年上海世博会、2010 年广州亚运会、2011 年深圳大运会、2012 年西安世界园艺博览会等表明，中国正逐渐成为全球性重大事件青睐的地点。

对于举办城市来讲，大型活动为城市政治、经济与文化等多方面带来影响。在政治方面，有学者认为，大型活动的举办为多方利益主体提供了一个绝佳的合作机会，因此能够得到大多数利益主体的支持，政府也可以获得更多税收和支出的主动权（Lenskyj，2000）。Whitford（2009）则认为大型活动只是一种政治外交手段，地方政府更多考虑的是“轰动效应”。在经济方面，不少学者认为大型活动对城市经济、旅游、就业等有显著的正向作用（Gratton C，2006；Lee C K，2001），尤其是在筹备期对城市发展有积极的推动作用，而举办后期的影响相对较弱（Baade R A，2004；Matheson V. 2009）。在社会文化方面，大型活动的举办可以提高居民生活质量（Gursory & Kendal，2006），增加民族自豪感和社区凝聚力（胡丹丹，2014）。在城市建设方面，Essex 等（1998）的研究表明，举办重大活动能够带来城市基础设施的明显改善。Hiller（2000）认为，重大活动是解决城市更新和城市衰落问题的重要措施。重大活动也对城市建设存在负面影响，包括城市传统景观的破坏、城市重复建设、地区的“马太效应”（Preuss H，2001）。

大型活动对城市空间结构的影响是直接而显著的：一方面，政府通过大活动可以引导城市土地利用与空间发展，进而改变城市空间结构；另一方面，在城市空间重构的过程中，旧城区将发生功能转换和空间演替（王春雷，

2012）。与通常的公共开发相比，由于受到广泛的关注和参与，城市中大型活动主导的开发往往更看重文化和公共活动的图景，更重视历史、文化与社区发展，因而在一定程度上更加具有显著的社会性（周恒，2010）但是，政府往往重视门面（城市基础设施、建筑外墙以及与活动相关的服务设施等）建设，即“面子工程”，而忽略了服务于当地居民的公共设施。“弱势群体在大型活动所创造的表面辉煌景观和城市空间、利益集团的资本增值过程中，更可能是受害者而非受益者，从而导致贫困问题加剧，加深社会阶层的分化，加剧城市发展的政治风险”（Schulman，2004）。随着社区参与概念进入各个领域，大型活动主办方也意识到获得居民支持的重要性，居民对大型活动影响的感知与态度研究不断增多（王起静，2010；Kim &Jun，2015；Caiazza &Audrtch，2015）。然而，现有居民对大型活动影响的感知与态度研究、大型活动影响研究始终未能摆脱经济、社会和环境的三元分析框架，同时大多研究采用定量的研究方法，构建影响评估尺度表对居民的态度进行测量从而得出一个总体性的结论，但仍有很多影响因素如社会结构、社会关系等并不能简单运用数字来衡量，且总体性的结论忽视大型活动发生的过程性及其影响的阶段性。一些学者以南京大学为代表逐渐意识到可以从“空间”的视角来分析大型活动对城市的影响（张京祥，2011）。空间视角不仅仅重视大型活动影响下的城市建设等物质变化，同时也关注空间中人的日常生活，进而分析大型活动背景下的社会互动与社会结构变迁。虽然目前这一研究正处于起步阶段，但如同社会研究的“空间转向”一样，空间分析已成为活动研究的一种趋势。

本研究长时间聚焦2010年广州举办的亚运会，试图以“过程—事件”的分析方法，从空间生产的理论视角审视大型活动带来的影响。2010年广州亚运会作为一股特殊的发展动力推动了广州的城市发展，加速了广州的更新改造，荔枝湾正是在此契机下得以重生。2009年，在亚运会的契机下，政府将荔枝湾定位为亚运会的“会客厅”，并展开了一个集文化展示、生活休憩、饮食娱乐、旅游购物等为一体的多功能文化休闲旅游区的打造工程。而在这一空间变化过程中，各空间使用者采取了不同的行动策略以追求各自的利益，中间出现了不少关键性的事件。这些事件不仅仅是一般意义上的个案，而是具有“事件性过程”的深度个案，它能够使我们深入到现象的过程中去，发现那些真正起作用的隐秘机制（孙立平，2002）。因此，本文将以荔枝湾文化休闲区建设推进中的事件为线索，以亚运会为时间节点，透视各空间使用者的行为态度以及背后的含义，以纵向把握有别于事件前、事件中的后事件效应。

一、前亚运时期（2009年之前）：荔枝湾的空间演变历程

荔枝湾位于广州市荔湾区（今属芳村区），因盛产荔枝而得名，是千百年

来著名的休闲娱乐消遣之地，素有小秦淮之称，与芳村一水之隔，湾水出口处，可通石门与白鹅潭。相传汉朝时，荔枝湾已开始种荔枝。随着其不断发展，在唐代处于兴盛时期。

关于荔枝湾的范围已无法明确考证，但据相关文献记载，荔枝湾范围大致东接流花涌之北端“荔溪东约”，西至现在的荔湾湖公园西河边的“红荔湾头第一村”一带，现在荔溪南约和荔溪西约都是这条湾水流经的地方。在未辟为荔湾湖公园之前，有刻着“红荔湾头一村”的石牌坊竖立在涌边（陶子基，1998），也就是如今中山八路、荔湾湖公园、西郊等一带。

西汉至清末这一期间，荔枝湾因其独特的环境、便利的区位，不少王侯将相在此兴建果园，来此消遣，故称这一时期的荔枝湾是达官贵人的后花园。其空间使用者大多非富则贵，都是王侯将相、富商巨贾、文人墨客，他们在荔枝湾修建名园别墅，一般平民百姓难以踏足进入。虽然在明朝时期已有不少渔民在此活动与生活，但只是少数，真正在荔枝湾消遣娱乐的仍是社会资本很高的群体。荔枝湾因盛产荔枝而得名，其主要功能是种植荔枝并供达官贵人享用。

自 20 世纪初以来，广州成为我国南方最早开放及最重要的通商口岸，荔枝湾的水运功能也逐渐显现，在此生活的普通百姓、商人也不断增多，此时荔枝湾演变为居民生活的场所。市民可以乘坐游船欣赏周围美景，水上人家便提供一些海鲜虾、鱼生粥、烟果酒帮补生计，构成了 20 世纪初 30 年代荔枝湾的生活场景。40 年代中期，随着工业的发展，河涌变臭且部分被覆盖，荔枝树也相应减少，以艇为生的居民也逐渐上岸，游客也因此不断减少。到日军占领广州时，由于出河口的珠江河道被日寇所封锁，荔枝湾逐渐萧条。新中国成立后，在政府的关怀下，水上人家逐渐上岸，原本的水上生活景象已一去不复返。1958 年，随着荔湾湖公园的建立使得荔枝湾进入了转型阶段，提供给当时居民一个休闲游憩的空间。改革开放后，荔枝湾作为广州最具文化底蕴的地方一直是发展与保护的重点，政府对此做了多项规划，始终强调文化保护与发展并存，各时期的发展过程中都充满政治特色，如 1958 年兴建荔湾湖公园是作为新中国成立十周年的献礼。

新千年以来，荔枝湾进入转型时期，空间呈现多元化，形成了以荔湾湖公园为主体的游憩空间、以古玩城为主体的商业空间、以荔湾博物馆为主体的展示空间以及以西关大屋社区为主体的居住空间。整个空间的转变都是在政府的主导之下，以“自上而下”的形式执行，并未充分考虑社区参与。在这一过程中，政府相关部门始终以“文化”为策略，提出建立“荔湾商贸文化旅游区”“西关民居民俗风情区”“荔枝湾文化休闲区”等目标，出台了多部规划，但因自上而下的推进缺乏社区参与，导致荔枝湾的文化建设始终停留于物理空间。

二、亚运筹备期（2009—2010 年）：快速推进的空间生产

2009 年 6 月，为了复活荔枝湾涌的水乡文化记忆，同时传承岭南文脉，荔湾区委、区政府决定以迎接 2010 年广州亚运会为契机，贯彻落实广州市“中调”战略，并根据时任省委书记汪洋、常务副省长朱小丹、市委书记张广宁关于加快推进西关特色文化商业街区建设的要求，对荔湾湖公园及周边西关古玩城、荔湾涌、文塔、西关大屋社区等进行综合整治和升级改造，建设具有浓郁岭南文化特色的荔枝湾文化休闲区，其中最大手笔的动作是复原荔枝湾涌。通过拆墙透绿、还湖于民、显涌露水，改善美化区域环境，优化街区结构布局，同时挖掘展现历史文化资源、恢复荔枝湾历史风貌、传承岭南文脉、调整提升业态内容，让荔枝湾重新焕发生机与活力，使之成为亚运期间广州城市的文化名片和“会客厅”，迎接世界各国来宾。2009 年 11 月 18 日，荔湾区正式公布了荔枝湾文化休闲区规划方案，这也标志着荔枝湾重生的开端。

陈冬婕（2010）在其硕士论文中详细描述了荔枝湾文化休闲区建设前期（2009 年 11 月 18 日至 2010 年 4 月 21 日）各空间使用者在应对这一空间变化时各自采取的行动策略以及背后的逻辑。其主要结论是：在亚运会的推动下，政府强有力地“自上而下”地执行，“以文化再现经济”为策略地推进；古玩商户为保护自己的经济利益，同样以“文化”为策略表示古玩城也是岭南文化来抵制政府工作的推进；当地居民大多数反对这一工程但却采取“只参与不讨论”的策略。

1. 居民的担忧

当荔枝湾文化休闲区规划出台后，荔枝湾成了当时街头巷尾热议的话题，广州各大媒体如《广州日报》、广州电视台等都进行持续追踪报道。大多数居民对这一工程表示担忧，因为 20 世纪 80 年代时期的臭涌记忆深深映在当地居民的脑海里，他们对政府工程表示不信任，担心河涌揭开后又变臭，影响日常生活环境。各空间使用者都表示了他们担忧的原因：

> “当时我们出来调查的时候，基本上 90% 都不同意复涌，都担心管理不好变成臭涌。”（A2G2，2012. 2. 24）“担心政府虎头蛇尾，担心它不能如期做好，是揭开了就不理。”（B1N6，2012. 2. 24）“主要是估不到他做得这么好，因为从历史来讲，黄沙啊，没有一个是成功的。”（C3G3，2012. 2. 29）

由于前期的河涌治理案例以及媒体的宣传，导致了居民对政府工程的不信任，从而表示对自己生活环境的担忧。但普通居民因为这一工程未侵害到

自己的经济利益（除被拆迁的少数群体），都只是采取了“只讨论不参与”的态度，但实则在内心上担忧并反对这一工程。

2. 古玩商户的抗议

2009 年 12 月 20 日，广州市西关古玩城有限公司向商铺发放一份《通知》，表示公司与西关古玩城有关业主单位与各租户所签的《广州市西关古玩城铺位租赁合同》于 2009 年 12 月 31 日到期，并且不能在原地继续签约。这一举措招致了古玩城商户的不理解与极力反对，他们联合组织古玩城商户集体上访、贴横幅、邀媒体采访，以反对这一工程。“政府要拆，当初我们都是不理解。我们的宗旨就是：有生意做就行，其他的都不理。” （C4G4，2012. 2. 29）

当地居民以及政府工作人员都对古玩城商户的一些行为表示理解：“古玩上访。那些商铺，他刚刚做了几年，上轨道了，现在要拆，当然不同意了，就出现了上访。”（A2G2，2012. 2. 24）“这个肯定啦，挺多人抗议的。反正每样东西都有利益的东西，人就是生活在利益上面，人就是站在自己的立场上说话，政府也想把这里变成一个样板，让市民有一个多的去处。但是做生意的原来有生意做，自食其力，也有好的一面，一下子要他拆，这个饭碗多少都有很大的影响。站在他们的立场，肯定不想干。”（B4T4，2012. 2. 17）

可以看出，其核心争议点在于“拆迁补偿以及日后的生活”。然而他们并没有直接以“经济利益”即拆迁影响个人生计为策略进行反抗，而是变相以古玩城“文化”为策略来反对揭盖复涌。古玩商户巧妙地运用“文化”作为借口，将现实的空间与经济、权利问题转化为文化传统等问题。这种以文化为工具表达利益诉求的手法体现了人们保护自己的智慧。在此，文化成为一种“空间的策略”或“行动的策略”，也侧面回应了民间把风水观念这样一套“过去”的文化，改造为能够表述当前社会问题的“交流模式”的策略（吴红娟，2009），而这里的文化借口是指西关古玩城。

经过了近四个月的沟通协调，政府终于与古玩城商户谈判成功，达成一致，出台了具体搬迁的补偿标准。2010 年 4 月 21 日，古玩城商户陆续迁出荔枝湾路，“揭盖复涌”工程大规模启动。

3. 快速推进的揭盖复涌

在解决古玩城商户、拆迁户的搬迁问题之后，政府为赶在亚运会开幕之前完成荔枝湾综合整治工程，投入了相当大的人力、物力以及财力。荔枝湾涌综合整治工程就此拉开序幕，封路→绿化迁移、钻探、临铺拆迁（围蔽）→揭盖→围堰→清淤净化（消毒防疫）→截污工程→调水补水→搭建桥梁→河堤景观及绿化建设，环环相扣。在第一期项目中，主要有以下重点工程和措施：“（1）建筑抽疏，拆违建绿。地块现状建设量为 14 万平方米，按规划将保留建筑10.63万平方米，拆除建筑2.6万平方米，新建建筑1.3万平方米，同时尽量营造绿色空间。（2）恢复河涌，调水补水。重新掀起水泥盖板使河涌重新展现，河涌复原743米，并采用调水、补水与截污相结合的措施对湖水进行生态净化。（3）文塔广场恢复整治。文塔广场面积约为2 000m^2，以文房四宝——纸、笔、墨、砚为广场主体景观。（4）建筑立面整饰与景观塑造。根据不同的建筑类型（骑楼、西关大屋、独栋洋楼等）进行不同的立面整饰及景观塑造。（5）相关配套工程。主要包括景观工程，以及灯光、弱电和监控等相关工程”（赖寿华、袁振杰，2010）。

直至2010年10月16日亮相，荔枝湾一期工程用时不到半年，空间生产过程呈现急剧性特征。这也体现了政府“花大钱、办大事”的高效率，实则该工程是作为广州城市形象的载体由上级下达的政治任务，即使再困难也不容有失。此时的政府行为同样以“文化”为策略，构建旧城区的空间差异性，不仅仅给居民提供一个休闲游憩的空间，更重要的是其作为“会客厅”展示给外界，象征着政治与权力。历史文化的书写和构建是官方重要的课题，国家借此选择性地吸纳与排除异端，透过各种再现机制，抚平创伤、自我定位、凝聚市民认同、塑造城市独特意象以及充实文化根基，其中包含了不同势力的协商角力，中介了文化治理（包含文化领导权、文化经济等）（王志弘，2005）。荔枝湾的重生也正是政府文化治理的一个载体，政府通过选择性地构建广州“水文化”并不断加强（亚运开幕式水文化展示），进一步影响人们的认同与意识形态，塑造广州亚运会政府为人民办实事这样一种意识形态，改变人们对面子工程的认识，同时展示给外界广州深厚的文化底蕴，可谓一举两得。

三、亚运进行时（2010年）：空间生产结果的检验

1. 荔枝湾惊艳亮相

“太漂亮了，真的超乎了我的想象，我们都没有想到。”（D8G8，2011.5.31）

2010年10月16日，广州荔湾区荔枝湾人山人海，好不热闹。原来，当天是荔枝湾“揭盖复涌”正式亮相的第一天，吸引了近万名周围的市民过来一睹其芳容，人们被它的美丽震撼，在古桥边纷纷拍照留念。综合整理《广州日报》《羊城晚报》等媒体报道，可以发现：人们都没有想到荔枝湾能弄得这么漂亮，超乎了他们的想象；荔枝湾是广州人记忆的一部分，不少人专门赶过来一探究竟，回忆过去；省委常委、市委书记张广宁与市民一同庆祝，为荔枝湾涌的重生喝彩。原本对荔枝湾改造工程表示担心或反对的居民与古玩城商家也表示，这超出了他们的想象：“花这么大力气，这个是从根本上来解决的，不像黄沙那边，而是从水的气味，都花了很多钱。”（C3G3，

2012.2.29）“想不到半年就搞好了，我们都想不到。不管它用多少人力，下多少决心，都是政府的事，起码都做出了样子。”（B4T4，2012.2.17）

媒体的报道、人们的反应，一切都集中于两个关键词：“想不到”“漂亮”。而在这之前，几乎是人人反对。为什么居民会有这么大的态度转变，之前为何会那么担忧与反对？原因主要有三点：（1）河涌整治工程没有任何成功的范例，居民难以信服；（2）居民对政府不信任，正如涌边社区居委会主任所说：“现在居民就怕政府工作烂尾，怕政府虎头蛇尾，其实很多就是因为媒体报道的负面影响，所以信任度不高。”（A4G4，2012.3.5）；（3）涉及自身利益，古玩城商户面临拆迁饭碗不保，附近居民担心河涌变臭影响生活。

荔枝湾的再现解除了大部分人的忧虑，同时成为广州治水与政府民生工程的一个范本。正如市委书记张广宁所说：“广州的治水压力大，但决心更大，治水取得这样的成绩得益于全市上下一心，得益于市民群众的支持。”这表明政府希望荔枝湾的成功而引导市民支持广州治水、支持政府工作，暗含了政府为人民办实事的意识形态，以此维护社会稳定。

10月17日，阔别18年的龙舟在荔枝湾迎来“首航”，场面十分壮观。划龙舟在西郊村（今中山八路、泮塘）有600多年的历史，对于当地居民有着重要的意义，这一传统的再现对荔枝湾的宣传起了“锦上添花”的作用。一时间，荔枝湾成为全城热话，更是亚运期间的热门景点。

2. 一封感谢信

荔枝湾华丽变身为一个休闲旅游区，也让居民对治水从抱怨到理解支持。居住在荔枝湾涌旁边的风水基居民看到来来往往的游客，于是嗅到了商机，纷纷在自家门口经营起了小吃摊档，获得了实实在在的收入。

“亚运刚刚开的时候，很多游客就说，水都没得喝，太热了嘛，天气太热了，什么都没有。全部都去酒家那里嘛，排着长龙，地方都没得坐，后来我们就自己拿下去卖。哇，很多人都说好嘛。”（B3T3，2011.4.9）

也因此，泮塘五秀（莲藕、慈姑、马蹄、茭笋、菱角）得以重新挖掘，产生了许多传统的西关小食，如马蹄爽、斋烧鹅、芝麻饼等。广州很多媒体都报道了这一现象，风水基的居民也因此而变得出名。风水基的刘广记就将《广州闯荡》节目采访的照片贴在房门上，用来宣传自己的店铺。

居住于附近的居民即使没有得到实质的经济利益，但绝大部分对这里的评价都很高，表示“地方变漂亮了，多了一个休闲的地方”。“当然是现在好、现在好，现在出来活动多好啊，现在来说荔枝湾整个都改变了，靓很多了，现在我天天都过来活动。”（B10N5，2012.2.23）“特别是整治了荔枝湾之后，很多人都过来散步，定期有唱粤曲，然后有踢毽子的活动。”（E1W2，2012.2.24）

一切都在向好的方向发展，荔枝湾环境变好了，居民生活环境改善，部分经济收益也提高，古玩城商户也合理安置了。2010 年 11 月 23 日，一封特别的感谢信寄到了广州市主要领导的手中，并登在了《广州日报》上。在信中，群众与商户们回忆道："荔枝湾涌改造工程和亚运整饰工程启动初期，我们曾因施工对我们生活产生的影响有过怨言和不理解，也曾产生过抵触的情绪，甚至个别商户还因眼前利益产生过激的言行。万万没有想到，如此复杂的荔枝湾改造工程，能在短短的几个月顺利安全地完成了，这是一项真正的民心工程！"①

在亚运会的推动之下，荔枝湾改造工程在亚运会举办前夕得以惊艳亮相，超出了许多人的想象。亚运会期间，荔枝湾是各方的焦点，也是检验该工程的最佳时段。作为"广州会客厅"，荔枝湾接待了国外嘉宾、国内外领导人以及各方的游客，大家都持满意的态度。亚奥理事会主席艾哈迈德·法赫德·萨巴赫亲王便是其中一位。11 月 19 日，萨巴赫亲王来到荔枝湾游览，一进入景区便被荔枝湾的景色迷住，多次用"a nice place"热情赞誉。居民与古玩城商户的态度也在这一时期明显转变，他们看到了荔枝湾重现了过去的美景，不仅美化了环境，也给自身带来了收益。其态度的形成与转变仍然以"利益"为出发点。荔枝湾的成功几乎超乎了所有人的想象，政府在后亚运会时代也对其进行了再生产，持续推进该工程，并冠以"民生工程"的定位，隐含为人民办实事的意识形态。

四、后亚运时代（2010 年以来）：持续推进的空间再生产

1. 文津古玩城开业

2011 年 3 月 29 日，荔枝湾畔、文塔侧旁，荔湾区政府和广州市供销社联手打造的广州市文津古玩城隆重开业。该项目作为荔枝湾改造工程的重要配套项目，广州市供销合作总社投入 4 000 多万元对原日杂公司龙津仓进行了全面改造装修，使其成为拥有 360 多个商铺、经营面积近 10 000 平方米、广州规模最大、集交易展示服务于一体的现代化专业古玩城。

文津古玩城是打造广州文化名片的重要组成部分，是对原西关古玩城的升级，也是拆迁原古玩城商户的重要安置地。政府为这部分拆迁商户制定了很多优惠措施，如提供 6 个月的原西关古玩城租金补偿；拆迁商户有在文津古玩城优先选商铺的权利；租金第一年减免 20%，第二年 15%，第三年 10%。在此经营的原拆迁商户经营一段时间后，大多表示虽然荔枝湾的游客很少过来买东西，但现在经营环境比以前好，规模也扩大了一些，对现状很

① 《广州日报》：《一封来自荔枝湾畔的感谢信》。http://gzdaily.dayoo.com/html/2010-11/23/content_1194510.htm，2012-4-20

满意。“环境好了，大家心情都好了，生意也好了，我们生意都做大了一点点，面积比之前的扩大了一些。”（C4G4，2011. 2. 29）原本拉横幅反对的一名商户也表示：“基本上来说，肯定是好事，一个专业市场。现在环境变好了，规模大了，购物的条件也好一点了，舒适一点。你去过文昌北就知道，那边人啊、车啊都看得到，乱乱糟糟，外面人山人海，气氛不怎么舒服。”（C3G3，2012. 2. 29）随着文津古玩城的专业化发展，其租金也越来越高。“后面很多人都想插进来，所以现在就慢慢水涨船高。后来我们租这个是几十，转一下就是100，再转一下是120，再转一下就是150，越往后越贵。”（C3G3，2012. 2. 29）总的来说，搬迁至文津古玩城的商户生意比以前更好，态度由以前的强烈反对转变为满意。作为生意人，他们的核心诉求点是“经济利益”，正如一位商户所说：“我们的宗旨就是：有生意做就行，其他的都不理”。（C4G4，2011. 2. 29）

2. 文化节庆的塑造

农历三月初三，万物复苏，这是我国传统民俗中很重要也很特别的一个节日，荔枝湾则是广州地区三月三民间休闲游玩的传统胜地。为进一步展示西关荔枝湾千年的文化积淀，荔湾区政府决定在“三月三泮塘仁威庙会”的基础上，结合荔枝湾景区的开放，进一步挖掘提升这一传统民俗，让其内容更丰富、更地道，规模更大，并且让更多的市民游客参与，更好地体现文化和旅游的效应。于是，根据历史资料和专家学者的研究及部分地方老者的回忆，荔湾区政府在2011年4月2日至4月6日期间于荔枝湾举办了“三月三荔枝湾民俗文化节”，共安排转文塔、逛庙会、会男女、游船河、乐童玩、睇大戏、对诗画、叹美食、拎手信、派福米十项传统活动。每项活动都十分精彩，具有很强的地方性与民俗性，参与的市民也从这些项目中了解并认识传统文化。其中身为三月三重头戏的转文塔活动，备受关注。荔枝湾的文塔是广州市区内唯一的功名塔，有四百多年历史，据传文塔之内原供有魁星即文曲星，手执一笔。民间传说若被此笔一点，便可高中秀才、举人、进士等功名，而文塔就是这支笔的象征，广东清代三个状元都曾到此拜祭后上京赶考科举中魁的。本次活动是文塔大门许多年来的首次正式重启，市民游客都可来转文塔祈愿，并可进塔内参观许愿，特别是很多即将参加中考与高考的学生来此许愿。

2011年6月6日端午节，阔别18年的扒龙舟习俗将重回荔枝湾涌，仁威龙舟、盐步老龙等11条龙舟重现游龙戏水之欢腾景象，吸引了近5万街坊围观①。据传泮塘仁威龙舟与盐步老龙结缘500多年，盐步是“契爷”，仁威是“契仔”。每年五月初五，“契爷”会“契仔”，五月初六，“契仔”拜“契爷”。传说，盐步老龙每年来访泮塘，老龙所经河涌流域，泮塘五秀便会长得格外丰收。

2012年荔湾区政府将原有“三月三荔枝湾民俗文化节”升级为首届“老广州民间艺术节”，活动时间为3月23日（农历三月初二）至3月28日（农历三月初七），为期六天，全面展现了以西关文化为代表的岭南民俗风貌，复兴三月初三游荔枝湾的地道传统风俗。荔湾区景区管理中心预计，活动举办六天期间，将接待市民和游客约150万人次。

文化节庆的塑造充分展示了荔枝湾深厚的西关文化，也是荔湾区“文化引领”发展战略的体现。市民游客通过参与活动，不经意间就认识了这些文化，并接受这些就是荔枝湾的传统文化。一般来说，越是不明确以及越不容易察觉的象征符号，其所能发挥的影响力就越大，当人们察觉某个事物所带有的意识形态时，其效果将不如以往（Cohen，1987）。本身展示是传递知识的场所，具有文化上的记忆，更是以走入居民社区，唤醒大众对历史建构的追寻，凝聚共有的情感与回忆的生命脉络（林淑惠，2003）。但往往文化节庆所展示及表演的内容都是通过官方构建的，本质上就不是中立的，知识是被创造出来的，而不是被发现的。知识是一种社会产物，它反映了我们所处社会的权力关系。

3.8月9日水浸街

2011年8月9日上午，一场暴雨的袭击，导致荔湾区内多个路段水浸严重，家住荔枝湾涌附近的街坊纷纷抱怨都是荔枝湾涌的两个水闸没能及时打开排洪，导致雨水不能及时疏通而形成大范围水浸街的情况。许多居民表示从没有见过这样的水浸，以前没有浸过的街巷这次全都被浸泡了，这是百年一遇的水浸。居民反应强烈：“下雨啊，水都浸到房子里面了。记得都有两回了，肯定很严重啊。以前都不泡的，去年（2011年）也浸了两次。”（B13N8，2012.3.5）“当时我们这里全都被泡了，淹到电视和沙发了。整个涌都是黑的、臭的，以前没揭涌的时候都是没有过的。”（B6N1，2011.11.5）

据涌边社区居委会主任回忆，当时群众抱怨声比较大，甚至要上访。“那次群众意见比较大，这里全部受灾了。当时居民的情绪很激动，他们说我在这里住了五六十年都没有浸过，就是说荔枝湾改了才这样。其实呢，是因为当时水闸没有来得及开，水闸不开的话就排不了水，其实不是下雨导致的，

① 《南方都市报》：《11龙舟闹腾广州荔枝湾涌5万街坊聚集围观》。http：//nf.nfdaily.cn/nfdsb/content/2011－06/07/content_ 25092489.htm，2012－4－20

而是污水管排水排不出去。我在这里工作了十年，就说2010年之前，我从来都不担心社区会水泡的。人家四方八方都泡了，我们不会泡的。但是那一年就迷糊了，早上大概八点的时候，居民就跑过来，说我家给淹了，我说不可能吧，我们社区从来没有这个事情的。我过去一看，糟了，整条巷子都淹了，水都进家里了。”（A4G4，2012.3.5）

其实水浸街问题在荔枝湾揭盖复涌不久后局部地区就已经出现，特别是在2011年4月广州雨季的时候，逢源街道与荔枝湾两旁的西关大屋社区与泮塘社区就已经被淹过一次，当时居民就已有所抱怨，表示荔枝湾虽然变漂亮了，但水浸街的问题出现了。加之荔枝湾一期工程本身被一部分人不看好，因为揭开的河涌是一条死涌，不对流，每隔一段时间就要重新换水，不然水就会变黑变臭。一位在此生活了70多年的老大爷表示：“这个水只能坚持十天，如果十天之后没有治理，水底的那些泥，黑色的，就像沼气一样，不断向上滚。今天早上这里的那些沼气就呜呜地冒上来，很脏。现在用的是机器抽走，十天抽一次，一超过十天，就会出问题。”（B7N2，2011.7.2）

究竟荔枝湾一期项目质量如何，为何会接二连三地发生水浸街？根据对政府以及相关居民的访谈得知，原来荔枝湾涌原本就担当着整个荔湾区排洪泄洪的重任，未揭涌之前它就是排水道。但在揭涌之后，荔枝湾涌变成了景观河道，新建的排水管道不是很大，排水能力有限，一旦有大雨的时候，荔枝湾涌的两个水闸（荔枝湾涌一期一头一尾各一个）就必须要打开，帮助上游泄洪。而此时，泄洪的荔枝湾由于排放污水，整条涌又黑又臭，似乎又回到了荔枝湾八九十年代的样子。8月9日的大范围水浸街就是因为当时水闸没能及时打开，导致荔湾区大面积被淹。荔枝湾长远的规划是实现“雨污分流”，不仅能从根本上解决水浸街问题，同时展示荔枝湾这一文化景观。但距离这一天有多远，此时在居民心中是一个大大的问号。

4. 荔枝湾二期竣工

2011年12月22日冬至，在这个特别的日子里，荔枝湾二期展示在市民与游客面前，广东省委常委张广宁，广州市委书记万庆良，广州市委副书记、代市长陈建华等一同出席了荔枝湾二期工程竣工暨三期开工仪式。荔枝湾涌二期全长860米，景观面积6.2万平方米，开放后荔枝湾景观体量比原来增加1.5倍。相对一期，二期最大的亮点就是更加宽敞，活动空间更大，新建了四合院式建筑“荔园”、广场以及休闲栈道。另外，二期将荔枝湾一期相连，并连通珠江，使得原来的“死涌”变成了“活涌”，水可以对流了。最后市民与游客喜爱的游船项目也进一步扩大，游客可以坐着游船到临近珠江口的水闸前。据游船公司经理介绍：“我们会一直沿着这条河涌，政府开到哪里，我们就开到哪里。”（E4W2，2012.2.24）备受关注的水浸街问题，政府相关人员在这次开幕式中也做了明确解答。荔湾区委书记就表示："荔枝湾二期的设计，充分考虑到水浸街、水安全的问题，二期完工后，周边的水浸街问题将得到很大的缓解。荔枝湾三期预计2015年完成施工，届时随着三期的完工，整个老西关地区水浸街问题将得到彻底解决。"

然而关于二期与三期的规划，中间出现了不少变化。原本规划中的二期共分四段，工程总长4.235公里，拆迁量达到12.7万平方米，总造价约为43.7亿元。而12月22日宣布竣工的二期只是原规划二期的一段，即食养坊至珠江口一段。二期的另外三段在这里被定义为三期，预计2015年完成。为什么原本的二期工程分拆成了二期与三期，一些人表示是因为工程量太大，一些人表示可能是决策变动。虽然没有明确的解释，但是我们从一些新闻报道中可以看出是因为省市领导对该工程的重视与市民的关心，政府需要对现阶段的工作做一个阶段性的展示，让群众放心。通过二期的展示，既可以执行万庆良市长的16字批示"学好真经、打造精品，水城特色、就在荔湾"，也可以向市民宣传荔枝湾的设计理念——"改善民生的标本，文化传承的品牌，旧城改造的典范"。

2011年12月31日，为迎接2012年元旦的到来，荔枝湾将举行亮灯活动，从当晚至2012年元宵节，为期38天，共展出38个大型灯组。特别是在2012年2月6日元宵节当天，荔枝湾以璀璨夺目的自贡灯饰及温婉独特的西关风情吸引了众多市民与游客，一起欢度元宵。整个春节期间，荔枝湾景区每日迎客量高达5万多人，荔枝湾各老字号手信店的营业额基本增加一倍以上，最高达4~5倍。通过政府主导不断塑造节庆，荔枝湾文化休闲区已切切实实成了广州最出名的文化旅游景点，其经济带动效应已充分显现。

2012年4月20日，连日的暴雨再次侵袭广州，荔枝湾的水闸及时打开辅助泄洪，然而荔枝湾的水呈一片黑、臭，水中漂浮着塑料袋等生活垃圾，不时还有团团淤泥向上冒，散发阵阵臭味。

荔枝湾改造工程还是一个未完的故事，"雨污分流"还未能实现，荔枝湾涌仍担当着排洪泄洪的责任，当地居民在雨季仍要忍受荔枝湾涌的恶臭，何时能真正将"荔枝湾文化休闲区"打造为"广州威尼斯"，政府、媒体、市民、游客都热切关注着。后亚运会时代的荔枝湾进行了再生产，如文津古玩城开业、各类文化节庆得以塑造以及荔枝湾二期工程竣工。然而，随着亚运会的结束，其作用力也渐渐减少，后期的改造工程没有了一期的速度，只能缓慢开展。而与此同时，由该工程所产生的"水浸街"问题一直困扰着当地居民，也影响了他们对该工程的评价，甚至有的再次认为政府工程"虎头蛇尾"。

五、基本结论

荔枝湾的空间改造案例展示了在亚运会推动之下的城市社区的空间生产过程，它从一个居民生活的场所转变为政府主导的旅游区。空间生产过程中经历了一系列治理事件，各类主体以各自的立场展开了与政府间的博弈。人们的态度、感知、行为与项目的效果和各自的利益缠绕在一起。

首先，通过“过程—事件”的透视可以清楚了解在亚运会的契机下荔枝湾揭盖复涌工程中，各空间使用者的行为及态度。其中，利益是大部分空间使用者的行动逻辑。各级政府为执行举办亚运会的任务，提升广州城市形象，打造广州水城，试图通过“文化引领”战略再现经济雄风；古玩城商户以经济利益为诉求点，最初坚决反对，而后由于政府的沟通协商同意搬迁，再后来因文津古玩城的经营状况良好而感谢政府；荔枝湾社区的居民在乎的是个人生活与生计，起初十分反对，后因荔枝湾的惊艳亮相而感到意外并表示满意，但因水浸街问题又开始忧虑。政府希望透过荔枝湾改造工程构建一种“政府为人民办实事”的意识，以抵消人们认为政府对亚运会的投入是“劳民伤财”的负面效应。不管是政府、商户还是居民，利益的直接性与间接性、长期还是短期利益影响着他们的行动策略。

其次，大型活动为政府主导的城市社会空间生产设置了时间节点，成为其空间改造的重要驱动力。荔枝湾的改造从2010年4月至10月，仅用半年的时间即完成。而随着亚运会的远去，改造工程的进度大大放缓，似乎也说明了亚运筹备期的荔枝湾是作为“广州会客厅”向外界展示而加快建设速度，而在后亚运会时代的荔枝湾作为“治水工程”或“文化复兴工程”而驱动力不足。可以看到，面对城市举办的大型活动，作为空间的规划者与主要生产者，政府所重视的“面子工程”更在乎的是优美的环境、丰富的活动，可以“看得到”的繁荣景象。而作为空间的使用者，居民和商户更在乎的是“里子”，空间生产的过程对生计与生活的影响。这种滞后的与日常生活紧密相连的影响才是他们间接评判亚运会对城市带来的影响的标准。

再次，从荔枝湾的案例中可以看出，空间实践、空间再现以及再现空间三者并不是孤立存在的，而是相互之间存在一种张力。正如Suja对这三个维度的认识，并将其关系描述为（空间实践VS空间再现）VS再现空间。即空间实践与空间再现对立，空间实践是空间再现的物质体现，而空间再现支配着空间实践。对荔枝湾的构想心灵空间，不仅包含着由上到下的政府的构想，也包含着由下到上的居民与使用者的构想。两种构想映射到物理空间，就形成了不同的空间实践。再现空间是真实与想象的集合，包含具体抽象两种空间，也就是Suja所提出的“第三空间”。再现空间包含了空间实践与再现空间的特质，但又与之不同，再现空间的空间再现各空间使用者根据各自需要抵制原有的空间，进行空间的生产与再生产，而空间实践正是这一过程的体现。

参考文献

[1] Baade R A, Matheson V. The quest for the cup: assessing the economic impact of the world cup. Regional Studies, 2004, 38 (4): 343 ~354.

[2] Caiazza R, Audretsch D. Can a sport mega – event support hosting city' s economic, socio – cultural and political development [J] . Tourism Management Perspectives, 2015, 14: 1 ~2.

[3] Gratton C, Shibli S, Coleman R. The economic impact of major sports events: a review of ten events in the UK. The Sociological Review, 2006, 54 (2): 41 ~58.

[4] Essex S, Chalkley B. Olympic Games: catalyst of urban change. Leisure Studies, 1998, 17 (3): 187 ~206.

[5] Hiller H H. Mega – events, urban boosterism and growth strategies: an analysis of the objectives and legitimations of the Cape Town 2004 Olympic bid. International Journal of Urban and Regional Research, 2000, 24 (2): 439 ~458.

[6] Kim W, Jun H M, Walker M, et al. Evaluating the perceived social impacts of hosting large – scale sport tourism events: Scale development and validation [J] . Tourism Management, 2015, 48: 21 ~32.

[7] Lee C K, Taylor T. Critical reflections on the economic impact assessment of a mega – event: the Case of 2002 FIFA World Cup. Public Administration, 2011, 34 (2): 108 ~112.

[8] Lefebvre, H. The Production of Space [M] . Oxford: Basil Blackwell, 1991.

[9] Lenskyj H J. Inside the olympic industry: power, politics, and activism. Albany, NY: SUNY Press, 2000.

[10] Matheson V. Mega – events: the effect of the world' s biggest sporting events on local, regional, and national economies [R] . Limoges: International Association of Sports Economists, 2006.

[11] Preuss H, Alfs C. Signaling through the 2008 Beijing Olympics—using mega sport events to change the perception and image of the host. European Sport Management Quarterly, 2001, 11 (1): 55 ~71.

[12] Soja, E. W. Thirdspace: Journeys to Los Angeles and Other real – and – Imagined Places [M] . Oxford: Blackwell, 1996.

[13] Schulman PR. Book review: for Mega – projects and Risk [J] . Journal of Contingencies and Crisis Management, 2004 (4): 173 ~175.

[14] Whitford M. A framework for the development of event public policy: facilitating regional development. Tourism Management, 2009, 30 (5): 674 ~682.

[15] Zukin, Sharon. The Cultures of Cities. Oxford: Blackwell, 1995.

[16] 赖寿华、袁振杰：《广州亚运与城市更新的反思——以广州市荔湾区荔枝湾整治工程为例》，《规划师》，2010 (12): 16 ~20。

[17] 李丹：《空间的政治经济学》，复旦大学，2011 年。

[18] 齐红霞、蔡礼彬：《国外大型事件社会影响研究述评》，《旅游学刊》，2014，29 (05): 116

~128。

[19] 陶子基主编：《广州市荔湾区志》，广州：广东人民出版社，1998 年版。

[20] 王春雷：《重大事件对城市空间结构的影响：研究进展与管理对策》，《人文地理》，2012（5）：13～19。

[21] 王起静：《居民对大型活动支持度的影响因素分析——以 2008 年北京奥运会为例是》，《旅游科学》，2010，24（3）：63～74。

[22] 王志弘：《多重的辩证：列斐伏尔空间生产概念三元组演绎与引申》，《地理学报》，2009（15）：1～24。

[23] 张京祥、陆枭麟、罗震东等：《城市大事件营销：从流动空间到场所提升——北京奥运的实证研究》，《国际城市规划》，2011，26（6）：110～115。

[24] 周恒、杨猛：《作为一种规划工具的城市事件——斯图加特园艺展与 城市开放空间优化》，《国外城市规划》，2010（11）：63～67。

作者简介：孙九霞，中山大学旅游学院教授、博士生导师，人类学高级论坛青年学术委员会主席；刘国果，中山大学旅游学院旅游管理专业 2010 级硕士研究生。

城市的文化空间与时间意识

——主要以现代博物馆为例

黄剑波　罗文宏

世界已经在梦想着这样一种时间：它有待于被意识接管，后者应允它能经历其真实。

（The world already has the dream of a such a time; it has yet to come into possession of the consciousness that will allow it to experience its reality.）

——居伊·德波《景观社会》①

引言："盛世收藏"与城市的文化空间

毋庸置疑的一个事实是，近些年来在经济社会方面强劲崛起的中国兴起了一股强烈的传统文化热潮，其中与"盛世修史"相应的"盛世收藏"尤其引人关注，堪称一场轰轰烈烈的博物馆运动。

这首先体现在社会关注度上。从纪录片《我在故宫修文物》，到《国家宝藏》《假如国宝会说话》，再到2018年央视春晚上的"丝路山水地图"；从"故宫跑"到"海昏侯热"，再到"春节刷博物馆"。"近一两年来，与博物馆相关的事情多次成为社会热点，甚至成为现象级事件。"② 据文化和旅游部统计，2018年的国庆假期全国景区共接待国内游客7.26亿人次，其中超过90%的游客参加了文化活动，前往博物馆、美术馆、图书馆和科技馆的游客高达40%以上，故宫博物院每日限流8万人次，国庆首日门票上午10点前就已售罄，各地大小博物馆门前都排起了长队，四川金沙遗址博物馆10月3日一天入馆人数超过2万，相当于去年同期人数的2倍，创下历年来除金沙太阳节之外单日入馆人数之最。

据国家统计局数据显示，2006—2017年，中国博物馆参观人次呈逐年上

① Debord, Guy. The Society of the Spectacle. New York: Zone Books, 1994. p. 117. 此句为笔者所译，国内出版的其他译本中译法稍有不同。

② 《光明日报》，2018年3月25日。

升趋势。2017 年，全国文物机构接待观众 114 773 万人次，其中博物馆接待观众 97 172 万人次，增长 14.2%，占文物机构接待观众总数的 84.7%。①

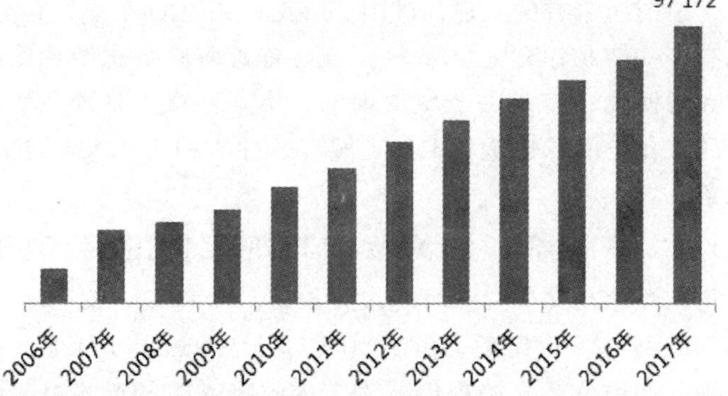

另一个更为重要的推动力量则是全国各地方兴未艾的博物馆建设热潮。根据文化和旅游部数据，1996—2017 年中国博物馆规模逐年快速增长，1996 年仅有 1 219 个，到 2017 年，博物馆数量达到 4 721 个，占文物机构的 47.5%，1996—2017 年，年复合增长率达 6.6%。②

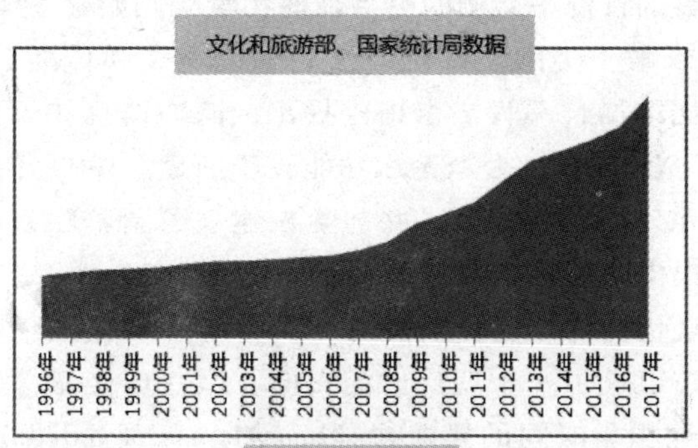

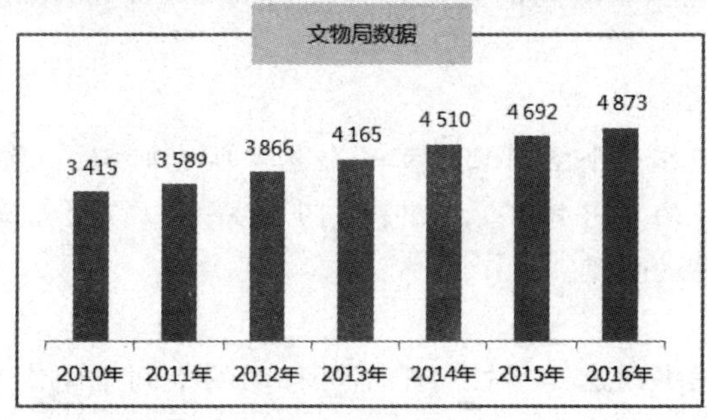

① 数据及图表来自前瞻产业研究院 https://www.qianzhan.com/analyst/detail/220/180621-935f24ed.html

② 数据及图表来自前瞻产业研究院 https://www.qianzhan.com/analyst/detail/220/180621-935f24ed.html

这些数据其实不过印证了我们日常的印象，一方面我们对于“整理国故”热情高涨，着力挖掘我们曾经的辉煌和文化资源；另一方面则同时对中国之外的世界产生了前所未有的兴趣，试图了解无远弗届的每一个角落和人群。

尽管也有一些博物馆建立在乡村，甚至有所谓原生态博物馆的尝试，但显然绝大多数的博物馆都是一个城市现象。从某种意义来说，博物馆的建立重构了城市的文化空间，也重新定义了城市的性质和当代人对过去、对乡村、对他者的想象。

作为“异托邦”的博物馆与现代性的时间图式

现代博物馆概念是文艺复兴时期人文主义、18 世纪启蒙运动和 19 世纪民主制度共同的产物。18 世纪后，由于当时人们开始热衷于探索宇宙和人类的基本自然法则，知识分子开始提倡博物馆内收藏人类的艺术品、科学产品和自然标本。他们希望这些藏品可以起到教育功能，推动人类走向完善。1753 年，英国议会获得了汉斯·斯隆的遗赠，取得了超过 70 000 件私人收藏，并在此基础上改建为大英博物馆。1793 年，法国开放卢浮宫，作为法国共和国的博物馆。位于美国首都华盛顿的史密森博物学院则始建于 1846 年，由英国人詹姆斯·史密斯赠予美国，旨在“推动知识增长和传播”。19 世纪 70 年代，布鲁克林博物馆馆长邓肯·卡梅伦提出，博物馆犹如天平，两端分别是“神庙”和“公众论坛”，而公众论坛功能逐步凸显。1900 年后，美国的博物馆开始成为教育和公众启蒙中心，并与学校建立了紧密联系。美国人类学家弗朗茨·博厄斯提出了博物馆的“公众娱乐场所价值”。

这个简明的现代博物馆史介绍明显可以看出，19 世纪随着工业化和城市化的进程，博物馆也有了一个现代性的转向。这些现代意义上的博物馆被福柯称为“无限期地积累时间的异托邦（heterotopias of indefinitely accumulating time）”。

> ……试图在一个空间里建立一个包罗所有时间、所有纪元、所有形式、所有品位的“异托邦”，这个空间包罗一切，而又独立于时间之外，因此不受岁月的侵蚀。①

像博物馆和图书馆这样“在一个不可移动的空间里组织某种永恒的无限的时间的累积”的项目在他看来是 19 世纪以来西方现代性的一个特有现象。福柯称直到 17 世纪，博物馆中的物品还是私人收藏，换言之，是明显的主体

① Foucault, Michel, and Jay Miskowiec. “Of Other Spaces.” Diacritics, vol. 16, no. 1, 1986, pp. 22 ~ 27. 译者为笔者。

的选择。在19世纪，自成一体的、代表一切的（或至少是幻想着代表一切）、积累“时间”本身的博物馆才真正建立（福柯，1986）。这里的“积累时间”是一个很有意思的说法，福柯所指的是19世纪关于历史的“进步”和“发展”的话语，以及在此基础上构建出来的知识体系。换言之，这一时期的博物馆可以被看作是进化论时间观的一个“图式”（diagram）。

杰姆斯·德博格（James Delbourgo）在其新书《收藏世界：汉斯·斯隆与大英博物馆的起源》（Collecting the World：Hans Sloane and the Origins of the British Museum）一书中指出，公共博物馆的概念就是一个“帝国主义启蒙运动的产物”，“只有一个位居帝国中心的收藏者才能够为了分辨物品而将如此多的物品收集起来，这是一项志在为整个世界分类的惊人之举”。

德博格认为随着时间流逝，“帝国竞争和伪科学种族主义”促使博物馆重新定位自己，其叙述开始强调“文明的进步”。时至今日，大英博物馆依然保留着维多利亚时期的时代遗产——在一座巨大的希腊式建筑里收藏着全球珍宝，仿佛英国是希腊和罗马人的合法后裔。对于维多利亚时代的人来说或许的确如此，因为在他们看来，那才代表着“文明世界文化和审美成就的巅峰”（德博格，2017）。

美国的例子也相当近似。史蒂芬·康恩（Steven Conn）在《博物馆与美国的智识生活，1876—1926》中提到了费城博物馆，也就是后来的费城商业博物馆的例子，这座始建于1893年，并在1899年正式落成的“商业博物馆”通过举办大型展览、发行大量包含相关信息的出版物来鼓动美国的海外经济扩张。商业博物馆让美国人通过具体的物质形式看到了建立一个商业帝国的可能性。商业博物馆的重要意义在于它尝试着为美利坚商业帝国构建一个智识体系。商业博物馆营造了一种帝国主义的认识论，是使美国帝国主义在19世纪与20世纪之交成为可能的最为重要的文化智识工具。19世纪与20世纪之交，美国帝国主义并非仅仅在美国外交政策、总统方针和军事历史中有重要意义。而且，“帝国主义的兴起过程”在多个层面产生了影响——国内国外、对公众和个人的影响都有。借用 艾米· 卡普兰和唐纳德·皮斯的话来说，美国帝国主义包含着多种“文化”。显然，帝国的兴起过程也包括创造和控制关于世界其他地方文化的智识。（康恩，2012）

博物馆作为时间的符号空间

博物馆是一个物理性存在的空间，也是一个象征符号的空间。已经有很多学者探讨过博物馆（及其中的展览）作为符号空间的隐喻：

> 当展览被延伸至所有展出的对象，包括所谓的“博物馆物”（musealia）——也就是真实对象、替代物（模型、复制品及照片等）、附属的展

示材料（如橱窗、活动隔墙等展示工具与文字、影片、多媒体等说明工具）乃至指引系统。从此一角度观之，展览有如一种特别的、以“真实对象”为核心并辅以其他得以更加掌握后者意义的人工物品的沟通系统（McLuhan，Parker，1969；Cameron，1968）。在此一脉络中，展览中的每一个元素（博物馆对象、替代品或说明文字）皆可定义为一个展品（expôt），也就是一个展览元素。如此的脉络不可能复制现实，现实也不可能移转至博物馆中（一个博物馆内的“真实对象”已经是现实的替代品），但博物馆可以借由展览与现实沟通。展览内的展品有如符号一般运作，而展览有如沟通的过程。①

也就是说，博物馆展览的并不是现实本身，而是现实的一个见证和符号系统。也就是福柯所说的独立于现实之外，而记录现实的“异托邦”。通过“展览”，博物馆将具体的对象（展品）、场景的布置（布展）和辅助的说明（阐释）形成了一个符号体系，用以可视化地解释（不在场的）“现实”。

这里有几个有意思的点值得探索：（1）是在这个体系里的作为符号元素的“物”；（2）是物如何被用来建构一个关于“现实”的隐喻；（3）最后是这种关于现实的隐喻背后的时间秩序。

1. 作为符号元素的“博物馆物”

尽管最近开始有了一些争议②，但直到今天“物”仍然被普遍看作是博物馆本质的核心。提到博物馆中的物（收藏或展品），我们首先会想到两大特征：一是其本真性（authenticity）；二是其作为“藏品”或“展品”的特殊性。

本真性比较容易理解，博物馆努力收集和花费大量时间和精力鉴定“真物”“真品”“真迹”，甚至相信“原件”里拥有复制品和仿品（无论如何相似）中不具有的“灵光（aura）”，这些都可以看作是尽可能借由“真实物件（real object）”来记录和指代“现实（reality）”的努力。物品的真实性赋予其提喻“真实”的资格，但“真实物品”本身并不是现实，只是其见证者和符号层面上的替代品。

而特殊性则包含几个方面，如“博物馆化（英语 musealisation 法语 muséalisation）”和“博物馆性（法语 muséalité）”。博物馆学将制造“博物

---

① André Desvallées and François Mairesse 编辑，张婉真（台湾）翻译：《博物馆学关键概念》，ICOM，2010 年，pp. 28 ~ 29。

② Bruno S. Frey，Barbara Kirshenblatt - Gimblett，THE DEMATERIALIZATION OF CULTURE AND THE DE - ACCESSIONING OF MUSEUM COLLECTIONS，Museum International，Vol. 54，No. 4，2002，pp. 58 ~ 63.

馆物（英语 musealia 法语 muséalie）”的过程称为“博物馆化”。

从严格的博物馆学观点观之，博物馆化是将一件事物的物质性与观念性自其原有的自然或文化脉络抽离，并赋予其一个博物馆的地位，将其转变为一件博物馆物（musealia）或使其进入博物馆领域的操作。①

在这里物品（真实物品）经历了几个过程：

首先是“分离（separation）”或“暂停（suspension）”。事与物被从现实的时空脉络里抽出来，作为其所构成的现实的代表性资料被加以研究：一旦进入博物馆的“收藏”，水杯不再能用来喝水、钱币不再能用来交换、动物标本失去了其生命、神像也失去通灵的可能性，在它们被抽离的时刻，这些物品就失去了原先的用途，退出了流通，离开了原本的脉络，成为单纯的“藏品”。

其次是物品的状态被“冻结（mueification）”了。博物馆的藏品保管和文物修复体系始终在用尽一切努力试图暂停藏品变化的时钟，它们的理想就是阻止随着时间流逝而老化和消亡的自然过程。

最后是物品变得特殊，成为关注的焦点，也被赋予特殊的地位和文化性。这一点在民族志博物馆中表现得尤其具有戏剧性：一件旧农具、一个破竹筐、一条脏兮兮的毯子……这些日常可见的物品，一旦被放进博物馆，处于聚光灯下或展柜里，也变得特殊起来。此时这些物品变成了“博物馆物（musealia）”，它们不再是农具、竹筐或毯子本身，而成为“人类及其环境的物质或非物质的见证物”。芭芭拉·克什布莱特·金布雷特（Barbara Kirshenblatt - Gimblett）则认为“民族博物馆里的物就是民族志的物。它们是民族志工作者的创造。它们被民族志工作者所定义、切割、分离并带回博物馆，这一过程及其背后的学科背景创造了这些民族志的物”（金布雷特，1998）。

2. “博物馆物”如何被用来建构关于“现实”的隐喻

物品进入博物馆变成“博物馆物”，会经历筛选、储藏、研究、展示等环节。最终博物馆把这些“博物馆物”作为元素，在博物馆内构建一个现实的模型或替代品。康恩认为，在这里物品（展品）可能发挥提喻（synecdoche）和转喻（metonymy）的作用：

博物馆的展品一方面能够提喻式地通过个体反映整体，譬如一只蝴蝶或一个瓷罐就可以代表某一类型的蝴蝶或罐子；另一方面，它们也可

① André Desvallées and François Mairesse 编辑，张婉真（台湾）翻译：《博物馆学关键概念》，ICOM，2010 年，p. 37。

以通过类似转喻的方法代表更大范围智识体系中的一部分，譬如自然历史或人类学。①

金布雷特（Barbara Kirshenblatt - Gimblett）则观察到在博物馆语境中物品如何一方面通过解释性的标签、图表、照片、讲解、语音导览、展览宣传材料和屠戮、教育项目、课程和表演等获得阐释性的语境；另一方面通过与其他展品的关系（分类、顺序、组合等）获得语境（金布雷特，1998）。

而在更加抽象的理论层面上后现代批评家如德勒兹（Deleuze，G）等在福柯的基础上进一步挖掘图式与话语、“可见（seeable）”与“可述（say-able）”之间的关系，这里博物馆通常被整个看作一个由“可见”的陈列展示影响现实话语（discourse）以及对现实的认知的图式。德勒兹认为博物馆可以被看作福柯探讨的权力结构与主体化（subjectification）交杂的图式（德勒兹，1992，亦见 Hetherington，2011）。

3. 隐喻中的“时间空间化”

乔纳斯·费边（Johannes Fabian）在《时间与他者（Time and the Other：How Anthropology makes its Object）》中提到古希腊和罗马的演说家为了记住即兴演讲的要点，发明了所谓的“记忆艺术（art of memory）”（费边，2002，1983）。大致可以理解为想象自己在（真实或想象中的）空间中漫步，把需要记忆的点置于不同的位置，以便时不时回访它们。因此在希腊术语中 topoi 这个词，既有“传统主题”的意思，也有“地方、处所”的原意。

而到了中世纪和文艺复兴时期，这种“意识的空间化”（spatialization of consciousness）的意义超越了帮助记忆的技巧，成了界定记忆的本质的隐喻，即所谓“记忆的殿堂”。而空间化的记忆也不仅限于概念，而具象成中世纪实际建设的那些“记忆/知识的剧院”（Yates，1966），以及后来 19 世纪的博物馆。②

博物馆的时间展演及其作为时间图式的生产空间

必须指出的是，博物馆并不是被动地作为一个文化空间而生产出来的，或者只是被动地执行某种观念，包括时间观。相反，它本身也是时间展演的场所，更为重要的是，它甚至还曾是时间图式得以生产，或者说至少是得到

---

① 康恩著，王宇田译：《博物馆与美国的智识生活 1876—1926》，上海三联书店，2012 年版，第 4 页。

② 如果按照费边的看法，时间的空间化是西方传统特有的宇宙观和意识形态。实际上语言学研究表明时间空间化的隐喻（及其背后的认知结构）在中文中也可以见到，具体可参考 Lakoff 等认知语言学家关于英语中时间空间化隐喻的研究（Lakoff，1980，1993），及国内学者参照这一理论对中文中时间空间化隐喻的梳理（唐美华，2015）。

深化和推动的起源之一。

托尼本内特对早期博物馆的观察使他追溯到托马斯·赫胥黎在1880年提出的“扎第格方法”。换言之，预见未来和推演过去本质上并没有什么不同，因为二者都是通过推理使在自然状态下观者不可见的时间（过去、未来）变得可见了。本内特认为，这种“扎第格方法 zadig method”与单纯“推测”（conjecture）不同的是，它必须使不可见的场景变得可见，使观者仿佛成为那些场景的视觉见证人。

> ……博物馆的叙事机制为一种表演提供了一个语境，这种表演同时是身体和精神上的（它也通过不同的方式质疑着这种二重性），由于它对进化叙事的实例化在（观众被期待和常常必须完成的）参观路线中被空间性地意识到了。观众在一个人造的环境中被推动，其中物品的陈列和它们之间关系的秩序成为表演的道具，于是观众被影响及形塑，与自我形成一个进步的文明化的关系。展品的陈列展示、展品之间的相互关系和秩序。①

简单来说，博物馆是一个人为制造的环境，也是一个表演的语境，其中展品的陈列展示、展品之间的相互关系和秩序成为表演的道具，观众参观展览的路线（也就是博物馆策展设计的“展线”）是精心设计的表演，观众在这个空间中按照既定的路线移动，就相当于经历（和接受）了一场叙事，在这个过程中他们（有意识或无意识地）被影响被改造。

而这个叙事的内容，通常是关于“进化”，物品在空间中按照时间（编年）的顺序排列，同时展现由简到繁、由“低级”到“高级”的秩序和规律，这样本来抽象的“进化”概念就被实例化、“直观”化了。

博物馆作为一个社会空间，通过组织展品来推演过去，使进化的轨迹变得“可见”，进而使进化论（及其所代表的现代性的单向的时间秩序）成为社会编码的一部分。19世纪的博物馆不仅是进化论的符号空间，也是进化论知识生产的基地，以美国为例，史蒂芬·康恩在《博物馆与美国的智识生活，1876—1926》中提出，安排事物本身就是科学研究的过程。

> 在19世纪末，建立博物馆的思想理念是基于这样一种假设：即物品能够向“未经专业训练的参观者”讲述故事，而我则将这种假设称为

---

① Bennett, Tony. The Birth of the Museum. Routledge, 1995.

“基于物品的认识论”。①

几乎毫无例外的，这种产生于选择与合成过程的视觉句子代表了进化过程中的元叙事手法。参观博物馆通常沿着由简单到复杂，由野蛮到文明，从古到今的轨道。19世纪后半叶博物馆的这种安排形式几乎使所有的参观者都无法逃脱这样的轨道。作为最易接近的公众场所之一，博物馆以实物的方式宣扬了一种实证主义的、进步的、极具影响力的世界观，并赋予了这种世界观以科学合理性。②

维多利亚时代的美国人相信智识源自物品，这是他们世界观的中心，也是整个博物馆界的中心。博物馆之所以成为智识生活的领军角色，关键在于它通过对待物品时细致而系统的方式激发了创造性的研究。与早期殖民时期搜罗奇珍异宝的“好奇柜”（the cabinet of curiosities）式的博物馆相比，19世纪末的博物馆充分体现了维多利亚时代人们追求秩序的热潮。

迈尔斯·奥韦尔曾发现19世纪末的一个普遍趋势——“用可管理的方式将现实封存起来”。没有任何东西比博物馆更能以如此大的规模体现和表达这一趋势。博物馆外的世界对于很多美国人来说越来越嘈杂和难以理解，但至少在博物馆里面，人们还能够维持理性和秩序。③

简言之，博物馆正是“分期论”话语的创造者，通过为物品创造秩序，人们在时间当中刻下了标记。

有趣的是，2017年起上海某家艺术中心又开始重新以“好奇柜”为名举办展览。在这个名为“好奇柜——魔都首届博物艺术展”的策划中，策展人说：

好奇柜（Cabinets of curiosities）是文艺复兴时期一种百科全书般的收藏陈列方式，内容涵盖生物、地质、考古、宗教、历史、艺术等，被视为一个展现世界的微观剧院，以及记忆殿堂，成为欧洲博物馆的前身。

工业革命之后，好奇柜在公共视线中被博物馆取代，但并没有因此消亡。无数人不可遏制地收集占有各种物品，每个平凡个体中的独特生

① 康恩著，王宇田译：《博物馆与美国的智识生活1876—1926》，上海三联书店，2012年版，第2页。

② 康恩著，王宇田译：《博物馆与美国的智识生活1876—1926》，上海三联书店，2012年版，第4~5页。

③ 康恩著，王宇田译：《博物馆与美国的智识生活1876—1926》，上海三联书店，2012年版，第16页。

命轨迹在一系列物件中得到延伸，形式却不尽相同，爱好、信仰、私欲、病症……但究其本质，那些看似古怪猎奇的收藏却展示着无限细分的人类隐性文明，而这种隐性文明却恰巧是博物的定义：博闻古今、广纳万物。

无限细分的隐性文明集中出现于同一空间时间的相交点时，也才让我们意识到这颗星球上万物庞杂以及生命本身的珍奇独特：生命不息，好奇不止。①

“好奇柜——魔都首届博物艺术展”展览现场，上海，2017

“好奇柜”展览中展品猎奇、怪异、杂乱无序、毫无矜持地以吸引眼球为目的，充满着“混乱、蒙尘和不诚实”，然而在细节中有着令人着迷的趣味(好的或恶的)。在这里，曾经作为博物馆前身的“好奇柜”重新被展示出来，用以表现后现代社会“无限细分的隐性文明集中出现于同一空间时间的相交点”。可以说是对博物馆现代性话语中的理性、秩序与权力的一种挑战。

结论与讨论

城市作为一个文化空间，不仅仅在社会维度上具有不可复制的丰富性，同时在文化资源和观念相遇的意义上也具有其独特之处。

确实，文化之变与不变一直是人类学的核心关怀之一。在我们的处境中，对于传统已逝的怨念与各式各样的“传统热”构成了一幅颇为有趣的时代文

---

① https：//www. douban. com

化图景。然而，传统既不是一些可以归结为固定模式的静态规则，也不是完全无限度的任意制造或“发明”，在一个社会/文化转型的大背景下如何理解和把握文化传统的断与续，一方面需要更为细微的观察和深入体会，另一方面则需要更为宽宏的视野和关怀。

我们试图以当代博物馆运动的再造为例，来展现在这一过程中如何具体地理解和实践出文化的空间感，并同时形成了一种对于文化的时间意识，亦即在当下的实际处境中展开对于过去的想象，并将其用一种应对或迎接将来的姿态在当下予以挪用、重构和展演。借用格尔兹的话说，这即是 model of，也是 model for（格尔茨，2014）。

参考文献

[1] Bennett，Tony. The Birth of the Museum. Routledge［M］，1995.

[2] Bruno S. Frey，Barbara Kirshenblatt－Gimblett ，The Dematerialization Of Culture And The De－Accessioning Of Museum Collections［J］，Museum International ，Vol. 54，No. 4，2002：58～63.

[3] Debord，Guy. The Society of the Spectacle［M］. New York：Zone Books，1994.

[4] Delbourgo，James. Collecting the World Hans Sloane and the Origins of the British Museum［M］，Massachusetts：Harvard University Press，2017.

[5] Deleuze，G.，（1992），‘What is a Dispositif’［A］in Armstrong，T.（ed.），Michel Foucault－Philosopher，London：Harvester Wheatsheaf：159～168.

[6] Foucault，Michel，and Jay Miskowiec. “Of Other Spaces.” Diacritics［J］，vol. 16，no. 1，1986：22～27.

[7] Johannes Fabian，Time and the Other：How Anthropology makes its Object［M］，New York：Columbia University Press，1983.

[8] Kirshenblatt－Gimblett，Barbara，Destination Culture：Tourism，Museums，and Heritage［M］，Berkeley：University of California Press，1998.

[9]［美］康恩著，王宇田译：《博物馆与美国的智识生活1876—1926》，上海三联书店，2012年版。

[10] Lakoff George，Mark Johnson，metaphors we live by［M］，chicago：university of chicago press，1980.

[11] Lakoff George，The contemporary theory of metaphor［A］. In Andrew Ortony. Metaphor and Thought［c］. Cambridge：Cambridge University Press，1993：202～251.

[12] Lord，B.，（2006），Foucault's Museum：Difference，Representation and Genealogy［J］，Museum and Society，4（1）：1～14.

[13] 唐美华：《汉语“前/后”时间隐喻模式的认知研究》，《安徽理工大学学报（社会科学版）》，2015年1月第17卷第1期。

[14] Yates，Frances Amelia，The art of memory［M］，Chicago：University of Chicago Press，1966.

作者简介：黄剑波，华东师范大学人类学所教授、博士生导师；罗文宏，云南省民族博物馆馆员。

旅游影响下丽江古城原住民社区空间生产研究

李四玉

一、问题的提出

经过20余年的开发，丽江古城已成为国内外著名的旅游目的地和旅游品牌。不同专业背景的学者从各自的视角对丽江古城进行研究，主要从古城内部入手，探讨丽江旅游发展的模式、旅游对丽江社会文化的影响、文化符号、游客感知、商业化程度、古城保护等方面。学界对丽江农村已有的研究成果，主要从新农村建设、农村土地流转问题、农村养老模式、农民生计模式，农村生产要素市场化、农村金融、乡村旅游等方面分析。从目前可查阅的资料看，尚缺乏对丽江古城边缘农村的研究论题。随着丽江旅游的持续发展，古城商业空间的扩张，古城边缘的农村正在超越乡土性，从一个农业的熟人社会向非农业的开放的现代型社会转变，基于农业的古城边缘的农村政治上由原村民自治转变为社区居委会自治，文化上由村落文化向城市文化转变，失地农民市民化，日常性生活空间场景消失，其生产方式、生活方式、社会关系网络随着居住空间的改变发生变迁。考虑到丽江古城社会空间发展研究的意义与需求，本文选取大研古城东郊城乡接合部的义尚社区作为研究对象。关于义尚社区的研究成果方面，孙九霞教授曾以“再地方化”与“去地方化”为理论工具分析旅游对义尚社区族群文化的影响。① 在义尚社区新的发展阶段，笔者尝试以社会空间生产理论为分析框架，探讨旅游与传统社区空间生产之间的关系。

笔者于2018年8月和9月到义尚社区进行田野调查，调研过程分为调研准备、资料收集、资料整理、资料分析四个阶段。资料收集过程主要采用访谈法，如采访原住民、游客、客栈经营户、居委会工作人员等多类对象，以

① 孙九霞、马涛：《旅游发展中族群文化的“再地方化”与“去地方化”——以丽江纳西族义尚社区为例》，《广西民族大学学报（哲学社会科学版）》，2012（4）：61。

及问卷调查法，设计了原住民和客栈经营户的问卷，结合文献史料、官方资料、村民口述等描述社区的空间状态。

二、丽江古城旅游发展历程

第一，旅游发展萌芽阶段（20 世纪 80 年代）。1985 年，丽江县列为乙类开放地区，吸引了国外游客，但是人数很少。1986 年 12 月，丽江古城被评为国家第二批历史文化名城。大石桥到四方街沿街的房屋里开始卖小锅米线，食客以本地人为主。四方街成为卖小吃、杂货的地方，少数经济条件好的古城居民开始修建砖混结构的房屋。

第二，旅游发展起步阶段（1990 年至 1999 年）。1990 年 8 月，丽江地委把旅游业作为六大产业之一，1992 年丽江地委提出“旅游先导”思路，1994 年召开的滇西北旅游规划会议明确了“发展大理，开发丽江，启动迪庆，带动怒江”的云南省旅游发展思路。会后，丽江提出实施“旅游带动”发展战略，加强机场、公路、玉龙雪山景区等基础设施建设。1995 年底丽江机场建成。丽江旅游业得到长足发展，游客数量从 1990 年的 9.8 万人次增加到 1995 年的 84.05 万人次，旅游综合收入增加到了 2.4 亿元。1996 年丽江发生大地震，丽江利用恢复重建的时机加强旅游基础设施建设，1997 年丽江古城被评为世界文化遗产，1999 年世博会的召开，强化旅游宣传促销工作，游客大幅增加。1999 年丽江游客数量达到 280.3 万人次，旅游综合收入达到 18.7 亿元。1997 年开始，古城的商铺开始走俏，出现了很多制作出售木雕的店铺。古城的商贸圈以四方街为中心。

第三，旅游快速发展阶段（2000 年至 2009 年）。2001 年召开的联合国教科文组织亚太地区文化遗产管理第五届年会上，丽江“以世界遗产保护带动旅游业、以旅游业发展反哺遗产保护”的成功实践和经验被确定为“丽江模式”。2002 年 2 月成立了世界文化遗产丽江古城保护管理委员会办公室，2005 年 10 月更名为世界文化遗产丽江古城保护管理局，承担保护管理丽江古城的职责。2002 年底丽江实现撤地设市，2003 年丽江又成功申报了三江并流世界自然遗产、东巴古籍文献世界记忆遗产，拥有三项世界遗产的丽江进入国内外知名旅游品牌行列。2004 年丽江提出打造“文化旅游名市”的目标，之后明确了“文化立市、旅游强市”的战略。古城南门小区建设完成，逐渐吸引游客从北向南行进，使连接四方街和南门小区的七一街的旅游商业遍布整条街道。这一阶段丽江吸引了《一米阳光》等影视剧的拍摄，成功推出一些文化旅游和旅游演艺品牌，如玉水寨、纳西古乐、丽水金沙、印象丽江等。

2008 年丽江机场改扩建完成，丽江正式成为国际航空港和次枢纽机场。①2009 年丽江接待游客 758 万人次，旅游综合收入 88.66 亿元。游客人数逐年增高，新华街成为酒吧一条街，主要的古城街道商业从四方街向外伸展，延伸至五一街。古城居住主体置换，其生活空间、活动空间、社会文化等发生了较大改变。

第四，旅游发展稳定阶段（2010 年至今）。2011 年 7 月 6 日丽江古城景区被国家旅游局评定为 5A 级旅游景区。古城里外来经营户增多，商铺租金水涨船高，古城内客栈以高额转让费被频繁转让。2012 年世界遗产委员会举行的第 36 届世界遗产大会上通过了丽江古城微小边界调整和缓冲区的提议，将丽江古城面积 3.8 平方公里调整到 7.279 平方公里。大研古城商业空间地域扩大，开始延伸至东郊义尚社区。2017 年丽江共接待游客 3 950.87 万人次，旅游收入 788.26 亿元，旅游业已成为丽江的支柱产业和民生产业。2017 年开始丽江持续整治旅游市场秩序，经过严厉整治后丽江成为更加令游客满意的城市。2018 年 8 月 6 日丽江古城保护管理局发布《丽江大研古城游客承载预警》，进入丽江古城游客 20 万余人已超景区最大承载量，建议广大游客合理安排游览时间，避开旅游高峰期。

三、丽江义尚社区概况

义尚社区地处世界文化遗产丽江大研古城东门，历史上因境内竖有一座牌坊，刻有“圣旨宗义”的义字而取名义尚。1950 年为义尚行政村，1955 年与文智合并为文义乡，1958 年为管理区，1961 年为义尚大队，1963 年为义尚公社，1966 年改称义尚大队，1984 年为义尚办事处。义尚社区距离古城核心区域四方街 600 米，社区面积 2.13 平方公里，下辖文华、文明、文林 3 个居民小组。社区地形为金虹山麓坡形地带，各居民小组依山顺势而居，是大研古城不可缺少的重要组成部分。社区气候温暖、土地肥沃、水源发达、植被丰富，村庄“北枕金虹，南依大丽路，西连古城，东邻金山”，区位优势突出。村内房屋鳞次栉比，交通纵横交错、四通八达，古村落、东茶马古道、流官府遗址、文庙、武庙、方国瑜故居、甘泽泉等大批具有多元文化气息的建筑文物在这里积淀。义尚社区是大研古城内唯一有大量纳西族原住民居住的社区。社区现有居民 563 户、常住人口 1 887 人、流动人口 930 人，社区居民以纳西族为主，劳动力占总人口的 60%。

义尚居民历史上以种植蔬菜为主业，是古城内蔬菜的主要种植地。文华村的土地已于 2000 年全部售完，40 户村民将老宅外租后到新城自购商品房。

---

① 赵选贤：《基于社会网络的丽江古城社会空间变迁研究》，云南大学硕士研究生学位论文，2015：39～42。

2003 年义尚社区人均耕地 0.8 亩，2004 年征地 550 亩后人均耕地面积减少到 0.4 亩，文明村、文林村的农民成为失地少地农民。征地以后，社区居民自力更生、艰苦奋斗，不断开创出积极向上自主创业的新态势。近年来随着古城的发展逐步向东转移，给义尚社区带来了新的发展机遇。义尚社区的居住环境和经济水平在旅游的推动下经历着快速变革。社区居民庭院和标间外租形势良好，是构成社区居民的主要收入来源之一。社区范围内有客栈 330 家、商铺 125 家、餐饮 134 家，一共 589 家，年收入上千万元。建筑公司 3 家，年收入在 500 万元以上。义尚社区失地农民已全面走出了失地的浮躁期。

四、社会空间理论

法国思想家、社会学家亨利·列斐伏尔（Henri Lefebvre）在《空间的生产》中提出三元社会空间理论，即空间实践（spatial practice）、空间表征（representations of space）、表征性空间（representational spaces）。三者进一步对应为被感知空间（the perceived space）、构想的空间（the conceived space）以及生活的空间（the lived space），它们在特定的条件下相互作用，产生出社会空间的空间性。

第一，空间实践包含了生产和再生产，是每一种社会形式的基本空间特征，它保证人们空间活动的连续性和凝聚性。空间实践赋予了空间在生产中的主体地位。本文的研究对象是旅游业辐射下的农村，其空间实践与建筑、水系、里弄、空间布局等有密切关系。

第二，空间表征与生产关系及其这些关系中隐含的秩序紧密相关，与知识、符号、符码等这些显在的表现关系相关，对应规划师、科学家、都市计划师、技术官僚和社会工程师所构想的空间，属于社会空间被构想的维度，是概念化的空间。这是在任何社会生产方式中占统治地位的空间，它体现了统治群体掌握的知识和意识形态的表象化、空间的再现与生产关系，以及这些关系中隐含的秩序紧密相关。①

第三，表征性空间具体表达了复杂的、与社会生活隐秘的一面相联系的符号体系，有时经过了编码，有时则没有，这些同样与艺术（可能最后定义为表征性空间的符码，而不仅仅是空间的符码）相联系。② 表征性空间对应居民和使用者的空间，是社区的生活空间，从社区实际生活空间出发，进而从社会性的角度阐释各种空间生产和再生产的意识形态蕴含。

---

① 刘洋：《基于社区居民行为的旅游小城镇空间生产实证研究——以大理州和天水市为例》，昆明理工大学硕士学位论文，2016：7。

② Henri Leffbvre. Translated by Donald Nicholson – Smith. The Production of space. ［M］. Oxford: Basil Blackwell Ltd，1991：33.

五、义尚社区的社会空间生产

（一）空间实践

义尚社区的物质空间生产包括了村落内部更新和大规模空间生产两个阶段。义尚社区文华村在2000年已无耕地，文明村和文林村的耕地面积由2003年的800余亩减至2004年的300亩，2012年以后仅有120余亩，整体上逐渐递减。其中，文明村的耕地面积明显减少，包含水沟和耕地后现在全村仅有27亩土地。自2010年开始，社区整体空间格局、边界、街巷、水系、节点、标志物、民居建筑等各方面都发生了变化，商业空间呈现从核心区整体往外延伸以及内部空间的渗透。用地边界受现状地形的影响，现在义尚社区的空间形态划分为东西向和南北向，东西向从金安路到古城保护管理局一线，南北向从金虹路丽江石油公司以下到丽江市一中转台祥和路一线。随着大研古城外来人口增加，商业空间扩大促使义尚社区的道路、街巷大量增加以及向外扩张。2011年开始社区核心区呈现全面更新现象，社区内部原纯居住的小巷现已变为商铺和客栈，社区居住主体部分转变为外来商户，村民用出租老宅的租金、积蓄和贷款在新宅基地上大规模建新宅搬迁。五一街至义尚社区，汝吉小学延长线沿街面一层的民居全部改建为商业、餐饮、零售、休闲等旅游用途，正在建设的丽源商业广场至文明村沿街民居改建为商业、餐饮和客栈，义尚社区居委会至文明、文林村分界路沿街一层民居改建多为餐饮和零售的商铺。除主要路段沿街的房屋改造为商铺外，社区内部传统民居大部分转变为客栈。过去旅游业未发展时，义尚社区组织居民活动通常在村公所和居委会，2013年起文林新村新建了戏台广场，作为村民和游客聚集、休闲的公共空间，每年在文林新村举办纳西火把节文娱活动。义尚社区保留的原历史标志物是汝吉小学和甘泽泉，近几年文林村新建了石牌坊、龙神祠、三眼井、藏书阁、花雨轩等新标志物。参与旅游活动后，社区纳西民居建筑的使用功能和建筑风格都发生了改变。纳西族传统保护民居建筑是典型的“四合五天井”“三坊一照壁”院落，义尚社区原有1个重点保护民居、6个保护民居，然而被评为保护民居类院落最早被外来商户租用改建为客栈经营。由于社区民居主要被租作客栈经营使用，租约为15年至20年，租用者在不改变基本纳西民居建筑结构的基础上都要对房屋重新装修改造，改造为标间，增加门窗，外墙装饰，院落设计，布置上更舒适新颖，几乎每个客栈都设有喝茶、秋千等晒太阳交流的休闲区。租用者认为无法满足商业经营的少数建筑被拆除重建为砖木结构房屋，装修风格以满足经营需要。

（二）空间表征

生产方式从根本上决定了社区空间产生和演化的动力机制，空间表征主要从丽江政府、社区居委会、村委会、相关规划几方面研究义尚社区空间形态演变的影响。自丽江古城列入世界文化遗产名录以来，古城的保护管理从实际出发，经历了认识逐步深化、法律逐步完善、管理逐步规范的过程。丽江历届党委政府坚持依法治城思路，先后出台了关于保护古城的地方性法规、规章、规定和办法，在行政立法和技术立法方面对遗产保护起到了重要作用。先后颁布实施了《云南省丽江历史文化名城保护管理条例》《丽江纳西族自治县古城消防安全管理暂行办法》《大研古城区消防安全管理办法》《世界文化遗产丽江古城保护规划》《关于在丽江古城实行〈云南省风景名胜区准营证〉制度的通知》《云南省丽江古城保护条例》《世界文化遗产丽江古城管理规划》《世界文化遗产丽江古城传统商业文化保护管理专项规划》《古城保护管理局相对集中行使部分行政处罚权的方案》《丽江古城消防安全管理办法》《丽江古城传统民居保护维修手册》《丽江当代本土建筑设计导则》《丽江古城经营目录清单》等规定，为古城实现依法科学管理、可持续发展提供了法律保障和管理支撑。丽江古城的生命力和魅力与其有形建筑物紧密相关，民居的修缮管理对遗产保护至关重要。在修缮队伍管理方面，过去修缮人员松散，修缮效果参差不齐，古城保护管理局于2008年起草了《丽江古城民居修缮施工队伍暂行管理办法》，2011年完善形成了《丽江古城民居修缮队伍管理办法》，要求修缮施工队伍必须在管理机构备案，然后接受民居特点、民居营造方法、特殊技艺、遗产管理、消防等方面的专业培训，并实行考核机制，对违规行为实行警告、取消备案等处罚。这样不但提高了古城保护管理局的工作效率，也培养了一批优质的施工队伍，提高了他们的民居修缮技术，古老的修缮技艺得以传承。义尚社区地处古城，社区居民私自拆建修缮民居要经过相关部门审批。古城民居修缮的审批程序烦琐复杂，首先由居民提出修缮申请，填写《丽江古城民居修缮申请表》，四邻签字、社区意见、街道办事处意见、相关部门联合检查、消防部门意见、古城管理局审查意见、古城规划分局意见，古城管理所办理《古城施工维修许可证》，实施修缮，完成后申请验收，相关部门共同验收，相关部门签署验收意见，办理相关后续手续。[①]规划、消防、环保和古城保护管理局相关部门的工作人员每周一次实地查验，共同形成修缮意见。由于政府权力部门的控制管理，所以在空间置换过程中租用者大多是对民居进行装修改造，总体的传统建筑风格没有太大的破坏，间接影响了义尚社区空间形态的演变。

作为大研古城的一部分，义尚社区既有社区形态，又有乡村特点，调研发现政府行为对义尚社区空间形态演变影响最大的是一农户两块宅基地的政策。2012年底在古城区委、区政府的协调帮助下，义尚社区统一分配了文明

---

① 刘姝萍：《基于空间生产视角的旅游小城镇空间形态演变研究——以丽江束河为例》，昆明理工大学硕士学位论文，2014：9。

村、文林村失地农民集体发展建设用地，外租庭院的居民在新安置地上开展居民新村建设，切实改变居民老宅出租后无处可居的困难，居民自建房屋达到263余栋。2013年起文林村争取到省、市、区三级财政美丽乡村建设项目资金1 800万元，村内自筹资金500万元，实施了村内管网铺设和基础设施建设项目，在原村落周边建成了一个规划合理、交通便捷、环境优美、文化娱乐、园林绿化、旅游设施等基础设施健全的文林新村，圆满完成首期美丽乡村建设工程，解决了村民出行难、如厕难、开展文化活动难等问题，切实改善了文林村人居环境，实现了村容村貌的全面提升。现文林村有200多个传统民居，一半是客栈。结合暑期纳西族火把节活动，从2016年开始每年农历六月二十四日在文林新村举办为期3天的“和美大研·花雨东林纳西火把节”，其间有东巴祈福仪式、和谐长街宴、文艺表演等活动展示纳西族的民俗文化。2018年“世界文化遗产丽江古城义尚文明村基础设施配套工程”开始动工，基础设施的完善、生态环境的改善对发展社区庭院经济，提高失地农民的收入大有裨益。铺了五花石路，路灯明亮、环境优美、游客增多，外来商户青睐租用交通便捷、停车方便的文林村庭院开客栈和农家乐。

（三）表征性空间

在空间再生产过程中，作为空间形态演变和发展进程中受到直接影响的居住者和使用者，他们生活经历和生活空间的改变就是一个显著的表现。居民的生活空间包括了社区整体的生活氛围和单个民居的住宅空间。生活环境、生活条件、生产方式、生活习惯、交往模式、社会关系等方面的改变缘于社会生活空间的变化。

第一，生产空间和生活空间相邻（2004年以前）。2004年以前义尚社区是典型的传统农村，丽江市一中毗邻文明村一带以及甘泽泉到金山派出所一带都是大量农田。村里男人挖地、挑粪，或去建筑工地务工，妇女种菜卖菜，全家主要靠卖菜收入维持生活，农田是主要的生产空间。村内生活空间仅本村人居住，与其他社区交流较少。生活空间与生产空间相邻，步行仅5～10分钟。

第二，生产空间和生活空间分离（2004年至2010年）。2004年，义尚村民从菜农变成了失地农民，村民的生产方式也从单一的农业转变成以第三产业为主。居委会请了厨师组织村民参加烹饪培训，20位村民安置到环卫所和古城管理有限公司从事古城卫生保洁工作，其余自谋职业在丽江城内打工，如在客栈从事保洁、在酒店厨房打工、开货车拉货、开出租车、在酒店用品洗涤服务中心工作，或自制食品到市场销售等。丽江城内从事旅游经营活动的经济组织成为义尚居民新的生产场所，社区生活空间相对完整，生产空间和生活空间分离。

第三，生活空间置换为生产空间（2011年至2014年）。大研古城商业空间饱和，往东郊扩大发展，来义尚社区的游客量逐年增多。社区居民都是独家独院，院子宽敞，社区旁有停车场通车方便，步行至四方街15分钟，生活安静，居民的纳西庭院逐渐受到外来商户的青睐。与五一街接壤沿街的居民庭院开始有外来商户寻租，到2012年义尚社区已有30多家客栈。一文明村村民说："2011年开始村里租房风生水起，那两年来村里找房子、租房子简直疯狂了，每天都有外地人来看房子，村民之间聊的话题就是庭院租金，那段时间感觉村里几个月甚至几天都有改变。"另一位文明村村民说："2013年的时候，市一中后面新分的宅基地上经常插着一块块地基求租的牌子，地段好的新地基几天就租出去了，那两年村里到处可以看到在装修的和新盖的客栈。"2013年是义尚社区庭院经济发展的高峰期，到2014年已租了280个庭院。旅游对居民生产改善起了积极作用，庭院出租后为居民带来良好的经济收入，促进了居住主体的置换，居民乐于将老宅出租搬迁至别处。社区的市民将自家的居住空间完全置换成生产空间后到新城购房，而社区的农户则拥有了另一块宅基地，极少数农户将一户两宅外租后到新城购房。旅游发展后，传统生活空间的功能从居住转变为商业、观赏、游览，社区居民的角色从农民、失地农民、旅游半旅游从业人员转变成了房东。社区空间的使用主体由居民变成游客与居民共存，居民的生产活动主要依托置换其生活空间进行，收入来源以庭院经济为主。

第四，生产空间与生活空间融合①（2015年至今）。2015年10月开始义尚社区的庭院经济趋于饱和、缓慢发展，2016年至今新增出租了50余个庭院。由于2012年下半年村里将耕地统一分配后给了农户新安置地，文明村每户166平方米，文林村每户198平方米，大多数村民可以利用出租老宅的租金在新宅基地上盖新房。新房必须严格遵循与古城一致的建筑风格，建成砖木结构的瓦房。居民虽然仍然生活在自己的社区内，但由于旅游的推动，他们的生活品质和思想观念有了很大的改变。因此，新宅建成外观古城化，内部现代化。对住宅的内部空间更新和重构，改变原有内部空间功能以满足旅游发展中商业的需求，同一住宅空间分为居民居住和商业两种用途。每户都将房屋盖成标间，少数几间自家居住，大部分单间租给外地人，路边的房屋开门开窗建成商铺。居民的生活和生产融为一体，庭院既是他们的生活空间，也是获得经济利益的生产空间。

目前，义尚社区居民的生活空间减少，生产空间扩大，社区居民的家庭收入主要来自庭院租金、参与旅游服务、政企工资、个体经营等。居住在不同区域的社区居民，由于租房年份不同、地段区位不同，其庭院租金不尽相

---

① 孙九霞、张士琴：《民族旅游社区的社会空间生产研究——以海南三亚回族旅游社区为例》，《民族研究》，2015（2）：72。

同，2013 年和 2014 年出租的庭院租金较高。文明村离四方街较近，人流量大，每户至少有一宅外租为客栈，获得收入，而文林村离四方街较远，除了路边的房屋出租外，近一半居民的生活空间利用价值较低，新旧宅基地没有租出去，居民没有享受到旅游业带来的经济效益。一文林村居民说："现在三代人生活越来越困难了，田少了，虽然有两块宅基地，可是地段不好都租不出去，我们老人没有收入还要养孙孙，儿子他们打零工，没什么稳定的收入，地段好的家里两块地都出租了，每年有很多钱，希望这边赶紧发展，我们的房子好出租一点。"由于古城客栈众多，竞争加剧，2017 年开始极少数社区居民家的庭院被经营户退回，居民们开始寻找新的商户。对于社区发展旅游的前景，所有居民都持乐观态度，认为现在社区的基础设施、生活环境日益改善，住在旅游核心区外围的居民希望能尽快将生活空间转变成生产空间。

旅游发展是社区居民致富的途径，他们在"衣、食、住、行、娱"等方面都有很大变化。十年前，社区居民为生计奔波，极少有空闲时间，茶余饭后在家看电视或到邻居家里闲聊，居委会很少组织文娱活动。如今社区居民的文化活动由于其生产生活方式的改变而发生了变化。街道、居委会、村委会组织了很多休闲活动丰富生活。大多数居民都参加了村里的古乐队、打跳队、柔力球队，每周固定时间练习。大研街道办事处结合春节、元宵节、三多节、端午节、火把节、中元节、中秋节、国庆节、重阳节九大传统节日从 2016 年起组织开展"和美大研 · 古城邻里文化节"，如今居民的闲暇时间较多，参与了邻里文化节的各种活动。中秋节前居委会组织社区妇女制作纳西月饼，赠送给社区原住民和部分商户每户一个大月饼。国庆节期间在居委会布置了菊花展，古乐队演奏，打跳队打跳，邻里之间和乐融融。

空间生产不仅使空间商品化，还产生了新的社会关系。生活空间的变化造成传统社会关系的割裂，逐渐产生新的社会关系和消费关系。一文明村居民说："现在家家日子好过，邻里矛盾少了，村里环境越来越好，邻居变成了游客和开客栈的外地人，虽然知道他们但也不和他们来往，还是以前的关系好，家家房屋宽敞，经常去隔壁邻居家闲聊，现在除了村里组织活动参与，很少去别人家串门了。"化琮是纳西人日常生活的重要组成部分，人们通过货币媒介沟通人际关系，不同形式的化琮从不同的方面满足纳西人的生活需求。过去村民化琮往往限于朋友琮，如今生活空间的置换造成亲戚之间随着居住空间不同关系产生疏远，因此近年来社区居民家都组织了亲戚化琮，亲戚之间通过每月化琮活动加深感情。

六、结语与讨论

义尚社区的生活空间对不同的群体有不同的意义，对于社区居民来说，生活空间是他们的生产和生活空间；对于外地商户来说，社区的生活空间是他们的工作场所，经营环境与经济环境的好坏决定他们的去留；对于游客来说，这是他们空间消费、游憩观光的地方。① 丽江古城之所以成为世界文化遗产，与它的建筑格局、文化内涵、民族风情等息息相关。居民是文化的载体，社会网络、生活方式所组成的质朴的生活氛围使古城成为一种活态文化，是古城社会空间的重要组成部分。与大研古城原住民全部外迁相反，义尚社区是大研古城内唯一一个原住民的聚居地，保留着原有的生活习惯，笔者认为彰显原住民的日常生活是社区规划的发展方向。

首先，从空间上对居住、旅游、商业等不同功能区域整体规划，尽量维持原住民的生活方式和社会网络。文林村由于美丽乡村项目的实施，先整村规划修路，基础设施完善后居民再盖房，新村环境优美、道路宽敞、安静有序，村里自建恢复了一些传统遗址，而文明村的居民在村里尚未集体规划下自家匆匆盖了新房，有的居民在盖房过程中占用了预留规划道路和基础设施的土地，因此，文明新村道路相对狭窄，缺乏科学规范的设计。要提高居民的大局意识，规划中要征求居民的意见，提倡居民参与，将社区的历史文化、自然环境、人文关怀有机融合。

其次，拓展外来商户与原住民互动的社交网络，将民俗文化与旅游衔接起来。当前古城的经营模式已经成熟，但也存在古城同质化现象，义尚社区仍然有发展空间。社区庭院经营者中仅两户是丽江人，其余都是外地商户。当笔者问社区居民是否认同外地租客是新丽江人这个问题时，大多数居民持否定态度，认为他们投资在丽江生活赚钱，很多居民家的庭院被租客装修为客栈后多次转让获得高额利润。极少数居民认同他们是新丽江人，这些居民认为庭院租约一般为 15 年至 20 年，人生有那么长的时间在此，相当于本村人了。文林村由于一年一次的火把节活动，商户和原住民之间还有互动，村委会评选了几家商户为“荣誉村民”。文明村除了房东和租客偶有互动外，商户和原住民之间没有往来。因此，在社区旅游开发过程中，应该常为商户、原住民、游客之间构筑互动的民俗活动，促进商户和原住民之间的了解，游客也可以感受到原真的纳西族生活文化。

最后，提高居民的文化修养和素质，培训外来商户，促进文化遗产保护。清朝改土归流后义尚社区是丽江古城内纳西族平民最早学习汉文化的中心，故冠以“文明、文林、文华、文治”四文组成之名，历史上注重文化教育，人才辈出。随着社区庭院经济的发展，社区的年轻人成为“古二代”，即便不工作每年也有房租生活。此外，村里规定没有工作、大学毕业后没有考上政企编制内的孩子每年可享受村集体财产分红，而录入正式编制内的孩子没有

① 李鑫、张晓萍：《试论旅游地空间商品化与古镇居民生活空间置换的关系及影响》，《旅游研究》，2012（4）：30。

分红，造成很多年轻人思想懒惰，不愿意努力读书找工作。要转变居民的思想观念，倡导勤奋敬业精神，提高他们的文化素质修养，不能盲目追求眼前利益。要开展商户的文化培训，保护水资源，减少外来文化对原住民生活方式的破坏。文化遗产的保护不仅要靠原住民的文化自信，更要靠全民的文化自觉。

参考文献

[1] 孙九霞、马涛：《旅游发展中族群文化的“再地方化”与“去地方化”——以丽江纳西族义尚社区为例》，《广西民族大学学报（哲学社会科学版）》，2012（4）：61。

[2] 赵选贤：《基于社会网络的丽江古城社会空间变迁研究》，云南大学硕士研究生学位论文，2015：39~42。

[3] 刘洋：《基于社区居民行为的旅游小城镇空间生产实证研究——以大理州和天水市为例》，昆明理工大学硕士学位论文，2016：7。

[4] Henri Leffbvre. Translated by Donald Nicholson - Smith. The Production of space. [M]. Oxford: Basil Blackwell Ltd, 1991: 33.

[5] 刘姝萍：《基于空间生产视角的旅游小城镇空间形态演变研究——以丽江束河为例》，昆明理工大学硕士学位论文，2014：9。

[6] 孙九霞、张士琴：《民族旅游社区的社会空间生产研究——以海南三亚回族旅游社区为例》，《民族研究》，2015（2）：72。

[7] 李鑫、张晓萍：《试论旅游地空间商品化与古镇居民生活空间置换的关系及影响》，《旅游研究》，2012（4）：30。

作者简介：李四玉，云南丽江人，法学、哲学双硕士，丽江市东巴文化研究院助理研究员，研究方向：社会文化人类学。

特色小镇文化再造比较研究：以浙江省为例[①]

林敏霞　韦小鹏

2014年左右，肇始于浙江省的“特色小镇”应运而生，并得到国家的肯定，迅速向全国推广，各种类型的特色小镇在多地纷纷涌现。特色小镇是“城市化发展到特定阶段的产物，是区域经济转型升级的方式，也是连接和协调城乡关系的重要桥梁”②，除了从管理学、规划建设、经济学、旅游开发、政治学等角度对特色小镇建设和发展进行探讨之外③，从文化的角度对特色小镇开展研究也十分必要。

相关的几篇研究突出探讨了特色小镇的文化及文化再造的重要性，如：（1）强调特色小镇建设的文化支撑，要通过发展新文化，培育文化凝聚力，重构成员的共同精神纽带④；（2）突出文化再造是特色小镇的创建路径，文化的创新和再造是特色小镇最突出的特点⑤；（3）认为建造特色小镇的关键就是对其文化的挖掘、加工、创新与再造，形成独有的城镇文化理念⑥；（4）指出“重塑文化符号凝聚力”是特色小镇实现途径⑦。

然而，上述研究的未竟之处在于：有关特色小镇的文化再造的讨论尚未对不同类型的特色小镇加以区分，或者笼统谈特色小镇，或者偏重文化创意

---

① 本文为浙江省文化厅2018年度厅级文化科研项目研究成果，项目号ZW2018023。

② 王振坡、薛珂、张颖、宋顺锋：《我国特色小镇发展进路探析》，《学习与实践》，2017（4）：23～30。

③ 注：来自管理、经济、旅游、建设规划、政治等学科领域学者围绕特色小镇的内涵（向乔玉，2017；林峰，2017等）、发展动力和路径（赵佩佩、丁元，2016；厉华笑等，2016等）、发展指标体系与评估方法（吴一洲等，2016等）、运营开发建设（邓爱民，2017；刘沛林，2017等）、精准治理（闵学勤，2016等）等方面涌现了数千篇论文和十数本著作。

④ 陈立旭：《论特色小镇建设的文化支撑》，《中共浙江省委党校学报》，2016（5）。

⑤ 周晓虹：《产业转型与文化再造：特色小镇的创建路径》，《南京社会科学》，2017（4）。

⑥ 王国华：《略论文化创意小镇的建设理念与方法》，《北京联合大学学报》，2016（4）。

⑦ 王振坡、薛珂、张颖、宋顺锋：《我国特色小镇发展进路探析》，《学习与实践》，2017（4）：23～30。

类小镇，或者偏重新兴产业、金融创新类的特色小镇。实际上不同类别的特色小镇的文化再造存有较大的差异性。因此，针对不同类型的特色小镇具体如何进行文化再造有必要进行进一步的探讨和分析。

一、特色小镇与文化再造的关联

“特色小镇及其文化再造”在社会学和人类学的研究中有其一脉相承的学术传统，世界各地也累积了相当的实践经验，它们可以被视作该话题的理论起点和经验对话空间。

1. 社区与文化的一体性

社会学人类学界对社区的界定有文化论、区位论、互动论和系统论等不同倾向的偏重，但社区与文化始终不可分割地密切关联在一起。滕尼斯（Ferdinand Toennies）把“社区”视为具有共同文化认同的一群有机体（1887）①；韦伯（Max Weber）的“理想类型”（1958）所指出的城市社群应该有文化面向②；马林诺夫斯基从功能角度开展社区的文化研究③；芝加哥学派罗伯特·帕克（Robert Park）认为“每一个社区在某种程度上都是相互依赖的文化单位”（1967）④。吴文藻认为社区的要素包括人民、人民所居处的地域以及人民的生活方式或文化⑤。费孝通曾指出人类学的研究就是研究不同的社区和文化，他将社区与文化联系在一起讨论。⑥ 此后，“社区”在中国普遍使用，“共同文化”（common culture）是社区的基础，学者们都强调社区是包括文化认同在内的群体生活⑦。

换言之，社区研究的核心问题是共同文化，进而涉及影响共同文化建构和认同的诸多面向，包括本研究所主要关注的文化再造。我国目前所推行的特色小镇建设，在目标上是要打造宜产、宜业、宜居的新社区，因此研究特色小镇的核心问题之一是社区共同体文化再造和文化认同。

---

① ［德］斐迪南·滕尼斯：《共同体与社会》，林荣远译，商务印书馆，1999 年版。

② Weber, Max, 1958/1921, The City, Translated by D. Martendale & G. Neuwirth, New York: Free Press, p. 81.

③ ［英］马林诺夫斯基：《文化论》，费孝通译，中国民间文艺出版社，1987 年版。

④ Park, Robert, 1967, “The City as A Social Laboratory”, in Robert Park on Social Control and Collective Behavior, Selected Paper (Edited by Ralph H. Turner), Chicago: The University of Chicago Press, p. 3, p. 11.

⑤ 吴文藻：《导言》，载王同惠、费孝通：《花蓝瑶社会组织》，江苏人民出版社，1988 年版，第 5 页。

⑥ 费孝通：《二十年来之中国社区研究》，载《怎样做社会研究》，上海人民出版社，2013 年版，第 235 页。

⑦ 参见吴铎：《社会学》，华东师范大学出版社，1991 年版，第 169 页。黎熙元、何肇发：《现代社区概论》，中山大学出版社，1998 年版，第 4 页；张友勤、童敏、欧阳马田：《社会学概论》，科学出版社，2000 年版，第 224 页。

2. 文化再造的实践与研究

进入工业社会以来，文化多样性、文化生态、传统的社区共同体都遭受到破坏，很多地方都通过文化再造的方式来回应上述全球化的结构性冲击。

早在1974年，霍布斯·鲍姆等学者就展示了现当代西方各民族国家如何通过文化再造的方式来延续和强化共同体认同的事实和过程①。20世纪70年代以来，日本"造町运动"（Machi - tsukuri）以"人、文、地、产、景"五个面向的地域资源为基础，借由文化再造的系统工程，促进了社区景观的改善、历史文化的延续和再生、在地产品的开发、居民需求的满足，以及对居民对社区的认同和归属的重建②。随后，中国台湾文建会引进了日本的社区营造，出台系列政策，在台湾进行了二十多年本土性的转化和实践，其中文化再造是核心内容。③

广义上的文化再造可以运用于城市化、城镇化乃至乡村建设中，中国大陆在上述领域都有所涉猎，如：文化再造被视为"名城建设的战略选择"④，是"城镇化进程中文化记忆的符号建构"⑤，也是"乡村社区建设路径"⑥，等等。

由此可见，特色小镇与其文化再造有着必然的联系，研究特色小镇，必然要关注其文化和文化再造的问题。社会学人类学界关于社区与文化认同、文化再造的研究是该问题的学术对话起点；兴盛于日本和中国台湾地区的以文化再造为核心内容的社区营造社会实践和经验总结是该问题的重要实践参照。

二、"嵌入性"及特色小镇类型

有关特色小镇的内涵和分类一直是特色小镇研究的基础和前提。虽然官方的文件对特色小镇的内涵和分类做了指导和说明，但是在学术界和实际的实践中，却呈现出比较复杂的情况。如官方的文件中按照特色小镇所服务的目的和所在区位不同，把特色小镇分为大城市周边的卫星城、与特色产业相

① ［英］霍布斯鲍姆：《传统的发明》，顾杭、庞冠群译，译林出版社，2004年版。

② ［日］西村幸夫：《再造魅力故乡》，北京：清华大学出版社，2007年版；翁徐得、［日］宫崎清：《社区营造的理念》，台湾省手工业研究所，1996年版。

③ 曾旭正：《台湾的社区营造》，远足文化事业股份有限公司，2013年版。

④ 尹农：《文化再造推进南京名城建设的战略选择》，《江苏社会科学》，2013（6）。

⑤ 李文茂：《城镇化进程中文化记忆的符号建构》，《文化学刊》，2015（7）。

⑥ 吴碧君：《文化再造——另一种乡村社区建设路径》，四川大学，2005。

结合的专业特色小镇、更偏远农村地区的综合性小镇。① 在商业界有的从产业分类入手，把特色小镇分为七大类型：农业类、制造业类、金融业类、信息技术产业类、商贸/物流类、健康产业类、文旅产业类。② 学界有按照空间形态分原属地类型和新建移植聚集型③，也有以是否是旅游业为主导进行分类：以旅游观光为主的旅游特色小镇和以科技、商贸、教育为主的产业特色小镇，等等。

总而言之，这些分类主要是从经济或者产业层面的角度对特色小镇进行划分的。经济人类学的研究指出，人类的经济活动及其相关制度都是“嵌入”（embeddedness）在各种社会活动及其制度（包括宗教、礼仪、神话等）中，只有从整体上考察人类社会，才能够洞见经济活动的实质。因此，有关特色小镇的分类可以从“嵌入性”概念和理论角度进行探究。

1. “嵌入性”概念及发展

“嵌入性”（embeddedness）这一概念是波兰尼（Polanyi K.）最早提出的，他指出：“人类的经济体嵌入并卷入经济和非经济的制度之中，把非经济制度包括在内，也是至关重要的。因为对经济体的结构和作用而言，宗教或政府，就像货币制度或能减轻劳动强度的工具与机器一样重要。”④

波兰尼提出“嵌入性”主要对应的是前市场社会，认为现代市场经济具有“脱嵌性”，并对此进行了批判。然而，嵌入性理论的集大成者格兰诺维特（Granovetter M.）不仅在波兰尼的基础上将嵌入性概念具体化了，而且还指出了现代社会的经济运行也具有嵌入性，经济运行不仅嵌入到宏观的社会环境及其社会结构中，还嵌入到微观的社会关系网络中。前者被格兰诺维特称为结构性嵌入，后者被称为关系性嵌入。⑤

此后，“嵌入性”成为社会学、人类学分析经济现象的一个视角和理论工

---

① 2016年10月，发改委正式发布《关于加快美丽特色小（城）镇建设的指导意见》（以下简称《意见》）。在《意见》中，特色小镇根据所服务的目的和所在区位不同，分为三类：一是与疏解大城市中心城区功能相结合，大城市周边的重点镇，要加强与城市发展的统筹规划与功能配套，逐步发展成为卫星城。二是与特色产业发展相结合，具有特色资源、区位优势的小城镇，要通过规划引导、市场运作，培育成为休闲旅游、商贸物流、智能制造、科技教育、民俗文化传承的专业特色镇。三是与服务“三农”相结合，远离中心城市的小城镇，要完善基础设施和公共服务，发展成为服务农村、带动周边的综合性小城镇。

② 林峰：《特色小镇类型解读（一）当文旅产业“遇见”特色小镇》，《中国文化报》，2017年3月25日，第005版。

③ 宋彦成：《“非遗小镇”的营造逻辑》，《中国房地产》，2017年14期。

④ 波兰尼：《经济：制度化的过程》，徐宝强、渠敬东：《反市场的资本主义》，中央编译出版社，2001年版，第41页。

⑤ Granovetter, M., Economic Action and Social Structure: The Problem of Embeddedness, American Journal of Sociology, 1985 (191), pp. 481 ~ 510.

具。学者们把嵌入性的分类进行了细化，提出了历史嵌入、文化嵌入、关系嵌入、制度嵌入、结构嵌入、认知嵌入等。① 这些研究总的来说，进一步推进和细化了波兰尼和格兰诺维特所提出的人类经济活动是嵌入到社会和文化中的，它们为我们今天理解和研究特色小镇提供了理论视角和分析的框架。

2. “嵌入性”视角下的特色小镇类型

特色小镇作为一种依托资源和产业而发展的经济体，对其考察和研究应该充分地与其他因素相互“嵌合”。当下建设的特色小镇，依照其内部构成的多元化（包括行业、企业、公司或者原住民），小镇经济必然会嵌入时间、空间、社会、文化、市场、技术、体制、社会关系网络中。

国内，最早将“嵌入性”的概念和理论用来分析特色小镇是付晓东和蒋雅伟《基于根植性视角的我国特色小镇发展模式探讨》一文，② 他们认为特色小镇的特色正是基于与其相嵌合的各种“特色”上：即前述“嵌入性”理论所涉及的“自然资源、地理因素、历史要素、文化传统、社会制度、社会结构”等。嵌合的要素或有所偏重，或者交织在一起。他们根据不同小镇嵌合要素偏重程度，将现有的特色小镇分为自然禀赋型、社会资本型、市场需求型，并对类型形态和发展进行了分析和建议。

表 1　“嵌入”的表现形态及相关案例

类型	自然禀赋模式		社会资本模式		市场需求模式	
二级分类	自然景观模式	自然资源模式	文化社会资本	技术社会资本	对制造业的需求	对服务业的需求
案例	内蒙古柴河月亮小镇	浙江定海远洋渔业小镇；武义温泉小镇	浙江乌镇	西湖龙坞茶镇；云栖小镇	意大利萨索罗	浙江桐庐健康小镇

注：笔者根据付晓东、蒋雅伟：《基于根植性视角的我国特色小镇发展模式探讨》（2017）一文整理。

笔者认为付晓东、蒋雅伟一文很好地运用了“嵌入性”的理论，对特色小镇的分类也更为综合。但文章的目的主要是从产业经济学的角度解释不同“嵌入”模式的特色小镇应该如何依托其嵌合的要素进行合理的定位和发展。至于对于不同“嵌入”类型的特色小镇作为一个“社区”在文化认同和再造上的差异还需要进一步探讨。

---

① 参见丘海雄、于永慧：《嵌入性与根植性——产业集群研究中两个概念的辨析》，《广东社会科学》，2007（1）：175～181。

② 注：该文将 embeddedness 翻译为“根植性”，与人类学一般翻译为“嵌入”“嵌合”有所差异。参见付晓东、蒋雅伟：《基于根植性视角的我国特色小镇发展模式探讨》，《中国软科学》，2017.08，第 102～111 页。

三、不同嵌入类型小镇的“文化再造”个案

特色小镇在顶层设计中蕴含了“宜居”社区目标，要使小镇对于“镇民”来讲具有家的心理归属感、认同感。共享的文化被认为是建设社区共同体最核心的所在。周晓虹指出：“特色小镇的创建之所以强调‘文化’的再造，一方面说明一如有特色的产业才能够具备市场竞争力一样，有特色的文化才能够赋予小镇这一人群共同体以独特的认同感或内在的灵魂。”① 他以美国硅谷为例说明特色小镇的文化再造和创新，指出硅谷的十条原则是：“……源于技术社会的群体创造，又反过来促进了高新技术的不断创新和产业的迅猛发展。”并肯定了“这种创新文化具有鲜明的时代性、渐进过程中的充实性、群体社会广泛的认同性、以个人价值为主导的人文性、简单明了的可操作性和创新活动中的自觉性”②。

从嵌入性角度来分析，硅谷是典型的现代技术社会资本型的小镇。该小镇的文化特色和共同体特点不仅与高新科技自身发展条件相嵌合，实则也与美国的个体主义价值文化相嵌合。换言之，诸如硅谷这类小镇一方面可以成为我国特色小镇建设的参考，另一方面也不是唯一的圭臬和标准。

前述依“嵌入性”理论所划分的自然禀赋型、社会资本型、市场需求型三种类型的特色小镇，其嵌合内容有所差异，小镇各自的特色和禀赋也不一样，从而其文化再造的情况也会有所差异。粗略而言，说明不同类型的特色小镇的产业发展与空间、主体、市场、文化、技术等方面的嵌合偏重不同，从而形成小镇文化再造内容和策略上的区分。这一点也是建设特色小镇之“特”应该遵循的原则和规律。

以下分别选取磐安江南药镇、龙泉青瓷小镇、玉皇山南基金小镇作为自然禀赋型、社会资本型、市场需求型的代表，就以上观点进行分析。

1. 自然禀赋型：磐安江南药镇

江南药镇位于浙江金华磐安县新城区，共包括新渥镇和深泽乡的 8 个行政村，是典型的依托于当地丰富的自然资源——自然生态环境和中药材资源而创建的一个特色小镇。

（1）嵌入性概况

空间嵌合。江南药镇的建设和发展史建立在对空间资源上的深度依赖。磐安作为“群山之祖、诸水之源”的全国首批国家级生态示范区、国家生态县，拥有极好的自然生态环境，县域内的大盘山国家级自然保护区，拥有大量珍稀濒危的药用植物、道地中药材种植资源，是目前全国唯一一处以药用

① 周晓虹：《产业转型与文化再造：特色小镇的创建路径》，《南京社会科学》，2017（4）。
② 周晓虹：《产业转型与文化再造：特色小镇的创建路径》，《南京社会科学》，2017（4）。

植物种植资源为主要保护对象的自然保护区。全县有家种和野生中草药1 219种，种植面积8万余亩，"浙八味"中白术、元胡、玄参、贝母、白芍主产磐安，俗称"磐五味"。①

主体嵌合。江南药镇以磐安的新渥镇为核心，全镇80%的人口从事药材产业，拥有药材生产专业村5个、种植大户450户，从事相关行业人数超过1万人，被称为"户户种药材，村村闻药香"。② 这些药草种植和相关行业的从业者，有着较为强烈的地缘和血缘基础，同时融合业缘的一种社会关系，是江南药镇存在和发展的基础之一，也是江南药镇的地方性特质之一。

文化嵌合。江南药镇要打造以"中医药文化"为核心的特色小镇，必然要与中国源远流长的"中医药文化"深度嵌合，才能突出江南药镇的特色。但就目前而言，小镇主要是依托自然资源而形成的中医药材种植和药材交易，它们所蕴含的"中医药文化"的含量却比较单薄，内容不够丰富。

（2）文化再造策略

自然资源的深度嵌合，并不代表文化的深度嵌合。由于磐安江南药镇先前的主导产业为中药材种植业以及传统工业，因此在规划建设初期的医药小镇除了景观上医药文化氛围不够外，原有的中医药企业也处于水平低、规模小、分布散的情况，与中医药关联的其他行业少且薄弱。"……小镇要建立中药材研究中心、众创空间，但由于与原有企业结合并不紧密""小镇现有的区位优势不明显、配套设施不完善，对行业领军人才或核心团队吸引能力严重不足。"③ 总之，依托自然资源所创建的江南医药小镇距离全方位的中医药文化还是有一定距离的。

因此，磐安的江南药镇，在文化再造的策略上，除了传承本土的相关历史、人文、风土等因素外，更多的是从中国中医药文化这一汪洋大海中去"借用"，创造性地和现代休闲、养生、医疗、旅游相互结合。换言之，江南药镇在建设上除了"借"企业、"借"人才、"借"资金，更灵魂的层面是"借文化"。在传统中医药文化上下功夫、做文章，进行文化再造，包括：传统中医药文化的保护与传承，传统中医药文化研究，中医药的研发，中医药人才的培养，中医药文化传播、推广和交流，以及与中医药文化相关的文化产业的发展，等等。要经过相当一段时间精耕细作的打磨，才能形成具有中医药文化韵味的医药小镇。

---

① 磐安概况，摘自：磐安县人民政府网，发布时间：2018. 04. 23。

② 张雪：《"欠发达"小城镇的特色产业创建之路——以磐安江南药镇为例》，《小城镇建设》，2016（3）。

③ 包舒恬、陈多长：《医药产业主导的特色小镇发展——以磐安江南药镇为例》，《浙江经济》，2016（12）：56～57。

2. 社会资本型：龙泉青瓷小镇

中国青瓷小镇位于浙江省丽水市龙泉市，其核心区位于上垟镇。小镇于2012 年正式启动建设，依托上垟在龙泉青瓷发展史上的独特地位、良好的青瓷产业文化和技术资源，着力打造集文化传承基地、青瓷产业园区、文化旅游胜地为一体的青瓷主题小镇。换而言之，中国青瓷小镇的建立和发展与其拥有的文化社会资本和技术社会资本高度嵌合。

（1）嵌入性概况

文化嵌合。“一部中国陶瓷史半部在浙江，一部浙江陶瓷史半部在龙泉。”龙泉是中国青瓷的发祥地，可以追溯到三国两晋时期，兴盛于宋元，距今有1 600多年的历史。宋代五大名窑——官、哥、汝、定、钧中的哥窑青瓷便出自龙泉。元明时期大批龙泉青瓷作为商品传入亚、非、欧各国，享有“雨过天青云破处，梅子流酸泛绿时”的美名。其典雅、端庄、古朴的特色，被视为中国文化的象征之一。

青瓷小镇所在的核心区域上垟镇，积淀了许多珍贵的青瓷文化遗产和记忆，在龙泉青瓷的发展史上具有独一无二的地位。镇上有众多的烧瓷世家和行家，保留有大量古窑址，其中曾芹记龙窑，建于光绪年，历经百年尚在烧制使用。镇上还留有上垟国营瓷厂办公大楼、青瓷研究所、专家宿舍、工业厂房、大烟囱等。青瓷小镇正是在这些不可复制的青瓷文化基础上创建的，与本土特殊的青瓷文化高度嵌合。

技术嵌合。龙泉青瓷拥有自己独特的烧制技术，这是它区别于其他瓷器的关键所在。龙泉青瓷传统烧制技艺于 2009 年 9 月 30 日正式入选联合国教科文组织的《世界非物质文化遗产保护名录》。龙泉有张、陈、李、龚四大制瓷世家，掌握和传承着龙泉青瓷独特的制作技术和风格，并拥有完整的家族传承谱系，其核心的制作技艺在直系亲属内传承。

除了四大制瓷世家之外，通过原国营瓷厂的学习和生产而掌握青瓷制作技艺的行家在上垟镇也颇多，从青瓷研究所出来的有亚太地区手工艺大师一名、中国工艺美术大师三名、中国陶瓷艺术大师六名、大学教授两名，同时还有多位省、市级大师，“亚太地区”手工艺大师、中国工艺美术大师徐朝兴便是其中的代表。镇上其他普通的“老青瓷艺人”也被青瓷爱好者视为业内的行家。他们所掌握的青瓷制作技艺是青瓷小镇得以发展的高度嵌合的要素。

主体嵌合。如前所述，掌握龙泉青瓷制作技艺的绝大多数都出于龙泉本土，上垟镇、宝溪乡等多数人都从事青瓷制作或与之相关的行业。上垟镇民间制瓷盛行，镇上几乎“人人动手，户户设窑”。各个级别的青瓷制作技艺代表性非遗传承人以及工艺美术大师，绝大多数都来自龙泉本土。原国营龙泉瓷厂的 300 多名工人大部分为上垟镇本地居民，自 1998 年瓷厂破产，他们就转为在家中设窑制瓷。

此外，还有大批“热爱青瓷事业的传承人，他们目前虽然没有拥有代表性传承人和工艺美术大师那样的荣誉和成就，但也在现代龙泉青瓷的发展和传统龙窑烧制的传承中身体力行、不负使命”①。

空间嵌合。虽然中国青瓷小镇主要是社会文化和技术的嵌合，但是与空间上的资源也密不可分。上垟一带拥有丰富的制作青瓷的白瓷泥和紫金土以及相应的山水，唯有用本地独有的白瓷泥和紫金土所做的制坯调釉，才能烧出表面翡翠如青梅、胎骨纯白如雪的青瓷，因此才造就了“一部中国陶瓷史半部在浙江，一部浙江陶瓷史半部在龙泉”的“青瓷之都”。

（2）文化再造策略

对于拥有独一无二的青瓷文化资源和技术资源的中国青瓷小镇，除了景观上的营造，还需要对相关的人才、企业、资金进行聚集。但其文化再造策略的核心点依然在于“青瓷”本身。除了对青瓷传统制作技艺的传承之外，在形式、功能上的自我创新是其文化再造最主要的核心所在。

龙泉青瓷凭借其独特的文化内涵和高超的制作技艺而入选为联合国教科文组织的人类非物质文化遗产，但它同样面临着时代变迁以及市场竞争所带来的挑战。

首先，近几十年来新材料、新工艺、新时尚等的涌入，使得青瓷功能和用途萎缩，农耕时期在饮食、照明、卫生、文房、花鸟、陈设、祭祀、明器等方面的用途逐渐萎缩为陈设审美之用。其次，国内外其他制瓷技艺的创新从而对市场份额的占领也日益明显。中国青瓷小镇除了展示和传承传统技艺之外，自我创新势在必行。

自我创新，包括多个层面。最基本的是与青瓷器物层面相关的创新，即在青瓷的题材、功能、品类、器型、釉料开发、装饰内容和手段等诸多方面的创新。具体而言，题材上也适应当代人的生活方式和精神需求多元化的需要；品类上要多元，拥有传统瓷、现代瓷、仿古瓷、时尚瓷、日用瓷、观赏瓷等多种品类，同时有中高低档合理的价格结构；器型要“师古人，也要师造化”，开发出千姿百态的器型；拓展装饰的功能、内容和手段，把装饰思维贯穿青瓷作品创作的全过程。在此过程中，要全方位地提升“艺术品位”。②

其次，青瓷人才队伍的创新是青瓷器物创新的保障。传统的家传、师徒的传承方式，与中国青瓷学院、高职等学校教育如何互补、融通，做到人才培养接地气的同时又能有所创新。

---

① 赵孟岩：《龙泉青瓷边缘性传承人群技艺传承与生存状况研究》，《浙江师范大学》，2017：11。

② 参见顾松铨：《龙泉青瓷创新发展路在何方——读中国美院教授陈淞贤〈简谈青瓷文化〉有感》，《今日龙泉》，2017.05.04。

总之，对于社会资本性的特色小镇，由于其特色来自自身所嵌合的文化和技术，即便是创新，也是基于自身文化和技术特色上的创新，而非纯粹的借用和杂糅。

3. 市场需求型：玉皇山南基金小镇

玉皇山南基金小镇位于浙江杭州上城区玉皇山南麓，是以格林尼治小镇为标板所创建的私募基金小镇。按照嵌入性理论来看，该特色小镇是典型的市场需求型小镇。

（1）嵌入性概况

市场嵌合。玉皇山南基金小镇的诞生最主要的嵌合条件在于市场需求。一方面是数量众多的浙江地方企业发展的资本需求，另一方面是累积的民营资本对投资渠道的需求，两者促成了私募基金小镇的诞生。它与上海重点发展的公募基金错位，从而形成金融产业的分工协同，对接上海、辐射“长三角”，初步形成了私募基金生态产业链和经济生态圈。

文化嵌合。毋庸置疑，玉皇山南小镇位于西湖景区，拥有国内一流的山水人文环境，同时又地处南宋皇城遗址，拥有八卦田遗址公园、白塔公园、江洋畈生态公园、将台山佛教文化生态公园，南宋官方造币地又恰巧坐落于此，因此赋予了这个小镇独有的历史文化资源。然而对于现代金融小镇而言，这样的文化嵌合更多的是锦上添花的一个要素，并非必要的因素。

主体嵌合。小镇在建设的时候，进行了“三改一拆”，拆迁原来的住户1 602户，搬迁40余家原有的单位，以赢得更多的土地利用空间。而后，通过各种制度、土地、政策，引入金融投资类企业和人才。因此，小镇的主体主要来自四面八方的与金融相关的、彼此相对陌生的创业主体。他们拥有各自的文化背景、习俗乃至母语，是一群以职业为联系纽带而形成的群体。因此，该小镇在主体上完全是移植新建的，与原生本土的联系微弱，他们相对缺少原有的地方性的文化联结和血缘纽带，相对具有更大的流动性、个性和自主性。

（2）文化再造策略

正因为玉皇山基金小镇从整体上而言，与市场需求和经济区位的嵌合比较高，与地方原生性文化和血缘联系相对较弱，在文化再造的策略上，其在文化价值观念的取向上更趋向于现代。换而言之，与前两者相比，基金小镇的文化与美国硅谷等现代技术小镇更为接近。其要再造的文化特质将会与风云变化的金融市场紧密联系，因而“崇尚冒险、宽容失败、激励众生、包容异端”① 现代创新的、自由的、个体的文化特质也会更加突出。

尽管在文化景观的再造上，基金小镇借用了中国和杭州的历史文化资源：

① 周晓虹：《产业转型与文化再造：特色小镇的创建路径》，《南京社会科学》，2017（4）。

南宋官方造币地作为其金融历史文化底蕴的象征①；在整体布局上拟形北斗七星，借用北斗七星在中国儒道两教文化中“财富集聚、吉祥尊贵”的文化寓意，以提高基金小镇的整体文化品位，但是，总体而言，与金融市场紧密嵌合的特色小镇是一种新型的小镇，传承传统文化不是其核心的文化策略，它需要把从传统中继承下来的文化和景观，在灵活、变动甚至残酷的金融市场中去融汇，构筑起小镇公认的价值观，才能把来自五湖四海的从业者凝聚为自我认同为一体的“镇民”。因此，基金小镇必然要面向市场进行新型的、现代的杂糅和创新的文化再造，进而形成一个基金小镇自己独有的文化。

四、结论与讨论

文化再造的途径和策略不外乎传承、借用、杂糅、创新等。应该说，无论是哪一类型的特色小镇都不是单纯的产业拓展，而多少和文化再造结合在一起。然而依据每个小镇不同的禀赋，它们在文化再造的策略和途经上还是有所不同的。通过上述三个类型小镇的个案分析，自然禀赋型、社会资本型和市场需求型小镇与地理、市场、主体、文化和技术的嵌合有较大程度的区别，因而在其文化再造的内容和策略上也有所区别，具体如下表所示：

表2　不同类型小镇的嵌合与文化再造区分

	自然禀赋型	社会资本型	市场需求型
地理嵌合	强	一般	弱
市场嵌合	弱	一般	强
主体嵌合	一般	强	弱
文化嵌合	弱	强	弱
技术嵌合	弱，或由弱转强	强	弱，或先弱后强
文化再造策略和内容	借用为主	传承基础上有根基性的创新	面向市场的新型的杂糅和创新

特色小镇的“特”，在很大程度上是基于嵌合的要素的不同；特色小镇的“特”除了其所依托的产业之“特”外，还表现为其“文化”的“特”。

从嵌入性理论来探究特色小镇的文化再造，一方面力图增进对特色小镇理论意涵和建设意义的理解，有助于更加科学和全方位地深化特色小镇的研究，另一方面有助于特色小镇的文化特色塑造，突出特色产业优势，形成特色产业文化链，避免特色小镇建设中的盲目模仿、定位偏差、规划失误、政绩行为等问题。

① 王永昌：《玉皇山里何以飞出金凤凰——走访杭州上城山南基金小镇》，《浙江经济》，2016(03)：10~11。

由于多数特色小镇还在建造的过程中，即便是本研究所选择的建设和运营得比较好的三个案例，也还处于一个起步阶段。因此，本文关于特色小镇的文化再造的探讨只是一个开始，在后续的研究中，有待进一步持续地对涉及的三个小镇进行深度的田野作业，获取更为详尽的民族志资料，以进一步探讨特色小镇文化再造的主体、策略、路径、内容等方面会呈现不同的规律和模式，为特色小镇的特色化建设和发展提供建设性意见。

作者简介：林敏霞，浙江师范大学文化创意与传播学院副教授，人类学高级论坛青年学术委员会副主席；韦小鹏，南京大学社会学院人类学研究所博士候选人，人类学高级论坛青年学术委员会副主席。

灵与韵的建筑传承——“上海老城厢”场域中的历史记忆

古春霞

城市是一个民族历史文化的载体，也是延续记忆的有效介质。人们对城市历史的关注，都是从富有灵性的特色建筑与街道开始。在布尔迪厄看来，这种场域不仅是一个物理空间视阈，更是一个文化符号，具有更深一层的空间意义及象征意义。他认为“一个场就是一个有结构的社会空间，一个实力场有统治者和被统治者，有在此空间起作用的恒定、持久的不平等的关系，同时也是一个为改变或保存这一实力场而进行斗争的战场”①。历史悠久的老城厢，一块窗棂、一堵墙、一个石磨，每一件看似陈旧的摆设都能给人以无尽的回味和畅想，这里浓缩着上海的历史文化积淀和市井生活百态。上海老城厢在文化、地域、功能上都有着独特的历史灵韵，是镌刻在内心深处的一种永恒记忆，老城厢是上海历史的发祥地，也是这座城市的起点和基石。刘易斯·芒福德在《城市发展史》中提出城市具有一种容器功能，“城市从其起源时代开始便是一种特殊的构造，它专门用来贮存并流传人类文明的成果；这种构造致密而紧凑，足以用最小的空间容纳最多的设施”②。老城厢的历史对上海来说便是这样一个容器，融聚历史的变迁，见证文化的积淀。在一切都以转瞬即逝的速度在更迭前行的时代，一座城市的灵魂与内在的腔调是其标识度的关键，也是一座城市独特的内蕴所在。不同的时代、环境、种族会造就不同的城市风貌，历史记忆作为一种社会属性，包含着个人和集体在时间中的空间体验和空间中的时间体验。每一条弄堂都有自己的习性，随着记忆重塑，巩固着一定的惯习和意旨，承载着历史和文化，并得到传承和理解，影响着未来的发展取向。

一、地域标识度——空间记忆里的“东方的威尼斯”

作为一个城市重要的生态要素，便是它所处的地理方位，上海位于太平

---

① 皮埃尔·布尔迪厄：《关于电视》，辽宁教育出版社，2000 年版，第 46 页。

② 杨建：《城市：磁体还是容器》，《读书》，2007 第 12 期，第 12～18 页。

洋西岸，亚洲大陆东沿，中国南北海岸中心点，长江和钱塘江入海汇合处，水系发达，控江距海，上海早期的官方机构“上海务”出现于北宋时期，市镇形成于南宋时期，上海县建立于1291年，上海逐渐成为控江距海的政治、经济、文化中心。从明代中叶开始，倭患便不断骚扰，上海人民“众志成城”，建筑起城墙，有效地抵御了倭寇侵扰。人们一般视“城外为廓，廓外为郊”（即城墙内称“城”，城墙外称“厢”）。上海老城厢是指如今上海市黄浦行政区（包括历史上的黄浦区、南市区和卢湾区）的人民路——中华路以内总用地面积为199.72公顷的地区，在不大的老城里有着路、街、坊、里、弄等大小道路数百条。城里并不是规则的网格状，而是犬齿交错、四通八达。

老城厢是上海的源头和策源地，厢在吴语中是婉约隐蔽之所，五方杂处、海纳百川、兼收并蓄。它就以这样温婉的方式绵延在历史的宏大叙述之中。由于其特殊的地理位置，鸦片战争前，上海县城河道交错，桥墩纵横，有舟无车。县城内外随处可见“小桥、流水、人家”，而且形成不少与水有关的佳景，如凝和浜分出一条小支流（今梅溪弄），因其东北小蓬莱道院遍植红梅而被唤作梅溪，又如宝带门外方浜上的陆家石桥（位于今东门路、外咸瓜街交汇处），高二十四级，有三个环洞，中秋夜月影穿桥洞倒映水中，“沪城八景”中的“石梁夜月”即指此处。此外，古露香园池、城隍庙园湖、文庙泮池等名胜均以附近的河道为水源。在城内，东西向干河有肇嘉浜（今复兴东路）、方浜（今方浜中路）和薛家浜（今乔家路、凝和路、尚文路），南北向干河有中心河（今金家坊、红栏杆街、小桃园街、河南南路、净土街、亭桥街部分路段）。肇嘉浜自关桥（位于今白渡路东首）引黄浦江水入朝宗门，横贯中心区域，往西出仪凤门。方浜自外十六铺桥（位于今东门路东首）引黄浦江水入宝带门，缓缓流向西城根，中间有一小岔流称花草浜。薛家浜自外薛家浜桥（位于今油车码头街东首）引黄浦江水入朝阳门，分段称乔家浜、凝和浜、守署浜，曲折地向小西门延伸。众多小浜，组成了密集的水网。根据联合国教科文组织在2007年第九届会议上形成的决议：地名属于非物质文化遗产，这些具有纪念性的空间和朗朗上口的俚语，具有很强的情感触动、激活思考、塑造记忆的功能。

上海昔日号称“东南泽国，东方的威尼斯”，上海城墙外围有护城河，宽六丈，深一丈七尺，“周围回漾，外通潮汐”；在跨肇嘉浜（今复兴东路）、方浜（今方浜中路）处，设了水门。另外，在其周边还分布着不少河道，它们互相贯通，并经护城河与城内水网相连。这些河道上的好多桥梁较为重要，如陆家浜上的斜桥、洋泾浜上的东新桥、周泾上的八仙桥、肇嘉浜上的打浦桥等，其名迄今仍被附近地片作为习称沿用。从前密集的水网，曾为人们的生活用水和交通运输提供极大便利。后来，肇嘉浜不断淤浅，方浜逐渐被两岸建筑挤窄，许多河道阻塞断流，肮脏不堪。在1906年，福佑浜首先被填筑成马路。辛亥革命后，为了改善交通，大规模地“填浜筑路”，众多河道演变为后来沪南道路网的骨架，上海的水城风貌最终悄然隐去。曾经的老城厢似一幅“清明上河图”，随处可见“小桥、流水、人家”，与吴越水乡文化一脉相承。

现如今在上海的老西门，那里是人民路和中华路交接的地方，沿着这两条路走，就会经过老西门、小北门、老北门、新北门、新开河、小东门、大东门、小南门、大南门。这四个方向大大小小的门围成的一圈就是上海的老城厢，沿着人民路、中华路行驶，沿途所见皆是古色古香的建筑，老城厢的这一圈内还包括了城隍庙、豫园、沈香阁、文庙，它们分别管了信仰、平安和文化。过去的生活经验随着岁月的积淀逐渐成为历史记忆，使过去不断被刺激复活。“城市本身就是一个巨大的容器，从微观上看，城市中的某些部分可作为容器，这有两个方面的理解：一是室外空间的容器，指由建筑或其他建构物围合起来的空间，如街道、广场、公园等传统的公共空间；二是室内空间的容器，指建筑内部，如博物馆、体育馆、购物广场等公共活动中心。”① 老城厢恰到好处地集聚了这些功能，集庙、园、市三位于一体，既保留了老上海的市井文化，又具备了崭新的文化、经济功能。空阔的建筑在时光里历经嬗变，有城就有墙。上海开埠后，城墙的屏障功用消失殆尽，而且制约了发展。1912 年，民国开元，上海城墙被陆续拆除，作为某种纪念，残留了一段。1995 年经精心修葺，老城墙又一次华丽转身。它独特的地理标识度具有很强储存记忆的功能，使其逐渐经典化和神圣化。

二、文化标识度：历史记忆中的“豫园”

城市是人类发展到一定阶段创造的有关经济、政治、文化等综合体，是一种历史文化现象，也是民族延续记忆的重要载体，每个时代都会在城市当中留下自己的印迹。不管是个体还是群体，都非常注重使精神层面的内心世界在历史的长河中留下痕迹，于是我们见证了金字塔、埃菲尔铁塔、长城、泰姬陵的存在和不朽，它们承载着人类璀璨的历史记忆。个体和群体在这些物化的建筑形态中寻求慰藉、回忆和期待，挖掘出不同的审美价值、人文功能，中国的达官士人，喜欢营造能够传达内心意志和道德情操的山水空间和园林艺术。比如豫园的“翰墨情”和“丝竹情”，就完全融入老城厢的建设中。形成了自己的历史文脉、独特的符号语言，传承者老城厢独有的人文密码和伦理情怀。

① 孙雪梅：《浅谈容器——城市公共空间的营造》，《中华建设》，2011 年第 15 期，第 58～59 页。

1. 豫园的“翰墨情”

从宏观上来说，城市景观空间环境的关系都会被历史文脉所影响。人类一直活在自我建构的意义符号之中，“这些记号为人类开发世界，使之象征化并唤回它，而它的环境也被置于其中。”① 那么“豫园”就是中国古代文人最惯常的做派，明代中后期开始，江南上下开始兴建私家园林，苏州的私家园林数不胜数，上海也为数不少，豫园园主潘允端是明刑部尚书潘恩之子，营建一座私家园林，通过这种社会生活形式和行为准则构成了自己独特的人文价值观。豫园以“陆具岭涧洞壑之胜，水极岛滩梁渡之趣”称冠东南名园。正如尼采所言，人类之所以会成为这样一种生物，不是像动物一样“被束缚于眼前的楔子上”，而是可以在更广阔的物象关联里为自己留下存于世的痕迹，更多的是因为人类赋予精神和内心世界以稳定性、持续性，而积极主动规避了生命的易逝性和短暂性，例如，建构一座自己的园林，形成一种独特的文化记忆和标识，以便得以代代传承。

明嘉靖四十二年至今的几百年里，居住者几番更迭，豫园都让人难以释怀而得以传承，它是上海的根，同时随着这个城市完成了重塑。开放、多元、文明、诚信、时尚、创新、变革为标志的海派文化，在地域文化中独树一帜，形成了上海独特的气韵、城市风貌和精神品格。豫园是海派建筑中中国园林的坚守和见证，在十里洋场的上海实属难得，成了一种独有的文化标识。因为其包含的中国传统文化气韵，园内亭台楼阁水榭假山与苏州园林并驾齐驱，布局上以疏密得当、精巧雅致著称。芜杂烦冗的名堂掌故，是一代又一代仕人永远的憧憬。记忆的精神属性全部附属在物质现实的豫园上，成为一个群体共享的内涵。法国学者刘易斯曾说：“集体记忆在本质上是立足现在而对过去的一种建构。”②

豫园的“梦花街、大镜阁、书隐楼、白云观”等，这些具有独特传统内蕴的街名，在不同程度上承载着情感的联合，形成了一种独特的民族凝聚力。即使上海被殖民，同化的印迹明显，豫园依然能够独善其身，以其独特的红瓦屋顶、老虎窗、过街楼等老上海的文化属性，从一个时代向另一个时代从容过渡。比如，书隐楼这栋明清建筑：庭院深深，马头高墙，飞檐翘角，显赫匾额……让人生出无数沧桑的感怀，个体和群体在这些象征符号中寻找灵魂的期待。再比如梦花街，这是一个容易沾染回忆的地方，它会像一壶花露烧，酒色清欢，它是老城厢一种诗意的存在，远离咫尺的喧嚣，知识和经验

---

① ［德］阿斯特莉特·埃尔，冯亚琳主编：《文化理论记忆读本》，北京大学出版社，2003 年版，第 3 页。

② ［法］莫里斯·哈布瓦赫：《论集体记忆》，毕然、郭金华译，上海人民出版社，2002 年版，第 93 页。

的循环空间，使之象征化、符号化，并可以在永恒的精神长河里固化、传承下来，比如，通过名称、图案、花纹、道路、标记、景致等形式表现出来。比如文庙旧书市集，民间以自己的方式，对崇文善学表达出一种狂欢仪式。因为对读书的顶礼膜拜，每年的六月份文庙会有一次集体的狂欢，在大成殿前方的祈愿树上挂满红绸，在悬有孔子像和魁星阁的纸片上，道出每个读书人的心愿。多为莘莘学子面临升学压力做出的临时投诚。也看到有外国友人的纸条，是祝愿自己的宝贝身体健康，功能逐渐多元化、国际化。

1909 年春天，在豫园成立了书画善会，文人墨客云集，在此进行聚会交流，助赈善款。体现了海派文人儒家入世的担当和理念，不断寻求精神突破和同济天下的担当。在当下，豫园商城的华宝楼里由几个同济大学的毕业生创办了“吾同书局”，它的创意性和艺术性，有上海人发自内心的喜爱和厚重的情怀在里面，也非常符合豫园商旅文的特色。哈布瓦赫认为，“集体记忆具有双重性质，既是一种物质客体、物质现实，比如一尊塑像、一座纪念碑、空间中的一个地点，又是一种象征符号，或某种具有精神含义的东西、某种附着于并被强加在这种物质现实之上的为群体共享的东西。”① 老城厢的精神坐标，在这些历久弥新的老建筑里蓬勃生长。

2. 豫园的“丝竹情”

每一座精神家园的形成，都是集体记忆和智慧演绎的结晶，跌宕起伏的人物故事、家族兴衰，共同成就了豫园的无可复制性。历代文人、名伶、鸿儒在此共赴一场与传统中华文化的灵性之约。书画善会和江南丝竹之于豫园，都是这座江南名园的文脉所系，蕴藏着中国传统文化的基因和密码。新中国成立后重建的豫园，深知文脉传承和传播的价值。20 世纪 80 年代中期，丝竹大家董克钧在豫园的湖心亭开始招收一批青年丝竹玩家，在此以研修丝竹乐曲为目的，集教学、演奏、研修为一体，对传统文化进行了有效传播。1986 年英国伊丽莎白女王造访豫园，并在湖心亭聆听了上海评弹团著名演员石文磊的《湖心亭阵阵飘香》，又聆听了笛子演奏家陆春龄的英格兰民歌《乡村花园》等，女王还特意和湖心亭丝竹演奏队的十五位乐师见面，被各国电视台转播，一下子成了集体的公共记忆，成为中国的文化标识而被众人所知。之后，豫园的丝竹演奏队接待过众多国外嘉宾，群英荟萃，这段拥有的共同的音乐记忆成为美谈，如果玩家能在湖心亭演奏一曲，那就算是名家了，豫园的湖心亭隐含着一种特殊的情感认同，带着一种逐渐沉淀的“权威性”。

老城厢的“当下性”与“社会建构性”是“集体记忆”的两个重要特征。豫园的记忆定格了上海的过去，却由当下所限定，重新建构且规约未来。

---

① ［法］莫里斯·哈布瓦赫：《论集体记忆》，毕然、郭金华译，上海人民出版社，2002 年版，第 24 页。

哈布瓦赫认为，不同时代、不同时期的人们对同一段“过去”可能形成不同的想法，人们如何建构和叙述过去，在很大程度上取决于他们当下的理念、利益和期待。而豫园的建设就是在众人的期待下逐渐建构的。在这里充满着集体的记忆和智慧，哈布瓦赫将其定义为：“一个特定社会群体之成员共享往事的过程和结果，保证集体记忆传承的条件是社会交往及群体意识需要提取该记忆的延续性。”① 可以看出，哈布瓦赫所理解的集体记忆是对过去的一种重构，豫园在新时代的打造和建构，就是为了使过去的形象适合于现在的信仰与精神需求。

三、经济标识度：民间记忆与商业资本

1. 弘扬传统文化，文化引领消费

老城厢的地理位置非常优越，总体上是庙、园、市三种功能叠加所形成的三位一体的复合型空间。老城厢恰到好处地集合了海派文化、本土文化和市井文化，既有摩登的一面，又有接地气的一面，很受中外游客的青睐，尤其是众多的传统文化品牌，代代相传，包含着几代人的深厚情感和记忆，譬如传统美食：南翔小笼包、蟹黄灌汤包、上海三黄鸡、上海生煎包、大闸蟹等；传统的服饰：旗袍、团扇等；传统的美容用品：谢馥春三绝“香”“粉”“油”等，很受中外游客的欢迎。老城厢里是五方杂处，具有浓郁的生活气息，人间烟火中传递着深厚的民俗风情和文化底蕴。所以商业资本在这里充满了民间情怀，其消费的动力就是不断满足人们对海派文化的建构和消遣，对传统城隍庙的崇敬和期待，对豫园这座私家园林的欣赏和品味。满足人们从物质消费到精神需求等多元化的期待。特别是在共同体的建构下，人们的生活方式、审美情趣、消费理念等发生了较大的变化，生活方式开始追求精致和个性体验，庙、园、市三位一体，使得老城厢的魅力难以抵挡，集宗教功能、娱乐功能、审美功能、商业功能于一身，以人文为底蕴的商业价值倍增。

文化资源的价值包含自然主义与人文主义价值，老城厢的文化价值包括城市建筑景观创造过程中物质积累和精神文化的总和，是以人为中心的人本、人道，以及人类的文化和历史。老城厢的传统文化体系是一个复杂深奥的脉络结构，表现在两方面：一是“天圆地方”；二是“象天法地”。从微观上来看，城市景观的风格和特征，都印证了历史文脉的印迹。作为一个有着深厚历史底蕴和文化特色的老城厢，要充分挖掘传统文化内涵作为母题，立足差异化、避免同质化，传承民族文化，坚持和弘扬豫园的文化和经营特色。老

① ［法］莫里斯·哈布瓦赫：《论集体记忆》，毕然、郭金华译，上海人民出版社，2002 年版，第 335 页。

城厢是一种真正的、有血有肉的意义空间。

2. 打造民族品牌，传承文化资源

如果说在政治空间生产中，国家权力占据主导地位，目的是对受众进行意识形态规训的话；消费空间生产增值的一个重要方式就是借用历史文化进行再生产，老城厢作为老上海的重要标志物之一，具备"符号化表征"的地方有很多，符号商品的价值依赖于消费者对它们实用功能的期望，例如，霍光殿、甲子殿、财神殿、慈航殿、城隍殿、娘娘殿、父母殿、关圣殿、文昌殿、梦花街、文庙、大境阁等，这些具有浓郁民族传统的地名，恰到好处地满足了人们对传统的需求和期待，成为民族品牌的原动力。现在总面积二千余平方米的城隍庙，每到初一、十五，虔诚的民众都会赶来祈福，在他们的内心，并没有太多宗教的形式和原则，他们需要的只是精神上的凝聚力，一种冥冥之中的安慰。老城厢的存在，就让城市的灵魂和欲望有了归属地。在殿堂的外头，那些精彩纷呈的小吃和物质消费，终于还原了物质生活的原貌，绵密质感的物质消费、内心的安定满足还是来源于对某种传统文化的尊重。豫园商城拥有非遗项目 13 个，其中国家级非遗项目两项：豫园灯会、老饭店制作技艺，这些经典技艺是豫园宝贵的财富，既有艺术上的观赏性，也有物质上的商业性。老城厢作为上海历史的发祥地，成为邻近上海外滩这一全球化时尚消费的有力补充，本土文化和海派文化、市井文化杂糅、并置、拼贴，这是一种典型的后现代生产方式。诸如花岗石门券，方砖贴面，考究的门头，双叠式出檐椽，砖雕斗拱、砖雕梁枋、砖雕挂落，雕出莲、荷、梅、菊、如意等图案的消费空间的生产中，传统的人文精神承担着重要的美育功能、德育功能。老城厢功能的复兴成为塑造城市景观与文化特色的最佳手段，而中西合璧的风格非常契合全球化和地方本土化的完美融合。

城隍庙不仅有着丰富的物质文化再生产，同时它还可以尽情发挥其特有的文化底蕴，在文化的传承、传播上尽情发挥其地域优势。它曾是各种军政衙署的集中地，是官文化的来源，还是各类文人居住之地，有着深邃的文化积淀。旧时的石桥上颇多楹联，通常于桥孔的两侧，或镌于桥墩的立柱之上，阴阳刻工皆有，书体则真行篆隶俱全，边读边品，也颇有意味。石桥上的楹联，以写景的居多，结合本地的山光物态，或借景抒怀，或状物遣兴，成就了上海百年的时光。

四、结语

任何一个场所都有着自己独特的特质和气韵。这种场域是由社会成员按照特定的逻辑要求共同完成的。以上海老城厢地段而言，不同时空中历史记忆互相影响、互相刺激、互相补充，在互相作用下，赋予了这里的空间多种意象。这多种意象的叠加使老城厢具有一种民族凝聚力。莫里斯·哈布瓦赫在《论集体记忆》中也明确指出："集体记忆不是一个既定的概念，而是一个社会建构的过程。"他认为："这种社会建构，如果不是全部，那么也是主要由现在的关注所形塑的。"① 传说的故事越久远，历史的底蕴越深厚，文化叙事的张力就越广阔。在老城厢寻根探脉，挖掘那些隐藏在时光深处的历史长河，反哺我们当下的文明，倾听守望者的声音，记录曾经的吴侬软语，这些文化底蕴是上海这座历史文化名城的瑰宝，也是老城厢历史记忆的宝贵资源。这种历史记忆，是选择性"重现"过去的工具，让人文内涵蕴藏在人与自然环境的相互协调发展，呈现其独有的灵韵，绵绵不息，凝聚成一股巨大的向心力。这种在历史记忆下逐渐形成的"场所精神"，是集中符号竞争和个人策略的场所，深入到人们的日常生活和记忆当中，从多个方面和角度紧紧引领着人们精神世界的活动，从而丰富着人们的生活，并产生一种内在驱动力，推动着人们的生活向前迈进。

作者简介：古春霞，女，复旦大学民族研究中心博士后，主要研究方向艺术人类学和文化人类学。

① ［法］莫里斯·哈布瓦赫：《论集体记忆》，毕然，郭金华译，上海人民出版社，2002 年版，第 106 页。

从结构制约到自愿参与：民间信仰公共性的现代转化

——以一个珠三角村庄为例①

李翠玲

一、问题的提出

20世纪80年代以来，随着改革开放逐步推行，中国民间信仰广泛复苏。与1949年之前相比，这一时期的民间信仰最大的变化，就是从地方社会秩序中“脱嵌”，相应地，个人自愿选择和参与而非结构强制，成为当前民间信仰运行的基本特征。与此同时，社会生活中的“个体化”迅速发展，强调自我利益、重视个体感情和欲望、以自我为中心的“自我文化”变成了几乎所有人的愿望和集体经验。这种状况引发了许多学者对民间信仰公共性衰落的担忧：一方面，宗教一旦扎根于个人意识，而不是外部世界的任何事实，其结果就是宗教不再涉及宇宙、历史或社会，而只涉及个人的生存或心理②；另一方面，信仰实践中的投机功利、私人建庙、强调个人“灵性”体验等行为似乎也在验证和加重民间信仰公共性衰落的假设。

个体化时代的民间信仰还有公共性可言吗？答案是肯定的。一些东南沿海地区的民间信仰依然在地方公共生活中扮演着重要角色，活跃的宗教仪式不但增添了地方社会生活的传统文化韵味，令当地居民感受到集体生活乐趣，而且还能为分化的个人提供重新建立联系的纽带，促进金钱、情感、义务在

① 基金项目：国家社会科学基金项目“公共生活与农民市民化的社会文化机制研究”阶段性成果（14CSH022）；中央高校基本科研业务费一般项目武汉大学2015年度人文社会科学研究项目“农民市民化与农村女性公共生活参与”阶段性成果。

② 彼得·贝格尔：《神圣的帷幕：宗教社会学理论之要素》，高师宁译，上海人民出版社，1991年版，第177页。

社区成员之间的流动，加强社区团结互惠，甚至促进公益慈善发展①。这也促使笔者思考，个体化与民间信仰的公共性是否必然形成二元对立？民间信仰的公共性有没有可能在个人自愿参与的条件下得以保留？如何保留？

在对一个珠三角村庄进行田野调查的基础上，笔者发现，如果说传统民间信仰的公共性基于与地方社会秩序的结合，那么当前民间信仰的公共性则来源于独立个体试图重新联合或重新建构社区共同体的努力。基于自主选择的宗教性社区参与、捐赠和服务不但促使民间信仰向公益慈善发展，成功地实现了公共性转型，而且改变了社区与居民之间的关系——社区归属与认同必须通过行动持续“再生产”。这也重塑了社区公共生活面貌：一方面，积极参与社区公共活动、为社区出一份力成为社区居民寻求存在感和归属感的主要方式；另一方面，自愿参与也提供了培育公民道德、能力和责任的有效途径。

二、现代性条件下的民间信仰公共性

民间信仰被看作传统乡村社会公共生活的主要载体，每个村落都有一个或多个地方保护神作为集体的象征，供奉社区保护神的庙宇由社区成员共同修建，所有社区居民都有责任和义务承担庙宇公共仪式的费用，公共宗教仪式通常也是社区节日，祭祀、娱乐和宴饮在加强人群之间联系的同时，也规范着地方生活节奏和价值系统②。参与地域社会秩序建构是传统民间信仰公共性的主要表现形式，汉人具有以宗教的形式表达社会联结性的传统，这也使得神灵与聚落对应，聚落边界与“祭祀圈”范围重合③。随着村落发展壮大并裂变为多个次级聚落单位，社区庙宇逐级分香，不同级别的庙宇之间具有明确的从属关系，从而使得社区空间层级与社区庙宇层级高度对应④。传统民间信仰还常常与宗族和士绅制度相结合，作为村落的头面人物，乡绅与宗族长老领导村落共同体修建社区神庙、举行神诞庆典，并且这些活动的组织和资源动员常常以宗族为单位来进行⑤。不仅如此，民间信仰还在符号象征层面被纳入国家权力体系，这种由国家政权主导的神灵崇拜，能够使某种文化一致性最大限度地渗透到各个阶层的民众之间，并以“教化”的形式对社会进

① 相关研究参见杨美惠：《“温州模式”中的礼仪经济》，《学海》，2009 年第 3 期；丁荷生：《中国东南地方宗教仪式传统：对宗教定义和仪式理论的挑战》，《学海》，2009 年第 3 期；魏乐博、范丽珠主编：《江南地区的宗教与公共生活》，上海人民出版社，2015 年版。

② 杨庆堃：《中国社会中的宗教》，四川人民出版社，2016 年版，第 64 ~ 76 页。

③ 林美容：《由祭祀圈来看草屯镇的地方组织》，《（台湾）“中央研究院”民族学研究所集刊》第 62 期，1987 年 12 月，第 53 ~ 114 页。

④ 郑振满：《神庙祭典与社区发展模式》，《史林》1995 年第 1 期。

⑤ 孙砚菲：《千年未有之变局：近代中国宗教生态格局的变迁》，《学海》，2014 年第 2 期。

行控制和管理①。如此一来，民间信仰就成为政治关系的一部分，与国家治理紧密联系在一起。

民间信仰依附于社会结构和社会秩序，导致其公共性带有总体性和强制性色彩。这种民间信仰公共性模式，既是政治思维方式，又是社会行为规范；既是宇宙秩序，又是道德精神；既是王权专制的依托，又是宗教崇拜的活动准则②。这种在国家、私人、社会之间一以贯之、具有"公共形式"的中国宗教，其真实内涵不是社会团体或国家与个人、社会以契约、协调、制度博弈而构成的公共领域，而是公用的、共同的，制约于中国社会共同体的那种权力意识及其社会功能③。然而，20 世纪以来，随着现代化持续推进，中国逐渐从传统"总体公共型"社会向现代民族国家演变，加之科学、民主、理性等价值观被广泛接受，民间信仰赖以生存的组织结构、意识形态和社会文化土壤不断遭到侵蚀，以强制性为特征的公共性难以为继。那么在现代性条件下，民间信仰还能否保持公共性？其形态如何？

一种普遍的看法是，作为现代文化的基石，个人主义和理性主义都不利于宗教的发展——个人主义威胁宗教信仰和行为的共同基础，而理性则去除很多宗教的目的并呈现很多信仰上的不可能④。许多学者发现，当前的宗教信仰更关心感受、经验和精神世界，正统、仪式和制度受到冷落；市场化逻辑向宗教领域渗透，宗教进入自由选择、生活方式和偏爱的世界。就中国社会的情况而言，个体化对民间信仰公共性的侵蚀十分显著：首先，受功利主义影响，宗教的社群意义减弱，逐渐为个人意义所代替⑤；其次，传统村落共同体在现代政权建设和市场的双重冲击下逐渐解体，民间信仰的公共性基础丧失⑥；再次，人神关系受到公共权力结构制约，缺乏私权制度和私人领域支持，只能形成以追求一己之福、私人祈愿为核心的私人化信仰关系⑦。

与传统时代相比，今天的宗教已经分化并失去了强制力，但这并不能表明宗教丧失了公共性。在卡萨诺瓦看来，欧美现代宗教发展趋势中存在显著

---

① 詹姆斯·沃森：《神明的标准化：在中国南方沿海地区对崇拜天后的鼓励（960—1960）》，韦思谛编：《中国大众宗教》，江苏人民出版社，2006 年版，第 57 ~ 92 页。

② 李向平：《宗教的权力表述——中国宗教的公私形态及其秩序构成》，《江西师范大学学报》，2004 年第 6 期。

③ 李向平：《私人信仰与社会结构的变迁——中国信仰的社会学解读》，《探索与争鸣》，2006 年第 9 期。

④ 格雷思·戴维：《欧洲：证明原则的例外?》，载彼得·伯格编著：《世界的非世俗化：复兴的宗教及全球政治》，李骏康译，上海古籍出版社，2005 年版，第 83 ~ 108 页。

⑤ 李亦园：《人类的视野》，上海文艺出版社，1996 年版，第 298 页。

⑥ 何倩倩，桂华：《民间宗教的公共性及其变迁——基于甘肃中部的田野考察》，《世界宗教研究》，2015 年第 3 期。

⑦ 赵翠翠：《宗教信仰交往及其私人化特征》，《世界宗教研究》，2018 年第 1 期。

的“去私人化”特征，尽管政教分离是现代社会的一般性原则，但在现代性条件下，也能够发展出适应现代普遍原则和现代分化结构的、与公民社会相容的公共宗教①。与此同时，为他人而活的意愿，也在继续增长而非消退。这意味着宗教在现代性条件下并未远离公共生活，只是保持和发挥公共性的机制发生了变化，个人责任而非结构约束成为现代宗教公共性的根源。在贝克夫妇看来，个体化不仅为新型道德观的出现提供了可能——自我主义与利他主义并存，并把关照他人当成自我实现的途径，也为个人责任、自组织和个人政治开启了现实可行的机会去重新分配社会的责任和权力②。现代社会可能彻底损害了传统宗教的基础，但同时也开放了以前只有宗教才能填充的空间或地方——现代个体被鼓励寻找答案、找出解决方法，以及获得进步③。我们完全有理由相信，在现代社会，宗教重获公共性的前提之一，就是承认并尊重个人理智和自由意志，相信其有道德理智和道德选择的能力，并在此基础上重新联合。

中国学者对于当代民间信仰公共性旺盛的生命力提出了自己的解释，即宗教的道德性和社会性。王铭铭指出，中国人的幸福概念往往与保佑、气、灵或生、命、运和面相等词语相连，而且它总是表明个人幸福、命运、社区的亲属连续性和超自然力量的愉悦之间的一种调和。只要幸福既被看作是个人的又被看作是社区的，保证幸福降临的实践和仪式就会既关注个人或家庭的福利，也关注社区的健康④。梁永佳认为，对于“负债”的“集体期待”是生成社会的根本因素，也是宗教道德的源泉。对神或超自然力量的“负债”促成了人与神、信徒与信徒、信徒与非信徒持续不断的来往，正是这种既自愿又强制的互动构成了社会生活的道德基础⑤。

20世纪80年代以来，自愿参与而不是强行摊派成为中国乡村社会集体仪式的首要原则，但这并未瓦解民间信仰的公共性，反而为自主选择基础上的个体重新联合提供了契机。作为先富起来的改革开放前沿，东南沿海乡村率先萌生“文化自觉”意识，许多村落和个人借助民间信仰，积极着手恢复、保护传统文化，开展各类集体仪式庆典，重建社区共同体。在这一过程中，

① 李韦：《卡萨诺瓦论世俗化、公共宗教与现代性》，《宗教社会学》第一辑，社会科学文献出版社，2013年版，第140~159页。

② ［德］乌尔里希·贝克，伊丽莎白·贝克－格恩斯海姆：《个体化》，李荣山等译，北京大学出版社，2011年版，第183、187页。

③ 格雷思·戴维：《欧洲：证明原则的例外?》，载彼得·伯格编：《世界的非世俗化：复兴的宗教及全球政治》，李骏康译，上海古籍出版社，2005年版，第83~108页。

④ 王铭铭：《幸福、自我权力和社会本体论：一个中国村落中“福”的概念》，《社会学研究》1998年第1期。

⑤ 梁永佳：《中国农村宗教复兴与“宗教”的中国命运》，《社会》，2015年第1期。

基于个人意愿的参与构成了民间信仰公共性的主要来源——企业家、地方精英通过参与民间信仰回报乡梓、履行公民责任；普通民众则在互惠利他的民间信仰实践中满足对社区认同和归属的情感需求。积极的个人参与带动民间信仰向公益慈善发展，也许是乡村社会现代化转型过程中最令人振奋的现象之一。以下，本文就将以一个珠三角村庄为例，对这一现象进行考察。

三、宁村民间信仰参与

宁村地处珠三角腹地，隶属广东省中山市小榄镇，是一个面积广大、人口众多、富裕繁荣的“超级村庄”①。当前，工业已经成为宁村的经济支柱，本地人口几乎全部脱离农业生产在工商业领域谋生。尽管宁村在经济结构上已经完成了工业化和城镇化转型，其地貌景观也与城镇无异，但却依然保持着较为浓厚的传统乡土文化气息，民间信仰发达，与民间信仰有关的行为方式、时间制度和思想观念依然深刻地影响着当地的社会生活②。这种状况与宁村的历史文化背景密切相关，作为小榄地区早期的政治、经济、文化中心，宁村历史上庙宇众多，境内分布着“妙灵宫”、冈头城隍庙、华光总管庙、龙兴庙、陈大法师庙、文昌庙、关帝庙、净意庵等大小几十间庙宇。

1949 年以前，宁村所在的小榄地区也存在庙宇与地域对应的“祭祀圈”，这在当地最受欢迎的体育竞技——赛艇中表现得尤为明显。以前小榄镇赛艇中最著名的是东区“慈天”、西区“古庙”和宁村“基咀”三只艇，这些艇都是根据信仰圈命名的，下基观音庙（慈天宫）是东区一带最有影响力的庙宇，故赛艇以“慈天”命名；“古庙”是西区人所指的“公庙”，也称“慈悲堂”，是这一地区地位最高的庙宇，因此该祭祀圈的赛艇以“古庙”命名；宁村“基咀”艇则得名于该地区的基咀天后庙“妙灵宫”。

相关研究表明，村落居民与“祭祀圈”主祭神之间的权利义务关系是排他性的，即祭祀圈范围内所有居民共同分担祭祀聚落神的责任义务，同时共享主祭神名义之下所属土地、资源、财产，包括庙宇③。这种关系决定，祭祀圈庙宇日常活动和仪式的资金和劳务通常按照户头分摊，在庙宇重修和重要神事中，最具仪式意义的事项，如庙宇的主梁、神像和主要法器，以及延请道士或演戏的费用，原则上都拒绝由个人或祭祀圈内的某个次级群体包揽，

---

① 宁村面积约 7 平方公里，本地户籍人口 25 000 人左右，外来人口常年保持在 5 万人以上的水平，2018 年地方生产总值超 87 亿元。

② 李翠玲：《都市化村庄的公共生活、“二元时间”与地方节奏——以珠三角宁村为个案的分析》，《民俗研究》，2017 年第 1 期。

③ 张宏明：《民间宗教祭祀中的义务性和自愿性——祭祀圈和信仰圈辨析》，《民俗研究》，2002 年第 1 期。

而必须采取共捐集资的方式进行[①]。1949 年后，宁村几乎所有的庙宇都被拆毁，与之相关的仪式节庆和地方社会组织被取缔，庙宇与地方社会结构的关系被打破，民众与主祭神之间的权利义务关系随之解除。

20 世纪 80 年代以来，当地传统复兴的重要内容之一，就是庙宇重建。宁村在改革开放后重建了大量供奉社神的露天社坛[②]，以及净意庵、龙兴庙和邹陈法师庙 3 座庙宇，与民间信仰相关的部分集体仪式也得以恢复，但其运行机制却发生了巨大变化，从结构强制向个人自愿参与转变。这种转变最明显的表现，就是修建庙宇和举行仪式的费用不再由村民平均分摊，而是由信众自愿捐献。隶属佛教协会的净意庵是宁村规模最大的庙宇，2008 年，宁村居委会斥资 700 余万翻新重建了庙宇主体建筑。净意庵重建也收到部分社会捐款，包括企业家、当地村民、信众以及海外华人华侨，这些捐赠人的姓名都被铭刻在庙宇院子里的一块石碑上。重建后的净意庵香火旺盛，每逢农历初一、十五和重要的宗教节日，庙里都会举行仪式庆典，收到大量现金捐赠。此外，净意庵还提供一些宗教经营服务，如出售“斋饭”、举办祈福仪式、在葬礼上做法事、寄存骨灰盒等，这些收入十分丰厚，足够维持庙宇运营。

邹陈法师庙和龙兴庙由于不具官方合法身份，其修建和运行都较为隐秘，财力也十分微薄。当地村民告诉笔者，重建邹陈法师庙时，许多村民都出钱出力，有人捐钱，有人捐砖、水泥，庙门口的对联也是一个老板捐的。龙兴庙是村集体物业划拨的一个小房间，不存在建庙问题。这两座小庙每年分别只在“邹陈法师诞”和“龙兴节”举行一次仪式，收取少量捐款用于购买仪式祭品和庙宇维护，无其他经营收入。需要指出的是，这些庙宇仪式几乎不设“门槛”，向所有人开放，任何人想要参加，只需提前到庙宇相关管理者处登记，并根据自己的情况适量捐款即可。

个体自发参与民间信仰在当地村民中十分普遍，但不同阶层、性别、年龄和个人生活遭遇使得各类群体参与的程度、参与形式、参与动机呈现出多种形态。总体来看，宁村的民间信仰参与可以被划分为以下几种类型：

（一）祈福解厄型参与。宗教最重要的功能之一，就在于提供情感和认知，帮助人们缓解焦虑。当面对不确定性、危险和无法控制的情况时，人们常常被迫从技术转向宗教，求助于超自然力量[③]。尽管现代社会的科学技术高度发达，但生活中的不确定性和风险并不因此减少，尤其是涉及健康和市场

① 屈啸宇：《社区保护神庙的庙界科仪与乡村重建——以台州中部村落的保界活动为例》，载魏乐博、范丽珠主编：《江南地区的宗教与公共生活》，上海人民出版社，2015 年版，第 113 ~ 152 页。

② 宁村所辖的 12 个小区（自然村）中共有社坛 54 座，现在绝大部分得以重建。

③ 马林诺夫斯基：《巫术、科学、宗教与神话》，李安宅译，上海文艺出版社，1987 年版，第 19 页。

风险时，因而信仰和仪式实践还是人们寻求精神慰藉和缓解焦虑的重要方式。宁村最“迷信”的两类群体，就是重症病人家属、生意人及其家属，他们几乎每天都要去庙宇祷告，乞求家人恢复健康，以及保持“财运”。有些生意人及其家属除了经常参加庙宇仪式，甚至还在家里设有专门的神堂，对神明的供奉极尽能事。中老年妇女是宁村民间信仰参与主体，她们不但承担着家庭日常祭祀的工作，而且经常参加庙宇的仪式活动，为家运昌盛和家庭成员的平安提供精神保障被视为女性“母职”的体现①。大多数年轻村民的信仰程度不深，只是在遇到问题烦恼时才会到庙里求神拜佛。需要指出的是，部分村民祈福的对象并不仅限于自己和家人，还包括村落社区，特别是在春节、中元节期间的集体仪式中，请求神明保佑村庄“合境平安”是很常见的祝祷词。

（二）责任声望型参与。村落民间信仰活动中常常活跃着企业家、退休干部、知识分子等地方精英群体，参与民间信仰事务，对他们而言既是责任驱使，也是获取声望的重要渠道。先富起来的私营企业家或“老板”是支持民间信仰和社区公益事业的中坚力量，他们的事业和生活扎根并受惠于地方社会的资源和关系网络，因而最早萌发回馈社区、回报乡梓的责任意识②。积极向社区庙宇和集体仪式捐款不但是企业家主动回报社区和承担社会责任的有效方式，还会为他们赢得慷慨和热心公益的美誉，净意庵的一座偏殿就是当地最成功的企业家捐赠修建的。老年退休干部和知识分子也在村落民间信仰活动中扮演着重要角色，他们德高望重、熟悉仪式流程，常常以仪式专家和志愿者的身份指导仪式庆典组织、参与庙宇管理，以这种方式“发挥余热”，维护村落共同体利益。

（三）信仰奉献型参与。有些村民信仰程度较深，侍奉神灵非常虔诚，他们自认为与神灵的联系更为紧密，也相信这么做能为自己积累今后在“阴间”的“功德”，为子孙积攒“福报”。龙兴庙和邹陈法师庙日常的打扫、点灯、烧香、上供、更换香油花果等事务就是由这些信仰程度较高的村民义务承担的。还有部分村民参与了信仰团体，为信仰活动奉献的时间精力就更多了。净意庵就有一批自己的信徒，这些中老年妇女大多来自周边村落，她们与庙宇联系紧密，平时来庙里参拜念经，有活动时就来做“义工”。她们的主要工作是仪式节庆时为香客准备斋饭，几乎所有洗菜、切菜、烹饪、上菜、收银、洗碗的工作都由她们承担。其他村民也乐于为村落集体仪式作贡献，农历七

---

① 李翠玲：《社区归来——一个珠三角村庄的公共生活与社区再造》，中国社会科学出版社，2015 年版，第 201～203 页。

② 范正义：《企业家与民间信仰的“标准化”——以闽南地区为例》，《世界宗教研究》，2016 年第 5 期。

月十五的“鬼节”期间，各个村社都要以集体名义举行“社头烧衣”仪式，在路边烧衣放食，超度鬼魂。这项仪式所需祭品由社内家庭自愿捐款购买，仪式需要的大量纸元宝则由各社妇女义务手工折成。

（四）认同娱乐型参与。随着庙宇从地方秩序结构中“脱嵌”，庙宇与地域社会民众的关系也发生改变，过去承担区域或社区整合功能的庙宇现在变成了社区一员，不再具有凌驾于个体村民之上的权威，人们不必为了取得或强化村落集体成员身份资格参与庙宇组织的仪式，相反，感受到现代化冲击的个体村民对神灵和传统村落生活的情感记忆才是驱使人们参与仪式的主要动力①。现在人们常常带着旅游休闲的心态参与民间信仰活动，期待感受“集体欢腾”的氛围。当下规模较大的庙宇举行集体仪式之后，一般都会有聚餐活动，这种带有神圣色彩的聚餐极具吸引力，许多游客不惜远道而来品尝。这种聚餐似“拼饭”，众人各自付费，同桌共食，如果一起来的人多，也可以选择“包桌”就餐。2010年净意庵举行重建落成开光典礼时，大摆百余桌宴席，盛况空前。现在每逢农历初一、十五和宗教节日，净意庵的餐厅都一座难求，打包外卖的“盒子饭”也十分畅销。付费参与的方式看似市场行为，但实际并非如此，因为此类行动能够生产有别于商品的神圣性资源和社会价值②。

宁村的田野调查显示，随着传统地域社会结构瓦解，以及宗教信仰与身份资格之间的联系逐渐松弛，个人选择和自愿参与已经成为当前民间信仰运行的基本机制。尽管当地村民参与民间信仰的动机、程度、形式不一而足，但其中却不乏公共色彩，而且蕴含着向公益慈善转型的巨大潜力。

四、公益慈善：民间信仰公共性的现代形态

近年来，生气勃勃的民间信仰实践不仅为村庄日常生活增添了传统文化韵味，而且还有力地推动了社区公益慈善发展：

倡导慈善捐助。如上所述，当地庙宇的修建维护费用基本仰赖信众捐献，捐“功德”几乎是去庙宇拜神必不可少的一道程序。除了为庙宇和仪式捐款，当地居民还极资助其他公益慈善事业，如修建路、桥、公园等公共基础设施，赞助龙舟赛、青少年篮球赛、健身操赛等社区集体文娱活动。此外，社区居民还经常为鳏寡孤独、失学儿童、单亲妈妈、贫困家庭等弱势群体捐款“献爱心”。民间信仰及其仪式实践本身就含有与资本主义“积累”原则相对立的“浪费”倾向，但这些捐献和仪式消耗在抵制个人财富积累、促进财富再分配

① 杨小柳、詹虚致：《乡村都市化与民间信仰复兴——珠三角民乐地区的国家、市场和村落共同体》，《学术研究》，2014年第4期。

② 李向振：《“信仰惯习”：一个分析海外华人民间信仰的视角》，《世界宗教研究》，2018年第1期。

和社区建设上却发挥了重要作用。

培育志愿参与意识。志愿服务是慷慨、公民责任与道德关怀的外在表现，宗教为公民志愿参与提供了道德基础，并在个体的道德追求与公共事务参与之间建立起灵性的纽带①。当地社区弥漫着一股为宗教事务做“义工”的热情，不论是地方精英、普通村民还是家庭主妇，大多数人都愿意为庙宇和集体仪式奉献时间、金钱和劳动。与城市居民对社区参与态度冷漠不同，新近由乡村转变为城镇地区的居民普遍在民间信仰、文化娱乐和社区服务等方面表现出高涨的社区参与热情。

培育新型道德价值观。在以“差序格局”为主要特征的中国社会，怎样才能从对家庭原始的忠诚中发展出与普遍的公共利益相关的社会意识和责任，是社会学家关注的重要问题②。宁村的实践表明，从民间信仰的公共性着手，对其加以引导，也许不失为一种可行的方式。当前，源于宗教价值观的奉献、利他逐渐被现代“志愿”话语吸纳，因而由当地政府推行的志愿服务很容易被民众接受，做志工、义工成为一种时尚，各种以“义”冠名的公益活动纷纷涌现，如义卖、义诊、义捐、义赠、义修等。与传统封闭循环的“施恩—回报”道德结构相比，当前相对开放、面向社会而非特定个人的“施恩不图报”的关系模式无疑带有明显的公民责任和公民美德成分。

激发责任感，强化互惠。以往参与集体仪式和社区公益常常被认为是地方精英的责任和义务，现在这种情况正在发生改变，越来越多的普通村民也开始出于对社区共同体的情感和责任参与其中。沙垄小区最初由一名老板发起赞助的“敬老宴”，现在已经变成了许多居民共同参与的公益活动，前来参加宴会的居民不再只是接受邀请出席，而是自己付费就餐，并以主人翁的姿态参与活动筹办。一名早年丧父的村民对举办“敬老宴”特别热心，因为在成长过程中得到乡邻许多帮助，现在他把“敬老宴”作为回报邻里的机会，“当成自己家的事一样来办”。另一位村民则称自己家的老人之前受惠于这一活动，现在也想捐款捐物，为活动出一份力。参与面扩大增加了“敬老宴”的活力，而参与活动的村民也能在这一过程中获得愉悦、意义，加强与社区和邻里的联系。

民间信仰的公共性向公益慈善转化，也带动了居民与社区关系的转变。当前学界对“社区”的认知早已超越了静态、同质、强调面对面交往的地域实体，而更多指向动态、开放、冲突的关系和过程③。这也意味着，现代意义

---

① 李丁、卢云峰：《华人社会中的宗教信仰与公共参与：以台湾地区为例》，《学海》，2010 年第 3 期。

② 王斯福：《社会自我主义与个体主义》，《开放时代》，2009 年第 3 期。

③ 庄雅仲：《五饼二鱼：社区运动与都市生活》，《社会学研究》，2005 年第 2 期。

上的社区主要是建构性的，社区认同的结构性和先赋性因素逐步让位于个体的选择和行动。在生活方式和价值选择多元化的今天，许多人不愿将时间、金钱花在民间信仰和各种仪式上，享受社区之外的关系网络和社会生活；但另外一些人却热心于此，并试图从自己生活的社区和地域性团体中寻找个体存在的价值、意义和认同①。公益性质的社区参与不但有利于在居民之间建立情感联系纽带，塑造友爱、互惠和“人情味”的社区氛围，为社区居民提供归属感，而且能够促使居民认识到作为社区一员的自主性和责任感，出于对“家园”的挚爱参与丰富地域生活的活动。有学者指出，社区参与的意义不仅在于增强社区成员之间的亲密性，而且能使居民在行动中获得更多自主性和“存在感”②。

五、结论

既有研究认为，民间信仰的公共性主要来自地方社会组织结构与社会秩序的结合，私人性的信仰活动与公众组织和公共秩序无关，因而有可能趋于向巫术迷信发展。但宁村的研究显示，当民间信仰从地方社会结构中“脱嵌”，失去强制力之后，个人自愿参与继而成为其公共性的主要来源。在很大程度上，这个珠三角村落的庙宇修建和仪式实践是民众自我意识和自我选择的结果，这种选择既是对传统社群生活衰落和人际关系倒退的反思，也是个人与社区关系的重建。在这一过程中，部分社区居民通过民间信仰参与成为“积极公民”，社区责任、团结互惠、志愿服务等新型价值观也得以逐渐养成。因此问题并不在于民间信仰本身，而在于如何信仰，如果能够引导民间信仰向公益慈善转化，那么就不仅有助于在乡村都市化转型过程中“留住乡愁”，提高居民生活质量和幸福感，而且还能为社会治理提供宝贵的价值及文化资源。

应该注意的是，宁村民间信仰保持公共性有其深层结构性原因：集体经济强大，地域社会结构在一定程度上得以保留，为民间信仰公共性的保留和转换提供了制度保障。珠三角地区的村落共同体在改革开放中不但没有衰落，反而依靠土地资本化推动工业化的发展模式成长壮大。一方面，“离土不离乡”的工业化、城镇化模式阻止了本地人口外流，当地既有的血缘、地缘、社会关系网络依然较为完整；另一方面，珠三角地区普遍实行的集体土地股份所有制使得当地村庄成为一个个“以经营土地为目的，以分配土地收益为纽带的实体”③，这类村庄既具有企业特征，又表现出强烈的社区共同体行为

① 范丽珠等：《传统的遗失与复归——温州南部乡村宗族传统的田野研究》，魏乐博、范丽珠主编：《江南地区的宗教与公共生活》，上海人民出版社，2015 年版，第 47 ~ 85 页。

② 王处辉、朱焱龙：《社区意识及其在社区治理中的意义》，《社会学评论》，2015 年第 1 期。

③ 蒋省三、刘守英：《土地资本化与农村工业化》，《经济学》，2004 年第 1 期。

取向①。集体经济为共享互惠的村落文化提供了制度保障，成为民间信仰公共性的主要来源，当地规模最大的庙宇由村集体投资修建即是证明。

不过，脱胎于传统民间信仰的公共性也还存在一些问题，主要有：1. 民间信仰的公共性总体上限于村落范围，扎根社区的民间信仰虽然有助于加强社区内部的团结和凝聚力，激发当地居民的社区责任感、认同感，但其根本出发点还是个人和家庭主义的，无益于普遍性的社会关怀和公共参与，甚至将地方利益凌驾于公共利益之上，产生“避邻主义”效应。2. 建立在个人意志之上的宗教信仰往往与个体的动机和遭遇有关，导致宗教中的公共性与功利性存在巨大张力。宁村的民间信仰尽管在社区公共生活中发挥着举足轻重的作用，但其私人性和功利性同样不可忽视，以至于民间信仰在公益慈善和巫术迷信之间摇摆不定。3. 东南沿海地区的民间信仰能够实现公共性转型，与该区域特殊的历史文化、社会结构和现实发展路径密切相关。鉴于中国各区域间显著的社会文化差异，其他地区的民间信仰是否能够产生公共性，通过何种方式产生公共性，目前还很难判断。

作者简介：李翠玲，博士，武汉大学社会学系副教授。

---

① 折晓叶、陈婴婴：《超级村庄的基本特征及“中间”形态》，《社会学研究》1997 年第 6 期。

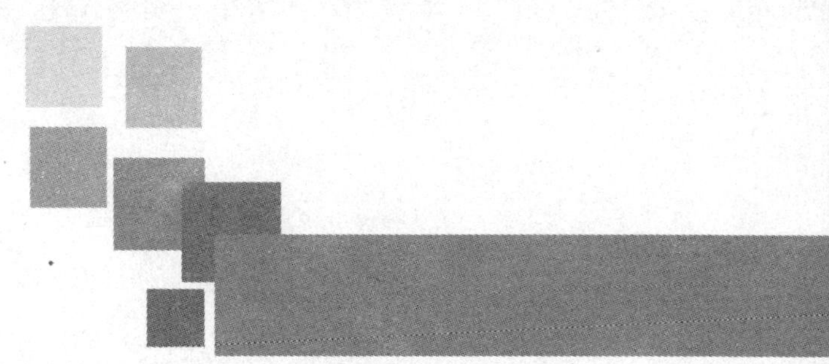

新移民与城镇化

民族地区的城镇化与石榴意境：以荔波为例

徐杰舜

民族地区的城镇化有一个特殊的功能，那就是促进民族团结。本文以贵州黔南布依族苗族自治州的荔波县为例，略陈管见，就教于大方之家。

一、石榴意境与石榴的中国传说

讲石榴意境，自然会想到火红的石榴花和石榴籽紧紧抱在一起的图像。

石榴是落叶灌木或小乔木，在热带是常绿树。树冠丛状自然圆头形，树根黄褐色。生长强健，根际易生根蘖。树冠内分枝多，嫩枝有棱，多呈方形。小枝柔韧，不易折断。最特别的是花有两性，依子房发达与否，有钟状花和筒状花之别，前者子房发达善于受精结果，后者常凋落不实；一般 1 朵至数朵生在当年新梢顶端及顶端以下的叶腋间；萼片硬，肉质，管状，5～7 裂，与子房连生，宿存；花瓣倒卵形，与萼片同数而互生，覆瓦状排列。花有单瓣、重瓣之分。重瓣品种雌雄蕊多瓣花而不孕，花瓣多达数十枚；花多红色，也有白色和黄、粉红、玛瑙等色。雄蕊多数，花丝无毛。成熟后变成大型而多室、多子的浆果，每室内有多数籽粒；外种皮肉质，呈鲜红、淡红或白色，多汁，甜而带酸，即为可食用的部分；内种皮为角质，也有退化变软的，即软籽石榴。

据史料记载，石榴原产乌兹别克的布哈拉和塔什干，当时中国汉王朝的西域叫安国和石国。传说，张骞到达安国后住的馆前一棵石榴，繁花怒放，色艳如火，张骞常喜而赏之。因天旱无雨，花叶日枯，张骞每日担水浇灌而茂。张骞返国时，不要任何赏赐而求带回那棵石榴，国王应允。不料中途匈奴拦截而失。当汉武帝带百官出迎时，一红衣绿裙妙龄女子气吁吁、泪滴滴向张骞奔来，百官皆惊，张骞回头望时也是一惊。原来张骞返回前一天夜里，正是这位姑娘求张骞带其往中原。张骞因为是使者，带回会惹出事端，而劝退出门的。张骞说："你不在安石国而追赶我们何故？"女垂泪回答："奴不图富贵，只求回报浇灌之恩，中途遭劫，使奴未能一路相随。"言罢而变为一棵树。张骞大悟，向汉武帝禀报原委。汉武帝大喜，命花工移植御花园。从此，中原有了石榴。这个动人的传说久盛不衰，一直到明代，沈周①赋诗云："张骞带得西种来，中秘千珍及万珍。一个臭囊藏不尽，又从身外覆精神。"

其实，早在汉代张衡在其《南都赋》中就有"樗枣苦榴"的记载。长沙马王堆出土的医籍上，记载石榴传入我国是西汉以前。可见石榴传入中国后，作为一种古老的药食两用资源，石榴皮、石榴子、石榴花等在中医药、藏医药、维医药等传统民族医药中具有悠久的使用历史。相传，贞观十五年（641年），唐太宗将文成公主嫁给吐蕃王松赞干布。吐蕃王特地从拉萨到青海迎亲，不料劳顿腿肿生疮难行。公主见后，查阅带来医书，便采得路边的石榴花，命御医捣烂外敷，结果吐蕃王腿很快肿散而愈。元代名医朱震亨，家居浙江婺州义乌丹溪，人称丹溪翁，一书友腹泻，三帖无效，丹溪学生戴思恭应求而喜迎之，并诊断后说："先生之方是对的，只在方中加石榴皮三钱一试，服后即愈。"石榴皮固涩，杀虫止泻痢，治腹痛，缺它不可。故古人盛赞石榴是天下奇树名果，如西晋潘岳《安石榴赋》曰："丹葩结秀，朱实星悬。按翠萼于绿叶，冒红叶于丹顶。千房同膜，十子如一。"南朝江淹《石榴颂》云："美木绝树，谁望谁待？缥叶翠萼，红花绛采。照烈泉石，芬披山海。奇丽不移，霜雪空改。"

石榴花果并丽，火红可爱，历史上一直被视为吉祥之果，是百子呈祥、多子多福的象征。宋代王安石诗："万绿丛中一点红，动人春色不须多。"屠崖云："石榴宝树出临潼，仙口笑开玛瑙红。千粒明珠千盏火，一丛蓬勃拂东风。"

二、石榴意境与荔波生态移民城镇化

石榴意境的基本内涵，就是中华民族像石榴籽一样紧紧地抱在一起。那么荔波是如何呈现石榴意境的呢？

我们在荔波考察中，了解到荔波世居的布水苗瑶汉等民族，从历史上的交错杂居经过生态移民，开始走上城镇化的道路了。

近几年来，在扶贫攻坚中，原居住在大山中的布水苗瑶，走出大山，搬迁到城镇和景区，据荔波县财政局提供的资料：

1. 玉屏街道。玉屏街道位于荔波县中部，是荔波县城所在地，属全县政治、经济、文化中心和交通枢纽，于2014年6月由原玉屏街道、原水利水族乡、原水尧水族乡合并而成。玉屏街道水尧村、洞拖村、拉岜

① 沈周（1427—1509），明代绘画大师，吴门画派的创始人，明四家之一，长洲（今江苏苏州）人。享年八十二岁。不应科举，专事诗文、书画，是明代中期文人画"吴派"的开创者，与文徵明、唐寅、仇英并称"明四家"。

村、拉交村、水春村、水甫村、水利村、水岩村、水丰村、水捞村、拉交村等交通不便、居住地海拔高、群众饮水极为困难地区贫困村的140户517人实施易地扶贫搬迁，其中建档立卡人员140户517人。集中安置于县城安置点。

2. 朝阳镇。朝阳镇位于荔波县西南部，距朝阳镇镇政府800米，坐落在风景秀丽的樟江河畔，距县城9公里，交通便利，县城至大小七孔景区的公路贯穿整个朝阳村。朝阳镇岜马村、洪江村、山江村、八烂村、板麦村等交通不便、居住地海拔高、群众饮水极为困难地区贫困村的82户323人实施易地扶贫搬迁，其中建档立卡人员63户251人。集中安置于县城安置点。

3. 茂兰镇。新茂兰镇于2014年6月由原茂兰镇、立化镇和瑶麓瑶族乡合并组成，位于荔波县东南部，东与广西环江县驯乐乡相连，西与玉屏街道办事处水尧中心毗邻，南与黎明关水族乡洞塘中心共界，北与佳荣镇和三都水族自治县九阡镇连接。分散居住有汉族、布依族、水族、瑶族、苗族、壮族等民族，少数民族人口占总人口的90%以上。茂兰镇洞流村、立化村、尧朝村、比鸠村、水庆村、尧明村、洞湖村、瑶埃村、罗家村等交通不便、居住地海拔高，群众饮水极为困难地区贫困村的232户883人实施易地扶贫搬迁，其中建档立卡人员232户883人。集中安置于县城安置点。

4. 佳荣镇。佳荣镇地处荔波县东部，东接黔东南从江县加勉乡，西连本县瑶麓瑶族乡和茂兰镇，南与广西壮族自治区环江县驯乐苗族乡接壤，北邻三都县九阡镇及黔东南州的榕江县水尾乡和从江县光辉乡，是黔桂两省（区）三地（州）五县八乡镇的接合部及边贸中心。佳荣镇岜鲜村、拉滩村、拉先村、拉祥村、水维村、威岩村、高里村、坤地村、拉毛村等交通不便、居住地海拔高、群众饮水极为困难地区贫困村的256户901人实施易地扶贫搬迁，其中建档立卡人员256户901人。集中安置于县城安置点。

5. 甲良镇。甲良镇位于荔波西北部，距县城36公里，北面与三都（周覃镇、廷牌乡、恒丰乡）、独山县（星朗乡、打羊乡、基长镇、本寨乡）毗邻，南面与本县玉屏街道办、小七孔镇相连。2014年6月与原方村乡合并后，全镇总面积246.01平方公里。甲良镇甲良村、梅桃村、甲新村、石板村、新场村、尧并村、丙花村、双江村、红坭村、甲高村等交通不便、居住地海拔高、群众饮水极为困难地区贫困村的100户394人实施易地扶贫搬迁，其中建档立卡人员100户394人。集中安置于县城安置点。

6. 黎明关水族乡。黎明关水族乡位于荔波县东南部，地处茂兰国家级喀斯特原始森林自然保护区、世界自然遗产地核心区，2014年区划调整后由原永康、洞塘、翁昂三乡合并而成。乡政府驻地距荔波县城26公里。黎明关乡白岩村、德门村、董亥村、太吉村、西竹村、尧古村、板寨村、懂朋村、久安村、尧所村、拉内村等交通不便、居住地海拔高、群众饮水极为困难地区贫困村的862户1 409人实施易地扶贫搬迁，其中建档立卡人员334户1 403人。集中安置于县城安置点。

7. 瑶山瑶族乡。瑶山乡位于贵州省荔波县西南部，东与朝阳镇，南与广西壮族自治区南丹里湖乡接壤，西、北面与驾欧乡相连，乡办公地点设在瑶族人口较为密集的拉片村。瑶山乡农业生产和农民生活用水，全靠天然降水，农田灌溉主要依靠望天水解决。瑶山乡高桥村、平岩村、红光村、群力村等交通不便、居住地海拔高、群众饮水极为困难地区贫困村的142户542人实施易地扶贫搬迁，其中建档立卡人员142户542人。集中安置于县城安置点①。

据荔波县扶贫局的统计，“十三五”期间规划完成搬迁3 871户15 181人（建档立卡贫困户3 545户13 695人）。2017年完成县城、佳荣、甲良、瑶山梦柳共4个安置点建设，完工1 588套，已全部完成分房入住。2018年已建成住房主体642套，预计9月底完成建设。县委书记尹德俊告诉我们：“扶贫攻坚，移民搬迁，我们把安置点选择在县城和景区，以便移民就业和创业，逐步实现城镇化。”②

那么，事实究竟如何呢？石榴意境是怎样呈现的呢？

我们先考察大瑶山上的瑶族吧！

据刘冰清的调查，1949年以前，瑶山（包括今瑶山拉片、菇类两个瑶族村）隶属荔波县捞村乡第五保，主要居住的是白裤瑶人民，由于历代反动统治阶级的摧残，白裤瑶人民避居深山，迁徙无常，过着游耕兼狩猎的原始生活。这种情况一直延续到了20世纪50年代初期。《荔波县志》载：

据1951年统计，当时全乡共有152户868人，仅有疮捞地面积954.8挑（约159亩，每挑以32公斤玉米计算），人均不到2分土地，没有耕牛，没有犁耙等大农具，商品经济极不发达。瑶族内部尚未形成阶级分化，全乡没有地主和富农，全是无田少地的贫雇农。为了生活，大多数男子被迫外出打长工，卖零工，闲时上山狩猎补充生活。妇女则上

① 本资料由荔波县财政局提供。

② 访谈人：徐杰舜等，被访谈人：尹德俊，访谈时间：2018年7月24日16时到17时，访谈地点：县委书记办公室。

山采集野菜、野果充饥度日。①

杨锡玲在《瑶山人民至今仍过着贫穷落后的生活——贵州省瑶山见闻》中详细记述了她眼中1980年的瑶山生活状况：

> 记者一到瑶山，看到许多赤脚光身挺着大肚子的孩子。妇女光着脚丫，衣服褴褛，几乎不能遮羞。据这里的负责人介绍，瑶山是荔波最穷的公社，已经连续三年人均收入在40元以下，分配粮食在150千克左右，由于粮食不足，不少人长期吃着芭蕉芋叶。
>
> 农民的住房破破烂烂，全公社304户，只有14户是瓦房，其余都是茅草房。记者在瑶山村寨串门所到之处，家家的房子都是又脏又破稀牙漏风。室内几乎没有什么家具。床是家庭的必需品，在瑶家也只有少数人家有，多数人家没有床就只好睡在草窝和木板上，偶尔看见少数人家有棉絮，也是又黑又破，襟襟吊吊。据县里的同志告诉记者，政府几乎每年都要发一些棉被救济他们，但他们一领到棉被，就把被里被面做裙子用了。光棉絮睡不上两三年，就成为又黑又烂的棉絮筋了。由于衣着单薄，房子又不能御风寒，瑶家一年有八九个月要烤火取暖。白天他们在火塘边做饭、吃饭、干家务后，晚上，几块板子放在火塘旁边一家人围火取暖“睡觉”。
>
> 这里的农业生产更是落后，除粮食外，几乎没有什么多种经营。耕作方法至今还是刀耕火种，靠山吃饭，粮食产量很低，1979年一个劳动日只有二角一分钱，1980年一些生产队开始实行包干到户，生活稍好一些。据区里的同志讲，至今仍有个别生产队没有定居下来，人们叫他们为“过山瑶”，今年在这座山，明年又搬到那座山去了，有时连公社干部也不知道他们搬到哪里去了。他们的行李很简单，一个铁三脚架，一两个顶罐，几个粗陶碗，加上粮食等东西也不过几百斤②。

随着扶贫工作的展开，瑶山人在衣食住行等方面受到了许多帮扶。历经数十年，如今的瑶山人的生活已经发生了巨大的变化。据统计，从1994年至2000年共实施项目105个，投入建设资金860万元，实施的项目主要有“三小”工程、民房改建工程、移民工程、土变田工程、人饮工程、教育工程以及种养项目等。2001年至2009年，荔波瑶山乡共实施项目42个，投入资金

---

① 贵州省荔波县地方志编纂委员会编：《荔波县志》，方志出版社，1997年。

② 杨锡玲：《瑶山人民至今仍过着贫穷落后的生活——贵州省瑶山见闻》，《新华通讯社内参》，1981年2月22日。

1 850多万元，建设的项目主要有整村推进项目、民族村寨建设、人饮工程、公路建设、农网改造、茅草房改造、移民工程、农民技能培训等。尤其在居住环境方面，瑶山乡对将深石山区一方水土养不活一方人的群众实施整村整组搬迁，投入资金2 000余万元，实施易地移民搬迁三批次307户。2014年至2017年，全乡共投入资金7.7亿元实施易地移民搬迁工程，其中拉片安置点285户1 087人，安置的对象主要是拉片、菇类两个瑶族村的瑶族群众，2016年全部入住。捞村安置点326户1 031人，安置的对象主要是巴平、力书两个村的瑶族、苗族和布依族群众，2017年全部入住。梦柳安置点345户1 072人，安置的对象主要是高桥村、红光村等12个村民小组的布依族、苗族和瑶族群众，2017年全部入住。三个安置点均按照3A级景区的标准来建设，拉片和梦柳两个安置点已通过3A景区评估验收并授牌，捞村安置点正在组织申报。

现年66岁的高桥村支书朱明怀如今已住进了梦柳风情小镇的新房，回忆起自己童年不禁落下热泪。

> 我们小的时候是真的穷啊！1949年以后，我们家的阶级成分被定为“雇农”，比贫农还要穷。那时别说吃饱饭了，我家那时候连房子都没有，还住过三年岩洞。家里被子不够用，给两个小孩挤在一起盖一床，大人就没有盖的了。从岩洞搬出来之后我们总算住进了木房子，但木房子住了没多久就变成了危房。那时候的房子离地面都有一段距离，我记得70年代的时候还发生过我们一家人正在吃饭，楼板突然坏了，一家人掉到楼下这种事。因为家里供不起我读书，我只有三年的小学文化。长大些了有人给我说媒，先后说了28个姑娘，都因为我们家太穷，不愿意跟我过日子。①

贫穷给拉片村的村民谢家余留下了极其深刻的记忆，回想起吃不饱饭、衣不蔽体的日子，他感慨万千。

> 我那时真是白手起家呀，原来都住在叉叉房里，家里6口人天天吃一锅炖的合渣。记得那时候家里什么家具也没有，就一个架锅的三脚，一口锅和几副碗筷，脸盆也没有。我结婚是1979年，八年之后我们才有钱修了瓦房。我爱人是拉朝组的，那时结婚原本是要给岳父母家里二三十元钱的，可我哪有钱给我的岳父母呀，她带上几套衣服、被子，和我

① 访谈人：刘冰清等，被访谈人：朱明怀，访谈时间：2018年7月28日10点，访谈地点：高桥村村委会。

住到一起就算是结婚了。那时候也没请全村人吃饭，因为没有肉，都请不起吃。记得最穷的时候老人去世了，要办长桌宴，就只能吃大锅的青菜。

1975 年我们这里才通了公路，但是路况很差，都还是那种黄泥路。村里只有一个供销社，售货员只有一个人。那时的货物都是用木排放到界牌，再拿过来的。

现在我们住进了两层楼的新房，我和老伴一间房，儿子儿媳一间房，孙女自己还有一间房，客厅宽敞明亮，我经常坐在沙发上看电视，家里还添置了洗衣机、电冰箱、微波炉等电器，这比之前可方便多啦。这两年我们这出去旅游的人也越来越多，大家都爱去广西那边玩。今年我那嫁到四川南充的女儿还请我们两老去杭州旅游，我和我的老伴在那边都穿着我们自己的民族服装，好多人都要和我们拍照呢！①

瑶山人的荷包越来越鼓，生活越来越好。面对未来的生活，他们满怀着信心。73 岁的瑶族歌师谢家贵面对着瑶山的大变样，不由地唱起了心中的歌：

党的政策实在好，从来没有想过哟！昨天的苦日子，终于迎来了今天的大翻身。穷根被挖掉，吃穿不用愁。房子变新了，路也变阔了，轿车、摩托到处跑哟，男女老少生意忙。看这盛景哪，我的内心呀，不由乐呵呵！②

再考察黎明关的水族和布依族吧！

据石甜的调查，黎明关水族乡，全乡第一批搬迁进城的 99 户 414 名贫困群众，已完成抽签选房，翁昂集镇生态移民安置点、尧古、必忙、板王易地扶贫搬迁安置点已完成 495 户 1 957 人搬迁入住，易地扶贫搬迁工作正稳步推进中。在充分考虑生态环境承载量外，黎明关水族乡还兼顾了社会、经济和文化等多种因素，以尧古、板王、必忙移民安置点为例，在基础设施建设中，结合民族特色与文化合理规划布局，满足少数民族群众的特殊生活需要；搬迁的同时积极申请保护具有保存价值的尧古布依族特色村寨，建旧护旧，保持原貌，鼓励搬迁群众开办刺绣、蜡染、藤艺等手工作坊，推动民族技艺传承创新。如：尧古寨的寨门口，村民们把蜡染、竹编等工艺品以及晒干的农产品拿到路边出售。小的竹编篮子是 20 元/个，大一点的是 25 元/个，竹编

① 访谈人：刘冰清等，被访谈人：谢家余，访谈时间：2018 年 7 月 27 日 14 点，访谈地点：拉片村谢家余家中。

② 《荔波瑶山之变》，搜狐贵州资讯网，2016 年 3 月 17 日。

扇子是20元/个，扎染的围巾是80元/条。还有布依族女性亲手织成的土布，小一点的是150元/幅，大一点的是200元/幅。不断地有游客驻足询问价格，并且买了几个竹编篮子。

从2008年启动了传统村落保护，一年下来游客差不多有5万人次，一天差不多有300~500人次。旺季（5—10月）的时候，一个月有6~8千元的收入；淡季（11月—次年3月），也差不多一两千元/月的收入。开发成旅游景点以前，村民的经济收入主要靠种植和养殖，人均收入一千多元/年。旅游开发以后，人均收入五千多元/年。收入主要靠旅游产品、手工艺以及外出打工。本村也有产业，2016年引入了食用菌，一年收获两季，大户带动贫困户，以入股分红的方式来实现增收。

生态移民，走城镇化的路，生活越过越好。有个位于黎明关水族乡最边远的村民小组，全组世世代代生活在山高谷深、沟壑纵横的大山之中。“现在不同了，搬迁到县城，找工作的机会就会更多，对子女的发展也有好处。”这是抽签选房后，难掩内心喜悦的吴秀章逢人都会说上的一句话。蒙继广（水族）也深情地对石甜说：“这里水电路讯样样都通了，做什么都方便，大家聚在一起住也热闹。不但分了一套房给我，还在家门口举办就业推荐会，介绍我到县城务工。一点一点变小康！”

再考察小七孔的布依族和苗族吧！

据赵勇的调查，2002年，县委、县政府从荔波旅游事业的发展出发，决定对生活在小七孔景区内拉关村的上几定、下几定、拉贯、拉蒙、翁龙5个组的87户、340人进行易地扶贫搬迁出景区。移民新村落地绿林村，于2002年10月竣工，2003年搬迁村民入住。新街村在2016年对5个村民小组因“一方水土养不活一方人”的八（一）、八（二）、九、塘八、翁吉组5个交通条件极其落后的自然组（寨）共123户432人实施了因组施策，实施易地整组搬迁，2017年5月已经全部入住新房。2016年11月借助荔波县景区提质扩容机遇，为提升景区周边环境形象，把新街村一、三、四、五、六、七、更标7个自然组（寨）涉及的338户1 296人从居住分散、公共基础设施落后、居住环境较差的地方迁出，采取集中安置、提升基础设施配套的方式，新建了新街民宿部落旅游村寨，基础设施完善后群众将从农业产业向旅游服务接待产业转型。截至目前，新建安置房已经全部进入装修阶段，预计2018年年底达到群众入住新房。

拉关村早期移民搬迁案例：

何乐燕，女，布依族，29岁，2003年拉关村搬迁移民。

我们家是2003年从西门景区里搬出来的，按当时的“以房换房”政策，我们分到了一套120平方米的房子。搬迁前，爸爸在外打工，妈妈在家务农，我和妹妹在上学也帮着干些农活，没有太多的收入，钱比较紧张。搬出来后，我和妹妹毕业后也都到外面去打工了几年，到2014年左右，这边旅游发展越来越好，我们都回来到景区里摆摊卖小吃，妈妈就在家里开了一个小卖部。现在我结了婚，有了两个小孩，老公（广西的壮族）在跑建材运输。因为要照顾孩子，我就在附近宾馆做些散工。

搬迁出来以后，政府每年按照以前的田地多少进行景区盈利分红。2003年第一次分红拿到了2 300元，后来随着景区的发展越来越好，现在每年能分到15 000元左右，最基本的生活是有保障了。看病我们有"农村合作医疗保险"报销大部分。老人满了60岁，每月还可领到70元的养老金。

我觉得小七孔景区的发展对我们的生活改变太大了，我们的生活是越来越好了。我们刚刚搬出来的时候都不习惯整天"没活干"的情况。以前都是干活的，即使我们在上学，也要帮着家里干农活。搬迁后没了田地种，生活突然变得悠闲了。现在我们这边和县里没什么差别，什么都很好。

新街村苗族移民搬迁案例：

龙成娇，女，苗族，19岁，2017年新街村整体易地搬迁移民。

我们家是2017年7月从深山里搬迁到新街村的贫困户，按照规定，每个人可免费补助25平方米，家里有5口人，分到了125平方米的住房。搬迁前，家里靠种植水稻、玉米和果子拿去集市上去换钱。搬到新街村以后，爸爸在附近做些散工，妈妈在景区里做保洁员，姐姐在浙江打工。我刚毕业（职中），现在在景区里面当导游，属于实习阶段。现在的生活比以前要好得多了。

我家都是苗族，这边苗族跟布依族没有特别明显的区别，我们的习俗也跟着布依族走了，相当于我们两个民族融合在一起了，人际关系都是融合在一起的。如果没有人提出来，都不会意识到民族间的区别。

再考察朝阳的苗族吧！

据毋利军的调查，2016年元月，朝阳镇浪波湾易地扶贫搬迁工程正式启动实施，项目总投资1 500万元，规划用地36亩，共建设了29栋移民安置房，建筑总面积6 080平方米，分为A、B两种户型，A户型涵盖11户浪弄村民，建筑面积1 760平方米，B户型涵盖18户浪弄村民，建筑面积4 320平方米，同时还配套建设了小区路网，安装了水电，对周边环境进行了绿化等。

2016年12月30日，29户浪弄苗民整体搬入了板麦村的浪波湾。房子由原来的木房、未粉刷的砖房，变成了漂亮的富有当地特色的二层小楼。

这次易地扶贫搬迁，浪弄村民每人获得新房建设补助20 000元，旧房拆除补助15 000元，基础设施建设补助20 000元。其中新房建设补助和旧房拆除补助直接打到村民卡里，主要用于支付工程施工方的建设费用，余额可用于新房自主装修，基础设施建设补助则由政府统一支配使用。浪波湾的房屋建设费用是每平方米800元，浪弄各家户所获得的补助在支付房建费用后基本都有余额。

毋利军在浪弄老寨遇到了回老寨种田的浪弄组组长高敞荣，谈起浪弄老寨搬迁前后的情况，他说，“虽然搬出去了，我们现在也经常回来老寨，因为我们每家都有地在这里。回来种些粮食，使它不荒，不然地就荒了。但这个地方（老寨）条件太恶劣了。基本没有手机信号，电信时有时无。现在下去了，主要就是打些零工，有些在外面，浙江、广东啊打工，有些在附近打一些零工，维持生活没有问题。因为那个地方（浪波湾）信息比较灵通，要做什么，打个电话就通了。但是这个地方（老寨）人家有活找你，电话都打不通。虽然搬走了，我们还想在这个地方搞一些养殖、种植，但是这个地方路不通，这个土路太烂了。我们去下面（浪波湾）住的时候，他们（寨马村民和下冷村民）也挺欢迎的，我们经常来往，大碗小吃，都是在一起。有些有丧事、酒席什么的，都是去帮忙，都是一起的。”

浪弄搬迁户王文才对易地搬迁评价道，“感谢党的好政策，让我们从一个边远落后的地方，能搬来这里。以前还在浪弄的时候，手机基本没有信号，交通也很不方便，从这里骑摩托车，都要半个小时以上。饮用水也不方便，附近没有好的取水点。除了种地，想做点什么事情，都很困难，跟外面越来越脱节，越来越落后。现在好了，这里就在大路边，政府帮我免费修好这么宽的房子，自己简单装修一下就可以入住。我家的房子，两层楼，造价要20万左右，很宽敞，要是没有党和政府，靠我自己是根本不可能建成的。不仅是我，大家都一样，因为仅仅是土地，就没有办法解决。所以政府动员整组搬迁的时候，大家都积极，没有哪个讲不同意的。”接着，王文才又指着家里的冰柜等说，“我家的点菜柜、消毒柜、餐桌、凳子等，全部是政府发展旅游产业的项目扶持的。这样到旺季的时候，家里每天平均可以接待2桌游客就餐，每桌能赚100块左右。平常我自己在县里面打点小工，一年也可以挣到至少一万多块。”①

三、石榴意境与布水苗瑶汉紧紧地抱在一起

荔波城镇化把一些本来分布在深山里的布、水、苗、瑶迁移到县城和景

① 材料来源于朝阳镇吴德圣对浪弄村民王文才的访谈记录。

区，从分散聚居，变为嵌入共居，这种“在一起”的居住模式，有利于各民族之间的互动和交往交流。

朝阳镇有一个很典型的案例。

朝阳镇板麦村的浪弄是一个环境非常恶劣的贫困村，其移民搬迁工程始于2014年。由于离小七孔景区近，又在高速路边，政府看上了原属于布依族寨马村的土地——浪波湾。朝阳镇的领导本以为寨马村不会同意让出浪波湾的土地，没想到，经过坦诚的沟通，寨马村民爽快地答应了。而对于浪弄苗民来说，城镇化是一个文化再适应的过程，一方面继续保留他们原来在山里的生活方式。毋利军去浪弄老寨调查时，看到一些村民仍在老寨从事农业生产，尤其是一些老人。据浪弄组组长高啟荣介绍，他常常回到老寨来照看地里的玉米、果树、桑树等。另一方面浪弄人也积极适应城镇化的生存环境，努力掌握在平地上、公路边、景区附近的生活技巧。所以，为了让浪弄人能够“搬得出、稳得住、能致富”，朝阳镇政府大力引导浪弄村民发展旅游业、特色种植业，鼓励村民到附近的一些企业、景区工作。2017年政府投资了80万元完成了浪波湾乡村旅游项目，帮助浪弄所有农户将自家房屋改造成农家乐、家庭旅馆。部分村民在公路旁边树立了招牌开始揽客。同时朝阳镇政府还多次对浪弄村民进行技术培训，提升他们的业务能力。

生态移民城镇化，扩大了浪弄苗族与其他民族互动交往的范围和交流的深度。由于过去的浪弄是一个较为封闭的苗族社会，而浪波湾地处在公路旁边，又被布依族村落环绕，从而形成一个既有苗族，又有布依族，还有外来游客的多族群社会。幸运的是，浪波湾旁边的两个布依族村落——寨马村和下冷村，对浪弄苗民都非常友善。寨马村自不必说，提供了搬迁所需要的土地，而下冷村则提供了浪弄苗民入住浪波湾后所需要的水源。

本来浪波湾的水源应由从小七孔景区到朝阳镇的输水管道供应，但由于这个管道出了问题，导致浪波湾的水源供应紧张。于是浪弄人采取了他们在山里的老办法，在浪波湾后面的山坡上找到了一口小水洞，用水管将水引下来使用，但这些水远远不够使用。而附近最近的水源就是下冷村的大水池（储蓄旁边大水洞的泉水），这个大水池是下冷村民自己投工投钱建的。经过一番沟通，下冷村民慷慨地同意了浪弄寨取水的请求。于是在政府的资金支持下，浪弄村民布好了从下冷大水池到浪波湾的水管，解决了水源问题。

据浪弄搬迁户王文斌介绍，他们与周边的布依族村落关系都很好，附近有喜事时，都会相互通知，一起聚餐，还常常共同参加板麦村举办的一些文体活动。上寨马村组长蒙敏奎和下冷村组长何俊波，都对毋利军表示：浪弄搬过来后，相互间关系不错，遇到事情，都能互帮互助。

很明显，这种生态移民促团结的事例，呈现出了石榴意境的中华民族内聚力。

从学理上讲，群体的内聚力（group cohesiveness）或群体的凝聚力，指群体成员凝聚为一体，合力于群体或组织目标活动的心理结合力。社会心理学家常在内聚力概念的框架下使用群体相容、群体满足、群体团结和成员吸引等术语。它包括两个方面：一是群体对成员的吸引力；二是成员彼此之间的吸引力。内聚力表现在成员的心理感受方面，即认同感、归属感与有力感。

认同感。这是个体在认知和评价上与群体保持一致的情感倾向。内聚力较强的群体，各个成员对一些社会事件与原则问题，都持有一致的认识与评价，即认同感（identification）。这种认同感往往会相互影响，并且这种影响是潜移默化的，特别是个体对社会刺激束手无策时，此时群体其他成员对其影响就会更大。

归属感。这是个体自觉地归属于所参加群体的一种情感。体现群体内聚力最重要的形式，就是每个成员在情绪上加入群体；作为群体的一员，他们以群体的规范为准则，进行自己的活动、认知和评价，自觉维护群体的利益，并与群体产生情感上的共鸣，即归属感（belongingness）。必须指出的是，每个人对自己所从属的某个最主要的群体怀有最为强烈的归属感，以此来实现自己的安全感。

有力感。在群体内聚力较强的前提下，当一个成员表现出符合群体规范、符合群体期望的行为时，群体就会给予肯定性评价，以支持其行为，从而使其行为得到进一步强化，使该成员信心更足、意志更强，即为有力感（sense of strength）。

可见，群体内聚力表现为知、情、意三方面。认同感给予个体认知上的支持，归属感是给予个人情感体的依靠，有力感则带给个体意志力量，从而使群体与个体的相互作用能坚持不懈①。

荔波对中华民族的内聚力通过石榴意境鲜明地表现了出来，本来分散居住在大瑶山、月亮山和麻山中的瑶族、苗族，搬迁移民到县城和景区，既形成了与布依族、水族和汉族交错嵌入的杂居，又走上了城镇化的道路。

结合生态保护和易地扶贫搬迁，近年来，荔波县陆续从深山老林里将数以千计的农户搬出来，由政府统一规划建新房和完善基础设施，帮助村民通过发展旅游服务业脱贫增收，初步迈上了城镇化道路。如走进荔波县“梦柳布依风情小镇”，浓郁的少数民族文化气息扑面而来：一面硕大的铜鼓矗立在广场上，平坦、整洁的水泥路两旁，风格各异的特色民居鳞次栉比，充满“乡愁味”的农家乐忙着接待成群的游客。这个紧邻荔波大小七孔风景名胜区的“小镇”，融入了当地布依族、水族、苗族、瑶族等民族服饰、餐饮、建筑等文化，通过提升旅游服务品质，吸引商业入驻和更多游客游览，让老百姓

① 内聚力。https：//baike. so. com/doc/6480164 －6693867. html

吃上“旅游饭”。“这儿风景秀丽，气候宜人，游客逐年增多，吸引了许多外地人来做生意。”瑶山瑶族乡高桥村党支部书记朱明怀说，他们村 6 个村民组 186 户 620 多人，一年多前从遗产地核心区域搬到梦柳布依风情小镇，目前村里有 110 多户出租房屋，一年收入 8 万元到 30 万元不等，还有 20 多户经营餐饮店和小超市。瑶山瑶族乡菇类村瑶族妇女谢海英与许多从大山里搬出来的村民一起，被安置在乡政府所在地附近的瑶族移民新村，作为村里的舞蹈队员，现在每天的工作就是为游客表演猴鼓舞、打猎舞、竹筒舞等民族舞蹈。她说：“每个月可领到 2 000 元左右的工资，还可以照管小孩，生活比以前好多了。”①的确，小镇占地面积约 237 亩，紧邻大小七孔 5A 级景区，荔波县按 3A 级景区标准建设小区，配套了幼儿园、社区服务管理中心、旅游产品展示中心、旅游接待中心等城镇化的设施。2016 年，荔波县又投资 5 亿元，启动建设拥有 2 089 个停车位的荔波大小七孔景区游客集散中心。为了帮助当地群众“吃上旅游饭”，该项目除游客服务中心、公厕、停车场等土建、安装及景观绿化工程之外，还配套建设有集聚商铺、餐饮、茶楼、酒吧等业态为一体的休闲商业街，增加群众就业渠道。走在漂亮的小区里，看着自己的新家，50 岁的布依族移民蒙明飞笑容灿烂地说：“没想到，就这么一搬，我家的生活就发生了天翻地覆的改变，全家从此过上了好日子。”蒙明飞 74 岁的母亲何小花对新家干净、整洁的环境赞不绝口：“以前住在老屋，路不好，大家养牛养马养鸡，卫生环境不好，一到下雨天，院子里的污水就到处淌，人都没办法下脚。现在新家出门就是白生生的水泥路，到处都有花花草草，小区每天都有人打扫卫生，走到哪里都是干干净净的。”蒙明飞在小镇附近的四季花海景区当上了景区管理员，每天管理着几十名工人栽花、种草，每个月的工资在 3 000 元以上。“景区正在栽荷花和格桑花，5 月之后就能看到花开了，一大片一大片的，漂亮得很。”他笑着说。让蒙明飞更高兴的是，儿子通过考试，成了瑶山瑶族乡政府的一名工作人员。“现在儿子每天走路用不了 5 分钟就到办公室了，每个月工资有 4 000 多元呢!”② 真是一派城镇化的图景。

据荔波县民宗局提供的 2015 年的资料显示：黎明关水族乡总人口有 19 733人，其中汉族 2 704 人，布依族 9 427 人，水族 5 604 人，苗族 940 人，瑶族 400 人，壮族 475 人，侗族 33 人，土家族 66 人，毛南族 64 人。瑶山瑶族乡总人口有 9 980 人，其中汉族 286 人，布依族 5 713 人，水族 151 人，苗族 722 人，瑶族 3 001 人，壮族 87 人，侗族 4 人，毛南族 5 人。玉屏街道总

① 何天文、汪军、施钱青、王永杰：《“绿宝石”托起“乡村振兴梦”》，载《荔波新闻》，2018 年 4 月 2 日 04 版。

② 桌晓琳、王永杰：《迁出地发展特色产业，迁入地实现就近就业——新家新气象，新业新希望》，载《荔波新闻》，2018 年 4 月 23 日 04 版。

人口有40 094人，其中汉族4 683人，布依族17 564人，水族14 984人，苗族1 466人，瑶族479人，壮族410人，侗族238人，土家族49人，毛南族40人。其他如佳荣、茂兰、甲良、朝阳和小七孔镇的民族结构态势与此基本相似。

通过生态移民，荔波已形成以县城、集镇和景区为中心的城镇化格局。随着城镇化的深入发展，民族的边界将会越来越模糊，民族的心理将会越来越认同。这就是内聚力的张力之所在。为了推进荔波的城镇化，荔波县委书记尹德俊书记特别强调说："强化规划引领，落实惠民项目。立足荔波全城旅游发展战略，小城镇建设聚集功能等，项目选址坚持区域优先，实现有产业带动、景区拉动、服务聚集等支撑，将搬迁安置点按照3A级以上景区景点打造，大力发展民宿、农家乐、乡村客栈等旅游产业，让搬迁群众在家门口就能搭上'旅游车'、吃上'旅游饭'。特别是县城搬迁安安置点，在规划布局上，注重小区商业业态规划和建设，规划4个业态，分别为购物一条街、饮食一条街、农贸超市、特色小吃一条街，周边还配套建设建材城、汽车城，满足搬迁群众生产生活需要与就业需求，早日实现脱贫致富。"① 据报道：截至2016年12月12日，荔波县城镇建设投资完成17.4亿元；固定资产投资完成22.5亿元；房地产销售面积完成20.2万平方米。县城建成区面积约8.3平方公里。2016年底，城市（县城）人均拥有道路面积16.5平方米。城镇人口8.7万，城镇化率46.6%，城镇绿化覆盖率达49%②。荔波为加快推进城镇化的步伐，构建以县城为核心，朝阳、甲良、小七孔、佳荣等小城镇为支撑，大小七孔景区、茂兰自然保护区、交通廊道沿线乡（镇）为节点的"七星抱玉"新型城镇化发展格局。积极促进县城和小城镇协调发展，推行小城镇建设，采取了政府主导、社会参与的投入机制。与此同时，加快甲良、小七孔、佳荣的小城镇建设步伐和玉屏、朝阳的同城化建设，提高城镇吸纳就业能力，提升城市功能及服务水平③。

通过易地生态移民，走城镇化的路，如今的荔波，已进一步形成像习近平在十九大报告中所说的那样："加强各民族交往交流交融，促进各民族像石榴籽一样紧紧抱在一起，共同团结奋斗、共同繁荣发展。"

作者简介：徐杰舜，广西民族大学民族学与社会学学院教授、博士生导师，人类学高级论坛学术委员会荣誉主席。

---

① 尹德俊：《"七强化七落实"，打好易地扶贫搬迁仗》，载《荔波新闻》，2018年6月11日04版。

② 柏祥意：《书写百姓富生态美新画卷——荔波加快城乡一体化构建新型旅游城市综述》，载《荔波新闻》，2017年12月25日04版。

③ 蒙隽：《荔波：擦亮城镇建设的底色，打造候鸟宜居家园》，载《荔波新闻》，2017年12月18日04版。

混杂与整合：城镇的空间、人群与秩序

——以两个边疆城镇为例

刘 琪

在西方人类学界，对于城市人类学的研究，以芝加哥学派的人文区位学为引领，多集中于对城市内部区位特征、空间结构、人口分布等方面的考察，很少涉及城市文化与象征方面的内容，也较少关注特定的城市与更大的区域社会体系之间的关系。施坚雅对于中华晚期帝国城市的考察，讨论了从镇到市的经济层级，开拓了更广阔的研究视野，但其研究亦仅局限于经济方面。在笔者看来，城市在象征、宗教、仪式层面上的内涵，应是对中国城镇进行研究时的重要面相。此外，边疆地区的城镇，往往具有很强的文化上的混杂性，如何在混杂的基础上构建城镇秩序，亦是值得探讨的话题。

笔者将以清末、民国时期滇西北地区的两个城镇——独克宗与阿墩子为例，讨论其历史由来、空间格局、人群结构与仪式体系。这两个城镇都具有很强的混杂性，这种混杂性，源于城镇与更大的社会体系之间的联结，包括军事/政治与贸易/经济两个方面。在长期共同的社会生活中，当地人群形成了内在自发的社会秩序，通过共同的社会规范、中心象征及围绕其展开的仪式体系，城镇又被整合成为一个整体。混杂与整合、内与外之间的张力，是这两个城镇的典型特征，也可以为更广泛意义上的城市人类学研究带来启发。

一、导言

对于以原始社会研究为标榜的人类学而言，城市，是新的研究主题。20世纪初期的美国，移民浪潮带来了城市规模的迅速扩张，城市问题也相应引起了人们的关注。以帕克（Robert E. Park）为首的芝加哥学派，成为城市研究先驱。

在帕克看来，古代城市起初是一个堡垒，是战争时的避难所，而现代城市，则主要是在贸易的基础上形成。因此，劳动分工成为现代城市中最重要的特征。劳动分工带来了人口的流动与重新组合，人口与空间的结合，是城市中生态组织化的过程。帕克写道：“在城市社区的界限内，或者说，在任何人类居住的自然区域的界限内，都有若干力量在起着作用，它们会使得区域内的人口和机构呈现为一种有秩序的、有典型性的群体形态。有一门科学试图将这些作用因素从中分离出来，并试图去描述在它们的共同作用之下人口和机构呈现出来的、具有典型性的群聚形态。我们将这门科学称为人类生态学（human ecology），以示它与植物生态学、动物生态学的区别①。”

以生态学的方法，考察是什么样的社会力量推动了城市人群中的组合与再组合，并构建出城市生活的秩序，是帕克倡导的城市研究的要点。帕克认为，城市的一个重要特征，便是传统上同一个社区内个体间直接的、面对面的初级（primary）关系开始为次级（secondary）关系取代，这为城市控制带来了难度，而个体情感寄托的丧失，也带来了社会问题的增加。在帕克看来，看起来井井有条的城市中，其实也蕴含着失序的风险，解决这个问题的根本方法，在于找到飘零的个体如何结成社区的共同纽带，换言之，在于使社区重新成为共同体②。

帕克倡导的城市生态学，推动了对于城市内部空间社区与人群特征的研究，然而，这种研究仅是在单一城市内部进行，缺乏对于城市之间关系的关注。此外，帕克及其追随者的研究对象，大多是现代化以来的美国大中城市，没有涉及中小城市或是介于村与城之间的镇。这两方面的缺憾，在施坚雅（William Skinner）对于中国城市的研究中得到了弥补。施坚雅认为，帝国时代城镇的起源，大致有两方面原因，一是帝国官僚政治设置的地方治所，二是经济贸易需要形成的集镇。施坚雅主要关注了后一种城市，并由此分析了在特定区域中，不同类型的城市构建的层级结构。施坚雅指出，大都市通常是大区域经济的顶级城市，然后依次向下，会有地区城市、地方城市、中心市镇等，最低一级，则是农村的集镇。集镇通常以集市体系为特征，一般包括十五至二十个村庄，组成了构筑经济层级的基本单位。通过复杂叠盖的网络，每一层次的社会经济体系又上连于更高层次的体系，每一个区域体系均是一个有连结点的、有地区范围的、又有内部差异的人类相互作用的体制。③

施坚雅的考察，提醒我们注意到城市与区域网络之间的联系，也提醒我们认识到基层集镇的功能。然而，与帕克等人类似，施坚雅的研究也仅关注城市的经济面相，缺乏对文化、象征层面的分析。另一方面，施坚雅对城市层级的划分，主要来源于人口相对密集、中央政府能够直接控制管理的农业

① ［美］罗伯特·E. 帕克：《城市：有关城市环境中人类行为研究的建议》，杭苏红译，张国旺校，商务印书馆，2016 年版，第 6 页。

② 田耕：《人文与生态（代译序）》，载于《城市：有关城市环境中人类行为研究的建议》，［美］罗伯特·E. 帕克著，杭苏红译，张国旺校，商务印书馆，2016 年版。

③ ［美］施坚雅主编：《中华帝国晚期的城市》，叶光庭等译，陈桥驿校，中华书局，2000 年版。

地区，对于政府管理相对松散的边疆地区，则没有给予关注。

事实上，笔者在西南地区的田野调查中发现，边疆地区的城镇，有其自身的特征。一方面，相对于核心区域而言，边疆地区的人口是相对稀疏的，然而，这一区域的历史上却有着相当强的流动性，并且，由于处于不同文化的交会地带，人口的丰富性与混杂性远远高于核心区域；另一方面，至少在晚期帝国时代，中央政府还难以形成对这一区域有效的控制与管理，这使得城镇秩序更多是在内在自发的基础上形成。此外，边疆地区的城市层级远没有施坚雅描述的那样复杂，有县级治所的城，并没有达到"高级经济中心"的规模，而更多担当了联结农村与更大规模的区域社会的功能，即仅是施坚雅所言的"镇"。这种城镇，往往同时承担了地方政治中心与经济中心的功能。在此前的研究中，很少有对于边疆城镇的关注，尤其是对于其丰富性与混杂性的解剖。

接下来，笔者将描述两个边疆城镇——独克宗与阿墩子在晚期帝国及民国期间的样态。这两个滇西北的城镇，均同时具有政治与经济上的功能，并有着很强的流动性与复杂的人群结构。笔者将描述这两座城镇的建城历程、空间格局与人群分布，并着重探讨这些不同的人群如何通过共同规范与象征体系形成内在自发的整合性力量。这两个城镇均与更大范围的区域社会有着联结，城镇的历史，也与区域历史有着直接关联。对于边疆城镇进行研究，可以让我们回到帕克提出的如何构建城市秩序的问题，也可以为我们研究现代都市带来启发。

二、混杂的城镇：空间与人群

> 自丽江西行，路皆危岩峻坂，如登天梯，老桧交柯，终岁云雾封滃，行者不见马首，几疑此去必至一混蒙矣。讵三日后忽见广坝无垠，风清月朗，连天芳草，满缀黄花，牛羊成群，帷幕四撑，再行则城市俨然，炊烟如缕，恍若武陵渔父，误入桃源仙境。此何地欤？乃滇、康交界之中甸县城也①。

1932年，奉国民政府之意出使西藏的刘曼卿，在路过中甸的时候，曾留下了如此文字。这段文字中写到的"中甸县城"，古名建塘，而其县城所在地，则被称为独克宗。根据史家的考证，"独克宗"意为石丘山上的白色寨堡，因吐蕃时期即在山包上设寨得名②，可以看到，独克宗最早的城的雏形，

① 刘曼卿：《国民政府女密使赴藏纪实：康藏轺征》，民族出版社，1998年版，第143页。
② 参见王恒杰：《迪庆藏族社会史》，中国藏学出版社，1995年版。

源于其军事上的重要地位。

吐蕃势力消亡之后，滇西北在很长一段时间处于无人管辖的状态。明朝中叶，木氏土司的势力曾深入到这一代，阿墩子之名的来源，则与木氏土司有着直接关系。地志资料中记载："阿墩名义，始自唐时丽江木氏征著得释迦牟尼铜像一尊，其大犹人涅槃而坐，看不过百余斤。其奇者至墩之街旁德钦寺旧址甚有土墩台，离高数尺，翠竹清泉幽雅成趣。木氏于是建寺召僧，片时马鹿银厂茂顶金厂均旺，并为川藏必由之呼，故而陆续商集成市，以其台为名。自民国光复取去墩字土旁，大略边界取以墩和之义也①。"

这是一段带有传奇色彩的叙述。独克宗最早建城，是因其军事地位；而阿墩子则是由"市"演化而来。从后面的历史发展来看，两座城镇都兼具了"城"与"市"的功能，但仍旧各有偏重。在地理位置上，独克宗更靠近汉地，并且有着一块相对较大的"坝子"，这也使其更具有军事控制与战略上的重要性。

吐蕃时期所建的寨堡，很快便消失于历史长河。此后，木氏土司也曾在独克宗之地修筑日光、月光两城，但此后又毁于战乱。雍正元年，云南提督郝玉麟在平定罗卜藏丹津之乱的过程中进驻中甸，此为滇西北被纳入中央版图之始。次年，再度修建中甸城。《新修中甸志书稿本》中记载：

> 中甸古称"建塘"，为西藏所管，无城池。自归化后，蒙总督云贵部院中协副总兵官孙（宏本）奉命到甸，于雍正二年（1724年）间，始建立土城一座，由白鸡寺山腰斜挂于东门山脚。周围长三百六十丈，高一丈二尺。安设四门城楼，并无垛口、炮台。周围顺筑土墙，墙外亦无壕池。内建兵房数十余所，以为兵寓。②

可以看到，在这个时候，此前政权所建的城池均已被毁，清政府修筑的中甸城，则首先是作为"兵寓"存在的，城址也并不是在坝子中央，而是依山而建。根据当地老人的回忆，山下的坝子是藏民的世居之处，清朝驻军建的这座城里面"只有汉人"。藏民有土地，靠耕种土地而来的粮食生活，汉民则没有土地，只有朝廷发下来的口粮和饷银。建城初期，汉藏之间并没有多少来往，藏民并不会主动前去汉民的城里，汉民则需要来山下坝子的水井打水，并购买一些生活必需品。在打水的时候，汉藏之间还会偶有矛盾冲突。

这个时期，虽然作为兵团的汉人还处于相对隔绝的状态，但在城下的坝子上，随着商业的繁荣，已经开始出现了族群融合的趋势。历史上，中甸早

---

① 云南省德钦县志编纂委员会：《德钦县志》，云南民族出版社，1997年版，第353页。

② 中甸县志编纂委员会办公室：《中甸县志资料汇编（二）》，1990年，第18~19页。

已是汉藏之间贸易的孔道，康熙二十七年（1688 年），“达赖喇嘛求互市于金沙江，总督范承勋以内地不便，请令在中甸立市，许之①。”从此，这里进入了新的繁荣时代。当时的贸易活动，大致可以分为两种，一是运送货物路过独克宗，在此从事交易，这种交易，通常以委托当地藏民的形式实现；二是直接在街子上开设商号，并逐渐融入当地社会。这些开设商号的人，大多是来自鹤庆、丽江等地的纳西族、白族、回族商人②，从清朝中后期开始，通过向当地藏民购买土地，他们逐渐定居在这里，并开始与当地人通婚。

好景不长，汉人所筑的城池，在同治二年（1863 年）的杜文秀回变中被焚毁。此后，无所依归的汉人只好“下山”来投靠藏民，汉藏之间也开始融合。到了民国十年（1921 年），城又一次被筑了起来，而这次的城，便将所有人都囊括在了内部。民国《中甸县纂修县志材料》中写道：

> 今城在旧城之东，与旧城基为连环形——县政府即在连环套中，原为守备衙门遗址——城墙周围六百余丈，高二丈一尺，厚六尺，覆木为檐，盖以草饼，以御风雨。其形不方不圆，有五门十一硐。中有石山，形圆如龟。藏民建经堂于龟背，即环石龟而居，谓之“本寨村”。因嫌旧城狭隘，又复缺水，故始改筑新城，而围石山于其中。石山前有清泉涌出，全城饮料取给于此。城外无壕。③

一张《中甸县新旧县城图》，清晰地展现了当时城内的空间格局：

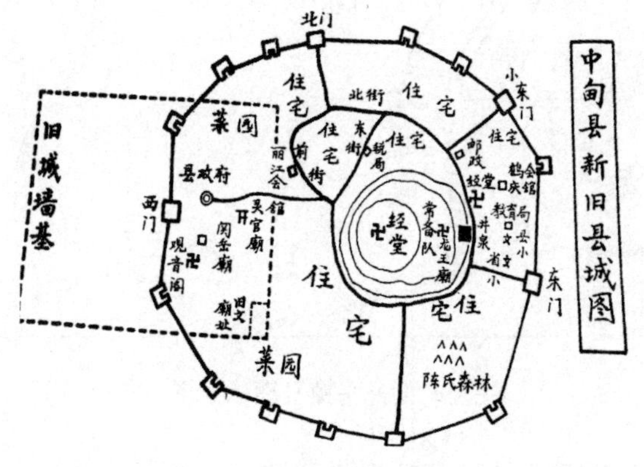

中甸县新旧县城图

① （清）倪蜕辑，李埏点校：《滇云历年传》，云南大学出版社，1992 年版，第 285 页。

② 这里提到的“族”，是按照今天的民族分类称呼的，但事实上，当时中甸县城里的藏族人，也一律把这些人视为汉人。

③ 中甸县志编纂委员会办公室：《中甸县志资料汇编（三）》，1991 年，第 48 ~49 页。

从这张图片来看，大龟山，显然成为县城的中心，这也是最早吐蕃修建寨堡之处。山前的井水，是城里所有居民的生计来源。城中的住宅，围绕着大龟山四散开来，这些住宅基本是土木结构，除住宅之外，还有形形色色的庙宇与会馆。这些庙宇大致可以分为三类：一类是藏传佛教的经堂，其中一座位于大龟山顶，另一座位于山脚下；第二类是汉人建起来的各种寺庙，如观音阁、关岳庙、灵官庙等，从图上可以看到，这几座庙宇基本处于当年的旧城内，是当时清朝驻军的后人所建；第三类是各式会馆，以丽江会馆、鹤庆会馆为代表，馆内会供奉神灵，在当地老人的口中，也把这些会馆称为“庙”。有趣的是，本应作为权力机构的县政府，却处在很边缘的位置，把政府设在原汉人城池的内部，或许也是出于现实与心理上的安全感的考虑。在当地老人的口中，曾用“三行”来概括民国期间中甸城内的社会群体，即藏团、汉团与商会①。从城市的空间格局上可以清晰地看到，这三个社会群体各自有各自相对集中的活动领域，既有所区分，又没有完全隔离。据说，山脚下的经堂，是藏团的“活动中心”，而汉团的活动中心，则设在关帝庙。在那个时候，汉藏之间通婚早已是普遍现象，这进一步带来了群体之间的融合。

相对于独克宗而言，民国期间的阿墩子，没有这么清晰的手绘地图。然而，当前的《德钦县志》中，有这样一幅示意图：

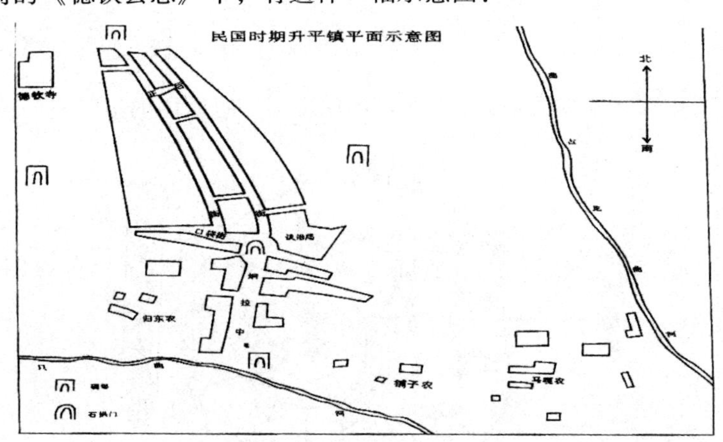

民国时期升平镇平面示意图

相较于独克宗而言，阿墩子的规模与格局显然小了很多。这里从始至终也没有建起过城池，仅是在图示的地方，即三条主要街道的入口处有一座石拱门。然而，从人群的混杂性上而言，阿墩子并不亚于独克宗。这里同样有

① 关于“三行”的情况，可参见杨若愚：《“夷汉杂处”——一座边地古城的政治、族群与文化》，厦门大学硕士学位论文，2009年。

清朝驻军的后代，也同样有前来做生意的商人及其会馆。更值得一提的是，这里还有一座教堂和清真寺。清真寺，是雍正年间定居阿墩子的回民后代所建①，位于图中正街的末尾与口袋街接壤之处，而在设治局的旁边，则是鹤丽会馆与天主教堂②。

虽然从地理位置上看，设治局在阿墩子的位置比独克宗要更中心，然而，从笔者了解到的情况来看，无论在这两个城镇中的哪一个，设治局都几乎没有任何的实权与地位。且不说从档案材料中可以看到，当地的县长更换非常频繁，即使是到任的县长，也基本是被各个地方机构架空。在阿墩子，当地老人回忆起设治局的时候，都用藏文词汇“嘎洪”来形容。“嘎洪”，原意为衙门，衙门的最大作用，不是对这里实施什么有效的管理，而是击鼓鸣冤，升堂断案。当地老人可以绘声绘色的讲述起当时“嘎洪”断案的一些场景，然而，他们也补充说，老百姓如果真的有什么纠纷，更愿意去找土司或喇嘛庙，嘎洪“生意不是很好”③。事实上，从历史上看，无论是独克宗还是阿墩子，外来的力量都很难真正对这里进行有效的管理和控制，地方秩序基本靠当地百姓自发维持。

正如前文所言，与独克宗相比，阿墩子的军事战略地位相对没那么重要，然而，它作为“市”的功能却比独克宗更为明显。原因在于，除了寻常的推进贸易的要素以外，阿墩子这里还有一座藏区神山——卡瓦格博。卡瓦格博，为藏区八大神山之一，每年秋冬两季，便有很多外地藏民前来转山，这个时候，便是阿墩子最为热闹的季节。民国期间曾常驻阿墩子的国民政府官员黄举安写道：

> 此雪山名震康藏，为西藏八大山神之一。每到冬季，康藏善男信女来朝雪山者极多。藏俗不朝雪山者，死后无人抬埋。此时德钦商业因而繁盛。故当地人云“作十冬腊三个月的生意，其利润可以维持一家一年生活。”朝山人之多，生意之繁盛可以想见。每属“羊”年，即隔十二年一次，康藏人来此朝山者尤数十百倍于平时。笔者以为，与其说“雪山

---

① 这些回民很快与当地的藏族融合，成为“藏回”。关于这里藏回的情况，可参见刘琪：《民族交融视域中的“藏回”——基于云南省德钦镇升平镇的实地考察》，载于《民族研究》，2018 年第 2 期。

② 关于阿墩子的天主教堂，也有老人说，其实没有明显的标志物，只是一座普通的楼房，是当时的天主教传教士用来搞活动的地方。

③ 关于德钦地方土司、喇嘛寺与设治局的关系，可参见刘琪：《命以载史——20 世纪前期德钦地方政治的历史民族志》，世界图书出版公司，2011 年版。

> 太子"① 为德钦名胜，毋宁说雪山为德钦人的一座"金山"较为适宜。盖无此山，德钦商业及人民生计成问题也。②

这座神山，成为阿墩子人民生计的重要来源。在刘曼卿的日记中也写道，当地人与这些前来朝山的"阿觉娃"进行交易，"或以布匹、铜锅，换其麝香药材，或以针线杂货，换其兽皮羊毛，均无不利市什倍③"。在笔者调查过程中，当地老人曾经感叹当年阿墩子街市上物品的丰富，并认为当时的德钦，有"小上海""小香港"之称。这样一个人口不足1 000人的小镇，却有着让人难以想象的混杂与繁荣。

三、整合性的力量：规范与节庆

在某种意义上，无论是独克宗还是阿墩子，都像是汉藏孔道处的一个容器，容纳了从四面八方来到这里的人们。在历史上，这里曾经被多个外来政权占领，但无论是哪个政权，都难以真正实施有效的管理，当地的老百姓，则早已对这种情形习以为常。根据史家考证，早在很久远的年代，这里便形成了一套以地域为基础的"属卡制"，此后进入这里的势力，无论是元军，还是木氏土司、和硕特部落，乃至清王朝、国民政府，都是在这套制度的基础上征收税务，进行统治④。同一属卡的老百姓，会制定自己的"村规民约"，对内部事务进行规定，属卡与属卡之间的纠纷，则通过更高级别的会议来解决。

独克宗，被称为"中心属卡"。在史料中，笔者找到了数份关于属卡内部的"公约"，这些公约涉及的内容，大致可以分为两类，一类是涉及具体事务的，例如，如何摊派赋税、如何修建房屋、如何安排轮值等；一类是涉及行为规范的。第一份《中心属卡汉藏公约》，出现在乾隆十二年（1747年），里面写道：

> 为汉夷大小同心议例，以垂永久，以杜更张事。窃甸治属木府管辖，本寨户口尚少，该地建立围墙，安设四门，街道宽阔，房屋整齐，边留余地，约为火烛、盗贼起见。缘遭兵马，前基倾颓。嗣上下寄籍重多，房屋稠密，被火二次。又至近时，汉籍续住，效尤起铺，将寨街路面侵

---

① "太子雪山"（或"雪山太子"）为民国时期普遍流传的汉人对卡瓦格博的称呼。据当地人介绍，这个称呼来源于清末任阿墩子弹压委员的夏瑚，但笔者没有找到相关史料证明。

② 云南省德钦县志编纂委员会编：《德钦县志》，云南民族出版社，1997年版，第379页。

③ 刘曼卿：《国民政府女密使赴藏纪实——原名〈康藏轺征〉》，民族出版社，1998年版，第149～150页。

④ 参见王恒杰：《迪庆藏族社会史》，中国藏学出版社，1995年版。

占，至若寨之石岗，挺立中央，境脉天然，四山环拱，众夷绕居，五方商贾，络绎聚归……倚强侵占，将寨岗土石余地凿开建修。适有段姓铺内被火，附近汉夷之家，本身几逃外地，器物无处搬移，众所昭彰。今汉、土官民公议，欲照其向时制度，约略可认火星巷道，出入便路应各留宽三尺，寨岗相连之地，应遵古制，不得占修……①

从这段话中，我们大致可以看到独克宗古城的变迁历程。木氏土司时代，这里定居的人口相对较少，此后，在康熙、雍正年间，随着商业的发展，有很多汉人迁来贸易居住。这些新来的移民，带来了潜在的火灾隐患。因此，属卡里的居民聚集起来共同商议，重新为城里的建筑进行了“规划”，在后文里，详细规定了所有房屋、道路的建筑细节，文末，则附有属卡内所有居民的签章。

这份约定，具有鲜明的时代特征与代表价值。这一时期，大量汉人的进入为独克宗古城的管理提出了新的挑战，解决这些挑战的方式，则是土官与民众坐下来一起商议，制定公约。需要指出的是，这里的“土官”，指的是当地世袭的土千总松氏，在分类体系上，仍旧属于“内部人士”。此后，类似的公约不断出现在档案之中，虽然在约定中，也可以看到汉藏之间存在着一些张力②，但总体而言，立约的方式仍旧得到了百姓的遵守。

更加值得一提的是，除了具体事务以外，在一些约定中，还有在佛教背景下对行为规范的规定。例如，道光五年（1825 年）的《本寨老中青公民应遵守的公判布卷》中写道：

希老、中、青全体人员铭记于心，不论自己或他人都应遵我佛清静为本，纤尘不染之教义，虔诚崇奉皈依三宝为首要之信条，严守“十不善”之诫训，诺遵处世三行为、言语四行为，特别要以三不行为为诚信，守意念。三行为：不嫉妒，不害人，容忍不同观点，不将己见强加于人之行为；为生生世世痛苦之源，能摒弃此三恶之念，即可达到我佛之意

① 香格里拉县人民政府驻昆办事处编：《中甸藏文历史档案资料汇编》，云南民族出版社，2003 年版，第 213 页。

② 例如，嘉庆十七年（1812 年）的《本寨藏公堂布卷公约》中写道，新任乡约“希图名誉，不照旧规，相率行汉礼铺张办事”，造成了开支方面的困难；同治七年（1868 年）的《公众立约》中也写道：“建塘独肯宗自兴汉族规矩操办婚丧嫁娶等事以来，所费过于繁重”，并通过立约的方式，试图节省开支，回归传统风俗。换句话说，这一时期，汉人的风俗已经逐渐开始影响独克宗。见香格里拉县人民政府驻昆办事处编：《中甸藏文历史档案资料汇编》，云南民族出版社，2003 年版，第 199 页、第 235 页。

念，必将永远受福受益。①

在这份公约中，虽然也有对具体事项的商讨，但更重要的是提供了指导性的社会规范。这种规范是以藏传佛教为背景的，但也可以看到具体的地方特色，如“容忍不同观点，不将己见强加于人”显然与独克宗人群的杂糅有关。事实上，无论是在独克宗还是阿墩子，笔者所访谈到的每一个人，几乎都提到自己从小被父母教导，要尊重不同的风俗，这种世代相传的教导，也使得多族群之间的共处成为可能。

共同的社会规范，为城镇秩序的塑造提供了保障，然而，正如帕克所言，如果要使城镇真正成为“共同体”，还需要找到共同的情感寄托。那么，在独克宗与阿墩子，这种情感寄托又在哪里？

前文已经提到，在这两个城镇，不同的人群都各自有各自的宗教场所与节庆活动。例如，汉人会去关帝庙、观音阁里烧香，会在七月半的时候祭祖；商人会在各自的会馆中商讨事务，搭台唱戏；藏民则会去寺庙拜佛，会去经堂请喇嘛念经；回民则会去清真寺礼拜，过伊斯兰三大节日。然而，值得注意的是，无论是在独克宗还是阿墩子，都有着所有族群共同享有的象征符号及围绕其展开的仪式，这些象征，与“山”和“水”有着直接的联系。

在独克宗百姓的口中，大龟山脚下的水井，曾经是他们最重要的生计来源。正如光绪年间的史料中记载：“龟山即造城之主山——土城建于龟山之上——由东门外接脉东向，土石并结，团聚高墩，时人号曰‘土官寨’。寨下流出清泉一溪，名为‘水井’，所有兵民商贾，共汲饮于此水焉②。”这口水井不仅位于全城中心，水质也佳，因此，城里的老百姓都喜欢去那里挑水担水。从前文中的示意图也可以看到，在水井之上，大龟山的半山腰处，建有一座龙王庙，庙里供奉着龙王，这也是直接与水相关的祭祀。

除大龟山以外，当地百姓心目中的“圣地”还有两处，一为五凤山，一为百鸡寺。史料中记载：“五凤山，在境内之东南隅，离城五里，犄角于南关之外……山腰间土人建立山神庙一所，四时祈祷，必到庙内焚烧天香，遍插灵旗，求之则应，叩之则灵，山神亦时为显应焉③。”“百鸡寺在西门城后之山顶上，建自明时，年月无考。惟高阁倚天，危楼拔地，上敬黄教祖师，傍列护法诸神。土人有病患灾疾，许愿祈祷，敬送家鸡一只放生寺内，习为风

① 香格里拉县人民政府驻昆办事处编：《中甸藏文历史档案资料汇编》，云南民族出版社，2003年版，第244页。

② 中甸县志编纂委员会办公室：《中甸县志资料汇编（二）》，1990年，第26页。根据当地人的回忆，直到通自来水之前，这口井里的井水一直是全城人的生活来源。最近十余年间，由于地下水抽取过多，井水已经干涸。

③ 中甸县志编纂委员会办公室：《中甸县志资料汇编（二）》，1990年，第26页。

气，鸡声成群，因名之曰‘百鸡寺’①。”五凤山，被认为是独克宗所有居民共有的神山，而其上的山神庙，则是供奉山神的所在。百鸡寺，虽然是一座黄教寺庙，但可以看到，它带有原始的苯教色彩，是一处放生许愿的场所。

在独克宗，春节，是一年中最盛大的节日②。按照当地习俗，大年三十晚12点，居民们便会聚集在水井前，“抢头水”，用勺子把井里的水舀出来，再倒回去。此后，要前往五凤山山神庙烧香，再去百鸡寺，等到这一圈转下来，天也差不多亮了，再去亲戚朋友家串门祝贺。可以看到，独克宗一年的开端，是围绕着“山”与“水”进行的，这是当地所有居民共享的象征符号，与族群无关。通过对与生计密切相关的共同神灵的崇拜，这座城里的居民意识到，他们是一个休戚与共的共同体。

类似的，在阿墩子，大年初一的绕山，也是当地居民的“集体活动”，只不过在这里，没有专门给阿墩子山神所建的庙宇，人们的崇拜，大多直接指向卡瓦格博。大年初一，阿墩子的百姓会围着县城周围的小山转一圈，但更重要的，是大年十五去“曲顶贡”的活动。曲顶贡，是卡瓦格博外转经的起点，汉名称为白转经台，由一座转经台和一座庙宇组成。这本是一座“圣地”，然而，在民国期间的史料中，却记载了当地青年妇女“耍白转经”的经过。按照黄举安的记载，阿敦镇里的青年妇女，每年新年初三以后，便去商号或者税关找经理或长官“敬酒贺年”，名为拜年，实则找他们索要钱财，若是不给，便“按下全身检查”，将荷包里的银圆全数搜光。正月十五之后，便拿着年节期间凑拢的钱，一起去“耍白转经”。所谓“耍”，即是在那里铺地而食，食罢便在草地上卖弄歌喉，且歌且舞，且唱且和，直至醉眼蒙眬，翩翩欲倒之势。③

这样略带放荡的歌舞，与白转经台的“圣地”身份，在表面上看来似乎有所违和。有趣的是，类似的活动，还会在阿墩子的年度周期中不断发生。例如，在阿敦百姓的心目中，离城几里远的一处海子，算是另外一处“圣地”，上面挂满了经幡。然而，每年三月十五的时候，老百姓们都会聚集在这里举行一场盛会。黄举安这样写道：

> 每年农历三月十五日，市区附近的红男绿女，不分贵族平民，各约至好，均到是地撑持帐篷，且各盛装，做些东西来吃。吃毕，凡感情较好的青年妇女，集在一场，分做男女两组，同时歌舞。且和且唱，各尽

① 中甸县志编纂委员会办公室：《中甸县志资料汇编（二）》，1990年，第55页。

② 这里的“春节”，指的是农历的春节，而不是藏历年。根据当地人的回忆，至少从民国时期开始，在独克宗与阿墩子，人们便开始过春节，藏历年则是“乡下过的”。我们可以把这种习俗视为汉文化的影响，或者也可以说，正是因为这两座城镇具有文化上的杂糅性，所以必须要尽量淡化“藏”的底色，才能更好地促进各个族群之间的融合。

③ 云南省德钦县志编纂委员会：《德钦县志》，云南民族出版社，1997年版，第377~378页。

所能，各吐胸中的挚闷情怀，要求对方和答。此时此地的社交绝对公开，毫无约束。亦正是情窦初开的青年男女调情之时。这一天是此地青年人的佳节，也正是万种情怀透露之期。在此节日，好玩者放枪“打靶”，好赌者作“竹城”之游，形形色色样样俱全。直至日落西山，方才尽兴而归。①

这两场节庆，蕴含着共同的要素：第一，社会地位的倒转。在日常生活中处于高位的人，在这个时候会被调戏，被捉弄，或者暂时搁置自己的身份。在今天阿墩子老人的回忆中，还会记得三月十五聚会的场景，他们会强调，无论是土司、洋人还是设治局的官员，这一天都会来到这里，“与民同乐”。第二，节日的庆祝，伴随着歌舞与男女之间的结合，它既是节庆，又是社交的场合。在这一天，男女之间可以肆无忌惮地表露情感，通过对歌的方式，结成百年之好。

事实上，这非常类似于葛兰言在《古代中国的节庆与歌谣》中分析的上古节庆。葛兰言（Marcel Granet）提到，在上古时代，共同体的人们经常会在春季，在山川圣地举行盛大的节庆，这些节庆中，男女之间的结合是最重要的内容。在万物勃发的日子里，人们一方面与圣地自由接触，在圣地中随处游玩，半裸着跳入河中，以此吸收其保护力量；另一方面，年轻人也同时进入公共生活与性爱生活中，用一种激烈的比赛的方式（对歌），结成社会之间的联盟。换句话说，在看似混乱的节庆中，实则蕴含了最根本的促进社会再生的秩序，并可以激发人们对于共同体的认同。②

可以看到，无论是独克宗还是阿墩子的节庆，都是与山、水等圣地直接相关的，相较而言，阿墩子节庆中“野性”的要素更重，这或许也与它更加远离文明中心的位置有关。这种对于圣地的崇拜，是覆盖于某个具体族群之上的，直接指向了社会共同体的构建。无论是在抢水、转山还是圣地游玩的过程中，人们日常生活中的族群身份、社会身份都会被暂时搁置，他们只会意识到，自己是社会共同体中的一员。这种对于共同体的情感，会在节庆结束后持续到他们的日常生活之中。

四、结论与探讨

在前文中，笔者以独克宗和阿墩子为例，勾勒了两个西南城镇的形成历程、空间格局与族群构成，并讨论了其如何在杂糅的基础上构建起了内部秩序。事实上，这种杂糅，也正是边疆地区的城镇带有的普遍特征。王铭铭曾用“文化复合性”对这种特征加以概括。他写道：

---

① 云南省德钦县志编纂委员会：《德钦县志》，云南民族出版社，1997年版，第378页。

② ［法］葛兰言：《古代中国的节庆与歌谣》，赵丙祥、张宏明译，赵丙祥校，广西师范大学出版社，2005年版。

> 文化复合性的意思是，不同社会共同体“你中有我，我中有你”，其内部结构生成于与外在社会实体的相互联系，其文化呈杂糅状态。文化复合性有的生成于某一方位内不同社会共同体的互动，有的则在民族志地点周边的诸文明体系交错影响之下产生，是文化交往互动的结果……文化复合性亦可理解为一种“复杂性”。这里的“复杂性”与过往人类学学者探究过的、不同于原始“简单社会”的文明“复杂社会”有关，但也有着自身的特殊含义，意味着，无论是“简单”还是“复杂”社会，文化均形成于一种结构化的自我与他者、内部与外部的关系之中，使他者和外部也内在于“我者”。我们以“内外上下关系”来认识文化复合性的构成。①

在笔者看来，城镇，正是考察这种文化复合性的绝佳场所。正如前文所言，城镇之所以成为“城”或者“市”，通常是因为其在军事或贸易上的重要地位，而无论是军事或贸易，都意味着这个地方与更广阔的社会体系之间有着联结，或者说，是作为某种意义上的“节点”存在的。在前文的叙述中我们也看到，在边疆地区，这种联结还可能带有宗教上的色彩。

因此，虽然边疆城镇的规模和人口都难以与内地相比，但其中蕴含的多样性，又可能远超内地。在城镇中，不同的人群都有着相对固定的居住空间与活动场所，相互之间既有融合与合作，又有张力与竞争。到了清末、民国时期，国家试图将这一区域纳入其直接控制的范围，因此，在城镇空间中，国家化的符号也开始出现。然而，在前文的叙述中我们可以看到，从始至终，国家都难以真正对其实行有效的管理，作为国家在场代表的设治局，被当地人赋予了自身的想象，并在很大程度上被架空。

无论是独克宗还是阿墩子，在历史上都有流水般的外部势力介入，这些外部势力往往匆匆来，匆匆去，在当地留下了一些印记，但又难以真正实行长期有效的统治。因此，这两个城镇的秩序，基本都是内生的，是当地人民在长期共同生活中自发形成的。在前文的描述中我们看到，这种秩序，以共同规范为基础，以共同的象征符号与情感寄托为依归。这种共同的象征符号，是以地域为基本特征的，与山川等自然环境有着密切的联系，带有“野性”与“原始”的色彩。然而，正是在围绕着这套象征符号展开的仪式体系中，社会最本原的需求被重新唤起，不同族群、不同文化、不同信仰的人们意识到，他们需要与其他人共同结成联盟，维持这个得来不易的社会共同体。

在笔者看来，对边疆城镇的考察，也同样是“城市人类学”的重要组成

---

① 王铭铭、舒瑜编：《文化复合性：西南地区的仪式、人物与交换》，北京联合出版公司，2015年版，第9页。

部分，未尝不能为更广泛意义上的城市研究带来启发。

第一，近年来，西方人类学界有数位学者提出，城市人类学应是“城市的人类学（anthropology of the city）”，而不是“城市中的人类学（anthropology in the city）”①，这种转向，可以视为对帕克等人开创的社区研究的发展。换句话说，城市人类学不应仅仅关注城市中的某些人群、某个社区，而是应当对城市本身进行研究。这种研究，既需要把握城市的总体特征、空间格局与人群结构，又需要将城市放入更大的社会体系之中加以考察。任何一个城市的形成与发展，都与更广阔的区域历史有着千丝万缕的关系，研究某个特定的城市，离不开对其内外上下关系的把握。

第二，对于城市的起源与发展，需要进行更为综合性的考察。在帕克看来，前现代城市基本是出于防卫职能修建的，而现代城市则具有更强的经济职能。从前文的两个案例中，我们可以看到，这种区分过于绝对。事实上，前现代社会同样有着很强的流动性，也可能在贸易节点上出现由“市”发展而来的城镇。然而，在历史演化过程中，城镇通常会同时具有军事/政治与贸易/经济两方面的职能，只是不同的城镇可能各有侧重。

第三，如果说，现代城市与前现代城市之间有什么本质性的区别，那么，其中之一或许在于国家对于现代城市的重大影响。这种影响至少包括两个方面：第一，通过具体的城市规划、城市管理，直接改造传统的地景（landscape）；第二，通过在城市内部设立与国家相关的象征符号，潜移默化地改变城市文化。可以看到，在前现代社会，由于国家缺少直接控制的能力和方式，它对于城市的影响通常是间接的、相对较小的，而在现代社会，国家则可以直接改变城市的样貌，这种改变，通常也与资本有着直接的关系。考察国家与资本对传统城市带来的冲击与变化，是城市人类学值得探索的问题。

第四，任何一个城市，都是多元族群、多元文化的汇聚之地，如何在杂糅的基础上构建社会秩序，是每一个城市都需要面临的挑战。社会秩序的构成，首先需要形成所有居民共同遵守的社会规范，此外，更重要的，是需要让城市中的每一个居民都找到超越自身特定族群与文化的，对于整体城市的归属感。这种归属感，通常与共同的象征、共同的节庆联系在一起，在仪式带来的神圣感与狂欢感中，人们会找到共同体的感受。在祛魅的现代城市中，这方面的需求常常被忽视，城市往往由于劳动分工而呈现出一盘散沙的状态。事实上，“文”与“野”或许始终是相辅相成的，任何一个文明之地，仍旧需要自然的、原始的，甚至是野性的力量来维持基本的社会整合。

作者简介：刘琪，华东师范大学人类学研究所副教授。

---

① 参见 Setha M. Low (eds), Theorizing the City: The New Urban Anthropology Reader, Rutgers University Press: New Brunswick, New Jersey and London, 1999.

流动与现代性：中老边境磨憨口岸城镇化问题的人类学研究[①]

朱凌飞　李伟良

一、问题的提出

一般而言，对于大多数少数民族地区，城镇化过程就是其现代化的过程，反之，城镇化也是其现代化的重要标志。“乡村”往往意味着传统、内聚、农业，而“城镇”则代表着现代、外扩、工商业，等等。在这其中，流动性成为城镇与乡村最为本质也最为显著的差别。如果说少数民族乡村传统聚落可以被视为一种承载了社会、文化、经济、生活的静态载体的话，那正处于城镇化进程中的乡村聚落则已成为连接传统与现代、地方与全球、家户与市场的动态空间。在全球化不断加快的进程中，少数民族地区的城镇化在某种程度上展现出齐格蒙特·鲍曼所谓的“流动的现代性”特征，也即“从固态的、沉重的现代性转变为液态的、轻灵的现代性的”。[②]

在边疆少数民族地区，边境口岸由于其特殊的地理区位，使其具有成为相邻两国之间经济、社会、文化等方面深切互动的门户，往往容易围绕其发生极为显著的城镇化现象，而由于其“进出”“来往”“开闭”的内在属性，口岸的城镇化进程表现出了更为强烈的流动性特征。磨憨口岸地处云南省西双版纳傣族自治州勐腊县最南端，是中国与老挝两国边境唯一的国家级一类口岸，与老挝磨丁口岸相对接。昆曼国际大通道、澜沧江—湄公河黄金水道和泛亚铁路中线从磨憨穿境而过，是中国大陆通向中南半岛的走廊，是澜沧江—湄公河次区域合作的主体通道之一，是“一带一路”、沿边开发开放战略和构建中国—东盟自由贸易区的重要前沿和桥梁纽带。磨憨口岸的宣传标语“雨林口岸，山水磨憨”及“中国磨憨，国际口岸，世界通道”，较好地表达出了磨憨的地理区位、生态环境和战略地位。

---

① 基金项目：国家社科基金一般项目“云南国际通道建设及其‘辐射中心’定位研究”(17BMZ020)。

② ［英］齐格蒙特·鲍曼著、欧阳景根译：《流动的现代性》，上海三联书店，2002年版。

郝时远指出，古代社会的“中心”与“边缘”，现代国家的“内地”与“边疆”，改革开放的“前沿”与“后方”，在“一带一路”开放发展的布局中，发生了前所未有的区位转换。陆路边疆地区成为改革开放的“前沿”、内联外通的“中心”。① 而要实现“发挥云南区位优势，推进与周边国家的国际运输通道建设，打造大湄公河次区域经济合作新高地，建设成为面向南亚、东南亚的辐射中心”② 的定位，云南边境口岸的建设与发展具有重要意义。那么，国家边界区域独特的流动性特征对于边境口岸的城镇化带来怎样的影响？全球化背景下边疆少数民族地区的现代性又表现出怎样的特征？全球流动与现代性建构过程中边疆少数民族地区如何进行调适并获得发展？对于其中所涉及的现实问题和理论话题，我们将以磨憨为案例进行深入的探讨。

二、磨憨：从“地方”到“空间”

行政区划通常被视为国家为改善治理结构而对区域空间格局进行规划的行政手段，需要对政治、经济、民族、人口、国防、历史传统等各方面的因素进行综合考量，中国近20年来的行政区划调整与城市化进程③、城乡统筹发展和新型城镇化④等问题密切相关。在地方的视野中，行政区划的调整与区域的内部秩序、内外关系、地域认同、发展机遇等要素相联系。在历史发展的过程中，“磨憨”这一地理名词所包含多重意涵，除了与行政区划的演变有关之外，也在一定程度上反映出其城镇化过程中地方的主体性意义。

（一）地域的“等级”：乡与镇

乡、镇是中国最为基层的行政区划。⑤ 在具体实践中，“镇”常与“城”相连，称为“城镇”，而“乡”则与“村”并存，成为“乡村”，这种习惯搭配在一定程度上说明了此两种基层行政建制在城镇化进程中的级序差别。“镇”因为工商业相对比较集中，往往以其为中心在特定区域形成施坚雅所称的“基层市场社区”，成为当地农民的实际社会区域。⑥

---

① 郝时远：《文化是“一带一路”建设的重要力量》，《人民日报》（理论版）2015年11月26日。

② 国家发改委、外交部、商务部联合发布于2016年4月21日的《推动共建丝绸之路经济带和21世纪海上丝绸之路的愿景与行动》中对云南省的定位。

③ 参见唐为、王媛：《行政区划调整与人口城市化：来自撤县设区的经验证据》，《经济研究》，2015年第9期。

④ 林拓、申立：《在新格局入口处：国家战略与政区改革——2014年度中国行政区划变动的分析》，《经济社会体制比较》，2015年第4期。

⑤ 在1955年至1984年期间，县及县级以上行政机构所在地可设“镇”，其常住人口在2 000人以上，其中非农业居民占50%以上。1984年后放宽了条件，工商业比较集中的地区可以设镇。参见佚名：《乡、镇与街道的建制差别》，《秘书工作》，2011年第10期。

⑥ 参见［美］施坚雅著，史建云、徐秀丽译：《中国农村的市场和社会结构》中国社会科学出版社，1998年版，第40页。

据《勐腊县地名志》注解，“磨”为“盐井”，“憨”为“富裕”，“磨憨”则为“富裕的盐井”之意。磨憨历为滇西南地区重要的产盐地，据方国瑜先生《西南历史地理考释》所证，磨憨产盐自唐（南诏）时期即已有史可查：“在此地区产盐，其最著者，景谷之益香、抱母，普洱之磨黑、石膏，易武孟腊之磨歇、磨龙、磨柱、磨酣（即磨憨）、磨厂诸盐井区。所谓‘盐井一百来所’，即在此地区。”① 另据载，磨憨卤泉的开发利用是在12世纪中叶，最早发现盐水的是克木人（自称岔满），克木人将熬制的第一包盐进贡给车里宣慰使司。后由勐仑土司管理，勐仑土司动员一批傣族民众移居磨歇一带，挖井取卤熬盐。磨竜、磨老（今磨本）、磨达、磨憨四小井有就近村民自由熬制。1917—1930年，大小五井也仅有灶户100个，盐工200余名。② 但即便如此，长期以来，磨憨并未形成稍具规模的聚落，仅有少量盐工及其家属居住在山谷里的盐井周边，只在附近山坝里分布着零星的傣族村寨。20世纪20年代之后，一批来自今普洱市墨江县、景东县的汉族群众随驮运盐巴的马帮迁徙到了磨憨一带，与周边傣族相邻而居。至20世纪50、60年代，有大批汉族群众陆续迁居至此，在离边境线稍远的坝区形成了相对较大的聚落。但直至20世纪70年代，今磨憨镇所在的狭长山谷中依然是一片人迹罕至的莽苍山林。1988年，因③西双版纳自然保护区的建立，原来居住在保护区内尚勇乡半坡村的15户瑶族（顶板瑶）群众搬迁到了今回金立村，在山谷中开垦了2 000多亩土地。回金立村的赵大妈说道：“当时在山脚下种地，山上常常传来豹子、豺狗的叫声。现在磨憨街子那一片都是我们村开的荒。”

1949年11月6日，镇越县（1960年后为勐腊县）人民政府成立，设4区37乡，其中勐腊区下辖尚勇等9个乡。1977年，尚勇公社的7个小队单独设立磨憨大队，其中即包括了磨憨生产队。2000年成立磨憨村委会，隶属于尚勇镇。2006年9月，“云南西双版纳磨憨经济开发区”成立。2007年，磨憨村委会划归磨憨经济开发区，由开发区管委会行使行政管理权。2011年7月，原勐腊县尚勇镇整体划归磨憨经济开发区管理，恢复标准地名为磨憨镇。2016年8月31日磨憨镇整建制恢复。在行政区划的调整过程中，磨憨的行政级别不断提高，逐渐成为当地人社会生活的中心。

（二）流动的节点：通道与口岸

“口岸”原为国家指定的对外通商的沿海港口，后来又包含了陆路关口，是经济贸易往来的商埠和国际物流的节点。赫曼将口岸定义为两个不同的价

---

① 董咸庆：《云南食盐产地沿革与变迁》，《盐业史研究》1986年第1辑。

② 参见勐腊县志编纂委员会编纂：《勐腊县志》，云南人民出版社，1994年版，第257页。

③ 其余近20户人家因担心边境地区不安全，不愿意搬迁到回金立村，而是搬迁到了勐满镇。

值领土之间关系的中心节点，是世界系统中价值提升或者降低的阶梯。① 这样一种“提升”或“降低”成为流动的社会动力学，使口岸天然具有流动的特质，极易形成城镇。通过口岸发展来扩大贸易、吸引资本、兴建产业、聚集人口不仅是沿海、沿江地区，更是沿边及部分内陆地区实现城镇化的主要路径。②

当边界与通道在某一个点上形成交叉时，口岸似乎是一个必然的结果。③ 1932 年至 1938 年间，镇越县政府征调民工修建境内道路，以县府治所易武为中心，东通老挝勐乌、乌德，北连江城，西北至思茅、普洱，西南至车里（今景洪），东南至老挝南塔、勐悻，使中老边界被贯通。1895 年中法划界之后，清政府于 1897 年始建隶属于中国海关思茅关的易武分关。中华人民共和国成立后，于 1951 年成立镇越临时支关。1965 年 7 月 15 日，景洪小勐养至磨憨的“小磨公路”竣工，并于 1973—1975 年铺设了沥青路面。1967 年 11 月，中老双方签订关于中国无偿援助老挝修建公路的协定，自 1968 年初起，历时 10 年，修建了 6 条总长 1 018 公里的公路（称“68 – 6”工程），其中从中国磨憨起经老挝磨丁、纳堆、纳莫至勐赛一段全长 105 公里，又从磨憨、磨丁经纳堆到南塔一段全长 69 公里，为沥青路面的三级公路。至此，中国磨憨和老挝磨丁边界两侧的道路已初具规模并形成网络，为口岸的建设和发展奠定了基础。

1985 年，磨憨口岸成立，隶属于勐腊海关。1988 年，回金立村的瑶族来到磨憨之后，按照当时政府的政策，他们开辟荒地，拥有了磨憨口岸的大部分土地，种植水稻、玉米等粮食作物。在那时，小磨公路磨憨段的柏油路已经显得老旧，野草长势旺盛，覆盖在公路边，使得公路看起来特别狭窄，车辆甚少，公路常常成为牲畜过路的通道。磨憨口岸的边防检查站出入境的障碍仅仅是一根铁栏杆，沿检查站两侧建盖了为数不多的房屋，但按相关规定都不能超过两层，主要供检查站的工作人员居住。1992 年 3 月国务院批准磨憨口岸为国家一类口岸，1993 年 12 月中老两国磨憨、磨丁国际口岸正式开通，对第三国人员开放。磨憨口岸的人流逐渐增加，赵大妈说：“外面来磨憨的人越来越多了，有时候会在这里吃饭或住一晚，我们也拿一些家里种的菜或水果去路边卖。”

随着我国对外开放的不断扩大，作为中国面向老挝的唯一国家级一类口

---

① Josiah Mc C. Heyman. Ports of Entry as Nodes in the Word System. Global Studies in Culture and Power. 2004 (11): 303 ~327.

② 秦红增：《中越边境口岸型城镇化路径探析》，《云南师范大学学报（哲学社会科学版）》，2017 年第 3 期。

③ 参见朱凌飞、马巍：《边界与通道：昆曼国际公路中老边境磨憨磨丁的人类学研究》，《民族研究》，2016 年第 4 期。

岸，磨憨口岸的重要性日益凸显。据统计，2017 年 1 月至 6 月，磨憨对外经济贸易总量（外贸进出口和边民互市数据总和）完成 203.1 万吨，同比上升 36.02%；对外经济贸易总额（外贸进出口和边民互市数据总和）完成 69.8 亿元人民币，同比上升 47.3%；出入境人员总数 84.7 万人次，同比上升 14.1%；出入境车辆总数 28.3 万辆次，同比上升 11.1%。[①] 由此可见，磨憨已成为国际货物运输的枢纽节点和国家对外往来的门户。市场要素流动的不断加速，喻示着磨憨已完成了由边陲关口向国际陆港的转变，商贸物流蓬勃发展的衍射效应使其口岸型城镇化的过程不断加速，甚而在某种程度上进一步强化了磨憨城镇化的流动性特征。

（三）内外互动：开发区与合作区

随着区域经济一体化的发展，构建跨境经济合作区成为新兴的经济合作模式，[②] 目前中国已建立了 14 个跨境经济合作区。在某种程度上，跨境经济合作区使边境区域内外互动的性质发生了根本转变，由以安全防御为主转化为以经济合作为主，并使边界对社会文化的隔离区分转向互洽融合，对于促进跨境区域经济的集聚和城镇化的发展发挥着重要的作用。

实际上，磨憨中老边民互市有着悠久的传统。1895 年中法划界之后，边民之间“以物易物”的跨界交易已在磨丁和磨憨的一些村寨中出现。1962 年磨憨被新辟为互市点，1985 年成立勐腊海关后，磨憨口岸边民互市更为活跃。2006 年 9 月，磨憨边境贸易区更名为“云南西双版纳磨憨经济开发区”，磨憨经济开发区管委会（正处级）按照州政府的授权，行使县级经济管理权限和行政管理权限，经申报同意后行使部分州级审批权限。2012 年，经省人民政府批准成为省级边境经济合作区。对于中国不断扩大的开放措施，老挝政府也在磨丁做出了积极的回应，于2003 年 12 月批准设立磨丁经济特区，2005 年由香港福兴实业公司投资兴建“黄金城”赌场，2011 年被关停。2012 年 4 月，老挝政府与云南海诚集团签订了磨丁经济专区开发补充协议，成立“老挝磨丁集团有限公司”。2013 年云南省政府提出在全省率先推进中老磨憨—磨丁跨境合作区建设，并明确组建磨憨跨境经济合作区。2015 年 8 月 31 日，中老两国签署《中国老挝磨憨—磨丁经济合作区建设共同总体方案》，决定在边境接壤的中国云南省磨憨经济开发区和老挝南塔省磨丁经济开发区建设和发展“中国老挝磨憨—磨丁经济合作区”，中国老挝磨憨—磨丁经济合作区规划总面积 21.23 平方公里。其中中方区域规划面积 4.83 平方公里，老方区域规划面积 16.4 平方公里。2016 年 11 月 28 日，中老两国政府正式签署《中国老

① 数据来自“中国老挝磨憨—磨丁经济合作区管理委员会”。

② 周先平、袁丽琪、孙敬文：《中老磨憨—磨丁经济合作区人民币跨境使用的经验及启示》，《国际金融》，2018 年第 8 期。

挝磨憨—磨丁经济合作区共同发展总体规划》，中老磨憨—磨丁经济合作区的发展进入了快车道。

磨憨镇原处于两山之间狭长地带的空间已不足以容纳其发展，由边境线向内的扩张已在所难免。1999 年，磨憨管委会征用回金立、磨憨村土地共 123.08 亩，补偿费 66.58 万元，按相关规定，为安置好回金立村民小组人均水田不足 1 亩的赵玉芳、赵万寿 2 户农户，除按规定进行补偿外，还在区内主要街道安排了建盖商业铺面的土地，以保障农户基本生活和发展需要。① 征得村民土地后，又通过挖小山、填凹壑等方法，对磨憨的地形进行了一定的改造。磨憨口岸一带原本狭长的沟谷地带已变得较为开阔。随后，便在平整的土地上规划用地，建起了更多的建筑，包括店铺、商品房、货场、居民楼等，政府通过招商引资的方法，吸引了一些商家和个人到磨憨投资发展。磨憨口岸一直没有停下发展和建设的脚步，修建了海关大楼和国门，也修建了中老泰三国国际赶摆场、边民互市场，建起了磨憨国际商贸城，也修建了各处货场。于 2008 年修通了一级公路，又于 2017 年修成了以磨憨为终点的小磨高速公路。现在泛亚铁路中线玉磨铁路段也在修建中，磨憨将是其出境前的最后一个站点。

磨憨因“盐”而得名，并因盐而形成了最初的聚落，但却是因为其地理区位因素而获得了更有利的发展条件。在行政区划上，磨憨镇隶属于西双版纳傣族自治州勐腊县，磨憨口岸由中华人民共和国海关总署昆明海关（局级）勐腊海关（正处级）管辖，而中国老挝磨憨—磨丁经济合作区建立了中老中央政府、地方政府及合作区管理委员会三级联动的工作机制。三种不同形式的管理体系在磨憨的并行，不仅使磨憨作为区域中心的地位得以不断凸显，使其城镇化色彩越发浓重，同时也在某种程度上即已喻示着磨憨已经脱离“地方”（place），成为具有多重属性的“空间”（space）而存在，进而使其表现出强烈的流动性特征。

三、“当地人”：流动及地方性的消退

在全球流动的语境中，“本土正在消却其意义生成和意义转让的能力，而且日益依赖于它们所无法控制的意义给予和阐释活动。”② 而在城镇化的过程中，“现代都市的社会性和文化性日益复杂而多元，意义的构成也是复杂和凌乱的；有时候，意义根本就不成立。”③ 原本明确无误的“当地人”的身份和

---

① 勐腊县国土资源局编：《勐腊县国土资源志》，云南民族出版社，2005 年版，第 242 页。

② ［英］齐格蒙特·鲍曼著，郭国良、徐建华译：《全球化——人类的后果》，商务印书馆，2013 年版，第 2 页。

③ ［美］詹姆斯·弗格森著，杨芳、王海民、王妍蕾译：《现代性的前景：赞比亚铜带省城市生活的神话与现代性》，社会科学文献出版社，2017 年版，第 202 页。

地位已经模糊不清和岌岌可危，他们不光正在失去对土地的控制权，而且还在丧失对地方的解释权，喻示着“地方性”的逐渐消退和“非地方”（non－place）特征的日益显露。

（一）回金立村的“消失”

城镇化或都市化的过程必然要以村庄的消失为代价，意味着土地利用方式的转变、生计经济的转型、身份认同的转换、社会发展的转向，等等，正是在这一系列持续发生的“流转”现象，改变着村庄的生态特征和结构特质，在形式上和实质上都赋予村庄以强烈的流动性色彩。

在1999年的征地之后，又一次大规模的征地于2009年开始，但这次征地补偿难以让村民满意。磨憨管委会对村民承诺，如果在2017年之前土地价格有变化的话，就会补差价给他们。2017年，城镇建设征地补偿每亩已上涨到6万元，高速公路建设征地更高达每亩8万元，地面农作物的价值还需另算，按协议补偿村民将近3亿元。

如前文所述，回金立村的15户瑶族于1988年从尚勇乡半坡村搬迁至此，开辟了现磨憨集镇所在地的大片土地，而回金立村也占有了从磨憨的城镇化进程中获利的先机，获得了相对优厚的补偿。但是，“如果我们将土地视作农民被‘固着’的一种方式，那么失去土地即意味着原来稳定的社会关系和因循的生活方式被改变，使农民生活中的流动性和不确定性陡然增加。”① 原本以土地为生的村民在回金立已经无地可种，他们在寻找各种“突破口”。回金立村民赵某在村口公路边开了一家名为“叭特金”的酒店，老挝语里称中国为“金”，称酒店为“叭特”，所以“叭特金”就是“中国酒店”之意。这个老挝朋友帮赵某取的酒店名特别讨巧，在中国游客看来充满了“异国情调”，而在老挝人看来又倍感亲切。当然，能够投资上百万资金开酒店的人家毕竟不多，村民们更多是在磨憨街上开饭馆、小酒店、商铺，或者买了汽车从事客、货运输，或者到更远的村子租地种植蔬菜、香蕉及其他经济作物，也有部分村民在一些酒店或工地打工，有的则将空房租给了外来务工者，等等。在生计方式上，回金立村的“同质性”已经完全消失，而不同的经济生活也引起了村庄内部的阶层分化，甚而村民们围绕生产活动而形成的社会协作和日常交往也发生了根本的改变。在我们的调查中发现，村民们各自都有了很多“外面的”朋友甚至是亲戚，但是却不能够很有把握地说清楚自己的邻居最近在哪里或在干什么。实际上，回金立瑶族的一些传统节庆也因“很多人都不在家”而很少举行集体的庆祝，如果想过节，他们就要去到更远的新民村或其他瑶族寨子才行。

① 朱凌飞、段然：《边界与身份：对一位老挝磨丁村民个人生活史的人类学研究》，《云南师范大学学报（哲学社会科学版）》，2017年第2期。

回金立的村寨景观也发生了巨大的变化，原来以竹木建造的吊脚楼早已消失不见，在村中唯一的、笔直的主道两边整齐地排列着一栋栋的“小洋楼”，是村民利用征地补偿、政府补贴、家庭积蓄建盖的。楼房内的间架结构也与原来的吊脚楼完全不同，已不再适宜于传统的农业生产生活，而更多的现代化设施已进入屋内。如阎云翔所言：“在房屋结构的背后蕴藏着更为深刻的社会空间原则，人们就是通过这些原则来组织日常生活和界定人际关系的。”① 家庭成员之间、村民之间、村民与外来者之间的关系也因这种空间的调整而发生了根本的变化，私人生活在转型中表现出了更多的现代性特征。

由此可见，回金立村的地理空间已被磨憨的城镇化所侵蚀，已成为集镇街市的一部分；回金立村民的日常生活也被现代化所溶解，正在变成一个“陌生人的社会”；回金立的社会文化则被流动性所驱散，已经使村民的身份认同出现了多种面向。在社会学的意义上，回金立村已经“消失”了。

（二）磨憨村的“新建”

村寨的异地搬迁是常见的移民形式，是一个复杂的系统工程。通常而言，搬迁使村民不得不面临生态适应、生计调整、社会重构等方面的问题，在某种程度上意味着与原有生活方式的割裂和对新的生活方式的未知，体现出明显的流动性特征。更甚于回金立村，磨憨村正处于城镇扩张的黄金地段，不仅其土地要被全部征用，甚至村庄也需要整体搬迁，当地政府在离村寨原址约 2 公里外的山坳中开辟了新的地基进行新村建设。

传统上，磨憨村民大都以种植业、家庭畜牧业为主，以渔业、林业为辅，鲜有外出打工者。这种生计方式折射出村民的知识、经验、技术乃至社会关系网络都与土地密切相关的事实，因而失去土地之后的生计转型对村民来说无疑是一个巨大的难题。在我们调查期间，磨憨小组已有 70 余人外出打工，成为附近货场的搬运工、工地的建筑小工或饭店的服务员。此外，有 4 户有一定积累的村民在街市上买了铺面开饭馆或商店，有 2 户人家买了货车跑运输，也有几个村民利用边民证频繁往返勐腊县城、磨憨和老挝磨丁之间“带货”。村民们各展所能，寻找新的“出路”。这种“各自为战”状况，正在极大地促使磨憨人市场意识的增长。一个最明显的例子是，在磨憨征地前，虽然各家各户都在经营自己的土地，但是在农忙或建房时经常以“换工”的形式互助，而征地以后，村民之间的“帮忙”已不复存在，必须以“人工”的方式付钱了。村民李某说：“以前都是你帮我，我帮你，相互帮忙。现在都是各做各的，来帮忙还要人工钱。”此外，对集镇上和村子周边越来越越多的外地人，他们表现出一种常见的矛盾心理，正如一位 50 多岁的村民万某所说：

① 阎云翔著、龚小夏译：《私人生活的变革：一个中国村庄里的爱情、家庭与亲密关系》，上海书店出版社，2006 年版，第 139 页。

"这些外地人来到磨憨，我也不知道是好事还是坏事"，既担心外地人"抢"了他们的机会，也希望能从外地人身上赚到钱。对于将来的发展，他们对正在推进的"跨合区"① 建设充满朦胧的期待，但大多数人对自己能在其中做什么却没多少把握。

新村的建设由政府提供土地、统一规划和设计。对于大部分人家来说，有了征地补偿款和政府提供的建房补贴，建房并没有太大的压力。在2014年年底，磨憨村村民除了个别人家外，大部分都已经搬到了新村，住进了新房。磨憨村为汉、傣杂居，政府为此也提供了两套民居设计方案，分别表现当地汉族和傣族传统建筑的特色，可由村民自由选择。新村由中轴线划分为汉、傣两个部分，每一部分都分成了很多排，使村庄在地理空间上形成了"非"字形结构。在磨憨老寨，村道街巷是折回交错的，汉、傣村民的房屋是错落交融和不分彼此的，甚至日常生活也是水乳交融的。相较之下，新村景观结构上整齐划一，在空间格局上秩序井然，在民族特色上风格鲜明。"城市环境的同一性和规整性原则是建立在这样的假设之上，即建筑和人口的功能性解决必须服从于满足'城市整体的要求'和因此从空间上分隔具有不同功能或其居民素质不一的城市各部分的要求。"② 由此可见，磨憨新村的建设在某种程度上是按照城市规划的理念来设计的，但这种空间规划却在某种程度上割裂了村庄原有的社会联系，促使不同人群之间在日常生活中逐渐变得泾渭分明。磨憨新村汉、傣两族之间的社会和文化边界正在被制造出来。

对于磨憨新村而言，村庄的搬迁所导致的心理感受和情感体验是极为强烈的。磨憨新村离集镇和口岸并不算远，但与回金立相比却只能算是"郊外"了，正是这种当地人眼中"不远不近"的距离使他们萌生出一种被排斥的感受，与土地的"分离"则使"生活无着"的压力如影随形，而原有社会关系网络的割裂则使村庄共同体和谐受到了伤害，焦虑的情绪在村中时隐时现。

（三）偏远聚落的"趋附"

相对于回金立村和磨憨村而言，磨憨村委会的其他村民小组与集镇的距离更远，受到征地拆迁的影响或得到的福利也较小。并且，相对于磨憨与外部交通基础设施建设的飞速发展相比，其内部的交通条件的改善是极为缓慢和有限的，很多道路都已年久失修。但即使这些村落与磨憨集镇的距离没有缩短，它们与外部世界的关系却也在不断拉近，它们并没有置身于总体的发展之外，而以各自的"特色产品"为契机融入磨憨的城镇化、口岸的流动性和"跨合区"的开放格局中。

---

① 村民简称"中国老挝磨憨—磨丁跨境经济合作区"为"跨合区"。

② ［英］齐格蒙特·鲍曼著，郭国良、徐建华译：《全球化——人类的后果》，商务印书馆，2013年版，第35页。

如距离磨憨集镇约 8 公里的苗族村寨纳龙小组，其土地未被政府征用，共有 2 400 多亩，其中种植水稻、玉米的田地有 300 多亩，种植茶叶 200 多亩，橡胶 800 多亩，经济豆（四季豆）400 多亩。种植经济豆是村中现在主要的收入来源之一，在磨憨镇被集中收购后，运往景洪市，最后远销四川多个城市。外地老板的收购价最初为 0.5 元/公斤，现在涨到 3 元/公斤左右，一般在 2.8 元/公斤 ~3.2 元/公斤之间浮动。这样算来，全村 400 多亩豆子地 3 个月的收入为 120 到 150 万元，每户年均收入在 2 万元左右。除此之外，村中的另一个主要收入来源是外出打工。村中有 70 多人在外打工，其中 20 多人长期在外，只有过年才回家。外出的地点分布区域非常广，除了临近的勐腊县各地，还有 8 人去了北京等大城市，另外还有 4 个人在老挝磨丁打工。外出打工者女性居多，年龄从十多岁到四五十岁不等。主要从事的职业为餐饮酒店服务员、厨师，保安、建筑工人等。

此外，在我们的调查中发现，纳龙、纳嘎、新民等村也有少数村民在磨憨镇上买了商品房，其他一些经济条件较好的村民也正在筹划着在镇上买房，以后想搬到镇上去住。尽管如纳龙之类较为偏远的村民小组未进入磨憨的城镇化建设范畴之中，但磨憨的城镇化也成为驱动这些村落流动性生成的重要因素，这也是城镇在乡村地区“社会生活中心”地位及其经济辐射作用的主要体现方式，它在某种程度上驱动着传统乡村社会的现代转型。

齐格蒙特·鲍曼所言：“当今之世，有些人可以随心所欲地撤离任何地方，而其他人只能无奈地看着他们所居住的唯一的地区从他们脚下移开。”① 如此看来，“流动”已经成为一种生存压力和应对策略，村民的土地因被征用而从他们脚下“移开”，他们也因生计转型而从村寨中“出走”，而他们的生活则因此而充满了更多的可能性和不确定性。从“当地人”的视角来看，他们生活的磨憨已不再是从前的磨憨，他们已不再能够依据传统的经验和知识对快速变迁中的“磨憨”进行完整和准确的描述，磨憨在一定程度上已经不再是“他们的”磨憨。

四、“外地人”：“到来”或“离开”的选择及意义

一般而言，人口流动通常是从经济社会发展水平相对落后的区域相更为发达和富裕的地区流动，流出地通常是乡村，而流入地则主要是城市。但磨憨的人口流动显然与这一“常识”相悖，流入地并非“发达地区”。周大鸣等的研究已经较好地说明了其中的原因：“西双版纳的边疆移民经历了从国家的计划控制到市场经济主导下的自由流动的阶段，移民群体所依托的是国家

① ［英］齐格蒙特·鲍曼著，郭国良、徐建华译：《全球化——人类的后果》，商务印书馆，2013 年版，第 17 页。

垦边项目、口岸贸易和旅游发展，成为边疆城市化发展的重要动力。”① 这一论断对磨憨外来人口的流动历史已具有较强的说服力，但仍未能完全解释在磨憨占有较大比重的红河人口的流动原因。

“走西头”指的是滇南红河州石屏、红河、建水等地的人向西面（主要是西南方向）的迁移流动，最终流动到普洱、西双版纳甚至老挝、泰国等地。② 红河人的这种“走西头”已有数百年的历史，与石屏、建水、红河商帮的茶、盐马帮贸易直接相关，以至于形成了出门多向西走的习惯。石屏人在与磨憨临近的易武镇形成了较大的聚居区，在某种程度上，易武就是因石屏人而兴起的。而红河人则在磨憨有较大数量的聚集，甚至形成了一定的“势力”。

磨憨的红河县籍流动人口（以下简称红河人）主要分布在磨憨街边东面的山坡上，大概有三十多户，分布相对集中。他们居住的山坡已经形成一个很大的聚落，当地人称为凤凰村，从该村下来到磨憨大街东盟大道的路便称为凤凰路。凤凰村的居民也非原住民，都是从外地迁来的农民，大多数居民的祖籍为普洱墨江县。而许多居住在凤凰村周边的居民多是尚未落户的外来人口，如红河人。磨憨红河人的居处除了凤凰村，也有少量几户住在街上的住房里。居住在凤凰村的红河人在地理上分为两个区域，分别居住在凤凰村的北面和南面，南面居住着 30 家左右，多为浪堤乡人；而北面仅有四家，有两家大羊街人、一家乐育人，一家阿扎河人。凤凰村及其南北两面都是连成一片的，相距仅有几百米，互可看见。居住在凤凰村周边的红河人全为哈尼族，分为奕车支系和糯比支系，两者之间的语言差别甚小，可以相互交流没有障碍，在日常生活中，他们基本都是以哈尼语作为交流工具。

凤凰村北面的四家红河人中，两家羊街人是堂兄弟，长者为杨勒然，幼者为杨勒江。杨勒然是 1970 年出生，生有三个孩子，皆为男孩。大儿子杨发才，出生于 1999 年，现在景洪上高中；二儿子杨发文，出生于 2001 年，在尚勇中学念初二；小儿子杨发赢（家长解释为超生了孩子，现在输了要赢回来），出生于 2013 年，将要就读于磨憨的幼儿园。杨勒然家一家五口人，居住在自己搭建的简易房中。三个儿子从小在磨憨成长，但仍会说日常交流用的哈尼语，在家中与父母交流即使用哈尼语，大儿子和二儿子与（非红河哈尼族的）外人交流一般使用墨江方言。而小儿子只有 5 岁，尚只会说哈尼语。杨勒然说，三个孩子在家，也不做活计，老大老二是学生，但是学习成绩一般。大家谈到教育的政策，科目的分数，认为在西双版纳的范围来说，景洪的教育质量还是好的，但是没法跟老家红河州的建水一中之类的学校相比。

① 周大鸣、王欣：《边疆移民与西双版纳城市化发展》，《云南师范大学学报（哲学社会科学版）》，2017 年第 3 期。

② 参见孙官生：《走西头——石屏商帮纪实》，民族出版社，2005 年版。

杨勒然说从没有见孩子拿出书本来看，不爱学习。杨发赢要读幼儿园了，需要交 3 900 元一年，家长觉得这学费很贵。家长也联系了老家那边的幼儿园，想让孩子和他的爷爷奶奶住在一起，但在老家读的话又不太方便，所以最终还是决定让他在磨憨读了。大儿子和二儿子话都很少，比较内向，几乎不与陌生人说话，就是认识的熟人，也未见主动交流。在凤凰村南面，李秋嘎家和李勒伟家（1980 年）比邻而居，两家加起来只有三间屋子。两人都是从事去老挝收头发的。李勒伟的大儿子比他小 19 岁，1999 年生，李勒伟有四个孩子，二男二女，老大在湖南汽修学校读书，老二在蒙自读书。李勒伟来了将近十一年，到 11 月就满了。李秋嘎则有五个孩子，都在老家，没有跟到磨憨来生活和学习。他们居住的这里以前叫茶队，后来政府改为凤凰村。以前是空地，本来是部队的土地。红河人在凤凰村建盖了简陋的住屋，但政府来说在这里盖的房子太丑了，影响观感，且不同意他们在此建造房屋。但也没办法，只能让他们就此住着，但政府要收地基费，李勒伟家那边的地基一年 200 元。之前是 120 元，后来 150 元，180 元逐年递增，现在收 200 元。水电费都比附近农民高，电 8 角一度，水 1. 2 元一立方米，而且要是两个月不交就会被断水断电。众人说："我们是农民，是打工的，住这样的简易房就可以了，不能像村里那样盖得好好的。"

磨憨红河人主要从事两种职业，一种是打零工，包括做搬运工、做建筑工、装修工。杨勒然说，过去磨憨开发建设的时候，红河人大多从事建筑，红河妇女拌沙灰，男性砌墙垒砖，磨憨现在的很多楼屋是红河人建盖起来的。另一种是做生意，但磨憨红河人不是在磨憨街上开店做生意，而是往老挝去收头发。在过去是偷渡到老挝去，步行走街串巷进山村，以指甲刀、剪刀、手表等小型日常用品换取妇女梳下来的头发，在背回国内卖。现在去老挝换头发的红河人，持护照出国，且不再步行，而是骑摩托代步，通常一个月左右便回来一次（护照签证的有效期限就是一个月），他们甚至学会了老挝语，在老挝结交了朋友。

红河人在磨憨的居住大多是权宜之计。他们的居屋是临时性的简易建筑，低矮、狭小，房顶和墙体多为石棉瓦或竹片、木板，即使他们把妻子孩子都带来了，也不会在房子的装修上有太大的投入，也不会去买那些他们参与建设的新的商品房。此外，他们与红河老家保持着频密的联系，视情况一年会回去好几次，基本上老家村里重要的节庆或婚丧大事都不会缺席，并把在磨憨辛苦攒下的钱回老家盖新房。这种选择类似于詹姆斯·弗格森所说的"地方主义"，"农村生活并不是作为过去的记忆，而是作为对预期来影响城市行为。”① 他们的劳动在推进着磨憨的城镇化，但他们本身却远远未被城镇化。

据当地相关部门的统计，至2018年8月，在当地办理居住证的外来流动人口有1 784人，而许多流动人口也并未办理居住证。其中，务工的人数最多，占48.5%，而经商的居第二位，占22%。经商的人中，省外的占绝大多数，约占经商人数的91%。除了红河和思茅等附近州市的外来者之外，也有越来越多的外省人出现在磨憨。来自省外的则以湖南省和四川省的最多，也有少部分来自浙江、江西、福建等东南地区的商人，主要从事商贸或服务行业，或开宾馆酒店，或开餐馆饭店，或开百货便利店，或开报关进出口公司。值得一提的是，目前磨憨口岸拥有四十余家宾馆及酒店，其中超过一半的宾馆酒店是湖南人经营的。然而湖南人并未在磨憨止步，他们继续向西南行进，在笔者经历中，老挝西北重镇会晒就聚集了大批的湖南商人。如果说磨憨对于红河人来说是其往复循环的旅途中的一个顶点的话，对于湖南人来说就是一个不断前行的中点。

实际上，外来人口对于城镇化的意义并不在于其是否定居，或者是否获得当地人的身份证明（如户口），甚至不在于他们为当地的经济发展所作出了多大的贡献。在一个快速流转的空间格局和时间序列中，地方性总是处于持续不断的解构—建构—解构的过程之中，成为一个“非地方”似乎是磨憨这类处于“国际大通道”及“国家口岸”的城镇所不可逃避的命运，进而使流动性本身成为其城镇化和现代化的意义所在。

五、结论和讨论

城镇化就是一个现代性建构的过程，不仅意味着生计方式上传统农业向现代农业和工商业的转变，更意味着社会结构、群体关系、个体行为的重新调整，显示出理性、效率、实利、科技、秩序等方面的特征。城镇化本身就是一种流动，不仅包括人口的持续流动所带来的不稳定性，还包括土地利用方式和性质的调整所带来的地理空间不均衡，更包含着“地方性”意义的消退和混合文化的生长。城镇化过程中的现代性与流动性似乎已成为两个不可分割、相互建构的一体两面，现代化是一个流动的过程，而流动性又是全球化时代的基本特征。在此两者交织生长之时，传统聚落的主体性却在不断消退，从“地方”到“空间”的转换，喻示着无主体、非地方、动态的空间性的生成。

爱德华·索亚（Edward W. Soja）主张“用不同的方式来思考空间的意义和意味，思考地点、方位、方位性、景观、环境、家园、城市、地域、领土

---

① ［美］詹姆斯·弗格森著，杨芳、王海民、王妍蕾译：《现代性的前景——赞比亚铜带省城市生活的神话与意义》，社会科学文献出版社，2017年版，第163页。

以及地理这些有关概念，它们组构成了人类生活与生俱来的空间性”。① 这种思考方式对于城镇化的研究极具启发意义，当我们把乡村或城镇聚落视为一种“空间”时，城镇化实际上就是一个“空间化”的过程，我们实际地生活于其中，并对其进行经验感知和理论把握。对流动性的理解，不应仅止于物理空间上的位移，还应加入社会关系网络中“结构距离”② 的变化，甚至还应包括人们在多元文化中身份认同的情境性调整。处于快速流动的城镇化，其所表现出来的，正是鲍曼所指出的现代社会的特征，也即“变动不居，缺乏持久的纽带，‘个体化’横行”。③ 鲍曼从全球化的背景出发，认为“流动的”现代性的到来已经改变了人类的状况，否认甚至边地这种深刻的变化都是草率的，④我们对城镇化的研究也应该不断寻求新的认知范式。

随着中国“一带一路”建设的不断推进，云南作为“面向南亚、东南亚的辐射中心”的地位正不断凸显，而边境口岸在这一建设进程中的意义不言而喻。目前，昆曼公路现已全线贯通，国内段已完全实现高等级化，而磨憨是其出境前的最后一个站点。泛亚铁路中线国内路段（玉溪至磨憨）已于2016 年 4 月 19 日全线开工建设，预计将于 2020 年建成，磨憨也将是其出境前的最后一个站点。由此可见，在可预期的发展前景中，磨憨的中介、联通、流动的价值和意义将不断得以强化，其城镇化进程中流动的现代性特征也将愈加显著。

作者简介：朱凌飞，法学博士，云南大学西南边疆少数民族研究中心研究员，博士生研究生导师；李伟良，云南大学民族学与社会学学院民族学专业硕士研究生。

① ［美］Edward W. Soja 著，陆扬等译，《第三空间：去往洛杉矶和其他真实和想象地方的旅程》，上海教育出版社，2005 年版，第 1 页。

② 结构距离就是社会结构中人们与群体之间的距离，它可能有许多类型，如政治距离、宗族距离、年龄组距离等。参见［英］埃文思－普里查德著，褚建芳、阎书昌、赵旭东译：《努尔人——对尼罗河畔一个人群的生活方式和政治制度的描述》，华夏出版社，2002 年版，第 132 页。

③ 参见［美］乔恩·威特著，林聚认等译：《社会学的邀请》，北京大学出版社，2008 年版，第 166 页。

④ ［英］齐格蒙特·鲍曼著，欧阳景根译：《流动的现代性》，上海三联书店，2002 年版，第 12 页。

例外空间的“地方”象征

——河口县“越南街”的建构与演化研究

王越平

全球化时代空间的建构与展演已成为地方和全球互动的重要的手段和呈现方式。由分析全球化时代特殊空间或者是阿甘本所提及的“例外空间”的建构，可以看出多种力量对于全球化进程的参与，也可以呈现出在这一过程中诸如物、地方等如何被赋予主体性并影响到空间的建构中。在以往对于空间的研究中，段义孚关于空间与地方的划分尤其是强调地方是饱含着个体的经验性过程的独特空间的探讨，可以视为理解全球化的进程中地方化的过程的地方主位的解释路径。全球化在对地方的影响中，不单是建构出一个新的地方，同时原有的社会中也同样存在着一个地方，因此应该是在两个地方观念互动的过程中建构形成新的地方观念。本文选取了处于中越边境地区的云南河口县越南街这一独特的商街，关注越南街从边民互市点到商街再向具有地方感的空间转化的过程，以及在这一过程中“越南商品”“越南商人”和本地河口人如何参与到空间内涵和空间结构转化。

一、从“草皮街”到越南商贸城：越南街的形成与发展历程

河口镇在西汉元鼎六年在此置进桑关。历代先民在崇山峻岭中开辟了内联四川成都、外联交趾（越南）的“蜀安南道”。1895 年辟河口为商埠，1897 年建立河口海关，19 世纪末 20 世纪初，红河航道上“大船三百，小船千艘，来往如蚁，盛况空前”。早期“越南街”出现于20 世纪60 年代，实际上是河口镇对越方边民而开放的边贸市场。20 世纪 80 年代末期，河口中越边境尚未正式开放。但随着中越关系缓和，两方部分边民在中越界河（主要在南溪河）岸边的滩涂之上，自发进行“以货易货”的商品交换活动。

1. 从草皮街到边民互市点

从 1986 年开始，河口和老街的很多边民就在双边政府较为松懈的管控下，自发地进行以货物交换为核心的互市活动，也就是民间俗称的“草皮

街”。当时的物品几乎都没有统一的价格和标准，大家都是在交易中谈妥后进行交换。河口的粮食和蔬菜比较匮乏，老街那边就比较多。而越南人的需求主要是棉衣、布匹、鞋袜这些日常生活用品。大多数交易都是在河口这边的岸边完成的，越南人划着小船驮着物资就从对岸过来了。偶尔也会有我方边民划船行至河中央，跟越南人交换物品。当时的交换活动没有规律，互市时间完全由两方需求所定。

1989 年末，鉴于两岸的中越边民日趋增长的交易需求，河口政府决定在河口镇临近中越国界的街区设立官方主办的边民互市点。“该市场位于河口镇人民路东端、中越铁路大桥的桥头地带，从河口火车站门口沿人民路至邮电局门口（即南溪河沿岸公路），全长 200 余米。沿路搭成的临时货棚及摊位共有 532 个。其中：中方边民摊位 141 个，越方边民摊位 391 个。”与此同时，河口县政府允许越方边民在河口短暂停留与暂居。于是，一批有意滞留在河口境内进行经营的越南人，便在规定的范围内（即边民互市点）搭棚安家，做起了小本小利的摊点生意。除却诸多跨境的越南商贩，还有很多河口本地及周边乡镇的中国商贩在此经营。“越南街”的名字始出现。

2. 作为越南市场的出现

在这一阶段，选址依旧是中越界河沿岸，位于河口镇的东南部、南溪河与红河汇流处的河滩之上。该边民互市市场于 1991 年 6 月建成，占地面积 1 万余平方米，投资共计达 32 万元，共建简易货棚摊位 496 个，全部供越南边民使用。此时中越界河边上的边民互市市场全都由越南边民长期经营。越籍商贩就形成了生计生活一体化的格局。白昼在摊位前做生意，在货棚的空隙间生火做饭，夜间在货棚内就寝。

这一阶段很重要的一个事件是 1992 年“7·13”火灾后，为新建红河河堤，河滩上的边民互市市场随即逐步拆除。“越南街”由此中断，绝大多数越方边民暂时搬回越南。1993 年初，红河河堤建成后，政府在河堤上设立了新的中越边民互市市场。“这一市场位于河口镇滨河路东端，从中越大桥桥头沿河堤建盖，属于临时性边民互市市场。由河口县工商局投资 73 万元，1993 年 5 月 7 日建成投入使用。占地面积达 9 728 平方米，临时简易货棚 512 间。”这一时期的“越南街”重新对中国边民开放，于是便出现了中国商贩的身影。不过大部分的商户仍为越南人。

3. 从边贸市场到越南商贸城

1995 年前后，据河口镇新阶段的城镇建设规划，对红河河堤进行升级改造，加宽和硬化路面，滨河路由此应运而生。原位于红河河堤沿线的边民互市市场也随之阶段性拆除。从 1996 年初开始，河口镇在滨河路东端内侧，陆续开工建盖了三座大型边贸商场：中越边贸商场、利宏商场以及金明边贸商场。中越边贸商场，位于河口镇滨河路东段，由河口商场有限责任公司投资建设，提供给中越边民开展互市使用。利宏商场，位于河口镇滨河路东段，1998 年 2 月 16 日竣工投入使用，提供给中越边民开展互市使用。金明边贸商场，位于河口镇滨河路东段，1998 年 6 月竣工投入使用，提供给中越边民开展互市使用。此外，2006 年左右，河口兴盛小商品市场成立。该市场地址位于阳光边贸市场与利宏边贸市场之间的通道，全部由越籍商贩租赁并经营。三个边贸市场的陆续建立，也使“越南街”告别了临时而简易的货棚摊位，取而代之的是稳固而规范的现代商场。于是，中越边贸的边民互市由原本的周期性流动市场转变为长时段的固定市场，诸多越南商贩由此开始更为规范地长期经营。

2016 年 3 月 8 日，政府正式发布了河口瑶族自治县人民政府公告第 1 号，“经河口瑶族自治县人民政府研究决定于 2016 年 3 月 25 日对河口金明、利宏、兴盛、阳光 4 家商场进行停业，商场内所有经营商户必须于 2016 年 3 月 31 日之前全部搬离商场，至中国 · 越南城。”“中国 · 越南城”的开发商——河口天元置业有限公司，为河口本地最大的房地产开发商之一。

二、商人、商品与消费者：越南街象征符号的建构

1. “越南商人”：凝视与被凝视

第一，“越南街”的主要社群——越南籍商人。

“越南街”大致共计有 300 余户越籍商贩。其中，阳光边贸市场和利宏商场的商铺最多，各有 100 余户越籍商贩。金明商场有近 60 家店铺由越籍商贩承租，而规模最小的兴盛小商品市场有 40 余户越籍商贩在此经营。越籍商贩需要在河口县出入境管理局登记，领取边民暂住证，以往有效期一般只有半月左右。如要长期在河口经营生活，可在派出所流动人口办登记，有效期限最多可延长至半年。越籍商贩的来源地主要以老街市、河内市和永福省等地为主。其中，永福籍越南人约占总人数的 76%，构成了“越南街”越籍商贩的最大群体。越籍商贩的汉语水平总体较低，据目前调查情况来看，基本无人参加过正式的语言培训。他们都是通过与中国顾客的日常交易而逐渐习得汉语。越籍商贩们独特的汉语发音主要由模仿河口的本地方言而形成。

除了一定的地缘关系外，越籍商贩之间都存在亲属关系。由于越籍商贩来到“越南街”的时间顺序有先后差异，所以同一家族、家庭的越南人可能被分割在不同商场里。但没有一个商户不处于某种血缘联系之中。越南籍商贩往往通过亲帮亲、亲带亲的方式进入越南街，店铺有时也是在亲戚之间流转。

第二，“越南街”上的中国商贩。

1989 年末，河口政府建立“河口边贸一条街”时，中国本地商贩作为中方边民出现于此。当时的中国本地商贩少于越籍商贩（中方边民摊位 141 个，越方边民摊位 391 个）。到 1991 年，政府开辟新的边民互市点时，中国本地商贩遂从“越南街”撤出。1993 年初设立新的中越边民互市市场时才重新对

中国边民开放，于是吸引了大量本地与外地的中国商人。1997 年，随着阳光、利宏等几家边贸商场的建立，中国商人陆续从越南街中退出。为数不多的几家店铺从事中国制造的小商品的批销，销售对象为“越南街”的越籍商贩。越籍商贩再将这些商品零售给顾客。在中国·越南城建成后，外地中国籍商户的铺面主要集中主楼 2 栋的二层，大多数来自昆明·新螺蛳湾商贸城，并从事批发商品活动。

第三，越南华侨商贩。

“越南街”市场内大致只有三四家由越南华侨所经营的商铺。主要分布在阳光边贸商场，还有一家位于利宏商场。“越南街”的越南华侨商贩祖籍为广西、云南。当年返回国内，多经辗转而后来到河口定居、从商。越南华侨因有着良好的语言基础，既与越南人保持着密切的联系，亦与中国本地人保持着密切的交往。

此外，各社群之间仍保持着密切的合作和互动关系。比如彼此之间相互借货。下面个案正是对这一行为的反映。

> 张某，现年约 45 岁，河口本地人。在“越南街”十多年的经营生活，张某早已与周边的越籍商贩形成了良好的合作关系，十分默契。他向笔者介绍其日常经营中，与越籍商贩的往来：“越南人来我店里拿货都比较零散，基本都是顾客登门、店里正好缺货时，过来只拿当时需要的，所以每次金额最多不过两三百元，尽管如此，但我还是不得不每天都要把每笔账记清楚，因为累计起来还是一笔笔不小的数目。没错，他们在我店里拿货都是先赊后补。因为我们都是合作很多年的关系了，相互比较信任。结算一般是一周左右一次，关系很熟的越南人、又不赶时间的话，有时甚至可以一个多月才去要账。”

2. 越南商品：生产之再生产

越籍商贩经营的商品种类，可将越籍商贩分为以下三种主要类型：水果摊贩、红木家具店和经营“杂货铺”的越籍商贩。除此之外，还有些经营日化用品、珠宝等商品的越籍商贩，但数量很少。食品咖啡、糖果、饼干、饮料、干果等零食和摆满路口诸多货棚的水果、调味品、香料、生鲜等产品。日用小商品包括各种厨具（砧板、菜刀、筷子等）、拖鞋、按摩器材以及打火机、水壶等。

上述越南街上销售的商品有几个共同的特点：商品主要以实用的食品和日用品为主，同时还有少量的消费品，例如红木家具、越南香烟等。“越南街”市场内很少有专营单一类型越南特产的店铺，仅有红木家具店和平仙拖鞋店为单一品种经营。销售的商品具有极强的同质性。如日用品店、水果店和食品店每家售卖的商品大体相似。

从上述商品的来源上看，可以追溯到以下几个来源：一是在越南生产的越南商品，主要包括散装水果干到止痛药膏、“越南拖鞋”和“越南皮带”。二是主要是包装食品类虽产自越南，却都经由中国代理商经销方可在中国市场上市、销售，一定程度上存在着“中国制造”。三是走私到中国的越南商品。此类商品一般未有中文标识的越南包装食品、烟酒等。四是产自中国的中国商品，包括拖鞋、厨具、水壶等日用类商品。这些商品基本都没有明确的商标，偶尔可见少量的英文字母或汉语拼音。

3. 消费者：符号与符号化

总体来看，到越南街消费的群体包括三类人群：第一种，一次性游客：消费“越南特产”这一象征符号，如热带水果、拖鞋、咖啡等，特点：不明真相。第二种是多次往返游客及本地人：消费“越南真品”，如平仙拖鞋、越南产“555”香烟、万宝路香烟、越南西贡小姐香水等，特点：辨别力较强。第三是高端消费者：消费小众产品，如“黑猫头鹰”“黑咖啡”“双马 AROMA”等，对价格不太敏感。

三、例外空间与地方感：越南街的空间结构

1. 边界建构：隐喻与实体

从越南街的形成与演化过程中可以发现，越南街的空间布局保持着相似的特征。如便于识别出来作为越南商品的表征——越南水果、日用品（主要是拖鞋等）、越南零食（咖啡和绿豆糕）等经营者都被安置在商街的外围，也即朝向外界空间的地方，以便作为明确的文化符号标识被采用。同时，外界对于越南街的想象，尤其是对于“越南小姐”的想象也被暧昧地使用。如在任何一个时期的越南街，都或明或暗地隐喻着越南小姐在越南街的存在。如老越南街在空间上一楼商店和二楼美发店在空间上的区隔，以及现在新商贸街一二楼的商品销售区与楼上的住宿区等。

“中国・越南城”的主体建筑为一期工程完成建设的 5 幢楼房（1、2、3、4、7 栋）。从“越南街”搬迁而来的越籍商贩目前都被安排在 1、2 栋及 7 栋。所有经营红木家具、手工制品及工艺品的越南商户被安排在 7 栋一层，其他大部分以主要经营越南特产、定装食品的商户则被安排入驻 1、2 栋一层的商铺。原先在“越南街”市场门口搭棚摆摊、贩卖水果的越籍商贩则安排在 1 栋与 3 栋之间的广场空地上摆设摊位经营。少数经营水果摊点的越籍商贩则被安排在 7 栋门口搭设货棚。所有入驻的越籍商贩都被安排在 7 栋四至六层住宿。

2. 例外空间：“合法”与“非法”之间

作为一种例外空间的越南街主要表现在：消防安全隐患下的长期经营，“无照经营”的特权，越南性工作者的“合法性”，长期居留的特权等。而之所以有这些特权的存在，与以下几方面的因素密不可分。国家和谐关系塑造与越南街边贸市场形成，城市形象塑造与越南街博兴，地方经济发展与越南

街规划，使得地方政府、开发商和越南街商人之间形成了一定的共谋，并通过他们的互动和博弈不断强化和明晰着越南街与周边社区之间的界线，并形塑着越南街的象征隐喻和地方感。

四、结语

在全球化进程中，有学者关注到了全球化的空间里被建立了一块“飞地”，使得国家犹如一个“门禁社区”。① 越南街是在全球化下国家边界地区参与到经济全球化进程中催生出的一种独特的“飞地”。现代民族国家在该区域设立了“门禁”，管理和控制着人员的流动和商品的流动，同时也从一定程度上维持和建构了越南街这一文化符号。生活于越南街的人群，也策略性地借用了国家对这一边界的建构行动，通过符号的再生产强化和形塑着越南街。“地方街区同整座城市一样，它们也对被资本投入、政策导向、媒体形象和消费偏好塑造的制度化环境做出反应”。②

“‘现代性主体’对于‘落后’的、处于现代性过程‘以外’的地方的渴望，不仅牵涉到人在物理空间上的迁移，更在很大程度上依赖于对于地方性（placeness）的想象、建构与体验。”③ Tim Cresswell 指出特定的社会群体所栖居和体验的地方性在很大程度上是人自下而上地建构起来的。一方面，地方在一定社会情境之下会被赋予丰富的文化意义——地方由此被符号化，承载了一系列的情感、价值与意识形态。另一方面，个人或群体可以通过自下而上的社会与空间实践，对基于地方的文化意义进行“展演（performance）”。④社会成员所建构和体验的地方性并非一成不变，而是不断变化的社会关系与社会实践持续作用的产物。总而言之，这里的“地方性”是被复杂的意义、话语和实践所定义的主观建构。越南街空间的形成是其象征性意涵不断被建构的过程。这一过程反映出民族国家、跨国商人以及地方政府多群体的互动，亦是边疆社区的权利关系与权利博弈过程。同时，也是越南街商人、越南商品消费者共同建构地方感的结果，而在这一过程中，越南商品也在其中扮演着链接越南街地方感与越南商人之间的中介，并从一定程度上影响着越南商人、消费者的行为，也即反映出物在空间建构的主体地位。

作者简介：王越平，云南大学民族学与社会学学院副教授。

---

① 范可著：《在野的全球化：流动、信任与认同》，知识产权出版社，2015 年版，第 70 页。

② 莎伦·佐金等主编，张伊娜、杨紫蔷译：《全球城市 地方商街：从纽约到上海的日常多样性》，同济大学出版社，2016 年版。

③ 钱俊希、杨槿、朱竑：《现代性语境下地方性与身份认同的建构——以拉萨“藏漂”群体为例》，《地理学报》，2015 年第 8 期。

④ 钱俊希、杨槿、朱竑：《现代性语境下地方性与身份认同的建构——以拉萨“藏漂”群体为例》，《地理学报》，2015 年第 8 期，第 27 ~ 28 页。

城乡一体化与小城镇理论再考察

李晓斐

一、问题的提出

大约在2005年的夏天，我的一位在北京读研究生的同学去上海开会，返京途中顺道南京来看我。席间闲聊，同学问，你知道北京和上海有什么区别吗？我不解。同学继续说道，从北京坐车，一出北京城就是满眼苍凉萧条的农村，而从上海出发，行车两百公里也都是颇有生机的村镇城市，反差远没有北京那么强烈。北京周边地区与以上海为龙头的长江三角洲地区在地景（landscape）上的巨大差别，在本质上反映出的是两地社会经济协调发展水平的差异。十多年过去了，随着京津冀协同发展战略以及“雄安新区”战略规划的出台，其社会经济水平大为改善，但目前与苏南地区的差异仍然存在。

苏南地区生机勃勃的村镇“地景”以及较高水平协调发展从何而来呢？如果按照费孝通先生的思路，原因则在于改革开放以来相当长的一段时期里乡镇工业与小城镇的建设与发展。这也正是20世纪80年代初费孝通回到江苏吴江观察与调研的思考点。为了探寻改革开放以来中国工业化以及城乡社会经济发展的新情况与特点，恢复了学术工作之后的费孝通重拾早年田野调查的方法，回到人民群众的具体实践之中，以江苏吴江为起点，在对苏南、苏北与苏中地区调研的基础上，提出了影响深远的小城镇建设思想。在随后对全国各地的考察调研中，乡镇工业与小城镇作为思考当地经济社会发展的出发点与核心宗旨，贯穿于费孝通整个八九十年代行行重行行的始终，成为费孝通晚年对于中国社会经济发展的重要思想贡献。小城镇理论一经提出即引起社会各界广泛关注，影响力远超出学术界范围，小城镇建设①、新型城镇化②已作为国家战略方针，指导着中国社会经济的发展。

由于费孝通对小城镇的各种论述，是在全国各地调研或报告的过程中零

① 新华社：《中共中央国务院出台〈关于促进小城镇健康发展的若干意见〉》，《新华每日电讯》，2000年7月5日第001版。

② 胡锦涛：《坚定不移沿着中国特色社会主义道路前进 为全面建成小康社会而奋斗——在中国共产党第十八次全国代表大会上的报告》，人民出版社，2012年版。

零散散提出来的，内容具体而又庞杂，除了小城镇、乡镇工业、城乡一体等宏大概念之外，还提出了诸如苏南模式、温州模式、珠江模式、跨区域协作开发区、全国一盘棋等中观概念，以及各种各样针对全国各地更加具体细微的地方性对策与建议。虽然学界对费孝通小城镇理论已有大量讨论，但主要集中在对宏大或中观概念的解读与讨论上，例如小城镇模式的城市化道路、"离土不离乡"的人口流动、区域经济发展①，以及乡村工业化、城乡一体化、区域经济共同体②，等等，而对费孝通所提出的各类具体对策，以及宏大概念与具体对策之间的关联等讨论则相对较少。那么，应该如何全面系统把握费孝通这些看起来纷繁杂乱的随笔式文字？各类具体对策是费孝通每到一地的即兴发挥，还是相互之间有着内在关联的在某一核心框架下的统一思考？为此，本文首先从理论层面上系统审视小城镇理论所蕴含的核心思想，从而将费孝通提出的各种宏观概念、中观概念以及各类零散具体策略纳入同一理论框架之下。在此基础上，从具体实践层面上考察改革开放四十年后的当下，费孝通小城镇理论中颇具代表性的发展策略是否或遇到了哪些新问题与新挑战，进而对小城镇理论做出相应的可能扩展。

二、连续统：小城镇理论的本质意涵

我们知道，费孝通是从中西工业化与城市化发展不同道路的高度来思考小城镇的。正如马克思所言，西方资本主义工业化道路是以农村崩溃为起点，工业化的过程也即城市与乡村相分离对立的过程，乡村的农业与手工业被城市大工业所取代，城市最终战胜了乡村。③那么，中国的工业化正在走或应该走什么样的道路？是西方国家工业化所走的城乡对立，还是另辟蹊径？在费孝通看来，乡镇工业与小城镇不仅能够促进当地经济发展，其意义更在于开辟了中国工业化与城市化的独特道路，"中国基层工业化的道路，是农民在农业繁荣的基础上创办集体所有的乡镇工业，乡镇工业反过来巩固促进了农村经济，农副工齐头并进、协调发展。"④ 可以说，工业与农业、城市与乡村共同一体发展，或曰"工农相辅、城乡一体"，是小城镇理论的本质意义之所在。

首先，从工业化的角度来说，乡镇工业是工业与农业的桥梁。费孝通一到苏南就敏锐捕捉到乡镇企业与农村传统农业经济及城市大工业之间的内在

① 宋林飞：《费孝通小城镇研究的方法与理论》，《南京大学学报（哲学社会科学版）》，2000年第5版。

② 沈关宝：《〈小城镇 大问题〉与当前的城镇化发展》，《社会学研究》，2014年第1期。

③ 马克思：《德意志意识形态》，《马克思恩格斯全集（第三卷）》，人民出版社，1956年版，第25～28、38页。

④ 费孝通：《小城镇 再探索》，《行行重行行——中国城乡及区域发展调查》，群言出版社，2014年版，第51页。

关联。一方面，乡镇工业及其前身的社队工业，本身就是根植于男耕女织、工农相辅的历史传统，是在人民公社时期集体农业积累的基础上发展起来的；社队工业从一开始就是为了增加农民收入的副业而已，是“以工业为手段的农村集体副业”①。可以说，乡镇工业“支农、补农、养农”的责任是其与生俱来的内在要求，乡镇工业越发展，就越能够促进农业的综合发展。另一方面，乡镇工业与大中城市工业之间也存在紧密联结，社队工业的创办就来自于大城市工业的转移与技术干部知识青年的下放。改革开放后，从最初的通过乡土关系熟人牵线，到城市工业由于规模扩大与升级而主动与周边乡镇联系，通过合资、部件外包、来料加工、技术与资金支援等方式，两者相互依赖，乡镇工业已经成为城市工业体系不可分割的组成部分。②正是在此意义上，费孝通格外重视中心大中城市的辐射影响与扩散作用，不论是苏南模式的上海，还是珠江模式的香港，均对当地的乡镇工业产生了关键作用，而反观八十年代的南京、徐州、包头，以及文章开头提到的北京，则因其辐射力量的不足而无法促进当地乡村的发展。通过发展乡镇工业（建立在农业基础之上、结合地方特色与资源加工、以某个或多个核心城市的辐射影响为依托）来实现当地工业的发展，成为费孝通奔赴全国各地调研考察的核心主旨。

其次，从城市化的角度来说，小城镇是城市与乡村相互勾连的联结点。在费孝通看来，工业化与城市化、小城镇与乡镇工业是不可分割的一体两面。客观形成聚落的自然村庄、临时或定期聚会贸易的集市，以及以固定的商业贸易为主要特征的传统集镇，均为自古有之。但在改革开放的新时代背景下，小城镇建设与发展必须有待于乡镇工业的兴起和农业生产的商品化。当代的集镇（小城镇）是在原有集市上进一步发展乡镇工业而逐渐建设起来的，反过来，随着乡镇工业的发展壮大，也越来越向小城镇集中，经营也更依赖于小城镇。③ 更为重要的是，随着农村工业化的发展以及工厂向集镇的集中，新型小城镇开始呈现出不同于传统市镇的性质，即小城镇不仅仅作为农副业贸易场地，而是成为广大市场的组成部分，与大中城市接上了贸易关系，从而具备了一定程度的城市功能，工业化也就过渡成城市化。④可以说，建立在乡镇工业基础之上的小城镇正是农村与城市的中间过渡阶段，既是农村的政治、

---

① 费孝通：《故里行》，《行行重行行——中国城乡及区域发展调查》，群言出版社，2014 年版，第 256 页。

② 费孝通：《小城镇 再探索》，《行行重行行——中国城乡及区域发展调查》，群言出版社，2014 年版，第 55 ~ 57 页。

③ 费孝通：《小城镇 苏北初探》，《行行重行行——中国城乡及区域发展调查》，群言出版社，2014 年版，第 88 页。

④ 费孝通：《论中国小城镇的发展》，《行行重行行——中国城乡及区域发展调查》，群言出版社，2014 年版，第 655 ~ 658 页。

经济、文化的中心，是大中城市伸向农村的腿①，又是中国特色农村城市化的重要载体。在乡镇企业的基础上发展新型小城镇，不仅能够防止人口向大城市集中可能引起的社会灾难，同时能够避免乡村的空心化与衰败，真正实现城市与乡村的一体发展、共同繁荣。

综言之，在费孝通看来，工业与农业、城市与乡村根本不是二元对立的两端，相反，是一个相互协调一体的连续统（continuum）：在工农关系上，乡镇工业将农业和工业勾连起来，成为中国特色的工业化道路；在城乡关系上，小城镇将农村与城市勾连起来，成为中国特色城市化的新格局。工业、农业、城市、乡村，处于同一系统之内，构成一个相辅相成、自然过渡、一体发展的连续统，而基于乡镇工业之上的小城镇正位于这一连续统的中心位置，将看似分离的两端架起沟通的桥梁。事实上，这种“不能离开工业谈农业，更不能离开都市谈乡村”的工农城乡连续统的系统论思想，对于费孝通而言早在20世纪三四十年代就已初步形成，并一以贯之到晚年的小城镇理论之中。

正是基于这一连续统思想，费孝通才如此看重小城镇建设，并将其提高到中国特色工业化城市化道路的高度。也只有理解了这一点，才能够理解费孝通在行行重行行的调研过程中每到一地就不厌其烦为当地的经济发展与城镇建设所提出的各种对策与建议，诸如发挥大城市与大工业的扩散辐射带动作用、根据当地历史与现实特点发展乡镇工业、在经济薄弱地区发展牧副业加工以带动工业发展，以及农工贸一条龙、产供销一体化等。不论在工业基础较好的东部沿海地区总结提炼乡镇工业发展的种种模式，还是在西部地区强调三线企业的扩散、农牧结合、跨民族协作，或在中部地区先后讨论民权的“无墙工厂”、信阳的“公司+农户”、焦作的“公司+基地+农户”，以及漯河的“家家上项目”与“微型庄园”，这些看似非常琐碎重复具体的论述背后，本质上均是工农城乡连续统这一核心思想的反映。甚至跨区域协作、东西部互补互惠、全国一盘棋等观点，仍是这一连续统思想的进一步扩展。于是，费孝通在小城镇理论中所提出的各种宏观概念到中观模式再到微观对策，都可以在这一逻辑一致的连续统思想中得到整合。在这一理论框架下再去审视费孝通关于小城镇与乡镇工业的调研文字，便不会再觉得杂乱无章，而是层次有序，处处闪耀着连续统思想的光辉。

三、两种困境：失败的项目与凋零的作坊

费孝通在比较苏南模式与温州模式的区别时，总结了乡镇企业生长发育的两种不同类型：内发型与外向型，前者是当地农民自己创造出来的企业，

① 费孝通：《小城镇 大问题》，《行行重行行——中国城乡及区域发展调查》，群言出版社，2014年版，第9页。

资金、设备等均来自自己的积累与努力；后者则是外地力量输入下的企业，其资金、经营等全部依靠外来或外国的输入。① 其实，在具体策略层面，对于费孝通全国各地调研过程中所提出的发展地方经济与乡镇工业的种种策略建议，也可以概括为内发型策略与外向型策略。对于工业基础较好的东部地区与三线国有企业集中的西部地区，费孝通提出大中城市的辐射、大型企业与三线企业的扩散等依靠外部力量发展乡镇工业的策略；对于工业基础薄弱的中西部地区，费孝通则更为看重农村与农民自身的本土资源，强调农牧结合、公司 + 基地 + 农户，以及种养加多种经营结合等内生型策略。如果说扩散与辐射是外向型策略的关键，那么就内向型策略而言，也有两点最具代表性：一是以商品化为导向的农林牧副渔经营，二是分散在乡村的家庭工业，因为商品化规模化的农业经营可以增加收入增进原始积累，从而逐步向工业化过渡；而处于分散状态的家庭工业本身则是中国传统农村经济的基本格局，家庭工业的发展壮大与合作则更是直接向乡村工业的转化。② 可以说，规模经营、家庭工业被费孝通视为“从农业里长出工业”的两种最具意义且切实可行的发展路径。

那么，二十余年过去了（《重访民权》《焦作行》《信阳行》《豫中行》写作于 1992—1995 年间），在改革开放已四十年的当下，重新思考费孝通所提出的发展策略，对于小城镇理论以及当前小城镇建设实践均具有十分重要的意义。囿于篇幅，我们将重点聚焦内向型策略上，以两个具体的发展案例，考察规模经营与家庭工业在具体地方实践中所遇到的困境与挑战。

豫西南一个典型的农业县内，一条大河穿境而过，瓦镇正位于这条大河的旁边。历史上，凭借航运与驿道的双重便利，作为重要水旱码头的瓦镇，早在清朝初年就发展成为贸易繁荣的重要集镇，被列入当地四大名镇之一。1955 年由于大河泛滥，老集镇被冲毁，当地政府在东边两公里处重建新集镇，建成两纵两横四条街道。改革开放之后，随着经济的发展，当地政府又新增两条街道，集镇规模一直持续到现在。虽然被称为中州名镇，但瓦镇的乡镇工业并不发达，集镇及其周边居民仍然以传统农业为主，部分居民在集镇上做些小生意补贴家用。2010 年左右，为了响应城镇化与新农村建设，政府决定扩大瓦镇的城镇规模，并且配套以花卉种植项目，以此带动当地经济发展。在当地政府的带领下，一位陆姓老板投资两千余万元，一方面，以紧邻集镇

---

① 费孝通：《四年思路回顾》，《行行重行行——中国城乡及区域发展调查》，群言出版社，2014 年版，第 569 页。费孝通：《〈城乡协调发展研究〉后记》，《学术自述与反思：费孝通学术文集》，三联书店，1996 年版，第 152 ~ 160 页。

② 费孝通：《豫中行》，《行行重行行——中国城乡及区域发展调查》，群言出版社，2014 年版，第 710 ~ 713 页。费孝通：《乡土重建》，岳麓书社，2012 年版，第 84 ~ 123 页。

北边的葵村为对象拆迁改造，在原来葵村的地面上，一条条宽阔的柏油路面的崭新街道、一排排整齐气派的临街门面楼房拔地而起，并被命名为“葵村新区”，与狭窄拥挤的老集镇形成了鲜明对照；另一方面，陆老板承包葵村及周边村庄的耕地五千余亩，种植各类名贵花木，号称“万亩花卉园”，在当地政府的规划与公司的官方宣传中，花卉园被视为当地龙头企业，以此为核心带动相关产业的发展，并且还可以转移剩余劳动力一万余人，增加非农收入一亿元。

那么，该项目是否成功了呢？身处整洁气派的葵村新区，一个很直观的观察是，从早到晚在宽阔的街道上却只有三三两两的行人匆匆路过，不仅没有什么顾客与生意，街道两侧的门面房也大多数大门紧锁，并没有什么商户或住户在此居住。万亩花卉园里虽然花木茂盛郁郁葱葱，但是也没有看到有什么人在打理，反而成了周边群众割草喂羊的好去处。再往远看，临近花卉园的耕地上，搭建了不少临时性的简易窝棚，过去一问竟然是葵村被拆迁了的村民。原来在拆迁的时候，开发商采取的是赔偿旧房再原价购买新房的政策，根据村民的房屋面积与质量发放相应的赔偿金，再按照当地的市场价格把建好的门面房卖给村民。然而赔偿金与新房价格相去甚远，不足以购买新房，之前就是楼房的富裕村民，赔偿金相对较多，再加上自己的补贴，尚买得起新房，但对于那些原有房屋就狭窄破旧的一般或贫困村民而言，新房就变得可望而不可即了，旧房被拆掉，新房又买不起，只好在耕地的路边搭起窝棚居住。

不可否认，万亩花卉园与葵村新区的规划、开发与建设是符合当地实际情况的，也与费孝通关于农业基础薄弱地区发展规模化商品化的农副种植进而带动地区经济的思路相吻合。然而，该项目在具体实施的过程中为什么会遇到如此的困境，不仅没有成功实现最初设想而且还给当地群众带来了如此严重的后果呢？综合田野调查资料，可以概括为“人的因素”。当然，费孝通先生在其小城镇与地方经济发展的种种对策中，明确提出企业发展关键还是在人，特别是有经营能力的带头人。①在瓦镇的案例中，人的因素至少包括三个类别：

其一，地方政府官员。近几年在国家大力发展小城镇的背景下，该县几乎所有乡镇皆闻风而动，几乎一窝蜂式的建设新区，扩大原有集镇规模，在原有基础上建设新集镇。就瓦镇来说，其距离县城较远，自身又没有像样的乡镇工业，老集镇的辐射范围有限，根本就吸引不了那么多的外来人口与劳动力。正如街上的老商户所言，“老集镇上做生意的门面房有一小半都在闲

① 费孝通：《重访民权》，《行行重行行——中国城乡及区域发展调查》，群言出版社，2014年版，第553～555页。

着，还在旁边建新区，怎么会有那么多人来居住呢。”这一情况也不仅为瓦镇独有，周边其他乡镇建设的新街道，也都是无人居住的冷清局面。地方政府不仅缺乏长远考虑盲目上马葵村新区，而且在拆迁建设过程中并没有切实履行监管职能，开发商以较低赔偿成本完成拆迁并以较高价格出售新房，造成了新区无人住，村民被迫住窝棚的局面。

其二，企业老板。费孝通在《行行重行行》中多次提到企业带头人对于企业成败的重要性，但费先生的讨论重点在带头人的个人能力上，即是否具备将企业做强、做大的能力。那么，如果企业老板动机不纯会造成怎样的后果呢？田野调查期间，提起陆老板，瓦镇及葵村的群众没有不骂他的。据了解，陆老板就是葵村本地人，颇有经营头脑，早年曾在广州建过工厂，在新疆贩运棉花，但不走正道。万亩花卉园本是县里的项目，陆老板凭借各种手段硬是把项目争取过来，从而拿到一大笔国家补贴，又向银行贷款上千万元，同时开发葵村新区。葵村新区与花卉园一期建成后，由于新房卖不出去，再加上流离失所的葵村村民纷纷上告，银行贷款尚未还清，陆老板就携款跑路，到现在也不敢回乡，二期计划也随之泡汤。

其三，普通村民。项目从规划、建设到建成、经营的整个过程中，几乎所有村民并没有也无法参与其中，是被动的、听从式的，完全游离与整个项目之外。具体而言，开发花卉园时葵村每年每亩一千元、周边村落八百元的耕地承包费是开发商事先定好的，拆迁标准与新楼市场价格也是政府与开发商制定的，乃至整个项目规划本身也是政府事情，并没有村民及其代表的意见与声音，至于花卉园宣传册上所谓“公司＋农户”模式也只是说说而已，花卉园的种植经营与销售也基本上没有农户什么事。于是，除了少数村民在项目中分到一杯羹、占了些便宜之外，绝大多数普通村民也就成了案上之鱼肉，当耕地承包费无法按时发放、或因为房屋被拆流离失所时，只能私下谩骂发泄不满，或者通过零星的上访与告状体现微弱的抵抗。

与农业为主的瓦镇不同，距离省会郑州不远的山乡则是家庭工业发达的典型。旧社会的山乡也是以传统农业为主，但在集体化时期，依托于郑州及其周边城市的大型机械厂与农机公司，山乡周边的村庄分别在村支书的带领下，创办起大队集体所有的农机配件加工厂，为周边的大工厂生产齿轮、轴承等农业机械配件，走上了与苏南社队企业类似的道路。配件厂很成功，村民们告诉我，20 世纪 70 年代，山乡基本上每个村都有一个机械厂，每年都能分红，特别是路村与楼村的村办机械厂连续好几年全村每人能分到十元钱，在当时是一笔不小的收入。但是，与苏南模式社队企业向乡镇企业的成功转型不同，山乡的社队企业没能经受住集体解散的冲击，80 年代初，山乡村民们的集体观念随之变化，业务员纷纷瞒报订单金额从而中饱私囊，厂内上班的村民也人心思变，在家里办起了个体户式的机械加工厂。于是，惨淡坚持经营了两年之后，机械厂索性把车床设备分到了各家各户，集体企业名存实亡，取而代之的是遍地开花的家庭作坊式机械加工厂。在八九十年代最为红火的时期，山乡周边的楼村、雷村、齐村、路村等村庄，几乎家家有车床、户户搞加工。村民们自豪地说，当时一个村庄生产出来的配件就能够轻松组装出一台大型拖拉机。与此同时，山乡政府所在地的山村利用回民的独特优势在改革开放之后搞起了家庭作坊式的毛皮加工业。凭借机械加工与毛皮加工两大支柱产业，在八九十年代的山乡设备轰鸣、集市繁荣、村民富裕，并在 90 年代末达到顶峰，成为远近有名的发达集镇。但是从新世纪初开始，山乡的家庭工业迅速走上下坡路，毛皮加工作坊被取缔，机械加工业也因为技术含量低、同类产品竞争以及金融危机等外部环境的变化而大为萎缩。2016 年与 2017 年田野调查期间，山乡的街道上顾客稀少、集市萧条，丝毫看不出曾经的繁荣景象，绝大部分村民只能外出打工，收入与之前相比也大为减少；毛皮加工作坊已不复存在，机械加工尚有带独立厂房的企业 89 家、家庭作坊 120 户。如何应对这些挑战、重新打造机械加工与民族特色的经济产业，也成为山乡主要领导干部最为关心的话题。

可以说，山乡遍地开花的家庭作坊与费孝通先生关于分散到乡村里的家庭工业的命题颇为吻合。而且，与瓦镇的失败项目相比，山乡产业发展过程中地方官员不可谓不尽心尽力、真抓实干，每个村庄也都有企业较大效益较好的带头人，村民们发展家庭工业的积极性与主动性也很强。但是，山乡的家庭工业为什么没能走向费孝通所设想的自主联合、发展壮大之路，却反而从繁荣走向了衰落呢？原因当然有很多，例如产品、资金、技术、人才、组织等，但在山乡的案例中，特别需要指出的是环境的因素。有学者批评费孝通在小城镇乃至整个乡村研究过程中对环境的忽视，认为环境视角的缺失造成小城镇论述的片面与局限，甚至动摇了乡镇工业勾连城市与乡村的城乡一体化的根基。①我们不能说费孝通完全无视环境因素，除了在小城镇发展调研过程中曾多次一笔带过式地提到过环境，在 20 世纪 80 年代初即专门讨论过小城镇中的环境污染问题。② 但中肯地说，环境因素一定不是费孝通小城镇论述的中心，而环境恰恰在山乡的家庭工业与小城镇发展过程中扮演着关键性的角色。

两大产业支柱中最先受到环境因素冲击的是毛皮加工业。因为不论是制裘还是制革，都需要各类化学药剂对生毛皮进行加工。20 世纪八九十年代山村几乎家家户户毛皮加工，废水直接排放到村边大河里，河水甚至地下水源均遭到严重污染，癌症人数增多，吃水一度都成了问题。在此背景下，2000

① 张玉林：《“天地异变”与中国农村研究》，《中国研究》，2009 年第 1 期。
② 费孝通：《及早重视小城镇的环境污染问题》，《水土保持通报》，1984 年第 2 期。

年开始，县乡政府强制取缔关停毛皮加工作坊，花了三年时间取缔完成。污染问题才得到逐步遏制，河水逐渐变清并有了鱼虾，但一直到现在山村村民仍然不喝浅层地下水，桶装纯净水成为必需品。环境改善的代价是彻底根除了山村的毛皮工业，家庭作坊彻底消失以及村民收入的大幅度下降，如今的山村村民只能依靠外出打工或做生意另谋出路。如果说环境问题对山乡毛皮工业的冲击是直接的、根本性的，那么，环境对于机械加工业的影响则是逐渐的却日益强劲。按理说机械加工的污染问题并不严重，然而近年来雾霾天气等一系列污染问题的出现使得社会各界对自然环境保护的意识更加严格与敏感，首当其冲的是翻砂铸造类型的机械加工业，因为铸造需要烧煤冶炼而排放大气污染物，早在几年前就被勒令整改或取缔。在田野调查期间，山乡的铸造类企业已全部整改到位。然而事情并没有结束，至少在2016年与2017年田野期间，在全省掀起环保风暴的背景下，山乡的所有机械加工厂和作坊一律拉闸停电、停业整改，必须先拿到环评报告才具备恢复生产的资格，至于何时复产则要等上级政府的通知。接连而至的环保风暴令经营者们人心惶惶，较具规模的加工企业损失了大量订单而更加不景气，许多小作坊主则干脆外出打工，关门了事。

四、结论与讨论：城乡发展的超越之道

改革开放以来，至少在学术层面，围绕中国城市化道路问题，存在着“大城市论”与“小城镇论”的争论，双方从激烈交锋到相互借鉴反思，为中国的城市化与小城镇建设提供了重要的理论指导。①本文无意介入这一宏大争论或对小城镇模式以宏观分析，而是通过对费孝通小城镇理论的核心观点与基本策略的审视考察，为当前的小城镇建设提供思考与借鉴。正如学者所言，改革开放四十年的今天，中国的城乡发展与20世纪八九十年代相比发生了剧烈变化，农村劳动力的流动、乡镇工业的性质等均出现了费孝通小城镇论述中所没有料到的新情况，中国的发展走势也没有完全按照费孝通的设想进行，但是这并不意味着小城镇论述的错误，相反，在大城市不堪重负的背景下更应该向费孝通小城镇思想的回归，特别是小城镇在人口蓄水池与城乡一体化方面的意义。②而本文的讨论则更加清晰地看到，如果说要回到费孝通小城镇思想，最关键的是要回到小城镇理论的核心：工农城乡连续统的思想。只有在工农城乡是连续整体而非割裂对立两端的理论框架下理解小城镇，才能够真正把握国家新型城镇化战略的本质内涵，从根本上理解城市化、工业

① 赵新平、周一星：《改革以来中国城市化道路及城市化理论研究述评》，《中国社会科学》，2002年第2期。

② 王小章：《费孝通小城镇研究之“辩证”——兼谈当下中心镇建设要注意的几个问题》，《探索与争鸣》，2012年第9期。

化与乡村振兴之间的内在关联，从而真正检验衡量全国各地小城镇开发建设的成败。

同样，在具体发展策略上，我们也不能武断说费孝通二十年前所提策略的过时，但由于费孝通缺乏对策略实践过程的具体分析，因此在具体运用时不能简单照搬或浮于表面，而是要结合地方实际对诸多影响因素审慎考察。就本文的两个案例而言，在小城镇与地方经济发展过程中至少考虑到人与环境两个方面的因素。

其一，人的因素。费孝通看到了小城镇建设中人特别是带头人与技术人才的重要性，瓦镇的案例则进一步展示了地方官员、企业老板、村民等不同群体的作用与影响。事实上，瓦镇失败项目案例背后是一个经常被提起的问题：谁的小城镇？谁的地方经济发展？于是就指向了人的主体性问题。小城镇建设要重视人的主体性这一点，被许多学者提到，但深刻分析的较少。作为西方社会思想界的核心概念，主体性与权力、结构密不可分。如奥特纳所言，主体性是主体既部分内化又部分反映或反抗其自身所处整套环境的复杂结果，既是嵌入在外部世界的行动者的内心状态，又呈现与建构了其所处的外部结构与文化形式。①换句话说，主体性既是行动者对其所处不平等权力结构的反映从而共谋式地生产着这一结构，同时又在权力关系的夹缝或裂缝处进行表达或反抗。具体到中国乡村领域，自从20世纪初随着现代性的深入而农村与农民双双被建构成他者以来②，不论是文化观念、权力结构还是意识形态，在围绕农村与农民的改造或建设运动中，农民都是无声、失语的③。新中国成立后，农民的主体地位在意识形态等层面大大提高，然而其主体性无法彰显的状态并没有根本改变，并一直持续到改革开放之后的小城镇建设中。从这一意义上，瓦镇项目的失败既可以归咎于地方官员与企业老板，同时也是当地村民共谋的结果。因此，在小城镇建设中要想发挥当地农民的主体性，必须要首先看到农民所处的不平等权力关系与社会结构并从制度上进行改变。离开了外部环境来倡导农民的主体性，则只能沦为口号式的空谈。

其二，环境的因素。环境成为问题（problem）事实上也与现代性密切相关。研究指出，人类认知里文化与自然的二元对立是启蒙运动之后才出现的，而在此之前，特别是从人类祖先开始一直延续至今的狩猎采集社会里，文化与自然浑然一体，环境被狩猎采集者视为生活来源与灵魂家园，其自身不仅

① Sherry Ortner. Anthropology and Social Theory: Culture, Power, and the Acting Subject, Duke University Press, 2006. 107 ~ 128.

② 科大卫著，卜永坚译：《皇帝和祖宗：华南的国家与宗族》，江苏人民出版社，2009年版。

③ 赵旭东：《乡村成为问题与成为问题的中国乡村研究——围绕“晏阳初模式”的知识社会学反思》，《中国社会科学》，2008年第3期。

没有与自然分开，而是作为自然的一部分而存在。人类进入“现代”以后，在现代性发展观的意识形态之下，自然最终成为人类（通过文化）改造、掠夺、征服的对象，环境问题随之出现。①就小城镇建设来说，正如前文所指出的，环境维度在费孝通小城镇讨论中基本上是缺失的，以至于有学者指出环境的缺位甚至影响到小城镇作为城市与乡村沟通联结桥梁这一根本命题的成立。②山乡家庭作坊凋敝的案例也凸显了环境因素对地方经济与小城镇发展的关键作用。也正是在这一背景下，绿色小镇、美丽乡村、生态文明建设作为整个国家的发展战略被提出。应该如何理解这些战略？如果从认知上环境与文化的对立、实践上环境成为文化客体的理论视角来看，就会清晰看到，注重小城镇建设中的环境因素，就不仅仅是发展绿色产业诸如旅游观光、生态农业等产业结构调整那么简单，减少污染源、整治环境、恢复绿水青山固然重要，但更为重要的还应当从认知层面彻底破除环境与文化二元对立的观念，在自然与文化一体的视角下审视小城镇，将小城镇以及小城镇中的产业发展与经济行为视为自然环境的一部分。只有这样，才能从根本上将环境整合进小城镇的建设与发展之中，使小城镇真正成为自然、经济、文化浑然一体的生存模式。

作者简介：李晓斐，博士，南京理工大学社会学系副教授。

---

① 范可：《狩猎采集社会及其当下意义》，《民族研究》，2018 年第 4 期。

② 张玉林：《“天地异变”与中国农村研究》，《中国研究》，2009 年第 1 期。

从冲突到和谐：南岭走廊城镇化进程中的民族文化走势

李晓明

一、文化冲突是文化发展的动力

每一个民族或族群的文化都是在特定的地理环境、生计方式和文化传统下形成的。每一个民族或民族个体成员总是从各自的文化本位出发，去看待和处理所接触到的别的民族的文化。因此，不同民族文化之间或者不同文化群体之间产生误解、偏见、排斥或冲突是在所难免的，也是社会发展过程中的一种常态。文化冲突是经济社会发展所引发的各种矛盾在文化上的具体反映。文化冲突是文化内在矛盾的展开和解决，也是文化发展的根本动力之一。文化冲突是由文化的“先天性”或者文化的本性所决定的，是世界上任何一种文化在发展过程中不可避免的一种必然现象。从文化冲突爆发点所处的层次来看，冲突点可以发生在文化圈与文化圈之间，文化区域与文化区域之间，民族国家与民族国家之间，多民族国家内部各组成民族之间，各民族内部不同支系之间，也可能发生在民族内部不同文化层次和不同社会组织或不同社会地位的成员之间。① 只要一个民族国家内部不是一个单一的民族而是多民族的国家，其文化就不可能是单一的文化，而是多元的多民族的文化。多元文化之间必然存在着差异，在相互接触、交往和交流中，就一定会发生文化冲突。这种文化冲突既可以表现在单一的民族成员身上，也可以表现在全部或部分民族成员身上。文化冲突最终会通过文化的拒斥、摩擦、了解、适应、调和、妥协与融通而得到解决。文化冲突的实质是不同文化价值或价值体系之间的冲突。

单一的民族文化，如瑶族乡村文化，在与其他民族文化的交往过程中，由于价值观不同而常常产生冲突。瑶族乡村文化为了保持自己民族文化传统的延续性和纯洁性，对外来文化（如汉族、壮族文化）首先会采取相应的抗

① 李晓明：《南岭走廊瑶族乡村和谐文化建设研究》，甘肃人民出版社，2012年版，第128页。

拒和排斥态度。历代封建统治阶级都对瑶族文化采取过汉化的政策，但瑶族始终保持了本民族的文化特色，并没有被完全同化。到今天为止，瑶族文化特色最鲜明的村寨，也就是历史上抗拒和排斥外来文化最坚决最有力的村寨。但是，面对文化冲突，抗拒和排斥并非是唯一解决问题的有效途径。世界上的每一种文化都是在与其他文化接触和交往的过程中取长补短、相互借鉴学习才得以发展的。文化冲突也是文化交往的一种基本形式，是文化发展的重要动因。“文化冲突实际上是文化竞争、文化选择和比较发展的过程。没有竞争，没有选择，没有比较，文化就不能发展自己的个性，也就无法得到交往与传播。”①

文化冲突是一个持续的动态的变迁过程，具有暂时性和反复性的特征。民族之间的经济利益、政治利益、意识形态、价值观念和风俗习惯等方面的矛盾是文化冲突产生的基本原因。文化冲突的背后往往是因现实利益不平衡所引发的各种矛盾。文化冲突的解决在相当程度上取决于现实利益矛盾的解决。如果现实利益矛盾长期解决不好，文化冲突也可能演化为道德、法律规范的冲突甚至上升为政治冲突，严重影响社会稳定。所以，我们必须关注南岭地区不同社会群体或不同民族群体之间在城镇化进程中因现实利益不平衡而引发的各种文化冲突，努力建设南岭走廊的和谐文化，保证城镇化进程中的社会和谐与稳定。

二、文化交往中的互动互制与互补互适

在一定的地理空间内，多民族多族群的存在及其生存发展的需要必然会导致各民族或族群文化之间的“互动”。文化的差异性不仅是文化创新和发展的基础，同时也是各民族文化互动的前提。民族文化互动是指多元民族文化之间在长期的社会发展过程中相互作用与相互影响。文化互动是一个从无序到有序、作用与反馈连续耦合的过程。各民族文化互动的目的都只是为了保持本民族及其文化更好的延续和发展，以实现美好的生存愿景。民族文化交往过程中的“互动”主要体现在生产生活方式和风俗习惯的互动。这是因为各民族在各自所处自然环境和社会环境中为谋得生存与繁衍而创造了适宜于自身的生产生活方式。不同生产生活方式之间必然会相互学习和借鉴，如引进先进的生产技术、新的农作物品种、新的生产工具和加工方法等。居住在山区的瑶族向居住在平地的汉族、壮族学习新的水稻种植技术，在山坡上开辟出梯田，引进先进的生产工具、水稻品种和耕作方法。居住在平地的汉族则从瑶族和壮族那里获得山货，学习竹器编制、木器加工等相关技术。瑶族、壮族与汉族相互学习和借鉴风俗习惯，彼此参与对方的民族节庆活动等。由

① 张世文、韦克难主编：《社会学基础教程》，四川人民出版社，1990 年版，第 96 页。

于居住地自然生态环境的不同导致各民族生存条件之差异与生活上的需要，彼此之间不得不进行持续性的交往和交流，长期互通有无，取长补短，从而形成了一整套具有各自不同特点的地方性知识体系。这实际上也是体现在物质生产和生活领域各个不同层面的文化内容的相互学习借鉴之必然结果。

民族文化或族群文化在交往过程中的“互制”则主要体现在各民族或族群之间仍然保持着鲜明的族际边界。由于各民族的历史渊源不同，彼此在交往的过程中因各自在语言、生活习惯、宗教信仰、价值观念、思维方式、行为方式等方面存在着差异，再加上对区域性紧缺自然资源的竞争和生存空间的争夺，民族或族群之间在心理上仍然存在着“认异”与防范、竞争与排斥，行动上的对抗与冲突现象在历史上也时有发生。历史上每一次激烈的族群冲突过后，带来的结果往往是两败俱伤。因此，各自为了实现美好的生存愿景，无论是弱势族群还是强势族群，彼此都会选择妥协，以求相安无事。族群之间历史上发生过的碰撞与冲突，往往沉淀为族群的共同历史记忆，使他们对其他族群及其文化长期保持着一定的警惕与防范。这种心理上的警惕和防范在一定的社会历史条件下将外化为族群之间的相互制约，维持着族群文化之间的某种动态平衡。

“互补互适”是民族文化或族群文化交往的基本模式。文化互补（cultural complementation）是指不同文化之间相互吸收，取长补短。异质性族群文化之间的交往、交流与互补、互适是族群文化发展的基本动力。在长期的生产生活实践中，每一个民族或族群对各自所生活的自然环境与社会环境形成了特定的局部性的认识和理解，积淀为各自的生存智慧和生产生活经验。各民族或族群在语言、生活习惯、宗教信仰、价值观念、思维方式、行为方式等方面存在的差异性，正是民族或族群间文化互补的基础和条件。在南岭走廊地区瑶族、壮族和汉族之间相互借鉴先进生产技术和生活经验的事例比比皆是。他们虽然会结合各自所在地域的自然生态环境而进行改造并形成各自的特点，但没有这种文化上的互补则难以促进本民族文化的发展。

文化适应（acculturation）是指不同文化群体之间的相互接触所导致的群体及其成员在心理上和文化上的变化。民族文化适应包括两个层面，即群体层面和个体层面。群体层面的文化适应包括社会结构、经济基础、政治组织以及文化习俗的改变；个体层面的文化适应包括认同、价值观、态度和行为能力的改变。民族文化的适应是双向的和互适的，即相互接触的两个民族或族群的文化都会发生一定程度的变化。民族或族群文化之间的适应具有文化整合的特征。在长期持续的互动过程中，相接触的各民族或族群都会从对方接受有意义的影响并产生有益的作用，形成文化因子的相互借用，文化内容的相互渗透，文化形式的相互融通，形成你中有我和我中有你的局面。

文化是人造的，也是为人的生存发展服务的。在一个文化多元的社会，为了实现本民族或本族群人民的美好生存愿望，必然要学习和借鉴其他民族文化的长处，实现文化融合以丰富和提高本民族或族群文化的品质。文化融合的过程就是异质文化之间相互接触、彼此适应、互动互制、互补互适、吸收借鉴与融会贯通的过程。各民族或族群的文化都有自己存在的理由和活动的空间，都是在长期的生产生活实践中积累和沉淀下来的生存智慧的结晶。各民族或族群的文化不可能有什么先进与落后之分。事实上，我们也不可能在文化内容上区分出什么对与错、先进与落后、精华与糟粕。过去一个历史时期，我们认定为是“落后”和“糟粕”的文化习俗，今天却实实在在地变成了需要大力保护的非物质文化遗产。因此，各民族或族群文化之间的关系也并非完全相互排斥，而是处于同时共存、互相借鉴和补充的状态。无论是哪一个民族或族群，其文化不受其他族群文化的影响是不可能的。各民族或族群之间相互借取文化要素并将其融进自己文化之中的文化互补与互适，不仅促进了各民族或族群经济社会的发展，而且为各民族或族群之间的和谐共生创造了良好的条件。

三、从冲突到和谐的文化走向

伴随着民族地区传统乡村文化现代化的过程，是一个不断实现文化开放、文化互动、文化融合与文化创新发展的过程，同时也是一个从文化冲突走向文化和谐，由局部和谐到整体和谐，从浅表层次的和谐到深层次和谐的历史过程。随着经济全球化和信息化全球化的深入发展，以及南岭走廊地区城镇化的快速推进，各民族或族群的文化都正在发生着越来越深刻而且复杂的变化。各种思想与文化思潮在全球范围内流动和旅行。各个民族都不能在文化上封闭自己，或固守自己民族的文化传统一成不变。每一个民族的文化都要与其他文化交往，在文化交往中既有吸纳又有排斥，既有融合又有斗争，既有渗透又有抵御，呈现出前所未有的互相交错、互相激荡的态势。南岭走廊地区瑶族和壮族乡村文化也不是完全被动地接受外部文化环境的模塑，必然要对外来文化做出有效的应对和创造性利用。瑶族、壮族乡村文化发展和变迁的过程也必然是一个不断化解文化冲突，由文化适应与调适走向文化认同与涵化，最后实现与其他民族文化之间的融通与和谐共生的过程。

在南岭走廊地区城镇化快速推进的时代条件下，瑶族、壮族乡村社会正经历着一个从传统社会向现代社会、从封闭性社会向开放性社会发展的急剧变迁过程。瑶族文化与壮族文化也正在经历着一个从文化自发到文化自觉、从文化依附到文化自主、从文化固守到文化扬弃、从文化封闭到文化开放、从文化冲突到文化和谐的历史过程。瑶族与壮族乡村文化的传承保护和创新发展既面临难得的历史机遇，也面临严峻的现实挑战。瑶族与壮族乡村文化正在经历的这一变化趋势是一个辩证统一的整体。瑶族与壮族村寨在文化上的“自发、依附、固守、封闭与冲突”是历史地形成的现实状况。这一文化现实与时代发展的要求脱节，并且严重阻碍了民族乡村文化的发展。瑶族与壮族乡村文化要顺应时代要求、跟上社会前进的步伐，就必须实现传统文化的现代转型。乡村文化的现代转型要立足民族文化的现实基础，强化文化自觉以促进文化自主，积极进行文化扬弃，不断扩大文化开放，才能实现文化和谐。这是一个相互联系、相互促进、相互影响、相互制约、辩证统一的动态发展过程。文化自觉是文化转型的思想基础。文化自主是实现文化扬弃和文化开放的前提条件。文化扬弃和文化开放是达到文化和谐的必要途径。文化和谐才是瑶族文化、壮族文化转型的根本目的。

总之，我们进行南岭地区瑶族与壮族乡村和谐文化建设，必须承认各民族文化具有平等的存在价值与差异性，尊重和保障各民族文化的生存权与发展权。在异中求同，在同中存异，让各民族、各地域、各族群之间的文化共生共存，携手共进，共同为建设新时代中国特色社会主义和谐社会作出贡献。在南岭走廊地区城镇化进程中建设民族乡村和谐文化，必须积极引导多元的民族文化逐渐克服自身的狭隘性、片面性、自发性、依附性和封闭性，在对民族性与特殊性的维护中不断拓展和丰富民族文化的内涵，从而高扬民族文化的个性，与时俱进，形成和而不同，和睦相处，美人之美，各美其美，美美与共的和谐文化环境，保护民族文化生态的多样性。同时，还必须克服狭隘的地方文化主义、文化民族主义和单一民族文化中心主义。通过“重塑乡村文化共享机制”①，努力实现文化整合，尤其是价值整合、规范整合、结构整合，让各民族文化变得你中有我、我中有你。在文化交流与融合中实现相互借鉴和推陈出新，共同为实现中华民族文化的伟大复兴提供精神动力。

作者简介：李晓明，湖南安化人，博士，教授，贺州学院南岭民族走廊研究院院长，贺州民族文化博物馆馆长，广西高校文科重点研究基地主任，主要从事南岭走廊族群历史文化与乡村社会发展问题研究。

① 李晓明：《论民族地区乡村文化发展的制度创新》，《长白学刊》，2010 年第 5 期。

精准扶贫进程中易地扶贫搬迁的困境和启示

——云南省昭通市盐津县调查

杜发春　朱炫屹　徐　阳　杜丹雅

前言

易地扶贫已经在中国实施了 20 余年。根据国务院扶贫办的有关计划，“十三五”时期易地扶贫搬迁对象主要是居住在深山、荒漠化、地方病多发等生存环境差、不具备基本发展条件，以及生态环境脆弱、限制或禁止开发地区的农村建档立卡贫困人口，优先安排位于地震活跃带及受泥石流、滑坡等地质灾害威胁的建档立卡贫困人口。云南是我国进行易地扶贫搬迁最早的省份，从 1996 年开始到 2014 年全省共易地扶贫搬迁 125. 6 万人。①2015 年 9 月，按照中央“五个一批”“六个精准”② 要求，云南省以不具备生存发展条件的建档立卡贫困户为优先对象和攻坚重点，制定了《云南省易地扶贫搬迁三年行动计划》，实施“36313”易地扶贫搬迁行动计划。即从 2016 年开始，通过 3 年努力，投入 600 亿元，基本完成 30 万户、100 万人和 3 000 个以上安置点新村建设的易地扶贫搬迁，同步推进产业培育和转移就业。再通过两年时间巩固提升，确保将搬迁新村建设成环境优美、宜居宜业的美丽乡村。截至 2015 年底，云南省 16 个州（市）启动了 304 个搬迁村寨示范点建设，规划投

① 有关学术成果参见赵俊臣：《易地搬迁开发扶贫——中国云南省的案例分析与研究》，人民出版社 2005 年版；赵俊臣：《关于修改完善云南省“十三五”异地扶贫搬迁规划的几点建议》，云南赵俊臣的博客 2016 年 12 月 25 日。

② 五个一批：发展生产脱贫一批、易地扶贫搬迁脱贫一批、生态补偿脱贫一批、发展教育脱贫一批、社会保障兜底一批。六个精准：扶贫对象精准、项目安排精准、资金使用精准、措施到户精准、因村派人精准、脱贫成效精准。

资61.2亿元，惠及2.6万户10万人。①2016年8月，全国易地扶贫搬迁现场会在贵阳召开，李克强总理批示指出，“易地扶贫搬迁是打赢脱贫攻坚战、提升特困地区民生福祉的重点关键”，要求落实省负总责和部门加大支持，充分调动广大干部群众的主动性和创造性，统筹有效用好宝贵的扶贫资金和资源，确保实现精准扶贫、稳定脱贫。本文作者通过参加2017年9月中国社会科学院国情调研项目组对昭通市盐津县的调查，分析盐津县异地扶贫搬迁的现状和特点，阐述其面临的困境和挑战，探讨异地扶贫搬迁的可持续发展策略。

一、盐津县易地扶贫搬迁的现状和特点

1. 昭通市的易地扶贫搬迁

盐津是昭通市下辖县，该县的易地扶贫搬迁是在昭通市精准扶贫和易地扶贫搬迁的背景下进行的。而昭通属全国14个集中连片特困地区之一，在云南省27个深度贫困县中，昭通占了8个。目前昭通的11个县市中有10个是国家级贫困县，2016年底昭通市还有113.37万贫困人口，超过云南省的25%，且大部分贫困人口居住在深山区、石山区、边远地区。在易地扶贫搬迁方面，2016年昭通市建有易地搬迁集中安置点151个，“十三五”期间计划搬迁建档立卡贫困人口97 770人，约占云南省的20%。

表1　昭通市贫困状况（2016年）

名称	户数（户）	人数（人）
脱贫返贫	11 027	48 054
贫困对象	275 038	1 133 719
建档立卡贫困搬迁	28 009	119 517

资料来源：根据昭通市扶贫办提供的资料整理。

表2　昭通市建档立卡与搬迁入住情况（2016—2017年）

名称	户数（户）	人数（人）
已建档立卡	6 711	27 844
已完成房屋建设	5 549	22 823
搬迁入住	3 450	13 924
2017年建档立卡贫困人口搬迁任务		59 388

资料来源：根据昭通市扶贫办提供的资料整理。

① 云南省民宗委：《云南省全力推进易地扶贫搬迁》，中华人民共和国国家民族事务委员会官网2016年2月24日。

表3　昭通市贫困村与非贫困村对比（2016年）

名称	个数（个）	户数（户）	人数（人）
贫困村	825	建档立卡：275 038	1 133 719
非贫困村	224	脱贫：167 840	702 656
合计	1 049	帮扶贫困农户：442 878	1 836 375

资料来源：根据昭通市扶贫办提供的资料整理。

表4　昭通市4类重点对象农危房改造指标任务（2017年上半年）

名称	任务户数（户）	已开工（户）	竣工（户）	完成率
农危房改造	55 000	37 843	32 586	59.25%

资料来源：根据昭通市扶贫办提供的数据整理。

表5　昭通市易地扶贫搬迁情况（2016年）

名称	户数（万户）	人数（万人）	安置点（个）
脱贫目标	5.18	18.51	
计划搬迁人口	3.58	13.14	534个
参与易地搬迁	4.196		33 523户集中安置

资料来源：根据昭通市扶贫办提供的资料整理。

2. 盐津县的易地扶贫

作为昭通市辖县，盐津地处乌蒙山核心地带，辖10个乡镇、总人口38.8万人。盐津县贫困程度深，2015年全县有贫困乡镇6个，贫困村55个，贫困户17 571户65 977人，贫困发生率18.5%。近年来，盐津县精准扶贫和精准脱贫工作成效较为明显，2016年滩头乡20个村15 600人率先脱贫，全县贫困发生率降为14.12%。按照盐津县的减贫计划，2017年豆沙镇和普洱镇19个村13 800人脱贫，2018年中和镇、罗雁乡和庙坝镇的11个村26 431人脱贫。到2018年，建档立卡的55个贫困村、21 824户贫困户、80 135人全部脱贫，全县脱贫、出列、摘帽。①

在近几年脱贫攻坚工作中，盐津县一直重视易地扶贫搬迁，按照云南省、昭通市的有关政策，把易地扶贫搬迁作为消除绝对贫困、推动城镇化、舒缓生态压力、留足发展空间的重要手段来抓。自2016年以来，全县相继启动了26个易地扶贫安置点建设。搬迁建档立卡贫困人口10 209人，覆盖10个乡（镇）86个村社区，当年度第二批省级资金扶贫项目共计补助资金847.347万元。

① 有关数据来源于盐津县人民政府办公室、盐津县精准扶贫攻坚指挥部，2017年9月。

表 6　盐津县 2016 年易地扶贫搬迁情况

时间	易地搬迁（户）	安置点（个）	安置户（户）	计划安置	脱贫乡镇（个）	脱贫村（个）
2016 年	2 608	26	2 922	2 873 户 11 587 人	2	23

资料来源：根据盐津县扶贫办提供的资料整理。

表 7　盐津县 2017 年易地扶贫搬迁情况

年份	安置点（个）	建档立卡贫困人口（人）	目标脱贫乡镇（个）	目标脱贫村（个）	目标脱贫人数（人）	农危房改造（户）
2017 年	27	10 209	2	11	13 800	4 450

资料来源：根据盐津县扶贫办提供的资料整理。

表 8　盐津县易地扶贫搬迁与脱贫情况（2016—2018）

年份	安置点（个）	建档立卡贫困人口（人）	脱贫乡镇（个）	脱贫村（个）	脱贫人口（人）
2016 年	26		2	23	15 743
2017 年	27	10 209	2	11	13 800
2018 年				55	80 135

资料来源：根据盐津县扶贫办提供的资料整理。

3. 2017 年易地扶贫政策的变动

关于云南省易地扶贫搬迁的有关政策，2016—2017 两年间发生了较大变化。2016 年，云南省对于贫困户每户均不低于 6 万元的建房标准补助到户，非贫困户户均补助则不低于 1.5 万元。此外，有贷款意愿的搬迁农户可向项目承贷公司申请 6 万元的住房建设转贷基金，并享受 100% 政府贴息补助。但是，到了 2017 年有关政策发生了如下变化：

（1）在补助政策上要求严格区分建档立卡和同步搬迁两类对象，合理制定以人口为对象的补助标准，不能让贫困户因搬迁而举债或增加负债。

（2）取消纳入国家规划建档立卡贫困人口每户可向县级平台公司申请不超过 6 万元低成本长期借款建房的政策。补助方式由按户补助调整为按人补助，即由原来的户均补助 6 万元不等调整为人均补助 2 万元，对签订旧房拆除协议并按期拆除的建档立卡贫困人口人均奖励 0.6 万元。

（3）住房建筑面积和安置方式也有新的政策，易地扶贫搬迁户人均住房建筑面积不得超过 25 平方米，且 5 人以上的户住房建筑面积不得超过 125 平方米。

4. 盐津县易地扶贫搬迁的特点

通过实地调查和对部分村民的访谈，我们发现，盐津县易地扶贫搬迁具有三个明显特点：

（1）政府统一规划布局。利用中央、省、市有关易地扶贫政策和资金，由县政府统一买单为愿意搬迁并符合易地扶贫有关政策的村民盖新房。在资金筹措上，政府统一规划、统一建设，国家补助与村民自筹相结合。围绕“做大县城、做特集镇、做美乡村”方向，在各村成立理事会和安置点成立联建委员会，农民群众可以自主决定联建还是自建，即在户型、监督建房质量、资金管理、产业发展等问题上农民可以自己做主。

（2）就近安置。搬迁距离在本乡（镇）内或本村内 10～20 公里，没有跨县和跨乡的长距离搬迁，因此搬迁后负面的社会影响较小。

（3）搬迁后条件改善。搬迁后贫困户在住房、交通、医疗、教育等方面的条件发生了较大改善，搬迁点的后续产业发展正在逐步探索中。

二、盐津县易地扶贫搬迁的后续产业发展

后续产业发展是解决易地扶贫搬迁后可持续发展的根基。盐津县重点建设豆沙关 5A 级景区、云南盐津乌蒙峡谷地质公园、乡村旅游等旅游景点，带动了餐饮、住宿、农特产品等第三产业的发展，发展千亩玫瑰、万亩茶花等特色经济，形成就业岗位 2 300 多个，提高了周边困难群众的就业率。在易地扶贫工作中，盐津县根据自身资源与区位优势，把产业发展与精准扶贫结合起来，探索乡村旅游发展、产业带动、务工收入三者相结合来增加安置点农民收入的模式。下面我们通过两个调查案例来说明安置点的产业培育情况。

1. 落雁乡龙塘村小岩易地扶贫安置点

龙塘村是云南省扶贫工作对象建档立卡贫困村，村委会驻地距县城 15 公里，距落雁乡政府 2 公里，平均海拔 872 米。全村国土面积 23.5 平方公里，辖 28 个村民小组，有农户 1 092 户 4 519 人。2016 年末，全村年人均总收入 4 890元，其中除去政策性惠农收入和高物价成本后，龙塘村的农村居民人均纯收入 3 050 元，有建档立卡贫困户 203 户 956 人。

按照“易地扶贫搬迁脱贫一批”的原则，龙塘村有 87 户 426 人搬迁到龙塘村小岩易地扶贫安置点。该安置点位于落雁乡龙塘村小岩村民小组，于 2016 年 3 月动工建设，2017 年 8 月建成，132 套青瓦白墙的花园小楼房坐落在青山绿水间，户型有 90、100、110、120 平方米四种。群众通过抽签的方式实现了房屋抽签和搬迁入住。小岩易地扶贫安置点属于落雁乡境内的搬迁安置，132 户中有 87 户来自龙塘村内的 6 个村民小组，其他 45 户来自落雁乡的其他村。

在后续产业发展方面，小岩易地扶贫安置点主要结合脱贫攻坚实际，长短产业培育相结合，发展地方优势产业和农村特色产业。

首先，依托三龙滩库区旅游建设发展乡村旅游，按照龙塘峡谷 4A 景区打

造，通过发展旅游业带动安置点群众脱贫致富。三龙滩水库是盐津县一座库容1 766.5万立方米的中型水库，坐落于安置点附近，目前正在动工建设之中。依托三龙滩水库建成后的环湖景观，龙塘村旅游资源潜力较大。

其次，采用“公司+合作社+基地+农户（贫困户）”的模式，发展稻田综合种养。在安置点种植一片200亩的多彩水稻，用字符与图案相结合，由紫、黄、绿镶嵌而成，凸显水稻种养结合循环生态农业特性。龙塘村通过村集体经济公司流转土地300亩建设有机稻核心区，辐射带动周边村寨有机稻900亩，户均增收1 000元，逐渐形成集生产、观光、旅游为一体的种植模式，推动安置点乡村旅游产业发展和农民增收。

再次，发展花卉苗木产业。依托陡坡地治理项目，加大以木槿、紫薇、紫荆为主的花卉苗木产业的规模培植4 000亩，其中村集体经济公司投资80万元，流转土地培育花卉苗木500亩，带动贫困户139户，实现户均增收8 000元。

此外，有针对性地在安置点开展务工培训，提高他们的劳动技能，通过转移富余劳动力的方式增加贫困户收入。建档立卡贫困户吴成贵说，他家以前的房子是木头房被火烧了无法住人，搬到安置点新居后，他打算在自家的地种上花椒，再到昭通和昆明务工增加收入。

2. 兴隆乡花斑沟易地扶贫搬迁安置点

此安置点位于兴隆乡集镇规划区内，规划投资10 080万元，安置群众420户1 517人，项目于2016年5月动工，分两批于2016年10月搬迁入住66户、2017年4月搬迁入住354户。

表9　盐津县兴隆乡花斑沟安置点情况

建房方式	户数（户）	户型面积（平方米）	住房总价（万元）
统规联建	650	65～90	10～12
自建	5	150	

资料来源：延津县扶贫办，2017年9月。

在产业培育上，花斑沟安置点的主要特色产业是茶花种植。兴隆乡设立了扶贫产业基金，2015—2017年先后投入1 000万元用于乌蒙茶花庄园的建设，将其作为搬迁贫困户的集体产业，搬迁贫困户无须投资，盈利按户分配。为发展茶花产业，兴隆乡从2012年开始进行产业结构调整，政府负责修筑园区道路、引来灌溉用水等基础设施，在早期发展种植大户的带领下，该乡群众积极参与使茶花种植规模不断扩大。到2017年，该乡山茶花种植面积达13 200亩，茶花品种50多个，带动花农2 200多户，茶花销售额实现1 100万元，使茶花产业成为兴隆乡农民增收致富的重要渠道。

此外，乡政府引进重庆的一家民营制衣厂入驻花斑沟安置点，吸收安置点30人务工就业，人均工资每月约2 800元，这在一定程度上带动了安置点贫困户的脱贫。

三、易地扶贫搬迁进程中的问题和挑战

如前所述，2017年国家有关易地扶贫搬迁政策发生了较大变化，取消了原来的每户可向县级平台公司申请不超过6万元低成本长期借款的政策，对建档立卡贫困户建房实行按人补助的方式，补助标准为人均补助2万元。人均住房建筑面积不得超过25平方米，且5人以上的户住房建筑面积不得超过125平方米。对签订旧房拆除协议并按期拆除的建档立卡贫困人口人均奖励0.6万元。

调查中部分干部和群众反映，易地扶贫搬迁在盐津县实施过程中主要存在以下问题：

1. 由于配套政策的变动导致相关群众的不满。2017年实施了易地扶贫搬迁补助新政策，在补助方式与借款政策上都有很大的变化。由于易地扶贫搬迁项目实施时间较长，新政策在县与乡（镇）实施过程中存在时间差，导致以前按照旧政策实施的搬迁情况在新政策实施时期变得不适用，这在一定程度上引起了困难群众的不满。在补助方式上，2016年按户补贴，2017年按人口补贴，这导致家庭人口较少的贫困户所得补贴相比旧政策时期较少，政策的变更给一部分贫困户带来了心理上的落差。一些已选择在旧政策时期进城安置的困难群众可能等着原先按户补贴的政府补贴来交首付，补助方式和借款政策的变更使这部分困难群众进退两难。

2. 在搬迁对象上的精准识别不够。存在着实施搬迁建档立卡搬迁对象不符合六类区域①搬迁要求、部分搬迁户属于原址原拆原建现象、部分已实施搬迁的贫困户不属于国办系统识别的搬迁对象、实施搬迁对象基本信息与国办信息系统标记信息不一致问题、普遍存在超年度计划实施问题以及存在中央预算内投资补助的对象不属于搬迁的农村建档立卡贫困人口、部分急需搬迁的建档立卡贫困人口未经全国扶贫开发建档立卡信息系统识别、将以前年度已实施易地扶贫搬迁的对象重复纳入省级“三年行动计划”等问题。见表10和表11。

---

① 六类区域搬迁：一是深山石山、边远高寒、荒漠化和水土流失严重，且水土、光热条件难以满足日常生活生产需要，不具备基本发展条件的地区；二是国家主体功能区规划中的禁止开发区或限制开发区；三是交通、水利、电力、通信等基础设施，以及教育、医疗卫生等基本公共服务设施十分薄弱，工程措施解决难度大、建设和运营成本高的地区；四是地方病严重地区；五是地质灾害频发地区；六是其他确需实施易地扶贫搬迁的地区。

表10　昭通市、盐津县搬迁对象存在的问题

问题	昭通市		盐津县	
	户	人	户	人
不符合六类区域搬迁要求	1 969	6 913	32	82
原址原拆原建	5 461	20 505	17	57
不属于国办系统识别搬迁对象	608	2 290	32	129

备注：该数据来自2017年3月25日昭通市各县区上报的核查清理情况统计。资料来源：根据昭通市扶贫办提供的数据整理。

表11　昭通市、盐津县超年度计划实施问题

名称	已启动住房建设（户）	住房建设中建档立卡户（户）	超计划实施（户）	超计划实施中建档立卡户（户）	同步搬迁户差（户）
昭通市	40 387	27 700	10 099	9 244	
盐津县		543	668	125	

备注：该数据来自2017年3月25日昭通市各县区上报的核查清理情况统计。资料来源：根据昭通市扶贫办提供的数据整理。

3. 部分集中安置点规划设计和实施方案编制不科学。建设进度慢，未严格落实厨卫入户、人畜分离要求问题；部分民居设计不符合规范，未严格落实质量管控和面积管控措施，建房面积超标；未严格落实一户一宅、建新拆旧政策，修建新房后未拆除旧房、宅基地未复垦等问题。见表12。

表12　昭通市、盐津县执行建房政策中所存在的问题

	人均住房建设面积超过25平方米（户）	
搬迁建档立卡贫困户中建房面积严重超标	昭通市	盐津县
	4 851	29
	修建新房后旧房未拆除、宅基地未复垦（户）	
未落实一户一宅、建新拆旧政策	昭通市	盐津县
	5 830	76

备注：该数据来自2017年3月25日昭通市各县区上报的核查清理情况统计。资料来源：根据昭通市扶贫办提供的数据整理。

4. 在易地扶贫中普遍存在重建房、轻产业，重搬迁、轻就业现象。比如，在推进安置区建设方面，存在部分安置点简单地“从山上搬到山下”或新的安置区离迁出村寨不过几百米、产业建设及相关基础设施和公共设施不配套、生产方式和发展条件没有得到根本改善等问题。此外，部分安置点搬迁安置建房已基本完工，但基础设施、基本公共服务设施建设等工程滞后，一些安置点卫生室、公共活动场所、农村饮用水设施建设不达标。如果对这些潜在的社会矛盾处理不当，可能会引发突发性事件。

四、易地扶贫搬迁可持续发展的建议

针对以上问题，尤其是其他地区在易地扶贫搬迁方面的教训，提出以下建议：

1. 在积极响应上级关于易地扶贫搬迁政策的同时，应根据当地具体实际而实施搬迁政策，不能为了完成搬迁任务而盲目进行搬迁。一方面要充分听取贫困户的意见，另一方面要加强对搬迁项目的选址规划、勘测、实施过程的监督，对于安置点选址应当符合主体功能区规划、土地利用总体规划、城乡规划等要求，尽量在搬迁项目开始之初就全面综合考虑选址要求，避让优质耕地和基本农田，避开地震断裂带、地质灾害隐患点、行洪通道等危险区域，有利于搬迁群众发展产业、稳定就业、实现脱贫。尽可能使更多困难户对搬迁项目满意，要使他们“被动搬迁”变成“主动搬迁”。

2. 在实施易地扶贫搬迁补助的新政策上，县、乡（镇）在政策的落实上应该保持一致。对于补助方式与借款政策上的变化，要做好对不满贫困户的安抚。妥善处理好在新政策的实施过程中对属于旧政策时期的案例，比如在搬迁对象上存在的问题应及时锁定搬迁对象，尤其是对于不符合搬迁范围的搬迁对象，要严格按照“不同对象享受不同政策”的原则来对待。针对建房过程中存在的问题，积极调整规划和设计，对已超面积的住房要进行调整，同时落实宅基地政策，加强对建房过程中质量问题和安全问题的监督。

3. 加强对易地扶贫的认识，易地扶贫搬迁只是精准扶贫和脱贫攻坚的一种手段。在搬迁过程中应该充分考虑迁入地的自然环境和社会环境，尽可能合理运用自然资源，创造条件运用社会资源，以增加建档立卡搬迁贫困人口产业收入、工资性收入、财产性收入等为目标，整合相关涉农资金，因地制宜培育特色种养业、手工业、乡村旅游业等，拓宽就业渠道从而做到在落实易地扶贫搬迁政策的同时促进精准扶贫和脱贫工作的开展。

结论和余论

调查发现，易地扶贫搬迁的逻辑或目标是要解决居住在生存条件恶劣、生态环境脆弱等“一方水土养不起一方人”地区的农村贫困人口脱贫问题。该县的易地扶贫搬迁属于乡镇内部的就近安置，搬迁距离在本乡（镇）内或本村 15 公里以内，有些安置点存在简单地“从山上搬到山下”或新的安置区离迁出村寨不过几百米，产业建设及相关基础设施和公共设施不配套，生产方式和发展条件没有得到根本改善等问题。近两年由于搬迁配套政策的变动导致相关群众对易地扶贫的不满，在易地扶贫中普遍存在重建房和重搬迁，而轻产业和轻就业现象，安置点的后续产业的培育正在探索之中。

如前所述，“十三五”期间昭通市计划搬迁建档立卡贫困人口 97 770 人，约占云南省的 20%。2017 年昭通市确定的当年易地扶贫搬迁人口为 5.88 万人。① 盐津县易地搬迁人口 10 209 人。而且根据上级要求，易地搬迁要“应搬则搬”，要一步到位，进城、入镇、上楼，真正做到“搬得出、稳得住、能发展”。但是应该看到，大范围的易地搬迁如果处理得不好容易引发社会问题。一般来说，在国际上谈到易地扶贫搬迁时，其对象通常是居住在边缘地区的土著居民。他们原有的生活生产方式较为传统，并且很多土著拥有着自我的文化体系，移民搬迁必然导致移民主体的文化变迁，常常引发文化冲突。世界银行塞尼（Michael Cernea）教授认为，很多生态保护项目的实施过程是伴随着土著人群被迫性的迁徙过程，易地搬迁的过程不仅仅是简单意义上的放弃原有的赖以依存的土地，与之伴随的还有其生存方式和社会文化的改变。②英国布拉德福德大学社会和国际学院莫瓦雷笛（Behrooz Morvaridi）认为，在涉及“非自愿性”移民的研究中更多充斥着土著居民的自然资源被迫性流失的话语语境③。不少国外的研究案例说明，易地搬迁不仅是经济行为，更重要的是搬迁前后的文化变迁及其导致的文化冲突问题。

推进扶贫脱贫、要“断穷根”是易地扶贫搬迁政策的逻辑和动因。现实中在许多国家和地区，为了给易地扶贫搬迁贴上合法性的标签，很多易地扶贫搬迁工程都采取将保护生态环境与扶贫发展弱势群体相结合的模式，认为生态保护与扶贫项目不冲突。一方面，在易地扶贫搬迁过程中大力宣扬保护生态环境的重要性，另一方面与保护生态环境相伴随的是如何扶贫、如何发展经济、控制疾病以及实现社会的公平正义。易地扶贫搬迁政策往往还致力于“断穷根”，通过易地搬迁改善当地居民的生活质量、融入现代社会，实现脱贫致富。④然而，具体实施过程中这样的目的可能很难较好实现。相反，一些当地居民在搬迁后陷入了诸如缺乏后续生计、难以融入城市等更多的社会困境。问题是在于生态移民的实施过程中，政策制定者往往会盲目乐观地认为易地搬迁带来的经济效益可以缓和一些社会矛盾，然而事实上很多易地扶贫搬迁的生存质量不但没有改善反而会下降，很多易地扶贫户也未得到充分

① 昭通市委书记杨亚林在全市高原特色农业产业发展和易地扶贫搬迁工作视频会议上的讲话，2017 年 9 月 6 日。

② Michael Cernea, “For a New Economics of Resettlement: A Sociological Critique of the Compensation Principle”, International Social Sciences Journal, vol. 55: No. 175, 2003; Michael Cernea, “Restriction of Access is Displacement: A Broader Concept and Policy”, Forced Migration Review, Vol. 23, 2005.

③ Behrooz Morvaridi, “Resettlement, Rights to Development, and the Ilisu Dam, Turkey”, Development and Change, vol. 35: No. 4, pp. 719 ~ 741, 2004.

④ Michael Wells & Thomas McShane, “Integrating Protected Area Management with Local Needs and Aspirations”, AMBIO - Journal of the Human Environment, vol. 33: No. 8, pp. 513 ~ 519, 2004.

的生态补偿。①如果单纯地为了保护生态和想当然的让人类迁徙到其他生活领域，强迫性地使当地居民脱离原有的生产和生活方式，这样的生态保护模式就备受一些学者质疑。②

基于上述认识，笔者建议政策制定者要慎重决策，对易地扶贫搬迁的复杂性以及由此形成的各种社会经济和文化传承问题应有足够的认识。不能搞"项目主义"，即为了项目而搬迁。贫困只能是局部改善，不可能被彻底消除，要谨防"'大跃进'扶贫""口号式扶贫""数字脱贫"和"被脱贫"。同时要真正以民为本，充分尊重和听取贫困群众的意愿，让其积极参与到对精准扶贫和精准脱贫的表达和行动上来。

作者简介：杜发春，云南农业大学教授；朱炫屹，云南农业大学硕士研究生；徐阳，云南农业大学讲师；杜丹雅，中国社会科学院研究生院硕士研究生。

① Michael Cernea，"For A New Economics of Resettlement：A Sociological Critique of the Compensation Principle"，International Social Sciences Journal，vol. 55：No. 175，pp. 37 ~45，2003.

② Kai Schmidt – Soltau，"Is forced displacement acceptable in conservation projects?"，Id21 Insights，2005；P. West，J. Igoe & D. Brockington. "Parks and peoples：The social impact of protected areas". Annual Review of Anthropology，vol. 35，pp. 251 ~277，2006.

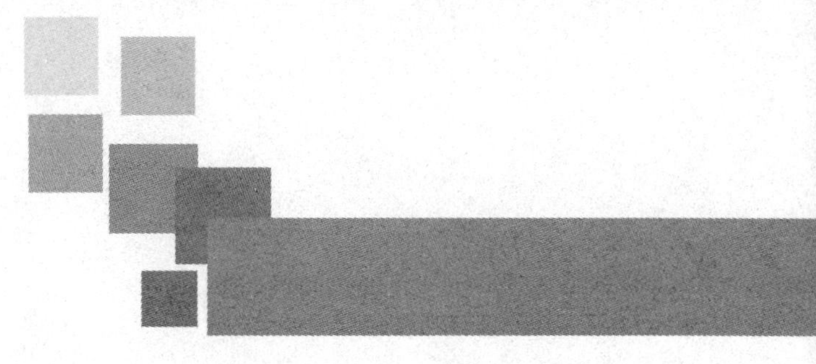

城市里的“陌生人”

“学做人”的模板

——对北京随迁子女教育生态的描摹

刘 谦

北京，中国的首都，以其瞩目的市场规模吸引着大量务工人员进京谋生。随迁子女①义务教育阶段的任务主要由当地公立学校和部分民办学校承担。从教委到学校，对随迁子女学业要求不抱过高期待的同时，将“学做人”作为教育目标明确提出，期待学生们“遵纪守法、品行端正”。“遵纪守法”是从国家的角度对社会成员提出的基本准则；“品行端正”则在个体层面有着更多道德的内涵。“做人”，通常含有道德意味。按照阎云翔的分析，在中国，由动词“做”和名词“人”组成的“做人”版本，是一个过程，在这一过程中需要人们履行职责、践行善的行为，从而成为一个“好人”（Status of a good person）。② 本文在此基础上，将“做人”具体化为处理自我与他人关系的实践，以及暗含其间的建立自我与他人关系规则与边界的解释体系。一个社会人的一生，都是在“做人”。只是在不同人生阶段、具体境遇下，面临的具体职责、社会场景各异。即使是孩童，通常也需要在面对陌生人、同龄伙伴、老师、亲人时，调适自己的言行，寻找着道义上的安然。“学做人”更是体现了孩童阶段，在形成与他人、与机构互动方式时，所经历的形塑力量。“学”意味着模仿，意味着学习主体以一定形式为基模，调动自身能量，理解、效仿、逼近基模或样板的过程。模仿不是简单的复制，更是模仿者反观内在自我与外在世界之间的差异、寻求和解与对话的生动实践。③ 而“学”所追求的外部世界的模板，则成为构成学与模仿的必要条件。此时，“教”便成为与

① 本文述“随迁子女”在指进京务工人员家庭的孩子，他们中，有些家庭可以提供北京市政府要求的在京接受义务教育所需文件，具有北京市学籍；有一部分家庭不能提供相应文件，但仍在京学习，没有北京市正式学籍。

② Yunxiang Yan, Doing Personhood in Chinese Culture: The Desiring Individual, Moralist Self and Relational Person, The Cambridge Journal of Anthropology, 2017, Vol35 (2): 1 ~ 17.

③ ［德］克里斯托夫·武尔夫：《教育人类学》，张志坤译，教育科学出版社，2009年版。

"学"相呼应的一个概念，需要得到同样的正视。"教"是一番主动引导实现模仿与学习的过程。诡异的是，其实无论是学界还是在现实生活中，人们很难给"教"或"教育"一个明确的定义①。一方面，人们习惯于将"教育"窄化等同于"学校教育"；另一方面，人们完全明了一个人的成长和家庭教养、特定社会背景有着不可否认的联系。而家庭教养，一方面是有意而为的教导、规训；另一方面，潜移默化的影响更是萦绕在孩童的世界，默默形成影响。这种无声的影响，在学校这样以教育教学为主业的专业机构中，又何尝不是挥之不去的呢？

于是，探讨随迁子女"学做人"的话题，恐怕不仅需要从那些具有明确引导倾向的说辞与教学活动中去探究，还要从随迁子女身边那些随时供其参照模仿的生活样貌中进行观察。有形与无形的引导，构成了随迁子女"学做人"的教育生态。在此，本文以接纳随迁子女为主的利民学校为观测点，从"静默的伙伴""惯常的节奏""突发的事件"三个方面进行描述。首先对这三者作为随迁子女日常生活的样貌进行描摹，然后从作为随迁子女潜移默化去复制、模仿的教育生态系统角度，解析在随迁子女生活世界体现了怎样的人与人的相处模式，包括与陌生人及公共场所的相处、与稳定的社会机构的互动，以及家庭成员之间的交往等。接下来，探讨随迁子女生活世界所隐含的相处模式，对于这些具有特定社会生活背景的孩子们"学做人"意味着什么？他们从中的模仿和体会，如何渗透在他们和家人、熟人、半熟人、陌生人的相处规则中，并由此折射出现代化进程中随迁子女所身陷的历史境遇。

一、利民学校背景

利民学校是一所坐落在北京城区边缘的民办公助的学校。所谓"民办"意味着和公立学校提供免费义务教育不同，在教委、物价局等有关政府部门监督批复下，可以向学生收取学费；所谓"公助"指这类学校具有教委确认的合法资质，同时，政府以支持基础建设等方式，对这类学校进行经费、技术等方面的支持。从学生和教师构成来看，利民学校自 2012 年更名定位在接纳随迁子女的民办学校以来，历年只有个别北京生源，其余全部是进城务工人员子弟。那里的老师，也以外地进京人员为主，其中有相当一部分人在家乡的村、镇级学校曾经从事中小学教育工作。按照教委要求，所有教师均持有教师资格证。从学校规模讲，自 2014 年以来利民学校的招生政策、收费条件直接受到首都人口调控政策影响。2012—2013 学年全校 741 名学生，29 名教职工，在 2014 年锐减到 559 名学生，因为那一年开始北京市开始严格执行

① ［德］沃尔夫刚·布列钦卡：《教育科学的基本概念：分析、批判和建议》，胡劲松译，华东师范大学出版社，2001 年版。

“五证”入学资格制度，其中提交半年社保记录证明成为让很多随迁子女家庭措手不及去准备的条件。于是这一年，有很多随迁子女家庭因孩子上学问题返乡。利民学校作为招收随迁子女为主的学校，2014 年起遇到了招生困难。当年的解决方案是，那些暂时不能提供“五证”的学生以“随班就读”的方式在利民学校学习，但没有北京市正式学籍，并从这一年起开始在物价局等部门核准下，每学期交纳 5 000 元学费，而此前按照有关部门要求利民学校每学期收取 300 ~ 600 元学费。从 2014—2015 学年利民学校学生人数可见锐减趋势，当年在校生人数从 2013 年的 702 人降到 559 人。此后，这一趋势逐年显现。2015 年 526 人，2016 年 294 人，到 2017 年 6 月，该校已经按照教委指示不再招收一年级学生，全校有学生 185 名，教师 21 人。研究团队自 2011 年起在这所学校开展田野工作，与之一起经历着学校和社区的日常生活以及八年来北京有关宏观政策对学校的波及影响。接下来，从三个方面描述利民学校随迁子女教育生态中所经历的典型生活场景。这些场景既有来自学校的日常教学活动，也有来自随迁子女家庭、社区常见的生活场景。它们构成了随迁子女“学做人”中模仿的核心版本。

二、静默的伙伴

静默的伙伴指的是随迁子女生活中那些默默无闻的设施、场所。它们构成了随迁子女生活中重要的物质前提。它们虽然以静默的方式出现，并不直接生成人与人的关系，但是它们不仅是交往展开所依赖的物质基础，而且本身也具有相当的隐喻，并在最现实的意义上促成了特定实践。正如拉图尔的举例：钉子不可能自己钉在墙上。钉子、墙壁、楔入的动作、行动人及其背后的动机等诸多因素耦合拼接，方成为一项项特定实践的具体构成。以往研究，通常将这些物质媒介视为理所当然。按照拉图尔的想法，如果对社会实践的研究从这些沉默的“物”开始，并视之为实践的重要媒介，或许也可以对实践有更全面的认识。① 就教育研究而言，以往研究更擅长将注意力集中在人与人的互动上，但实际上那些静默的伙伴也是教育实践的重要组成部分。在此，我们将目光凝视到这些静默的伙伴上来。

利民学校的学生通常生活在进城务工人员集中的出租屋中，条件相当简陋，一间十平方米左右的房间里，一张双人床、一张单人床外加一个大衣柜和矮脚折叠桌，便是随迁子女家庭较为标准的配置。上厕所需要到附近公共卫生间，厨房是没有的，在房间外面煤气灶上面搭起一个棚子是比较可行的办法。然而，在这看似简陋的随迁子女聚居区的不远处，通常在步行十分钟

---

① Latour B , Reassembling the Social: An Introduction to Actor - Network - Theory, 2005, Oxford: Oxford University Press: 70 ~ 72.

的距离里，便可以见到规整的中高档小区、商场、免费公园等公共设施。那里有修整的树木、精巧的凉亭，商场里除了商品，还有空调和暖气，一年四季保持着舒服的温度。这些地方，也是利民学校孩子们放学后常去玩耍或者等待家人下班前打发时间的去处。这些静默的设施，安静稳定地在那里，甚至比随迁子女的家更稳定。受北京拆迁工作和人口清理政策影响，很多随迁子女几年内经历过数次搬家。更有甚者，三年级的 DH 家，住在酒仙桥附近一个简易搭建的二层楼上。今年在全市进行安全隐患整治活动中，这个楼被管理部门定义为违章建筑，具有安全隐患，回家的通道和楼梯被城管用木板封起来，DH 一家只好每天踩着木梯跨越隔板才可以爬到家里。和随迁子女简陋飘摇的家相比，那些城市公共设施静默地存在着，为随迁子女提供了玩耍、休闲的去处。在那里随迁子女亲身经历着城市公共规则，比如按秩序上下电梯、熟悉超市购物程序，而且直面跨越社会阶层的生活方式。比如附近免费的大董公园里有个高尔夫俱乐部，围墙外面经常会有越墙而出的高尔夫球。这些高尔夫球被利民学校的学生捡来，带到学校，形成了孩子们自主发明的一套玩法，而同时，孩子们也可以非常明确地说出在电视里看到的高尔夫球规则。同样，在利民学校里，既可以看到凹凸不平的路面及简陋的操场舞台和音响，也有三星集团捐赠平板电脑建成的数字化教室。只是那个数字化教室很少让学生进入，目前已基本作为会议室使用。

这些静默的伙伴，以无言却重要的方式，构成了随迁子女“学做人”的物质性前提。它们一方面以开放的姿态，迎接随迁子女的介入，并展现着和随迁子女原生家庭不同的社会阶层属性，为随迁子女熟悉、学习城市公共领域规则，与跨越原生家庭阶层属性的生活方式相遇，提供了实践机会。另一方面又暗含着限制：随迁子女可以在附近城市居民小区院里玩耍，却几乎没有机会进入那个小区居民的家；可以进入商场享受夏日的空调，但能购买的商品非常有限；能进免费公园，却不能进那里收费的俱乐部；每天看到数字化教室的牌子，却几乎没有机会接触平板电脑。更不用说像 DH 家那样，连自己的家哪天被封都说不好。

三、惯常的节奏

在利民学校孩子们的生活里，在学校一方贯穿着“做活动”的主旋律，在家庭一方的主旋律则体现为“活生计”。在这番家校节奏下，随迁子女形成对学校、教师、学业、家庭基本状况的特定的理解与回应。

在利民学校，课外文娱活动的举办时常成为师生们学校生活的重心，如“阳光大课间”、军训队列比赛、“科技艺术节”等，也是实现素质教育的重要手段。学业学习中的一些要素（阅读、写作文、背诗等）也被拿出来以活动的形式在不同班级、不同校区之间进行评比。用利民学校S老师的话说就是："每个星期有每个星期的活动，每个月有每个月的活动，时时都有活动!"这种"活动至上"的氛围时常影响正常的教学进度和质量，成为利民学校运作最大的特点之一。老师们抱怨："因为准备体育文化节，五二班被抽走了很多人每天下午去排练……这星期咱们班儿真是一节课都没有上。彩旗队出去一批，运动员又要训练，还说要考试呢，试卷发下来，课都没有上完，没法考。"（2015年10月29日田野笔记）

用戈夫曼（2008）①"拟剧论"的框架，对利民师生的"活动办学"进行呈现，可以看到前台的声势浩大、锣鼓喧天与后台的敷衍散漫、完成任务似的"硬揣"形成鲜明的对比。利民学校作为接收随迁子女的学校，作为合法民办校接管着一批打工子弟，维护着社会稳定。如今，在不断严苛的随迁子女在京就学政策约束下，能够在京读书的随迁子女规模迅速缩减。利民学校的工作重心转向"素质教育"，通过各类课外活动，承担着道德教育、扩展视野、知识传递、培养才艺等功能，并呈现出利民学校的组织有力、办学成功。但从利民学校成立至今，这类学校的课业学习效果从未列入教委正式、稳定的评估体系中来。

在这样以"做活动"为主旋律的日常校园节奏中，利民学校随迁子女的学业训练是松散、随意、碎片化的。同样重要的是，学生们应付课业的状况和学校"做活动"中所展现的表面热闹实则散漫的策略很相似。

这对利民学校的学生至少存在三方面的影响：第一，这些活动为随迁子女提供了走出课堂，见世面、长兴趣、练本领的机会。比如艺术节当天，学校组织全校师生来到北京市郊区的某一生态度假村进行展演活动。这样的活动和场所，是随迁子女家长很少有机会带孩子去体验的。它无疑拓展了随迁子女的视野，走出随迁子女聚居区和常规的学校，和北京有了更进一步的接触和了解。第二，学校本为传道授业、对学生进行社会化训练的专业机构，但在轰轰烈烈的"做活动"声势下，使得学业训练处于失语状态。连续几届六年级毕业班中，每班20多个学生，其中各班至少有2~3名学生，小学毕业前还不会背诵乘法口诀。薄弱的学业训练，为随迁子女在教育道路上实现阶层流动处于不利地位埋下了伏笔。第三，在行为模式层面，正像"做活动"中，学校管理者及全校师生共同上演着"素质教育"的热闹，但背后的混乱与松散，却鲜为人知。学生们也呼应着这样的行动模式：迎合着学校作为授业机构的职责需要，作为学校一分子保持着上课、交作业、考试的形式，却容

① ［美］欧文·戈夫曼：《日常生活中的自我呈现》，冯钢译，北京大学出版社，2008年版。

忍自己接受组织并不能实现其重要功能的现状。

以上将利民学校的惯常节奏提取为“做活动”，而随迁子女生活的社区里，在他们和家人的互动中“活生计”则成为一个关键词。首先，从生活节奏上讲，随迁子女家长“活生计”的工作时间，对孩子有着直接的影响。比如有的以卖蔬菜为生的家长，凌晨要进货。家长会在早上不到六点时，在进货的路上顺便把孩子送到学校。放学后，很多孩子自己回家，放学到晚上睡觉这段时间，一些学生要自己张罗晚饭，煮方便面或去路边小店买饭，顶多父母一方回来做晚饭，而另一方在外奔波工作，比如在工地项目上，或者在商场导购岗位上，或者在拉滴滴快车等。周末，家长很少休息，有时会带着孩子上班，带孩子外出游玩参观的机会十分少。

这样的情况，反映出大多数随迁子女与父母的见面，通常是家长繁忙工作的零星剩余时间里，家长很少有机会专门陪伴孩子，更不要说系统持续地进行学业辅导。孩子对父母最突出的认知，恐怕是忙碌的工作。同时，很多孩子还以力所能及的方式及早参与到家庭生计活动中。比如三年级学生 KJ 的爸爸的生计是给饭店运送饮料，妈妈在出租屋开了个对外营业的小卖铺窗口，那间屋子既是 KJ 的家，也是妈妈负责运营的小铺。KJ 回到家里，碰到爸爸在搬饮料，她和正在上初三的哥哥都会帮忙搬运饮料。KJ 作为女孩子帮着搬运那些空箱子，哥哥和爸爸搬那些装满饮料的箱子。KJ 对家里小卖铺里的饮料、香烟价格也非常熟悉，妈妈不在时，有人买东西，她可以很熟练地应付。一方面，利民学校的孩子心里有杆秤，敏感地衡量着家庭收入和城市消费之间的关系，比如 KJ 去超市看到喜欢的东西，顾及价格，明确说“太贵了，咱不买”。另一方面，他们也很习惯兜里揣着零钱的日子。学校门口卖烤肠、零食的摊位那红火的生意，完全靠着利民学校学生的零钱支撑。他们还有将家乡的风俗转换为货币的期待。DQ 来自河北农村，那里的风俗是姑娘出嫁，要给自己尚未结婚的兄弟“压箱底儿钱”。5 年级的 DQ 对他在上高中的姐姐念叨着“反正你得给我‘压箱底儿钱’”。DQ 其实也代表了随迁子女的另一种典型情况。DQ 的爸爸做建筑工起家，在北京打拼十几年有了自己的小公司。DQ 排行老四，前面是三个姐姐，最终实现了爸妈要男孩的心愿，得到全家的娇宠。吃饭时，不喜欢吃的菜，要么扒拉到桌子上，要么夹给妈妈。妈妈负责家务没有上班，爸爸有时会带 DQ 到工地上。DQ 会东摸摸西看看，小小年纪，能对各类水泥的用途、型号、和水的比例说出个道道。DQ 和有在老家生活经历的姐姐们不一样。他出生在北京，将目前在北京的相对安稳的日子视作理所当然。

从随迁子女“活生计”的日常家庭生活节奏可以看到以下几个特点：一是，作为以体力劳动为主的谋生者，随迁子女家长的工作时间节奏有着较明显的阶层属性。正如《北京折叠》所描述的：城市的阶层特征，不仅显现在空间的隔离中，也体现在不同作息的时间结构中。白领阶层更多属于朝九晚五的工作时间占有者，而餐饮、保洁、小商贩、快递员的工作时间更多集中体现了服务工作的性质，所谓“起早贪黑”，同时，单位劳动时间的薪酬较低。它体现了现代社会在看似平等的时间框架下，时间作为资源的紧缺性和不平等性①。而这样的劳动时间节奏，和随迁子女上学作息节奏之间缺乏深度持久接洽，使得父代对子代的教养更多依赖自然状态下的“身教”，而非有意而为的“言传”。“言传”不仅需要更明确的干预意识，而且需要以教育者与教育对象之间的时间格局持续交叠为支撑。二是，和他们的父辈相比，城市已成为他们原生的环境。从兜里的零钱、附近的超市、父母劳动换来的薪酬，甚至自家小铺的买卖里，让他们从小对市场体系、货币流转有着密切的接触。和作为第一代移民的父辈相比，他们更熟悉通过货币为媒介，与人，特别是陌生人打交道的规则。同时，不像父辈所经历的农村生活，随迁子女的家庭生活在城市生活方式和商品浪潮的卷裹下，顺理成章地渗透在家庭生活的方方面面。三是，DQ 的案例显示了流动人口家庭中对男童的特殊关照。无论是利民学校男女生比例，还是北京市非京籍就学儿童男女比例，均显示男生更多。随迁子女家庭更愿意将男孩带在身边，在流入地共同生活。对男孩的偏好，在人口流动过程中得到保留。这可能意味着随迁子女中男性的优越感在家庭迁徙、日常生活习惯养成中，逐渐得以塑造。

四、突发的事件

如果说静默的伙伴、惯常的节奏正在以默默无闻的方式让随迁子女感知社会的某种规则和态度，那么超越日常生活之外的突发事件，则往往以更鲜明、更极端的方式，将蕴含在日常生活中的规则突兀地显现出来。这里提供两个案例，一个是 2012 年一个学生在学校自习课上磕掉大门牙的事件；一个是 2018 年春季，利民学校学生餐出现食物中毒事件。前者是赤裸裸地围绕学生的身体进行讨价还价、最终达成协议的商业谈判；后者则是随迁子女家长，在突发事件面前的集体失声。

“门牙事件”

四三班自习课，班主任 LL 老师看到学生 ZM 不认真学习，原想让他到讲台上反省下。结果，在 ZM 走到讲台路上，LL 老师拉了他一下。这一过程中，一松手，ZM 磕到讲台桌角上，磕掉一颗大门牙。LL 老师和家长就此产生纠纷，家长认为事故出于老师的体罚，并且后果严重。起

① ［奥地利］赫尔嘉·诺沃特尼：《时间：现代与后现代经验》，金梦兰、张网成译，北京师范大学出版社，2011 年版，第 36 页。

初LL老师并没有将此事报告校长，私下向家长承认自己有责任，并给家长留下字据答应赔偿，同时家长用手机将与LL老师的通话进行录音，作为证据。但关于赔偿金额，LL老师与家长最终无法达成一致，且家长表示多次打不通班主任电话。于是，家长向朝阳区教委传真了一份投诉信。教委立即派人到利民校区进行调研，上报有关情况。最后，在派出所介入和调解下，学生母亲带着在公司工作的表姐，和LL老师协商，金额从8万，降到2万、1.5万、1万，最后，在校长和同事的见证下，达成7 000元的赔偿金额。付款后，校长留有7 000元赔偿收据作为备案。

这件事发生后，LL老师要求ZM每天想一遍："到底是我推的你？还是你自己磕在讲台桌上的？你每天想想，老师冤不冤？"ZM原本是个少言寡语的孩子，经历了这些更是沉默。后来学校把他调到四年级另外一个班级继续上学。学校在这个学期期末，与LL老师解除了劳动合同。(摘自2012年12月12日、2013年1月15日田野笔记)

"门牙事件"中，令人印象深刻的是围绕ZM损伤的牙齿，赤裸裸的讨价还价。在中国漫长的封建社会中，儿童一出生便进入了"君君、臣臣、父父、子子"的纲常伦理系统，使得儿童被异化为"缩小的成人"（程福财，2008）。儿童的身体，很难在这一叙述体系里给以剥离或切分。但是，正如许多通过身体投射社会变迁的学者所指出的：进入工业社会以来，随着休闲、消费行为的繁荣，身体由劳动的身体，转变为承载消费和欲望的身体，进而引起空前的重视。"它暗示着一些别的事物，不是物质性的身体本身，或者是附加到物质性身体上的别的被体现的事物，这样的'事物'经常成为一种抽象的社会价值……"（安德鲁·斯特拉桑，1999）①。货币介入身体的表达，进一步推进了物质性身体与人的分离。齐美尔（2010）② 曾经明确指出，货币本身并没有道德意义，它只是通向最终价值的桥梁。但是，"当货币当作唯一有效价值出现时，人们越来越迅速地同事物中那些经济上无法表达的特别意义擦肩而过。"可以看到随迁子女生活的世界里，货币的明显角色。

同时，"门牙事件"中，还可以看到家长、老师、学校，一边倚重乡土秩序中的差序格局资源，一边正在理解和运用城市生活中鲜明的科层制度、协议精神与官僚体系所形成的强制力量。在事件的处理中，ZM的妈妈首先将自家亲族的人视为资源，在差序格局中寻求面对困难的力量。它可以被理解为明显的乡土文明烙印。而且，在处理过程中，经历了几乎无节制的时间较量。这样沟通、协商的时间节奏，也非工业文明、城市文化时间表达的常态。同

① ［美］安德鲁·斯特拉桑：《身体思想》，王业伟、赵国新译，春风文艺出版社，1999年版。

② ［德］齐美尔：《金钱、性别、现代风格》，刘小枫选编，顾仁明翻译，华东师范大学出版社，2010年版。

时，家长非常明了利民学校在实现政府职责中的功能主义角色，并且有力地在科层制的管理体系中寻找机会。它体现在向利民学校政府主管部门发出投诉信。而在收条中明确赔偿金额、责任人、责任边界的举动，又体现了明显的契约精神。ZM 表姐从公司体制下汲取的操作经验，更体现了市场运行、货币价值对其行为方式的影响。在事件发展的关键步骤上，手机录音、传真等代表着现代城市文明的技术手段被充分应用，以推动事态发展。这一系列行动，在相当程度上充斥着市场规则、契约精神和科层制运行的压力，成为家长发动议价的潜在背景。

然而，在整个过程中，ZM 处在学生和孩子的位置上，不断被调查事情经过，以及事后被班主任要求每天回想“到底是我推的你？……老师冤不冤?”孩子始终处在学校的权威和家长的要求之下，幼小的心灵怎能承受具有权威性的专业机构和不可取代的亲情之间的纷争。“变得越来越沉默”成为对当事人的直接影响。

另一个发生在近期的食品中毒事件，简要记录如下：

> 2018 年 3 月 16 日，发现前一日晚上利民学生普遍有腹泻情况。以三年级 M 老师班为例，全班 28 人，有 18 人前一天晚上有腹泻情况。这些学生都是在学校吃的午餐。有个别家长提出异议，老师嘱咐家长：“……你说这捅到上面去对孩子们有什么好处啊？真给封了，谁都没学上。”
>
> 第二天，仍然是以前的送餐公司，比平时送餐时间晚了几分钟。老师跟学生说：“看到了吧？今天人家都不敢给咱送饭了——饿着吧。”孩子们则表示今天不想拉稀了不吃就不吃。最后在下课过了两分钟左右的时候，终于有送餐公司的工作人员把饭箱搬了过来。领饭的孩子们问：“老师这个鸡腿没过期吧?”
>
> 下一周，更换了送餐公司，但是因为最近很多流动人口离京，这个送餐公司也同样面临人手紧张的情况。送餐公司只有一个小伙，又开车又搬运餐食，穿着红色餐饮工作服，前胸是油污和挂在胸前的口罩，后背是透出的汗渍，一边按照班级搬运盒饭。一边念叨：“老板要是不给我加人，这活儿也没法干了。”学校负责人指出：“你这不戴口罩、不戴帽子的操作，不合规啊。”小伙一边说“是是”，一边依旧忙乎着搬运，来不及戴口罩、戴帽子。
>
> 对此，KJ 妈妈说：“……我们这个大的（孩子，指 KJ 的哥哥），在原来他那个（公立）学校，有一次做校服，有个学生的校服上有一根针，没卸下来。校长直接把那一批衣服都给校服厂召回了，说厂子做的不合格，让重新弄。这事，放利民学校那都没人管。”（2018 年 3 月 16 日、23 日田野笔记）

在这个事件中，家长虽然气愤，却没有形成具有影响力的集体行动。整个事件的处理透出“受气”的模样，和上面ZM门牙事件中家长的奋力争取、步步紧逼形成了较大反差。进城务工人员在城市很难有讲价的条件。校长、班主任明确的“形势分析”中，将家长和学校命运拉到同一架战车上。如果真的为此关闭利民学校，对于随迁子女家庭来讲无疑又是一次动荡和麻烦。正如KJ哥哥所在的公立校，之所以那样硬气，至少不必担心学校因此受到撤校的威胁。利民学校这样面临生存危机的学校，已然不堪一击的脆弱。于是，无论学校还是家长，面对仅有的选择，恐怕只能隐而不发。即使形式上更换了送餐公司，那个公司可以提供相应资质证明，从送餐员邋遢疲惫的状态，怎能让人对餐饮质量放心？然而，这是总校、利民学校、家长、学生不得不接受的现实。

五、“学做人”的尺度

回到“学做人”的主题上，人们通常需要处理三个方面的人际互动：私人生活领域中亲人的关系，主要指家庭内部父辈与子代的纵向关系和夫妻之间的横向关系；公共领域中与熟人（半熟人）的关系，以及与陌生人之间的互动。在以上所描述的随迁子女教育生态系统的三个方面，也涉及做人的三种类型的人际互动。

在各个互动层面，随迁子女的教育生态环境以其真实的存在，表达着随迁子女及其家庭面对市场竞争、阶层压力的感知及应对方式。在家庭领域，包括随迁子女在内的家庭成员明显感受到以劳动换生存的市场逻辑，而将这一逻辑推演至极致，则生出了“门牙事件”这样的极端案例，不仅劳动可以换货币，而且人的身体价值也可以以货币标价、讨价。这一通道有可能使亲情也暴露于市场的考量。事实上，随迁子女家庭因经济而起纠纷的情况并不少见。学校，可以说是随迁子女形成“机构性相遇”最典型的场所。利民学校还算稳定的存在和各种素质教育活动，无疑搭建了随迁子女与城市之间的接洽与探索桥梁。在这些机会里，孩子们得以走出学校和原生社区，去生态园、国家大剧院等，去感受、学习公共秩序。但同时，以利民学校为代表的随迁子女小学也正以“学做人”“素质教育”为幌子，消解和冲击课业教学的明确标准。这为随迁子女未来学业竞争处于不利地位埋下了伏笔。在以超市为代表的机构性陌生人相遇中，城市里出生的随迁子女对货币、物价的感知非常清晰直接，同时，将自家状况和城市主流消费相比较容易带来的阶层弱势感，也迎面而来。在以公园为代表的陌生人偶遇中，随迁子女享用着那些开放的公共空间，并得以窥探跨越阶层的生活方式，在实践中体会公德的要求与规范。

在家庭、学校、公共场所，这些依然生活在父母羽翼下的随迁子女，和社会生活的接触，是点滴的，又是直接的。他们自然还没有形成欲望个体、道德自我、关系人①的觉察与自知。但这些教育生态系统正在共同形成他们"学做人"的模板。在这个模板里，有在公共场合的行为举止规范，有市场竞争对家庭生活节奏的直接影响，有和以学校为代表的机构相处的协商与让渡。和威利斯的"学做工"相比，稚嫩的随迁子女并没有威利斯笔下工人阶级子弟识破阶层固化之后，自嘲又自觉的文化担当与复制。2014 年利民学校五年级一个班关于"我的理想"的作文中，超过一半以上的学生将医生、工程师、科学家等具有专业知识的职业设为自己的理想职业，还有 11 名学生将音乐、绘画等具有艺术取向的职业作为自己未来职业的取向。这样的职业理想和孩子们的父母现在所从事的洗车、开小店等工作形成了极大反差。② 这一反差，是一份单纯的天真吗？随迁子女家长虽然忙碌，却乐此不疲。这种和家乡生活相比相对轻松便捷、收入较好的生活，成为他们守在城市不愿离去的重要理由。巨大的市场意味着机遇。如果说，当前随迁子女的父辈从农村走出来，对市场与货币的处理相对青涩，对城市公共规则相对陌生，那么生长在城市的这一代随迁子女和市场、城市有了天然的连接。这种连接使得随迁子女更熟悉市场规则，对城市公共服务更加熟练，加上父辈的积累与传承，会给当下随迁子女城市生活带来新的起点。当然，在"学做人"的话语体系下，他们被推到学业竞争的边缘，看似热闹的校园活动和微弱的家庭支持，又在暗自侵蚀着通过学业改变命运的可能性。同时，包括拆迁等在内对当前随迁子女及其家庭的明确排斥，也难免积累对这座城市的戾气，辅以弱势的学业状态，也存在进一步被压制，甚至因此对现有秩序故意产生破坏力的可能性。

作者简介：刘谦，中国人民大学人类学研究所副教授。

---

① Yunxiang Yan, Doing Personhood in Chinese Culture: the Desiring Invidivual, Moralist of Self and Relational Person, The Cambridge Journal of Anthropology, 2017, Volume 35, No. 2.

② 刘谦、李若亚：《对随迁子女理想的人类学分析——基于北京 36 名随迁子女作文文本与生活世界的解读》，《北京联合大学学报》，2016 年 1 月。

城市里的“边疆”：文化“转译”过程中的城市志愿者

——以上海市的志愿者服务活动为例

乔　纲

布鲁诺·拉图尔直言“我们从未现代过”，指出现代性在本体论上所制造出的虚假的时空断裂①。城市精神文明建设的背景下，所谓的城市化、现代化仍是经由西方式的“现代”与“文明”来重新塑造城市空间，进而在文化上制造了“罅隙”，成为文化隐喻上的“边疆”。生活在城市中的人们，自身处于文化“转译”的过程性当中。

郝瑞教授（Stevan Harrell）曾经用“文明化工程”来解释和思考过去汉族对于边疆少数民族地区的改造，实现了少数民族地区的“直过”与现代化。而如今，在城市化与文明化的语境下所发生的，正是利用了西方式的文明来塑造城市的现代性。这样一种“中心—边缘”模式的再生产，呈现出递归折射的现象。以志愿服务所代表的西方式的现代，试图重新将日常生活中的人们置于“边缘”的从属位置；志愿服务中，志愿者的“中心化”与对服务对象的“边缘化”也在呈现出来。从实践层面看，这种二元结构的“再现”并未真正实现，反而在城市空间中制造出了文化隐喻上的“边疆”。

关于“边疆”的思考中，人们往往把视角聚焦到领土空间概念以及所谓的“中心—边缘”的二元结构之中，而忽视了在社会研究中，“boundaries”的伸缩性极强，可以小到区分个体之“人身”与其“外界”之间自然或人为区分的“面”②。因而在日常生活中，“边疆”也存在于人们的生活中。文化隐喻中的“边疆”不是存在于二元结构的边缘地带，它恰恰是在多元文化交

① 刘鹏：《现代性的本体论审视——拉图尔“非现代性”哲学的理论架构》，《南京社会科学》，2014年第6期，第44页。

② 道格拉斯：《洁净与危险》黄剑波等译，民族出版社，2008年版，第143页。

汇的城市中存在。以城市的志愿者为例，在志愿者的实践活动中，经常看到所谓的志愿精神在本土情境的实践中所遭遇的种种困境，以及诸多的悖论。而这种文化与文化之间的“遭遇”，以城市志愿者作为载体，体现了城市里的“边疆”。

一、城市里的“边疆”

文化隐喻上的“边疆”呈现于不同文化相遇的地方，这一点同实体边疆极其相似。如要进一步去了解城市里的“边疆”，需要先从认识论的层面转变关于“边疆”的认知。这里需要重点指出的有两点，其一，摆脱物理空间观念的狭隘认识，从文化的意义上去思考。进而引申出的第二点，从结构中摆脱“二元论”的桎梏。

边疆研究中，有前辈学者指出，过去对边疆问题的关注，每每都与“土地”和“主权”相关，对于边地之民众如何认知，却乏人问津①。柯象峰先生对于边疆研究的范围等方面进行了论述。对于边疆的范畴，他以为不仅与邻国接壤的区域为限，东南沿海地区因为有“文化进步”之国民所占据，因而不属于边疆的研究范畴，边省内地，“未尽同化之民众”，以及可能范围内邻近有关的各个民族都是边疆研究的范畴②。吴文藻先生指出，国人所指的边疆不出两种用义：一是政治上的边疆，二是文化上的边疆。政治上的边疆原指的是国界，然而东南沿海，以海为界，本应该是边疆，然而国人却把地居腹心的甘青川康视作边疆，而这里的边疆指的是文化上的边疆，也是民族上的边疆③。笔者认为这一类更加是文化隐喻中的边疆。

从前人的研究看来，边疆的界定不仅是领土主权概念中的空间，还是文化意义上的“边缘”“未开化”之地。但是从全球化的视角来看，在“一带一路”的倡议中，很多的“边缘”正成为联结周边国家地区的“中心”。正如有学者提出，一个社会的边陲可能会是另一个社会的中心。所谓的边疆也被界定为“文化接触带”（zone of cultural contact）或“族际场景”（intergroup situation）④。面临全球化和现代性的席卷，传统的边疆正在不断被消解，而文化上的无形边疆正在兴起。同样，这种文化上的边疆也不仅是存在于领土边

① 徐益棠：《十年来中国边疆民族研究之回顾与前瞻——为边政公论出版及中国民族学会七周年纪念而作》，段金生编：《中国近代边疆民族研究的方法与理论》，云南人民出版社，2016 年版，第 1～20页。

② 柯象峰：《中国边疆研究计划与方法之商榷》，段金生编：《中国近代边疆民族研究的方法与理论》，云南人民出版社，2016 年版，第 21～35 页。

③ 吴文藻：《边政学发凡》，段金生编：《中国近代边疆民族研究的方法与理论》，云南人民出版社，2016 年版，第 147～149 页。

④ 彭文斌：《近年来西方对中国边疆与西南土司的研究》，《青海民族研究》，2014 年第 2 期，第 10 页。

缘，它也浮现于全球化带来的多元文化交汇的城市之中。

所谓的“边疆”，“如同族群边界浮现是在‘遭遇’他者之际，主权也因为他者的存在而存在。”① 自我本身的文化在“遭遇”外来的文化之时，所谓的“边疆”自然也就呈现出来，当然，这里的边疆指的是文化意义上的。全球化、自动化以及现代化的到来，使得那些离散的文化以各式各样的面貌重新被“嵌入”到人们的日常生活中。英格尔德曾经借海德格尔的“栖居”视角来进行分析，人们是不断被外在的事物所“浸入”，身体成为人们和世界之间的交互界面。我们既有自己固有的文化逻辑，亦要在全球化的时代不断接触来自外界的“异文化”，从而边疆存在于人们的周遭与日常之中。自然，这种文化上的遭遇不是一种凭空想象的理论构建，而是通过生活实际体现出来。以城市志愿者的个案为例，笔者认为志愿者能够成为城市边疆的载体并不是因为他们作为“志愿者”，而是在他们的实践中才能够看到“边疆”的浮现。只有与随迁子女及其生活环境相遇之时，城市志愿者才能呈现作为文化意义上的边疆的载体。

二、志愿者与文明化进程的“悖论”

志愿文化是一种“舶来”的文化。早在19世纪初产生于西方国家，源于宗教性的慈善服务②。据谭建光等人的研究，1987年，借鉴“学雷锋、做好事”的口号，广东深圳等地出现了“志愿服务”的萌芽。1987年，广州市诞生了全国第一个志愿者服务热线电话；1990年，深圳市诞生全国第一个正式注册的志愿者社团③。但是在相当长的一段时间内，中国的志愿者事业发展缓慢，很多草根志愿者机构都无法真正地成长和发育起来。直到2008年，因为北京奥运会以及“汶川地震”两件大事，中国的志愿者事业受到重视，那一年也被称作“中国志愿者元年”。当前的城市现代化与文明化建设的背景下，志愿者成为衡量“现代”“文明”的重要指标。然而，身为志愿者的人们，在他们的实践中却饱受文化“悖论”带来的困扰。

1. “我和他们不一样”

志愿者小林老师是笔者合作一年多的搭档，在从事随迁子女的志愿服务之后，她选择辞职，到更偏远的地方去帮助那些贫困学生。小林老师曾经描述，自己的工作是可以“从年轻看到老”的那种工作，日复一日地重复同样的事情，只要没有过错可以干一辈子的那种。平日里虽然同事选择用旅游和学习等途径来释放工作压力，但是小林却选择成为志愿者。按照她的说法就

---

① 范可：《何以“边”为：巴特“族群边界”理论的启迪》，《学术月刊》，2017年第7期，第105页。

② 张敏杰：《欧美志愿服务工作考察》，《青年研究》，1997年第4期，第46页。

③ 谭建光：《中国广东志愿服务发展报告》，广东人民出版社，2005年版，第3、10页。

是，“我和他们不一样。”“志愿者”在小林老师看来是一件非常有意义的事情，它能够赋予人们更多的追求，给予他人更多的需要，这也是小林老师后来选择辞职到更加偏远的地方从事公益活动的原因。

笔者好奇的是，成为志愿者之后究竟如何“不一样”，或者说志愿者究竟赋予人们怎样的意义和价值？从当前的宣传中可以看到，志愿者成为“文明”的标志，是“进步”的代言。按照张鹂在关于城市空间现代性的分析中提到的“sense of lateness”① 来看，是否在当前依然存在一种不甘人后的、对“先进”的渴求在其中？答案是明显的，为了追求宣传的“文明”，很多时候人们会去尝试这些新鲜事物，至于其背后的文化逻辑与所代表的意义为何，反而不是如此重要。

在志愿者的讨论会期间，一些老志愿者提出他们的疑惑，明明在城市里面有那么多需要我们关注的人群存在，为何年轻人会舍近求远跑到更加偏远的地区从事志愿服务？难道城市里的志愿就不是真的志愿，只有那些被视作“落后”的地方才有志愿的意义和价值吗？30 多年前，当志愿文化还不是“主流”之时，雷锋精神作为弘扬民族文化与道德的重要表达，成为大众所理解和接受的方式，在日常生活中关心他人、友爱邻里等。而如今，西方式的道德与文化传入到中国，为了通过实践来阐释人们所理解的志愿文化，许多人舍近求远，忽视其背后的意义和价值，认为自己“不一样”，但是这种行为是否真的是一种“文明”？

2. 无偿之礼

道格拉斯在《礼物》的序言中指出，无益于团结的不能够称之为礼物。有学者提出，“超越共同体的边界及简单互惠的逻辑来理解人与人、人与社会的现代关系，是公益成为链合传统共同体与现代公共性社会之可能途径的观念前提。”② 在实践中，志愿者的“礼”有两种表达形式。从随迁子女的志愿服务中来看，作为志愿者需要为他们上课，并且有相应的礼物奖励机制，这其中，志愿者认为送出去的礼物是不需要回报的，因为其价值很微不足道。但是作为一节课而言，他们希望自己的这节课成为对孩子有意义的礼物，希望能够帮助到他们。但是很显然，这其中产生了某些混杂。

首先，在访谈过程中，孩子与家长明确地表达，对于志愿者的感谢是努力上课，不破坏课堂的秩序。相应的，他们希望能够获得志愿者送来的礼品。其次，随迁子女学生认为志愿者的全部意义在于礼物和带着他们度过活动时

---

① Zhang L, Contesting Spatial Modernity in Late - Socialist China, Current Anthropology, 2006, 47 (3): 463.

② 李荣荣：《作为礼物的现代公益——由某公益组织的乡土实践引起的思考》，《社会学研究》，2015 年第 4 期，第 71 页。

间，至于课程的内容和所讲授的知识，既无益于他们升学，也无益于他们改变当前的状况，所以他们并不认为这是有意义的。换言之，志愿者的全部价值在于他们带来的随堂礼物而不是他们的课程。综合而言，志愿者认为的无偿之礼，学生们认为需要通过良好的表现获得；志愿者所看重的知识与内容，需要获得学生们认可的“礼物”，学生们反而认为这是不需要“回报”的。他们之所以认真听课并不是对于课程内容感兴趣，而完全是为了获得相应的礼物奖励。

在志愿文化中，为了避免所谓的“文化贫困”，一些志愿者要求被服务对象通过劳动来获得相应的资助物品，避免服务对象不劳而获。但是在中国的传统慈善伦理中，“中国传统慈善发源并成长于宗法制度、道德传统、封建集权体制的土壤之中；往往发生在亲友、熟人、邻里之间，带有明显的恩赐、施舍色彩；通常而言只涉及施助者与受助者之间的关系，表现为人与人之间的直接施受关系；表现为个人对个人的救济、资助、赠予等施助行为；具有内敛性、封闭性等特征。”① 现代公益与慈善则是源于西方的“博爱”等精神，因而具有相对的开放性等特点。“西方慈善伦理思想资源认为慈善是公民的责任与义务，主张公民必须获得个体的自由、自主。因此，西方慈善伦理思想资源强调民众必须有着自己自觉和独立的慈善活动。”② 尽管志愿服务可以满足形式方面的诉求，例如说志愿者、服务对象、需求等要素的满足和补充，但是在实践过程中，文化应当如何进行“转译”的实践是一个重要的问题。作为中国人，如何在实践西方的志愿文化之时，使我们所服务的对象理解和认同这些行为。更加具体的问题是，作为实践者的志愿者，他们又是如何理解自己的实践活动？

一位离开公益机构的志愿者曾经表达过自己的困惑，她指出自己在上课的时候发现，很多学生是为了自己的随堂礼物才认真听课，但是这样一来，自己每周辛苦备课以及准备的很多工作又到底是为了什么？如果孩子们只是重视随堂礼物，干脆把礼物交给他们更加容易，但是这样一来，参加志愿活动与不参加志愿活动的人们又有什么区别？

3. 被“认证”的需要

2013 年上海启动志愿服务记录制度试点，其中提出上海将对志愿者进行星级评定，累积服务 1 500 小时可评最高星级。有关部门推动将志愿者升学、就业、使用社会公共设施、接受他人和组织提供的服务等方面制定相关公共政策和优惠措施。2014 年的管理条例进一步明确和细化，《上海市志愿服务记录办法（试行）》中提出，“为提高全市志愿服务工作的信息化水平，规范和

---

① 郭祖炎：《中国慈善伦理研究》，湖南师范大学。

② 郭祖炎：《中国慈善伦理研究》，湖南师范大学。

促进上海志愿服务工作，完善社会志愿服务体系，落实中央文明办关于加强志愿服务制度化建设和民政部关于开展志愿服务记录制度试点工作的要求，根据《上海市志愿服务条例》的有关规定，从本市志愿服务工作实际出发，特制定本办法"①。在"鼓励"机制的引导下，志愿服务活动的确呈现出一派"欣欣向荣"的景象，然而笔者在同其他公益机构的志愿者与工作人员的交流沟通之后，却发现了另外的景象。

志愿者机构的一位志愿者老师很气愤地对笔者说，这个公益机构不够正规，没有在网络平台给志愿者注册。笔者和其他志愿者老师也很好奇，因为所在的公益机构是正规机构，竟然因为没有为这位志愿者注册而受到质疑。这位志愿者说："如果没有网络注册，怎么证明我们是真的志愿者呢?"很多志愿者也表示不同的看法："难道注册了的就一定是志愿者吗?做了志愿服务而没有注册的就不是志愿者了吗?"这位志愿者老师不久之后离开了此公益机构。虽然无法推断这位志愿者是否因为相关的优惠政策选择成为志愿者，但是很多需要"认证"的志愿者往往有自己的诉求。而一些不太在意注册的志愿者，往往从事了多年的志愿服务活动。2017 年 8 月 22 日，《志愿服务条例》公布，其中第二章第七条说明志愿者可以通过个人与机构等不同方式进行注册，据全国志愿服务信息系统显示，截至 2017 年 11 月前，全国注册志愿者人数已达 6 136 万名。中国的志愿者人数自 2008 年开始每年都呈现上升态势。然而在这背后，有多少人是真心关注公益，有多少人是以"公"谋"私"却又是不得而知。

城市精神文明建设中，志愿者作为一个标志而备受推崇，但是在所谓的"鼓励"和"奖励"的背后，所谓的志愿精神是否已经是被"本土化"了的新生产物?或者说这样的行为背后，反映的也是文化之间的杂合现象，是文化上的"边疆"的体现。

三、作为文化隐喻的"城市边疆"

从前文看，所谓的"边疆"不仅可以指地理空间中的领土边缘，它还可以成为多元文化的交界，一个杂合多元文化的"阈限"空间，是文化交汇的"中间地带"。所谓的"边疆"也不仅存在于物理空间之中，在社会科学的研究中，身体作为文化的交互界面，也可以成为"边疆"的重要的意象载体。随着全球化流动性的日益加强，现代性带来的离散，越来越多的文化以不同的姿态"嵌入"到人们的日常之中，对于这些变化，需要通过人类学的民族志来捕捉文化的轨迹，来思考当前社会的变迁。

---

① 数据来源：http：//www. shmzj. gov. cn/gb/shmzj/node8/node15/node55/node1509/node1512/u1ai38122. html

从列斐伏尔的三元辩证结构到索亚和霍米·巴巴对于“第三空间”的关注，可以看到所谓的边疆可以体现为文化的隐喻，可以展现在城市空间之中。列斐伏尔的“空间生产”，突出了空间实践对于沟通城市与人的关系时的重要意义①。索亚的“第三空间”受到列斐伏尔的三元辩证思想的启发，而霍米·巴巴则提出了关于文化“罅隙”的思考，“在文化翻译的过程中，会打开一片‘罅隙性空间’（interstitial space）、一种罅隙的时间性，它既反对回到一种原初性‘本质主义’的自我意识，也反对放任于一种‘过程’中的无尽的分裂的主体”②。当文化在城市中交汇时，城市的“边疆”就是一个社会性空间，是关于文化的隐喻表达。现代性所制造的断裂进一步扩大，人们在追逐所谓的“现代”与“文明”的时候，在本体论上制造的断裂与实践中的“转译”和“杂合”，体现了文化意义上的“边疆”。

城市志愿者作为文化隐喻中“边疆”的载体，并非因为“志愿者”作为西方的“舶来”文化，而是因为在实践中，文化与文化的“遭遇”，使城市的边疆“浮现”在人们的视野中。《晏子春秋·杂下之十》中提到“橘生淮南则为橘，橘生淮北则为枳”。当西方的志愿文化在中国的沃土上“生根发芽”之时，对于人们来说究竟意味着什么？这是值得玩味和思考的现象。尽管当前的宣传中，不断去推崇志愿文化，塑造“现代”与“文明”的方向和形式，但是在实践活动中，当遭遇到服务对象的实际境况时，我们如何对文化的差异进行“转译”和解释？

黑格尔提出，没有他者的承认，人类的意识无法认识到自身。因而在日常生活的世界中，道德主体无法单独证明自己的合理性，无法检验自己的合法性③。志愿服务究竟为何，只有在情境化的实践中方能展示出来。正如文化意义上的边疆，只有在不同文化“遭遇”的情境下，人们才会意识到差异，意识到所谓的断裂。才能够发现我们习以为常的某些事物，事实上早已不再是其原有的，亦不是我们所固有的，而是介于两者或多元之间的杂合增殖。面对这种不断扩展的复杂，笔者试图借“边疆”的隐喻加以阐释，以期对当前的境况做出相应的思考。

四、反思与总结

有学者指出：“我们曾经是依照西方想象出来的‘他者’来建构我们自身的印象，今天则可能是依照我们发明出来的‘传统’来建构我们自身的社会、

① 吴宁：《列斐伏尔的城市空间社会学理论及其中国意义》，《社会》，2008 年第 2 期，第 115 页。

② 参见 Homi Bhabha, “Unpacking my Library... Again”, in Iain Chambers and Linda Curti, eds., The Post-colonial Question: Common Skies, Divided Horizons (London: Routledge, 1996), p. 204.

③ 参见罗红光：《常人民族志——利他行动的道德分析》，《世界民族》，2012 年第 5 期。

生活与文化。而能够克服上述两种极端 思维的唯一途径，反倒可能是游走于二者之间的有弹性的‘中间道路’。”① 时至今日，西方式的志愿文化依然也被只作为“文明”的标志，但是却在本土化的情境中不断产生更多的“边疆”。以城市志愿服务为例，显然，“纯”西方式的志愿精神在本土情境中并不符合，而本土化的志愿精神是否能够被塑造为“进步”“文明”也值得商榷。在民族志的描述中，唯一看到的是，在多元文化交汇的今日，人们已经处于文化隐喻的“边疆”之中，而这边疆亦随着现代性带来的“断裂”而不断扩大。幸而这种“断裂”被许多文化的“杂合”充斥与黏合，使社会与文化作为有机整体而存在。面对这种复杂的增殖，笔者姑且以“边疆”作为比喻，来进行阐释。

最后，本文需要反思的几点是，首先，在弥散的现代性与全球性的文化流动中，人们处于多元文化“遭遇”所构造的“边疆”之中。当前人们如何了解自身的境况，如何寻找自身的定位是一个重要的问题。其次，在城市化与现代化进程的推动下，“文明”与“现代”的发明和塑造仍然是“自上而下”的工程，但是人们如何去理解和思考，来真正地实现“现代”与“文明”依然是一条漫长的道路。最后，文明化进程中，西方的“舶来”文化依旧被推崇为某种具有“现代”因子的标志，但是在城市建设的实践中，人们需要依靠文化自觉来理解自我与社会、自我与文化之间的联系，才有可能找到适合本土的文明化与现代化的发展方向。

作者简介：乔纲，法学博士，淮阴工学院人文学院，主要研究方向：边疆人类学、都市人类学。

【注】本文出自笔者的博士毕业论文《城市的边疆：城市志愿者与文明化进程》，以及发表的文章：《城市的边疆：文明化进程“悖论”中的志愿者》，《都市文化研究》，2018 年 1 期，本文基于原有创作基础上修改而来。

① 赵旭东：《本土异域间：人类学研究中的自我、文化与他者》，北京大学出版社，2011 年版。

岑趸村九组：边缘族群三锹人都市生存的人类学考察[①]

余达忠

城市的出现，是人类社会发展的必然。作为地球上唯一具有创造力的以群居方式生活的物种，乡村是人类创造的最早的聚落形态。因为乡村的出现，人类第一次在自然中建立起属于自己的活动空间，分出了与自然的界线。而随后由乡村发展起来的城市，则将人类带向了一个更高的文明的境界。《说文解字》说："城，所以盛民也。"根据许慎的解释，城是大的人群聚落形式；当聚居的人群增多，而且社会的分工也达到相当程度的时候，"市"（交易）也就应运而生了。与乡村比较起来，"城"是一种功能相对完备的聚落形式，是一种进步的形式。也正因为城在人类聚落上的进步性，人类学家和历史学家在划定人类文明的标准时，往往将城市的出现作为一个重要标志。著名历史学家斯塔夫里阿诺斯在其著名著作《全球通史》中说："人类学学者指出了将文明与新石器时代的文化区别开来的文明的一些特征。这些特征包括：城市中心、由制度确立的国家的政治权利、纳贡和税收、文字、社会分为阶级或等级、巨大的建筑物、各种专门的艺术和科学，等等。"② 城市是迄今为止地球上最宏伟的文化工程，是人类创造的体量无比庞大的聚落空间。缺乏对生活于都市的生态人群进行考察与研究的人类学，必然是不完全的、有缺憾的人类学。而对于那些因为各种原因、途径、方式而主动或者被动生活于都市中的边缘人群，更应该得到人类学学者的关注——对他们的研究，或许可以拓宽我们的视野，给予我们学术上和文化上、实践上的许多启示，也可以更好地表达我们有温度的人文关怀。

---

① 国家社科基金项目"边缘族群三锹人历史文化与生存现状调查与研究"（编号：14XSH015）成果。

② ［美］斯塔夫里阿诺斯：《全球通史：1500年前的世界》，吴象婴、梁赤民译，上海社会科学院出版社，1966年版，第105～106页。

一、边缘族群三锹人与岑趸村和岑趸村九组

三锹人（又写作三撬或三鍫）是居住在黔东南苗族侗族自治州黎平县、锦屏县交界区域的一个独特族群，是20世纪80年代贵州省认定的23个待识别少数民族之一，承认其作为待识别族群的政治身份与文化身份。三锹人是在清代初中期由湖南靖州锹里地区迁徙而来的——锹里地区分为上锹、中锹、下锹三锹。明清时期，将生活于锹里地区的人，称为三锹人。至20世纪90年代中后期，随着民族识别工作的强力推进，贵州省民族识别工作领导小组取消了三锹人待识别民族身份待遇，将之认定为苗族，少数三锹人根据自己意愿认定为侗族。黎平县三锹人主要分布在大稼乡、平寨乡，计有14个自然村寨，2 400余人；锦屏县三锹人主要分布在启蒙、平略、固本、河口等乡镇，计有13个自然村寨，3 800余人。三锹人主要居住在清水江支流乌下江、八洋河流域崇山峻岭深处，与汉族、苗族、侗族杂居，大部分三锹人独立立村建寨居住，少部分三锹人与汉族、苗族、侗族同村共寨居住，三锹人村落相距都在7~8公里以远，甚至近百公里，交通非常不便。长期以来，与之一起生活居住的汉族、苗族、侗族一直将三锹人作为一个独立族群看待。在三锹人居住区域，汉、苗、侗、三锹是分得很清楚的族群概念，个人对于自己的族群身份也非常明确。即便三锹人被认定为苗族（侗族）后，三锹人在族源、文化、语言、习俗、婚姻等诸多方面，仍然维护着对于三锹的认同，周边与之一起生活的汉、苗、侗族群，也一如既往地称之为三锹，作为一个独立族群对待。在黎平、锦屏这个以侗族、苗族、汉族为主体的多族群区域，无论从人数上，还是从居住地区上，或是从生存状态上，三锹人都处于一种边缘状态，属于边缘族群。

岑趸是黎平境域最大的三锹人聚居村寨。出生于岑趸的文化人潘健康为家乡写过一篇随笔《岑趸，燕子窝里的古锹寨》，对岑趸进行描述："岑趸，原名岑抵、岑堆，后以锹语取谐音为岑趸。位于大稼乡东部，距乡政府驻地10公里。坐落于青山界支脉延绵半坡的低山丘陵中，海拔940米。岑趸在明清两朝隶属古州司管辖，民国时期属高东乡第三保。中华人民共和国成立后，1950年设大稼乡第三村，1957年设岑趸工区，1959年设平绍公社，1981年9月改称岑趸大队，1984年5月改称岑趸村，属贵州省黎平县大稼乡管辖。全村辖1个自然寨，8个村民小组，240户，1 017人，均为三锹人（原称鍫族，后纳入苗族）。"从乡政府所在地大稼沿大（稼）—平（底）公路出发，约半个小时后便进入岑趸村界，这是一条修建于20世纪80年代初的通村公路，现已完成了水泥硬化改造。来到寨边，坡塝上一道连天的梯级吊脚楼群映入眼帘，这是从寨中迁出的村民回归新建的民居群落，依斜坡拾级而上，有居高临下之感。每遇客人入寨，居家的女人、小孩都会凭窗招呼、问候、容留，

这是三锹人的好客之俗。岑趸人管这里叫“洋罗”，意即“老寨（宅）”，是先期来到岑趸的先民驻足的宅地，后因家养的鸡鸭出圈后长期不思归窝，先民遂随鸡鸣声往寻，但见距“洋罗”数百米处有一山环水绕之所，四周山林环绕，中两汪清池，波光粼粼，家禽在此啄食嬉戏而乐不思归。议之：“此处山水相合，乃风水吉地、阳居明堂也。遂迁入开发、定居成寨。因这山环水绕之所犹如一个深藏于半坡中的燕窝，人们便把这个地方叫‘燕子窝’。”① 岑趸全村分为吴、潘二姓，均是清初期和中期从靖州三锹地区迁徙而来的，是正宗的三锹人。几百年来，岑趸人一直维系对于三锹的自觉认同。改革开放以前，岑趸人的婚姻一般都在吴潘二姓间或者周边三锹人村落间选择，很少与其他族群结成婚姻关系，故较好地保持了三锹人村落的纯正性。② 正是岑趸人自觉的族群认同意识和族群内、村寨内的婚配关系，使得岑趸人无论是对外或者是向内，都形成一个团结有序、整饬和谐的群体。

在20世纪70年代以前，岑趸人外出工作、学习的人很少，均在本村务农，很少与外面交往，即使有所交往，也局限在周边三锹人村寨间。70年代之后，情况有所改变，开始有岑趸三锹人到乡镇工作。尤其是1971年设立岑趸完全小学后，小学毕业后再读初中、高中的人逐渐增多，这些人中，很多人又进一步有深造或者就业工作的机会，成为第一批离开岑趸本土的人。1977年恢复高考制度后，通过升学考试而离开本土的岑趸人有60余人，主要以从事中小学教育为主体。潘健康就是第一个考取本科院校的岑趸人。他1984年从贵阳师范学院毕业后，在黎平一中任教多年，后任黎平县教育局副局长、德顺乡党委书记、黎平县教育局党组书记、县人大教科文委主任，是岑趸村知名的文化人。20世纪80年代初实行联产责任制后，农民从集体生产的束缚中解放出来，有部分岑趸人走出村寨，凭借体力或者手艺在尚重、孟彦、大稼等集镇谋生，甚至还有人进了黎平城。进入90年代，遍及全国的打工潮影响到岑趸，中青年纷纷外出打工，留守在村寨的主要是老年人、儿童和不能离开的妇女。岑趸支书吴汉生说，近二十年来，打工的岑趸人遍布全国各地，除了西藏，每个省都有打工的岑趸人。部分打工的岑趸人在有了初步资金积累后，选择回黎平发展，在县城做力所能及的事，比如从事生猪屠宰买卖、开小饭馆、蔬菜贩运、建筑装修等。进入2000年后，通过各种方式到黎平城安家立户的岑趸人逐渐增多，形成一个小群体，为在岑趸本土之外再成立一个村民小组创造了条件。

岑趸村九组就是在这样的背景下成立的。

岑趸是由一个独立的自然村组建成的行政村，共分为八个村民小组，全

---

① 胡宏林主编：《千年古锹寨》，湖南人民出版社，2017年版，第183~185页。

② 见余达忠：《边缘族群三锹人婚姻生态的社会人类学分析》，《吉首大学学报》，2015（5）。

村吴潘二姓 1 017 人分属于八个村民小组。在黎平城的岑趸人群体，其身份归属和情感认同都是岑趸，因此将在黎平成立的岑趸人群体趣称为岑趸村九组——2014 年，岑趸村新建村委会落成，住在黎平的岑趸人送了一块庆贺的牌匾，其落款即为岑趸村九组。

岑趸村九组 2011 年成立，由在黎平定居安家的岑趸人潘贵生、潘远来、吴汉模、潘健康、潘远银五人发起。

在他们提供给我的一份《岑趸村住黎平村民小组花名册》的序中表述道：

> 岑趸人素有勤劳朴实、艰苦创业、互相帮助、团结友爱之光荣传统，岑趸村是养育我们成长的故土，家乡是美好的，我们都生活在家乡这片热土上，朝夕相处、情同手足、亲如一家。
>
> 日月流逝，随着我国改革开放政策的不断贯彻深入及城镇化建设的发展，几十年来，我们岑趸村先后有几十户人家离村进城就业、创业，住黎岑趸人队伍不断发展壮大。由于居住分散，各自忙于自己的事业及行业，互相联系较少。为了加强本村人在黎平的联系，增进互相间的感情，经大家多次倡议，2011 年 8 月 2 日，潘贵生、潘远来、吴汉模、潘健康、潘远银五人在潘贵生家商量，议定于 2011 年 8 月 6 日到潘远来家举办住黎岑趸人聚会，并商定成立岑趸村住黎平村民小组。
>
> 本村民小组的宗旨是：互相信任、互相学习、团结互助、维护权益、主持正义、携手同行、共同发展。

从 2011 年成立至今，岑趸村九组由最初的 25 户人家发展到 35 户人家。我对他们进行采访的时候，还有几户人家已经表达了要加入的意愿，小组规模要达到 40 户。岑趸村九组是由在黎平的岑趸人自发、自愿结成的，加入的条件有三个：一是必须是岑趸村人，二是以家庭为单位，三是必须在黎平定居。他们初步统计，在黎平生活的岑趸人有近 60 户，定居下来的有 40 多户，有 10 余户还没有定居下来。在黎平定居下来的岑趸人分为三类：一类是有正式工作单位，领固定工资，在行政和事业单位上班的人群；二类是在黎平从事小商小贩等商业贸易活动的人群；三类是从事建筑、家装、杂工、环卫等劳动的人群。岑趸村九组 35 户中，第一类有 13 户，第二类有 8 户，第三类有 14 户，总计人口 170 余人，以男性为户主，嫁出去的岑趸女性没有加入。但他们表示，下一步如果嫁出去的岑趸姑娘愿意加入进来，也愿意接收。

经过七八年时间，岑趸村九组已经成为一个整饬有序的住黎岑趸人村民小组，并专门制定了一套可执行的他们称之为“责任与义务”的规章制度。

> 一、为加强岑趸村在黎平住户的凝聚力，维护大家的合法权益，实

现“互相信任、互相学习、团结互助、维护权益、主持正义、携手同行、共同发展”的目标，为住黎平村民婚丧嫁娶的操办以及处理各种应急事务提供方便，特成立岑趸村住黎平村民小组。本届是第三届，本次聚会共推出村民小组负责人6人，组长潘远来，副组长吴汉模（兼会计），出纳潘贵生，文秘吴才贵，成员潘健康、潘成根。每届任期三年，届满重选。

二、凡参加本村民小组的成员都是在黎平定居户，并自觉自愿加入本村民小组。每逢聚会年份，每户每次向村民小组交聚餐费200元，原则上每年聚会聚餐一次，特殊情况另行安排。

三、本村民小组成立后，各户要服从组长的安排，凡有红白喜事要及时通知组长，以便组长通知大家集中。各户主接到通知后应及时到场帮忙，礼金每户以100元为底线。每堂事补助联络员话费50元，由小组餐费中列支。父母在岑趸或其他地方过世的，由组长通知并派员前往吊唁。

四、以村组织通知必须参加事项

1. 白事限户主的父母及夫妻，村集体送礼：花圈一个，礼炮、礼金、香纸等定额为300元左右。

2. 红喜事包括结婚、嫁女、乔迁、满月酒。

3. 新参加村组织的户主，必须一次性先交100元组织基金。

4. 所有村民各户主红白喜事接到通知后，当天必须及时到场帮忙办事，如接到通知无故不参加达两次者，作为自动脱离村组织处理。

5. 全体组员要和谐相处，以诚相待，不断加强个人素养修养，互相鼓励，互相进步。要教育家庭成员不能惹是生非，看好自家门，管好自家人，做到遵纪守法。

6. 全体组民要为岑趸老家的繁荣富强出谋献策，互通信息，保持与老家及村民委员会的联系，遇村里重大活动由组长安排派员参加。

从岑趸村九组成立至今，基本上是按照其规章中确定的“责任与义务”进行运作的，所有人家都表现出很大的热情与积极性，都主动参与到集体事务中。大家普遍感觉到，在黎岑趸村九组，就像在岑趸时在一个房族中一样，让大家有一种依靠。岑趸由于村寨大、人口多，大家有红白喜事，一般不是全寨人参与，而以房族为单位，同一房族的人必须参与，不属于同一房族的人家，则根据亲疏远近自己决定是否参与。房族是岑趸社会结构中一个最重要的单位，任何一个家庭，都必须认同或者归属于一个房族中。岑趸村九组的几个发起人向我表述为什么成立在黎岑趸人村民小组，是想将在黎岑趸人围拢起来，让大家像一个房族那样团结互助。

二、边缘族群三锹人的都市生存

黎平县位于黔湘桂交界，是贵州东南部的一个人口大县，全县面积4 441平方公里，辖25个乡镇（街道）、403个行政村、21个居委会，总人口56万，居住侗、苗、汉、瑶、壮、水等13个民族，其中侗族人口40万，占全县总人口的71%，是全国侗族人口第一县，是全州人口大县。县城建成区面积12平方公里，城市人口12万人，建有支线机场黎平机场，贵广高铁从黎平县境西南穿过，距县城30公里，有三黎高速公路、黎洛高速公路可通向州府凯里、省城贵阳及广西桂林、柳州等，通向湖南的黎靖高速公路在建设中。黎平城是黎平县政治、经济、文化的中心，也是黔湘桂三省边区的中心城市。

岑趸村九组中的所有成员，都是在20世纪70年代后期进入黎平城定居的。之前，三锹人外出的很少，即便有参加工作的，大多也是自己在外工作，家属则仍在家务农，退休后就回到原村。我到锦屏中仰、美蒙、九佑等三锹人村落调研，其情况与岑趸相似。1995年前，在黎平城的岑趸人，都是因为参加工作才在黎平落户的。1995年后，开始有岑趸人通过各种方式进城谋生，主要从事屠宰、水果贩运、蔬菜买卖和建筑小工等资金和技术都要求不高的行业，开始是一个人来，有了头绪后，再将家人接来一起做，基本上都是在城郊租住价格较便宜的民房。但由于岑趸人进城的时间和方式不一样，所从事的职业也不尽相同，并没有在黎平城形成相对集中的岑趸人聚居区，而是分散于黎平城的各个角落。经过几年的打拼努力，有的人家有了一定的积累，可以在黎平城安家立业了，也会由此带动房族中的其他人进城谋生。进入2000年，随着社会开放度的不断扩大、人们观念的不断改变、谋生方式的日益多样化，进城谋生的人日益增多，在黎平城的岑趸人终于成为一个有一定数量的群体。但对在黎岑趸人的深入调研发现，总体来看，其生存还主要停留在低层次的求温饱阶段，从事的也是以体力劳动为主的职业，即便有从事商业贸易的，也都是小商小贩，也是靠体力谋生，比如将东城的蔬菜、水果倒腾到西城去卖，比拼的主要还是体力；那些开有店面经营饮食的，基本上都是日夜经营的快餐、早餐店面，也主要是通过比拼体力来赚钱。岑趸村九组的35户人家中，经济状况相对好的，基本还是几户在行政事业单位上班的家庭，他们有相对稳定的收入和一定的社会资源——在中西部地区，人们普遍认为收入状况相对较好的还是公务员和事业单位人员，整体上属于社会中的中产阶层。岑趸村九组发起人潘远来在岑趸住黎平人中，被看成是其中的成功人士，但如果将之放到整个社会环境中，其实也很平常。他1963年出生，曾在岑趸村里任过村副主任，后到政府上班成为公务员，但因为计划生育超生被开除，就在尚重片区周边乡镇做小贩，卖水果、卖肉，1999年进黎平城，也是在农贸市场卖肉，后又让老婆跟着来，在市场卖水果。那时黎平还没有实行商品房，地价不贵，他用积蓄向城郊的菜农买了地，将乡下的木房子拆了来黎平重建，是岑趸第一家在黎平建房的人，建了房子后，整个家就搬到黎平城来了。他进城后，带动了几个房族兄弟跟着进城来谋生。现在他仍然在市场卖肉，两个孩子一个在黎平做小包工头，一个在黔东南州府凯里开汽车修理店，已经有了一定的资金积累，更主要的是他早先建起的房子面临开发，开发商已经开价 150 万元，他还不同意拆迁。除在黎平工作的岑趸人外，岑趸在黎平的人家大部分都像潘远来的方式进城，也是一样的谋生方式，但由于进城晚，黎平城进入全面开发阶段，地价、房价都飞速上涨，想在城内自建房就很困难了。但许多人还是通过各种方式，拥有了属于自己的住房——或者在城郊购地自建房，或者购买二手房。岑趸村九组 35 户中，有工作的 13 户早就有了住房，其余 22 户也通过各种方式大部分都有了自己的住房，但他们同时都还保留着岑趸的住房，年迈的父母仍在老家居住，或者兄弟姊妹还在岑趸居住，他们无论在身份上还是在观念意识里，都认为自己还是岑趸人。或者可以这样表达，岑趸村九组 35 户，属于岑趸住黎平近 60 户人家中生活状况相对较好的。

黎平在明初洪武年间正式纳入中央王朝的行政统治，一直为中央王朝的府治之地，是一座历史文化古城。黎平设府至今超过 600 年历史了，但黎平一直保持了少数民族人口占主体的格局，除县城及县城周边外，黎平一直是侗族苗族聚居地。黎平城区，原来叫“莪快”，是侗语“五开”的音译，即有五个山脑的地方。600 年来，在黎平城，汉族、侗族、苗族等杂居错处已然成为一种文化现象，但黎平城从来没有形成固定的侗族聚居区域或者苗族聚居区域，人数更少的三锹人更是不会形成聚居区域。我曾经在一本随笔式的人类学著作中，对黎平城的这种文化现象进行描述：“几百年来，黎平一直是府治之地，是贵州东南地区政治、经济、军事、文化的中心。很早的时候，黎平就已经形成各民族聚居又杂居的现实了，文化涵化就已经在进行着了。我们只要一踏上黎平的土地，就可以感到这是一个多民族聚居的地区。走在黎平的大街上，迎面而来的是几个侗家女，而担着柴担赶过去的，则是苗家后生，再看过去，在对面的街上，有几个瑶族男子正在出售他们用竹编织的饭篓。初来乍到的人，或许还有些诧异，感到不好理解，但黎平人对这一切却司空见惯，仿佛从来就是如此的，是几千年来一道不变的风景。”① 在习惯上，黎平人一般用所来自的片区来划分人群，而不是以族群来划分人群，来自大稼、尚重、平寨、德化等乡镇的，称为尚重片区，大家天然存在一种亲近感，而对其是侗族身份或者苗族身份则不一定很在意。三锹人都是来自尚重片区，自然也有这样的地域认同，但在他们的情感深处，更认同的还是三

① 余达忠：《走向和谐——岑努村人类学考察》，贵州人民出版社，2001 年版，第 3 ~ 4 页。

锹人的身份。相对于同样生活于黎平城的尚重片区的其他侗族、苗族而言，三锹人之间的联系就更紧密。一般而言，来自尚重片区的人在黎平城区间的交往，除了同村寨、同房族有特别的关系外，片区间的交往很多时候不太在意族群身份，大家更认同的是共同的地域，而三锹人则在认同地域的同时，更认同族群身份。因此，在黎平城的三锹人之间的交往就比较密切，同一村寨的三锹人，在远离本土的黎平城，就更是当作兄弟家人对待了。这其实是三锹人建立岑趸村九组的根本。通过对潘健康的采访知道，对于在黎平的三锹人，他都能列数出来。在没有成立岑趸村九组前，黎平城的岑趸人之间的交往一直是比较频繁的，而成立岑趸村九组后，这种交往就更具有一种仪式性意义，在凝聚三锹人族群认同上，发挥了更重要的作用。周大鸣在《族群与文化论——都市人类学研究》中说："都市民族性，对族群构成和边界维持很重要，这个过程的一般模式如下：来自不同地域、地区、部落甚至不同国家的人民迁移到都市中心，他们开始时的社会交往在很大程度上基于共同的原文化。一旦他们有了足够的人数，就会从城市中其他群体中分裂出来形成另一群体，这或者因为城市机会结构的本质，或者为了抵制其他群体的歧视，或者限于合适的经济机会。"① 在黎平城这个特定的多族群聚居的都市环境中，作为非黎平城的来自尚重片区的三锹人，他们可以与尚重片区的侗族苗族共享共同的原文化，认同这个大的群体，以此获得某种归属感，并与其他片区人群相区别，但一旦他们有了足够的人数，他们显然更愿意结成身份更强烈而明晰的群体，这是他们作为一支少数族群、边缘族群在都市中的一种生存策略：既可能通过这种群体进一步强化他们的族群意识和族群认同，增强族群的凝聚力；同时，也是对都市异质化与同质化交织的环境进行有效抵制的一种文化实践——这种群体，会在有意无意间强化族群成员的某种文化上的自觉与自信。

在有10余万人口的黎平城，主体族群是汉族、侗族、苗族，而作为真正意义的少数族群的三锹人，几乎是被忽视的，处于一种边缘状态，而岑趸村九组的成立，很大程度上会给边缘化的三锹人某种社会结构上和文化归属上的存在感，创造在同质化与异质化并存交织的都市中一个仿佛可以感知和体验到的文化空间。

三、岑趸村九组：边缘族群三锹人的虚拟社区聚落

岑趸村九组从2011年成立以来至2017年，一直按其制定的规章每年组织全体村民开展一次聚会。聚会时以家庭为单位，男女老幼都可以参加，聚会的时间没有固定，基本确定在冬季，大家相对有空闲的时间，聚会的场所

① 周大鸣：《多元与共融——族群研究的理论与实践》，商务印书馆，2011年版，第22页。

也没有固定，有时在有自建房，场地较宽的人家，更多时在开有餐馆的人家的店面，大家自己做、自己吃，其乐融融。用他们的话来说，有了岑趸村九组，在黎平的岑趸人就像一个大家庭一样，像一个房族一样，像仍然还在老家岑趸一样。所有参与进来的人家，对于岑趸村九组的认同度都非常高，没有一家要退出。岑趸村九组俨然成为在黎岑趸人一致认同的社会组织。

岑趸村九组的成立，并不是为了共同的经济目的。在黎的岑趸人之间，虽然也经常会发生互相救济、资助、借贷的情况，但总体上，大家在经济上的直接关联性还是相对较少，远远没有形成共同的经济行业或者领域。大家各自凭借自身的劳动和坚韧，默默地承受生活的种种压力，过着一份比在岑趸好很多，而比一般的城里人又有很大差距的所谓城市生活。从他们自身生活的纵向比较，他们对于当下的生活，还是有比较高的认同度和满意度的。成立岑趸村九组，虽然包含有抱团发展的愿景，但他们更多体会到的还是文化上的、精神上的一种归属感，仿佛仍然还生活于岑趸那样一个原生的文化环境中，给他们在异乡的打拼和辛苦一点慰藉。因此，每当村民聚会的时候，或者哪个家庭有红白喜事的时候，所有的家庭都积极参与，许多人会丢下手头的活儿。这既是淳朴的乡风的表达方式，也是他们获得文化上和精神上满足的一种方式，是他们乡愁的表达方式。大家聚在一起，既可以聊家常，互通信息，互致问候，还可以痛快地说三锹话、行三锹礼、唱三锹歌、遵三锹俗，由此强化和凝聚他们作为三锹人的自觉意识，赋予他们在日常生活中所缺失的那种作为三锹人的文化上的满足感。

从更宽泛的层面来看，由于岑趸村九组的存在，在黎岑趸人与老家岑趸的原生纽带就联系得更紧密了。他们没有了那种被从老家抛掷出来的失落感、孤独感、疏离感，时刻感觉到与老家是关联着的。进一步说就是让他们始终有一种有根的踏实和安全，而且由于是在县城中生活，各种信息和社会资源自然是在岑趸时所不能相比的，他们会经常向村里提供各种信息和各种建议，村里做任何事情，也会通过各种途径向他们征求意见，甚至向他们寻求帮助，完全作为村里的一个村民小组看待。我去采访他们的时候，他们正在各方筹措，拟为村里制作三锹人服饰，三十套男性服饰和四十套女性服饰。他们的这种做法自然得到村里的高度认可，进而更进一步激发了他们文化上的自豪感和自觉意识。

中山大学学者周大鸣在对都市中的各种人群状况，尤其是对迁移流动到都市来谋生的打工人群的研究时，提出了二元社区的概念：“二元社区即指在现有户籍制度下，在同一社区（如一个村落和集镇）外来人与本地人在分配制度、就业、地位、居住上形成不同的体系，以致心理上形成互不认同，构成所谓‘二元’。”在二元社区中，“从本地人与外地人的关系看，当前外来人口和本地人口的相处模式不融洽、不接触，基本是两条无交叉的并行线”①。由于黎平是中国西部的县城，且县城规模不大，房屋价格不高，90 平方米左右的二手商品房，花 15 万～20 万元就可以买到，在县城定居不算很困难的事。但在黎的岑趸人与黎平本地人之间，基本没有交集和往来，虽然岑趸人没有集中的聚落区域，都与黎平本地人处于一种虚拟二元社区状态。也正是这种虚拟二元社区状态，使在黎岑趸人处在一种感知不到存在感的空洞与焦虑中，成立岑趸村九组，很大程度上可以使他们的这种缺乏存在感的空洞和焦虑得到某种程度的消解。

岑趸村九组的成立，一方面体现出在同质化与异质化交织并存的城市空间中，作为边缘族群的三锹人在社会结构的庞大体系中维护和强化族群意识，形成族群自觉的一种文化策略和实践；另一方面，也体现出传统作为一种力量，尤其是民间生活形式作为一种力量对于都市生活的一种影响、充实和改变。都市生活的异质性不仅仅是由于都市中生活着众多的生态人群而形成的，而更多的是由于这些众多的生态人群中的传统所决定的。尤其对于亚洲的都市而言，决定都市生活的异质性，不仅仅是纯粹的都市人的丰富的都市生活方式，很多时候，也决定于都市中众多的生态人群的传统，决定于那些从乡村通过各种方式迁移而进入都市的生态人群的生活方式。在发展中国家，在从农业社会向工业社会，从农耕生活向现代生活过渡的进程中，城市一开始就不属于任何人的家园，而是一个体现出巨大模糊性的现代性生存空间，城市的异质性就是来自各个地域、各个族群、各种不同的生活方式的生态人群所表达和塑造出来的，体现着从乡村生活移植过来的文化上的延续性。正是各种各样的乡村生活和族群传统的移植，在城市中就会形成各种不同的社区聚落，既有实在的具有空间延展性的社区聚落，也有虚拟的社区聚落，比如岑趸村九组就是一个典型的虚拟社区聚落。城市乡村生活的移植，很大程度上，不是生态生存上的需要，而是在城市中生活的各种乡村人的一种文化表达，是他们试图在陌生的城市中建构存在意义和获得归属的一种文化策略，是他们的一种文化生存方式。印度学者苏巴德拉·米特拉·钱纳（Subhadra Mitra CHANNA）说：“在许多直生城市（villes orthogénétiques）特别是第三世界的城市里，城市化来自并根植于乡村或前城市时期的文化和价值观，尽管全球化车轮滚滚、城市化进程显而易见，但这种文化和价值观却薪火相传。”②黎平城作为中国西南黔湘桂边界区域的一个中心城市，是在近三十年的开放进程中迅速发展起来的，其城市特色，既与当前迅速发展和扩张的全球化进

① 周大鸣：《“二元社区”与都市居住空间》，《山东社会科学》，2016（6）。

② ［印度］苏巴德拉·米特拉·钱纳（Subhadra Mitra CHANNA）：《印度的“城里人”》，《欧根第尼》，第 125 页。

程相关联，是中国改革开放中城市化进程的一部分，也始终与西南边区多民族杂居错处的居住格局和多族群的社会现实密切关联，与这一区域的多民族文化传统相关联。“一座城市的特色往往取决于其居民的多样性、人口迁入迁出的性质和生活在其间的人们的归属感。”① 相对于乡村，城市是一个特色模糊的地带，或者说是一个融合了鲜明的乡村生活和乡村传统的现代化生活空间。

作为人数很少的三锹人族群，在黎平城这个庞大的城市体中，他们似乎微不足道，但他们仍然构成了城市生活的一部分，仍然是黎平这个城市科层结构中的一环。雷德菲尔德强调大传统主要是在人口中占少数的上层阶级所制造和传播的系统化、抽象化、精致化的文化体系，而小传统则是人口中占多数的下层阶级接受、改造并重新解释了的多样化、具体化、不规则的民间文化系统，二者的影响是相互的，传播是双向的。在对岑趸村九组的调研和分析中发现，岑趸村九组的形成和成立，是与大传统直接关联的，或者可以说，是受大传统影响而相应成立的一种结构形式，但岑趸村九组的实际存在和运作方式，则又完全是由小传统所决定的。在三锹人内部传统中，最注重的是房族关系，任何三锹人，在村寨中必须通过房族来进行活动和生活表达，每个家庭都必须隶属于某个具体的房族。房族是三锹人一种基本的社会组织形式。而在黎平的三锹人看来，岑趸村九组的功能，很多时候，就是老家岑趸房族功能的一种延展，也正因为如此，他们的规章中，要求35户人家，无论哪家有红白喜事，其他人家都必须无条件参与进来，这里遵循的就是小传统的法则。三锹人当下的生存境况和他们的生活能力，使其不能在黎平城形成一个属于三锹人的聚落和生活空间，但他们通过成立岑趸村九组这种形式，保持了他们的地域性，维护了他们的族群性，划出了作为三锹人自己的有形也无形的族群边界。

作者简介：余达忠，贵州黎平人，三明学院生态文化研究中心主任、教授，研究方向：文化人类学、民族文化。

---

① ［印度］苏巴德拉·米特拉·钱纳（Subhadra Mitra CHANNA）：《印度的“城里人”》，《欧根第尼》，第128页。

商业文明与都市民俗

夜市发展与规制

贾征宇

前言

夜市和商品经济具有几乎同样久远的历史。作为白天市场的对称，它是夜晚集市的简称。虽然自然经济在古代社会占据统治地位，但是人类在经历三次社会大分工后日渐参与商品生产和交换，推动市场成为人类社会一大场域。夜市的出现是商品经济在前现代社会有所发展的一个重要表现。它遍布各国城市大街小巷，具有成百上千的买者和卖者。这些市场主体会进行形形色色的贸易，以至夜市交易成为一种城市生活方式。

当前，中国历史地理学者对夜市发展着墨颇多。不少学者关注中国若干古都夜市的历史沿革。陈学文（2007）将明代杭州夜市蓬勃发展归因于该市具有稠密的人口、繁多的商旅和畅达的交通。袁铭（2009）看到北宋开封夜市是文人进行日常交流的一类场所。一些学者认识到古代中国夜市发展与社会变迁息息相关。张金花（2016）指出宋代人形成文化消费的习惯使夜市长盛不衰。倪根金（2000）认为中国边疆在汉代随商品经济萌芽出现而形成零星的夜市。此外，为数不多的学者论及古代中国当政者介入个别城市夜市交易。

然而，夜市监管依然是一个悬而未决的问题。相关学者未曾否认夜市可以脱离国家存在，却很少分析政府的夜市监管职能。其实，完全不受政府监管的夜市不曾在历史上出现，且政府在夜市发展中扮演的角色并非一成不变。面对夜市发展产生的诸多社会问题，城市政府应当如何规范夜市运作？本文将运用城市政治学原理对 SH 市清真寺街夜市发展引发的政府职能变化进行案例研究，以便当代中国深化夜市规制改革。

一、夜市与政府：一对相互依赖的实体

夜市在中国古已有之。在中国封建社会早期，各类市场具有昼作夜息的惯例，印证中国古人具有“日出而作，日落而息”的生活习惯。换言之，白天市场是古代中国市场的主要类型。中国在汉代实现城市工商业迅速发展，

由此拉开夜市成长的序幕。随着中国进入封建社会鼎盛时期，夜市自然成为古代中国诸多经济重镇的一道文化景观。它未曾成为一类自由市场，与古代中国政府试图在夜市运作中施加影响具有密切关系。

（一）古代中国政府对夜市的经济性规制

中国夜市从一开始便不是一种完全竞争市场。秦汉时期，统治者为加强治安管理而极力推行宵禁制度，使得夜市只能在古代中国边缘区潜滋暗长。唐代统治者未曾完全对夜市解除管制。他们借助坊市制度将住宅区与商业区分离，并限制民众在夜间进行经济活动。到了宋代，统治阶级从缩短宵禁时日着手推动夜市交易合法化进程。他们起初允许夜市从一更到三更存续，之后允许夜市通宵运转。于是，宋代城镇居民不必在夜间过着足不出户的生活。他们可以经常在夜市上购买或出售货物。

自古以来，中国政府善于各大节庆期间对夜市放松管制。古代中国具有寒食、清明和端午等节日。每逢这些佳节到来，古代中国统治者并非选择无所作为。相反，他们会努力在节庆期间增加民众消费，包括活跃夜市。具体而言，宋代官府会主办或督办灯会和花会之类的节庆文化活动，并特许民众在节庆期间关扑日用品、房产和土地等资产。官府也时常在节庆期间减免房租，且不禁止游观买卖。中国古代统治者在节庆期间降低夜市准入限制，对于中国古代假日经济发展产生积极影响。

古代中国统治者未尝没有默许官员在夜市经商。宋朝政府在专卖制度下大量涉足工商业是一个不争的事实。交子务、市易务和检校务都是其设立的金融行政机构。宋朝统治者在开发夜市中成立众多酒楼、旅店和药局。他们大力开发夜市产生可观的利润，未能避免其垄断经营上述服务业构成不公平竞争。强制消费是宋朝官办酒业增加销售收入的惯用伎俩。这些酒肆在节庆期间按户分摊酒品来确保宋朝官府获得足够收入。宋朝官府以区位为标准向夜市主体收取市租，并经由行会征收商税。

（二）古代中国政府对夜市的社会性规制

夜市属于治安案件高发场所，迫使古代中国统治者在夜市规制中保障公共安全。宋朝官府委任负责报时、防火、防盗的四面巡检，并要求官办和私营旅店将客人登记在店历。其在夜间启用城门时会盘查来往人员，且不许寺院聚众和习武。宋朝官府形成一系列有关夜市管理的禁止性规范，有关私藏武器、哄抬物价和打架斗殴的禁令都概莫能外。在灯火在夜间得到广泛使用的情况下，宋朝官府非常重视预防火灾。其修筑许多由卫兵看守的望火楼，这些人员在发现火情后会立即赶往现场。

古代中国统治者委派众多专职人员在夜市巡视，未能大幅提升城市治安管理水平。宋代大批夜间营业的茶楼、勾栏和瓦子是纨绔子弟和地痞流氓频繁光顾的场所，为这些人在夜间寻衅滋事埋下隐患。同时，宋代夜间司空见惯的赌场聚集各行各业投机分子，具有不劳而获的心态，这些人在赌博成瘾后会设法获得不义之财。宋代不乏官员沦为赌徒；他们贪赃枉法的目的不过是获得赌博经费。在夜幕降临后，宋代盗贼频频在公共场所出没，无疑是夜市主体的人身安全和财产安全的重大威胁。

在古代中国，夜间营业的商事主体提供的服务并非没有质量瑕疵。宋代夜市上以次充好的工艺品经营者不乏其例：他们肆无忌惮地售卖仿冒品和来路不明的物品。宋代夜市上小吃经营者则具有污染者的身份。这些商家在制作餐饮中不可避免地产生大量油污，且不曾控制音量。商家以违章建筑的形式占用街道者不在少数。宋代统治者单纯设立负责修整街道的街道司不足以确保夜间营业的商事主体可以提高服务质量。

二、SH 市清真寺街夜市发展：兴盛与忧患

本研究选择 SH 市清真寺街作为夜市调查点，该市是环渤海经济区一座有多个少数民族散居的城市。回族在 SH 市定居最早可以追溯到元代，当时大批来自西亚和中亚国家的穆斯林工匠随蒙古军队三次西征而迁入该市，清真寺街是回族在 SH 市的主要聚居区之一。由于回族和其他穆斯林民族均有经商传统，所以回族经营的店铺在 SH 市清真寺街随处可见。这些店铺基本上在中国改革开放后出现，催生夜市一条街之景。

（一）SH 市清真寺街夜市之兴盛

在 SH 市清真寺街上的商家看来，夜市是它们服务的主要市场。该市清真寺街上的商铺包括家常菜馆、火锅店、烧烤店等店家。这些餐饮店经营者中有若干在计划时期在当地国企任职。意识到餐饮业不具有高准入门槛，他们在下岗后不约而同地将经营该行业作为其生计方式。SH 市清真寺街上的店铺中有不少经营年限长达数十年，且仅有几个售卖牛羊肉的商家在夜间完全歇业。这条街上的饭店在平日中午只能接待少许客人，而晚上具有相当高的翻台率。

> 米叔（烧烤师傅）：我最初在当地一家国营纺织厂工作，但不到一年就下岗了。于是，我和几个发小合伙在这条街上开了一家烧烤店。我负责烤制食品。我们店定价不高，且选材讲究新鲜，所以菜品受到顾客欢迎。前年我们用盈余对店面进行了翻修和扩建。

SH 市清真寺街上成帮结伙出现的消费者主要是年轻人。这些客人在工作

日的白天大多在办公楼里上班，在太阳落山后可以获得闲暇。他们大抵将 SH 市清真寺街上的饭店当作其定期与友人小聚的场所。在 SH 市清真寺街上饭店用餐者穿着各式各样的服饰，他们在谈笑风生中进食与饮酒。如果说这些人在白天完成紧张的工作后倍感疲劳，那么他们晚间在 SH 市清真寺街上的饭店聚餐则可以消除困乏。即便这些人每次在这些店铺用餐需要花费上百元，他们依然希望在夜生活中获得娱乐体验。

小冬（白领）：我白天大多在办公室里对着电脑工作。一天下来很累的。晚上在家一般看电视和上网而已，不如在这条街上和朋友们聚会过得开心。可以撸串、涮锅和饮酒。这条街离火车北站不远。有时晚上从火车北站下车后会到这里用餐，可以消除旅途劳顿。

SH 市清真寺街夜市上供应的餐饮品种不是一成不变的。长期以来，该市本地人供应的菜肴口味不外乎酱香型、浓香型和清香型。随着中国社会流动性大大增强，SH 市居民不再仅仅喜好本地菜肴。他们中有相当数量的人对辛辣食品和甜品情有独钟。在这种情况下，SH 市清真寺街上的饭店没有一味经营本地特色菜。它们推出种类繁多的融合菜，以便其餐饮符合五湖四海来客的饮食好恶。这些饭店经营者在顾客下单时会主动询问顾客对菜品口味的要求，有助于他们为其量身定制餐饮。

琪姐（饭店前台）：在我们店可以吃到多种美食。有的清淡，有的口味重。顾客可以自由选择。现在年轻人喜欢在饮食上赶时髦，我们必须经营融合菜和定期更新菜谱，否则无法留住客人。

（二）SH 市清真寺街夜市之忧患

商家占道经营在夜晚 SH 市清真寺街并不少见。该市清真寺街上超过半数饭店的营业面积不超过二十平方米。在夜间客流激增的前提下，它们无法安排全部客人在室内就座。在夜间摆放露天位是 SH 市清真寺街上多家饭店临时增加接待能力的做法之一。在炎炎夏日到来之际，部分光顾这些饭店的客人会要求在室外就座。还有一批流动回族摊贩在每个夜晚会涌入 SH 市清真寺街，这些经营者以占用街边人行道的方式设置摊位，必然妨碍过往车辆和人员通行。

马三（服务员）：我们店里晚上特别火爆，而中午十分冷清。为了避免晚上客人长时间等位，只好在门前放置塑料桌椅。除非天气寒冷，客人们乐意接受这个安排。等到深夜客人离开，将这些桌椅摞起来很方便。况且晚上这条街上会出现数个售卖清真小吃的推车。

废物处理难题是SH市清真寺街夜市存在的另一个棘手问题。该市清真寺街上饭店在夜间经营会产生林林总总的废物。暂且不论SH市清真寺街上饭店在夜间经营中会释放浓浓的油烟，晚间光顾这些门店的客人时常剩下大堆饭菜，并随手将一次性餐具和纸巾丢在街边人行道。SH市清真寺街上饭店当晚清理这些废弃物不能阻止它们溢出垃圾箱，这使得每日早上在SH市清真寺街打扫的环卫工人必须投入额外的精力收拾夜市残局。

黄姨（环卫女工）：我这些年一直负责清扫这片街区。每天早上垃圾箱总是装得满满的。这些垃圾大多都是头天晚上在这里用餐的人留下的，有不少可以回收利用。这条街上饭店生意越好，我每日早上清理越辛苦。多亏有拾荒者为我分忧，把纸盒和空瓶捡走。

就夜间休息而言，SH市清真寺街夜市对周边住户产生干扰。该市清真寺街上无一火锅店和烧烤店在晚上九点前结束营业。它们大多播放可以为客人助兴的音乐，并在其门前使用晃眼的照明灯。夜间光顾这些饭店的客人几乎全部以驾车的方式返回住处，他们驾驶的汽车未必不会鸣笛。这种声光组合显然会妨碍SH清真寺街上住户的正常作息，何况这条街上的饭店有不少是由一楼民房改建的商铺。

李宇（饭店掌柜）：我在这条街上经营将近三十年了。每天都是中午十一点开门，晚上十点打烊。毕竟自己年纪大了，需要按时作息，不能像街上那些年轻的店主那样每天营业到后半夜。我自己就住在这街上，受不了晚上喧闹的场面。

三、SH市清真寺街夜市规制：常规与变异

看到SH市清真寺街夜市存在诸多乱象，该市政府没有对它们置之不理。SH市政府从2002年开始接连在清真寺街上开展整风运动，以求规范这条街的夜市运作。SH市工商局并非唯一的夜市监管机构，交通局、环卫局和城管局都试图对该市清真寺街夜市加强行政规制和法律规制。即便如此，SH市政府就规范清真寺街上饭店夜间经营推出的新政并非无懈可击。该市清真寺街

夜市主体形成健康的生活方式依然有待时日。

（一）SH 市清真寺街夜市的常规

针对 SH 市清真寺街上餐饮业从业者大肆占道经营，该市政府以地方性规章的形式对这些商家的经营场所做出限定。根据 2005 年发布的《SH 市城区早夜市设置管理规定》，该市民众只能在居民区周边非主干街道开展夜市交易。SH 市清真寺街上夜间经营餐饮者应当利用其固定经营场所的闲置部分接待客人。它们在夜间不得擅自将各自门前空地开辟为待客区，且不能在企事业单位旁边摆摊设点。SH 市政府禁止流动商贩在未取得相关证照的情况下在清真寺街提供餐食。

> 梁子（城管）：以前在这条街执法真不容易！前些年每当在这里查处摆摊设点，商家们总是说我们这么做于法无据，有的甚至对我们大吵大闹。我们只好拟订关于禁止占道经营的规章，在会上审议通过后挨家挨户宣传。现在这条街上再也不会水泄不通了，说明商家相当认可这个规定。

与此同时，SH 市政府要求清真寺街上饭店及时处理废物。该市环卫局和工商局对早市和夜市所属的街道共同承担保洁责任，它们有权对违规处理废物的夜市主体予以罚款。于 2010 年修订的《SH 市城市市容与环境卫生管理条例实施细则》禁止任何单位和个人在街道两侧堆放物料。随后，该市清真寺街街道办将这条街上餐饮店各自门前空地确定为后者的卫生责任区。而且没有停止雇佣专职清洁人员在辖区卫生管理中查遗补漏，并负责安排相关人员对辖区每日产生的垃圾进行密闭运输。

> 顾沙（街道办主任）：保持这条街上卫生的责任有我们的一份。既然上边有关于保持街道卫生的规定，那么我们肯定要配合上边执行这些规定。我们已经发放有关宣传材料，并会受理社区有关投诉。这条街上住户总体上支持我们的环卫工作。

SH 市政府没有单纯对清真寺街上饭店夜间打搅住户予以劝阻。早在 1998 年，该市政府在《SH 市城区环境噪声污染防治管理办法》中赋予公民制止噪声污染的权利，并鼓励科研机构加强噪声污染防治。地处 SH 市二环路以内地带的清真寺街上店铺不得使用高音喇叭发布广告，且它们在室内使用音响设备应当以不打搅他人为限。这些店铺在每日午间和午夜不得进行室内装修。

SH 市于 2000 年在清真寺街北口树立禁止机动车鸣笛的标志：该市环保局有权对违规鸣笛的驾驶人进行罚款。

古月（环保局综合处）：我们领导很重视控制噪声污染。在这条街上降低噪声不只是做出有关告示。在处理噪声污染案件中，我们首先会要求制造噪声的商家和个人限期整改。对于拒不改正的，会视情节严重性开具罚单。我们前些年处理过几个这样的案件。

（二）SH 市清真寺街夜市的变异

在 SH 市政府强化夜市管理职能后，该市清真寺街上餐饮店夜间不再大规模占道经营。SH 市清真寺街上有的烧烤店将室内靠近门口处改造为烧烤间，有的将烧烤架移至后厨。它们只在节假日会将少许座椅摆放在各自门前作为餐位。加上 SH 市政府近些年将禁止露天烧烤作为抗击雾霾的一大举措，这些店铺几乎不会在各自门前空地上烤制食品了。不仅如此，SH 市清真寺街在夜间只是偶尔出现流动商贩：这些商贩往往将手推车停放在该街北口，并时刻向周围环顾，以防城管人员不期而至。

阿牛（摆摊者）：现在我的生意不好做了。原先没有人会阻止我晚上在这条街上经营餐饮。这些年城管时常在这条街上巡逻，我不能不对此保持警惕。而且我不再卖烧烤了，因为这条街上近来对冒烟的查得严。我做麻辣烫应该不会被举报的。

另一方面，SH 市清真寺街上的饭店对室内外场地的保洁力度有所提高。在门前卫生五包制度下，这些店铺必须确保各自门前地面不存在诸如污渍的致病因子。鉴于剩饭占据厨余垃圾的相当比重，SH 市清真寺街上餐饮店试图让顾客减少剩饭。它们相继在各自墙上张贴旨在减少粮食浪费的标语，这些在用词上大同小异的标语均有市粮食办宣的标注。由此，该市清真寺街很大程度上消除了饭店门前污水横流、蚊蝇飞舞的场面。

兰娥（住户）：我经常在这条街上吃饭，这条街上卫生状况确实比以前好多了。之前在这条街上行走总是闻到饭菜变质的气味，这些商家只管接客，而不会理会这种气味。现在商家负责清扫门前地面，让这条街变得干净许多，不会让这里的居民感到恶心。

至于声光污染控制，SH 市清真寺街上的餐饮店夜间没有忽视采取静音措施。停止播放高声响的节目不是这些店铺消除噪声污染的全部。它们每月会将各自排风扇轮轴涂上润滑油，并利用高密度海绵片加固其吊顶。这种保养可以减少排风扇在与墙体共振中产生的嘈杂声。SH 市清真寺街上的饭店在节假日期间不会通宵使用彩灯在门前装饰和照明。

罗音（清真寺管委会成员）：这条街上饭店虽在我们跟前，但我们不能随意干涉它们的日常管理。我们对这些饭店声光污染有所耳闻，可是我们只能在大家礼拜时劝告不这么做。能否控制声光污染要靠这条街上饭店自觉行动。

四、作为发展政策的夜市规制：何去何从

规制对于夜市良好运转不是可有可无的。基于对 SH 市清真寺街夜市演变的案例分析，可以看到不受政府监管的夜市无法实现资源合理配置。夜市主体或多或少具有利己动机；它们未必不会以损害公共利益为代价增进自身利益。身为公共利益的代表，城市政府没有理由不推进夜市运作的制度化进程。城市政府需要与民众在夜市规制中相得益彰地配合，为夜市良性发展铺平道路。

（一）夜市规制的目标

城市政府加强夜市规制不是漫无目的的。在公共利益论者眼中，政府进行市场规制的意图不过是在经济发展中维护公序良俗。受到相关法律空白的影响，SH 市清真寺街夜市运作不可避免地产生多重负外部性。该市政府创制有关夜市运作的规章在相当程度上消除了这些不良影响。将经济建设作为政府工作的重心，夜市规制者难以在非经济领域有所作为。城市政府在夜市规制中是否应当确定经济建设以外的目标？答案是肯定的。

在推进夜市规制改革中，城市政府应当强化文化职能。长年累月过着快节奏生活的现代人进入夜市可以获得闲情逸致。他们对优秀的夜市文化元素耳濡目染将提升其人文精神。以台湾地区为例，该地区具有一连串举世闻名的夜市：这些夜市成功吸引了全球游人驻足的原因是它们具有突出的公共文化服务功能。城市政府在夜市规制中一味维护商业设施良好运转将使当地文化资源被闲置。它们以模仿的方式加强夜市规制充其量只能加速夜市同质化发展，更谈不上避免夜市文化过度商品化发展。

（二）夜市规制的手段

城市政府就夜市规制施行法律万能主义会产生适得其反的效果。SH 市政

府颁布有关夜市规制的法规未能穷尽当地夜市开发可能损害公众健康的情形，表明夜市规制者远非无所不知。该市清真寺街的夜间保洁状况有所改观，印证相关商家在废物处理中懂得自律。城市政府在夜市规制中只有运用法律手段推动当事人从他律走向自律，才能确保夜市主体成为遵纪守法的社会成员。

除了推进相关政策法律化进程外，城市政府还应当运用经济杠杆调动民间资本开发夜市的积极性。在大众消费不断升级的当代中国，文化产业经营者亟待深入细分夜市。SH市清真寺街夜市上交易的商品是清一色的餐饮，不等于餐饮业是海内外可以开发夜市的唯一行业。博物馆、书店和电影院都是民间资本在夜市开发中可以建设的文体设施。城市政府可以对承建这些公共项目的夜市主体给予税收和信贷优惠，并设立夜市发展专项资金，在夜市开发中需要对相关项目支出加强绩效评价。

（三）夜市规制的受众

在文化力被视为国家和地区一种软实力的当下，夜市主体应当成为名副其实的文化人。具有高度的职业道德，他们可以在开发夜市中自觉抵制种种不正之风。不但进入夜市的供货商应当恪尽职守，而且夜市监管者应当依法行政。在知识经济时代，城市政府在夜市开发中需要打造人才高地。它们应当努力留住名优厨师、演员和其他地方文化传承人，并大力培养开发夜市的积极分子。这些人士有望联合将夜市建设为传播地域文化的平台。长此以往，城市政府可以赋予夜市鲜明的文化特质。

进一步讲，城市政府应当细化夜市文化建设事项。夜市文化建设与其说是城市政府的一项软任务，不如说是它们在和谐社会建设中必须承担的责任之一。城市政府不应将夜市文化建设局限于静态展示相关文化形式，它们可以以征集民意为条件在节庆期间组织民间艺人在露天舞台亮相，甚至举行灯光秀。既然如此，城市居民进入夜市将不止达到减压和消遣目的。他们在夜间参与这些文艺活动将增强城市社会的凝聚力。

结语

毫无疑问，城市政府在夜市规制中并非无所不能，城市政府和夜市也并非如水火般不相容。在贸易自由化浪潮的冲击下，城市政府不假思索地限制夜市发展显得不合时宜。它必须在夜市规制改革中适度向社会放权，否则无法成长为有效政府。只有当政府和公民社会在夜市规制中各司其职时，社会各界共享夜市发展成果才不是可望而不可即的。

【注】为了保护个人隐私权，本文对每个人物均使用化名。

参考文献

[1] 陈学文：《明代杭州的夜市》，《浙江学刊》，2007（2）：14～16。

[2] 张金花：《宋朝政府对夜市的干预与管理》，《首都师范大学学报》，2016（2）：10～18。

[3] 袁铭：《北宋京都的文化夜市》，《西南民族大学学报》，2009（10）：220～223。

[4] 李顺方：《法律不完全性及其补足方法》，《西南民族大学学报》，2008，29（4）：183～188。

[5] 张金花、王茂华：《中国古代夜市研究综述》，《河北大学学报》，2013，38（5）：106～113。

[6] 倪根金：《汉代夜市考补》，《学术研究》，2000（9）：89～92。

[7] 薛克鹏：《论政府经济行为的规制——以社会公共利益为视角》，《江西财经大学学报》，2013（6）：114～122。

[8] 姚振黎：《台湾夜市及其饮食文化探原》，《南宁职业技术学院学报》，2011（6）：1～4。

作者简介：贾征宇，中建智库（深圳）助理研究员。

城市转型过程中的传统再造

——以东莞“莞香”速食化包装为例

丁　玲

一、引言

过去十年来，中国大陆出现了以沉香为主的品香风潮。沉香来自深山中的原始森林，被誉为“木中钻石”。其治病保健的效用也被强调：“行气镇痛”“安神助眠”“纳气平喘”等。这些效用完全契合了时下人们对健康生活的想象和追求，从而推动着沉香产品的热卖。在北京、上海、广州、海口等城市，已出现不少装潢考究的沉香专卖店或者香道馆。而在广东省东莞市，地方政府亦积极推动沉香产业的发展，沉香、香博会、采香节等地方文化元素被打造成当地旅游业的特色，甚至还建立了第一座以沉香命名的博物馆——中国沉香博物馆，以扩大影响力。这种利用地方特色物产文化来打造地方品牌，推动区域经济发展的做法在全国普遍流行，甚至已经成为20世纪90年代以来中国大陆二、三线城市一种通行的发展模式（Luk，2005；张展鸿，2010；Cheung，2015；赵树冈，2014）。

事实上，产业转型是时下许多中国城市面临的问题，东莞尤为典型。作为“世界工厂”，东莞在改革开放后，一直依靠大量消耗资源换取经济增长。但是这种粗放型的经济增长模式在当前生产要素成本大幅上升，土地、资源、环境的承受能力接近极限的威胁下，已难以为继，产业转型迫在眉睫。与此同时，随着城市化向更加成熟化和多元化的方向发展，城市对文化建设有了更高的要求，东莞对“莞香”传统的重塑即是在文化产业转型和文化名城建设上的一次探索。文化产品的出现需要多方面的积累，生搬硬套的文化创新经常打造出“文化怪胎”而贻笑大方，在传统文化中寻找可能的载体是比较稳妥的，于是对历史上闻名遐迩的“莞香”①传统进行包装恰逢其时。

① 莞香为沉香的一种，因产于东莞而得名。

“传统的发明”的相关理论和方法（Hobsbawm，1974），揭示了传统如何被包装的细节以及包装过程中地方文化的认同、权力与知识的流动等问题，可以为研究中国各地的包装传统现象提供有用的视角。当前学界关于包装传统的讨论多集中于文化产业化和文化商品化所带来的利弊问题，其意见大致可分成两派。一派学者反对把文化当作资源来开发，反对文化商品化。他们认为这是对文化资源毁灭性的打击，会导致文化原真性的丧失，降低旅游产品的价值，甚至带来文化退化和堕落（Greenwood，1977；Swain，1989；Taylor，2001）。另一派则认为这种观点（商品化导致意义丧失）过于泛化，文化传统的商品化既可以改善社会经济条件，又可以加强或恢复文化知识和传统。持这种观点的学者认为商品化和文化的碰撞通常并不发生在文化繁荣的时候，反而常出现在文化已经衰落的时候。产业化、市场化可以促进对文化传统的保护，否则后者会消失（Cohen，1988；Wallance，2009）。

以上讨论侧重于分析产业化、商品化是否会对文化的原真性造成破坏和负面影响，对于传统在城市转型过程中的角色分析则相对薄弱，并且忽略了城市转型（包括产业经济转型、城市形象转型等）过程中，地方社会关系与文化如何被塑造。地方传统被认为是特定人群和特定地点及文化产生的关系，是现代人通过对过去“重构”或“新构”的方式构建出来的，而非一系列的自然事实（郑杭生，2012）。因而对文化商品化的探讨不应仅涉及对传统文化的保护问题，更重要的是重新创造传统所带来的政治、经济影响是否能够惠泽社会各层面，能否调动民众的参与热情。要正确地认识和理解传统再造与城市转型的辩证关系，应该在动态的社会发展变迁过程中对二者进行考察。笔者自2013年开始关注“莞香”文化项目，尤其是重塑传统对城市发展的现实影响。基于实地考察和采访，本文以东莞为例，试图分析城市化发展过程中文化建设及文化产业转型的可能性与局限性。

二、东莞奇迹背后的城市危机

在改革开放后的三十多年里，东莞从一个传统农业县，变为全国乃至全球知名的加工制造业名城，创造了所谓的“东莞奇迹”。1978年，东莞的GDP仅为6.11亿元，财政收入0.66亿元。而截止到2014年，东莞市生产总值已经达到5 881亿元，财政收入1 122亿元。2014年东莞市全体居民人均可支配收入为35 712元，同期广东全省为25 685元，全国为20 167元，东莞高出广东全省平均水平39%，高出全国平均水平77%①。在20世纪90年代，东莞还与同在珠三角的中山、顺德、南海并称为“四小虎”。进入新世纪后，

① 参见《2014年东莞市国民经济和社会发展统计公报》。http：//tjj. dg. gov. cn/website/flaArticle/art_ show. html code = nj2015&fcount = 2

从经济总量来看，东莞生产总值比原“四小虎”中总量居第二位的中山市高出了一倍多（2014 年中山市生产总值为 2 823 亿元），已经把另外三个“小虎”远远抛在了后面。随着经济的快速发展和工业化向前推进，东莞的城市化水平也不断加速。到 2014 年底，东莞人口城镇化率已达 88.81%①，全国同期城镇化率为 54.77%。东莞的城镇化率远远高出全国平均水平，在东莞真正以农业为生的传统农民已寥寥无几。

然而，东莞的发展模式是特定历史时期的产物，回顾东莞的产业构成，资金、技术、原材料和劳动力都依靠外来引入，制造业成为城市经济的支柱。这种严重依赖外向型经济以及区外劳动力支撑的东莞模式已经造成了土地资源、环境资源的严重透支，加上劳动力成本大幅度上调的形势，东莞模式的能量已经释放殆尽，难以为继。

首先，在需求结构上，东莞经济的增长主要依靠投资和出口拉动。在 2008 年国际金融危机前，东莞市的 GDP 比上年增长 14.1%，全年外贸进出口比上年增长 26.9%。然而 2008 年的经济危机直接导致了一批加工出口企业的破产和大批工厂的倒闭（李秋阳，2010）。这导致在 2009 年，东莞地区 GDP 仅比上年增长 5.3%，全市进出口总额下降了 17%。其次，以加工装配为主的东莞工业，其增长主要依靠劳动、资源等要素的大量投入，高投入、高消耗、高排放、低附加值的传统增长方式并未根本转变。2008 年，东莞 GDP 构成中第二产业比重达 56.8%，其中工业占 GDP 比重为 54.5%，而在工业内部结构中仍以传统产业为主，八大支柱型产业至少有六个均为传统产业，而所谓的电子信息类高新技术企业实际上也是以装配组装为主。因此东莞的工业是以劳动密集型产业为主，这些劳动密集型产业聚集了超过东莞自身人口规模五倍以上的劳动力，且企业技术对外依存度高。虽然东莞在引进外资，发展“三来一补”工业初期，就提出了“引进、消化、吸收、创新”的方针，但是在实践中并没有实现，东莞的加工制造业的技术 90% 以上依靠国外（李秋阳，2010）。再次，东莞产业竞争的一大优势是依靠廉价的劳动力和土地进行低成本竞争，而这种优势随着土地的日益紧缺和劳动力成本的日益上涨而慢慢消失。今天，东莞周边的广西、湖南、江西，以及东南亚的老挝、缅甸、越南的劳动力成本都低于东莞。实际上，金融危机只是个导火索，东莞面临的发展障碍不是偶然因素导致的一时现象。因此，东莞早在十年前已然面临产业结构调整以及经济模式转型的难题。

除了经济结构上的瓶颈，东莞还面临着城市形象上的困境。一方面，“世

---

① 参见《2014 年东莞市国民经济和社会发展统计公报》。http://www.dg.gov.cn/007330010/0600/201610/d00f0661937445d9b4e77474ee3e2b46.shtml

界工厂”这个符号给东莞带来了“血汗工厂”“低端制造”“治安混乱”等负面印象。另一方面，伴随着港台等大量的投资进入，东莞制造业得以飞速发展，大量的从业人员聚集于这个昔日的农业县城，超过本地户籍人口近10倍的流动人口为该市的服务业提供了广阔的市场空间。在这一背景下，酒店、桑拿、娱乐等服务业得以迅速发展。“莞式服务”成为东莞的城市名片，而该形象与中国传统价值观和新时期国家有关“素质”“和谐”等话语体系背道而驰，而广受诟病。

那么什么产业有助于推动城市形象和城市未来，同时还能提高地方管理者的政绩？文化产业无疑是一个不错的选择。中国政府自20世纪90年代初便如火如荼地开展地方特色建设，提倡文化商品化。各地方政府为打造地方品牌，在挖掘地方传统中投入了巨大的精力和财力，东莞也不例外。

三、“文化”东莞

从21世纪初期开始，在东莞复兴的不仅仅是私人香铺和莞香种植，与此同时，还有一股重新包装和提升东莞形象的文化力量在逐渐崛起。这股力量，以众多文字和影像作者所创作的作品为宣言，以外界对沉香的新需求为起步，以地方官员、香商在外来影响下所觉醒的主动意识为内动力，最终将东莞包装成为一个具有“文化气质”的现代香都。

在有关沉香的流行读物中，莞香被描写成一个具有历史掌故和古典气息的物品。从近年来第一本这样的书，即曾明了为莞香创作的长篇小说《百年莞香》，这种描述就已经开始了，小说开篇写道：

> 莞香在过去的年代曾作为贡品进入皇宫，被当时皇宫的《贡摺》和《贡档》真实地记录下来——东莞“严露香”“莲头香”“切花香”“女儿香”曾成批次地进贡皇宫——“东莞悠远香结朝珠”，莞香已不是一般的香料，而是以工艺品进贡入宫……昔日的寮步码头商贾云集，河中有南来北往的商船，码头上日夜氤氲着莞香的香气……寮步码头就成了莞香外销的集散地，“凡莞香生熟诸品皆聚焉”。寮步依傍那条源远流长的寒溪河，成为通向海上商埠的重要之地。每到腊月，各地商人纷至沓来，从香农手中购得莞香，在寮步码头用大小木船装满香木，然后经过东江口，运往石排湾（今日香港）码头，在石排湾码头上，商人们将莞香经过包装、加工后运往广州、苏杭、京师，也运往南洋、日本、阿拉伯等十几个国家。（曾明了，2009）

这种类似的怀旧模式，在日后的书籍中一再出现。这些叙述从不忘强调的是，莞香曾经是上贡到京城的贡品，而寮步则是运送莞香的起点。透过这种叙述，寮步也变成了适合怀旧的地方，而访问寮步也由此变成了一种文化之旅。

这一方面说明莞香在新世纪的知名度并不高，另一方面也说明了在包装莞香的过程中本地力量的重要性。在21世纪初，不断涌现出关于寮步和莞香的著述。笔者发现寮步本地人中有知识文化者也在著述，如刘松泰和刘建中。在某种意义上，他们的表述展现了寮步人针对“他者”，比如北京的学者，关于莞香叙述的一种反击和挑战。就在几年前，在寮步香市申遗的过程中，几位广东作者就曾和北京的专家学者发生过争执，专家来寮步考察后，认为东莞的制香技艺和寮步香市不足以申请国家级非遗项目，这令当地的作者十分愤慨，他们认为：外人并不真正了解我们东莞，许多东西，他们都不清楚，还是我们自己人讲自己的事，才最可信。

而许多商人在这里除了收香之外，也非常注意搜集有关寮步的贡香始末、家庭故事等，好像有了这些东西，这里的香都变得更“正宗”和更有滋味了。

这股文化包装东莞的力量由以上所述的作家、当地人、商人共同组成。矛盾的是，由于前文提及的“破四旧”“以粮为纲”等原因，如今的寮步，乃至东莞并不再盛产莞香，这里所销售的沉香以海南产区的为主。然而，笔者发现，人们在有意地模糊莞香的边界，过去人们认为出产东莞的沉香才叫作莞香，在东莞开始重新发现莞香之后，人们开始强调所有的国产的沉香都叫作莞香（或者莞香系），包括海南、香港、云南等地的沉香。这一称谓是与中国以外其他国家和地区的沉香系列相对比而出的，比如星洲系①和惠安系②。笔者在刚刚接触沉香的时候，只听说过惠安系和星洲系，过去人们往往将中国产区的香也划归惠安系，然而近几年，不论是在网络上，还是在东莞当地，从事沉香行业的人越来越强调莞香系，认为海南、香港、广东等地的国产香才是最上等的好香，认为国香特有的甜味是其他产区的香品所无法比拟的。一位寮步当地做香的香商，在其店里的香品宣传册上这样形容海南香的滋味：

> 海南香，初闻起来香味温和纯正，熏了之后香气更为芬芳甜美，且极富凝聚性。如果细细感受，在生发甜味的同时还产生了一种清幽之感，

---

① 马来西亚、印尼、文莱、巴布亚纽几内亚，这些东南亚、太平洋及印度洋岛国所产的沉香，从古至今的贸易通道一般是将香品先集中在马六甲（古）和新加坡（今）等口岸，然后发往全球各地，所以这些产地的沉香习惯上称为星洲系。

② 惠安系主要包括越南、柬埔寨、泰国和缅甸等沿海地区的沉香，惠安系的香味以甘甜为主，通常认为其穿透力强于星洲系。寮步的一位香道师在授课时总结：越往南的沉香，香味越浑浊、腥臊、底子苦；越往北的沉香，香味越清澈、清甜、到位。

当你去感知香气的走向，会感到香流从鼻腔进入后幽幽直上，有种甜感冲上头顶直达百会的感觉，令人闻后立刻有精神为之一振的愉悦感受；甜味偏浊者则更具蜜感，令人感受到香味沉稳踏实，甜感醇厚，入鼻后香流并不上行，转而凝聚于鼻腔后部，具有令人口中生津、心神宁静的作用。（寮步臻香香铺）

另一位每月都到寮步收香的广州朋友，更对海南香赞美之至，说其中的滋味体现了中国传统文化的含蓄美：柔而不骄，温而不燥。

之所以要做这样的对比，除了人们对香味的偏好不同以外，更重要的是这是再发明传统的必要手段。其实，在东莞包装莞香之前，国产沉香的名气和价格一直大大落后于进口沉香，在一份由报道人提供的《进口药材资料汇编》（手稿）里也写着："（沉香）产于越南、泰国、印度、印尼、马来等地……向来从外国进口，价格昂贵，近年来在我国广东化县等县已有沉香生产，效果与进口沉香相同，而价钱却比进口沉香便宜。"不少香农跟我提及这种情况一直到 20 世纪 90 年代都是如此，不仅是人工种植的沉香，即便是野生沉香的价格也低于国外香，所以香农在很多时候，都是以国香冒充国外香来卖，否则卖不上价格。而在东莞开始包装莞香之后，大大提高了国产香的地位，也让很多香商感到"扬眉吐气"，在寮步的牙香街，90% 的香铺卖的都是海南香，这既符合香农的所求，也是东莞得以包装传统的立足点所在。笔者在田野中采访的香农、香商几乎无一例外地推崇国产香，认为其无论从香气、形状还是养生治病的功效上，都要大大优于国外香。

总之，因为拥有其他产区无法比拟的历史掌故，因为莞香的滋味饱含中国传统文化的含蓄，东莞寮步终于被奉为具有文化气质的香都，成为其吸引越来越多的人前来探访的重要原因。

四、速食化的包装

沉香因产地分为惠安系、星洲系和莞香系三类，然而市场上沉香的分类远远复杂于此，但不论哪一类沉香，其价值都在近年里发生了翻天覆地的变化。一位台湾的收藏家告诉我，2004 年他在越南收了一串沉香十八子，价格是 5 万台币（约人民币 1 万元）；十年以后，这样一串沉香已经价值几百万甚至是无价之宝了。正是这样的老香，被当作旗帜，吸引着更多的人来购买和收藏沉香，而沉香的健康价值和文化价值在广告、书籍和影视作品中被极力抬升。香港、台湾以及后起的大陆收藏家在这其中起领头作用，他们所推崇的沉香价值，被带到沉香原产地东莞，对东莞重新包装莞香传统带来了巨大的影响。

（一）再造寮步香市——牙香街

传说明清时期，寮步曾形成十三条专业街，其中一条便称“牙香街”，是当时莞香的集市所在地。今天，牙香街作为国家级非物质文化遗产老街及莞香文化产业的实践基地，则是由政府、市场和民间共同推动下的产物。

首先，牙香街是由寮步镇政府主导投资恢复建造的一块专门从事沉香批发与零售的商业区。牙香街位于寮步镇老城区，占地面积近百亩，自 2012 年 9 月开始对外营业。牙香街的建筑风格为岭南民居风格，青石板、红灯笼，内有纵横交错的巷道，两边坐落着大大小小 80 余间店铺。除了香铺，还有“香行会馆”“印象牙香街文化馆”“香神文化广场”“女儿香古井”等香文化坐标。为了保持牙香街原有的风貌，复原后的街市、房屋不仅按照明清时期的岭南建筑风格来建造修葺，就连工程的材料都尽量采用旧式材料。为管理牙香街，政府还专门成立了隶属于旅游办的牙香街旅游管理办公室，并帮助成立了东莞市沉香协会，第一任会长由原寮步镇副镇长担任。

其次，牙香街的发展离不开市场影响。作为现代“香市”的牙香街，不仅是文化符号的象征，更是东莞产业转型的一个重要实践基地。这里不仅香铺林立，而且与旅游紧密结合，既是商业街，也是旅游风景区，主要吸引外地游客。政府和市场的力量相辅相成，互相作用，使牙香街不仅成为沉香交易之地，更与旅游、休闲娱乐相结合，被视为是东莞的标志，从而上升为城市的品牌和形象。

最后，民间力量也不可小觑。沉香从业者、收藏者、学者对推动莞香知名度、沉香产业化、政府决策也产生了重要影响。比如，在 2015 年 12 月 31 日，牙香街的商户自发组织、筹款、捐赠礼品，在牙香街的广场举办了“香宴”，宴请寮步镇居民，让更多牙香街以外的人参与到互动中来；此外，牙香街正代表东莞参与“广东十大海上丝绸之路文化地理坐标”评选活动；学者也开始关注莞香的经济价值和文化传承等问题（袁敦卫、刘建中，2010）。因此，牙香街的运作和推广也与民间力量密不可分。莞香的内涵因此不断丰富，牙香街也成为文化产业转型的示范点。

此外，各行业的商家也对莞香文化加以包装利用。在东莞，以“莞香”“沉香”或“香市”命名的旅馆、饭店、少年宫、书画院、商标、食品乃至道路等已不在少数。为了吸引更多的游客，商户们还积极开发各类沉香小吃，举办沉香美食比赛，开发出了沉香茶、沉香糕点、沉香鸡等多种沉香风味食品。

（二）沉香节与香艺大赛

在现代社会，新旧传统之间往往都有断层（断裂）的现象，并非完全薪火相传、一脉相承、连续不断的。每年一度的东莞国际沉香博览会（简称沉香节）也是如此，其中的香艺大赛更是体现了快餐化包装之精髓：压缩时空，为经济目的服务。

香艺大赛是一种直接同经济利益挂钩的评选活动，评选出的香艺师大多都是刚接触沉香不久的年轻人。不同于日本，香道师是家族传承的职业，并不外传，因而保留了传统的形制。而中国的香艺师，是可以批量生产的，以广州市沉香协会为例，该协会每月可培训几十名学员并颁发香艺师证书。授课内容除了室内品香、鉴香、了解沉香的历史文化外，由于前来参加课程的学员大多是已经或者正准备经营沉香生意的商人，加上广东省内有很多沉香种植基地，因而培训内容也延展到室外，由讲师带领学员到现场观察和了解沉香种植知识和培育技术。笔者参加过几次这样的课程，尽管授课老师不同，但内容都大同小异，基本上一周内结业，学费却十分昂贵，从几千到上万元不等，还不包括学员的交通费和食宿费。

不难发现，在莞香被提升为一种高价值的香品的过程中，它被用于与东莞的地方形象相联系，成为象征这个地方特性的重要因素。但是通过莞香价值的陡增可以发现，它并非随着时间的推进慢慢积累而成，现今莞香身上所具备的种种特性和意义，其实都是短短几年内被包装出来的成果。它和普洱茶类似，其发生之快，“犹如快餐，尚未来得及在其生产地被真正地涵化”（张静红，2010）。但讽刺的是，品香在快速包装的过程中，又被宣传成是一种慢生活、慢文化，因为好香的形成需要漫长的时间，值得细细去品。这种矛盾也揭示了沉香价值的建构和变化过程。这里的价值，除沉香本身的价格外，还包含其被赋予的文化意义，以及人们关于沉香的认知与理解。

五、城市在动而市民不动

1934 年，梁漱溟在《我们的两大难处》中指出“号称乡村运动而乡村不动”，意思是只有知识分子一厢情愿地摇旗呐喊，而农民却没有被打动，参与度很低。今天的城市文化建设往往也出现类似情况，城市在动而市民不动。因此利用传统文化来促进产业结构的调整，必须对传统文化发展成新型城市文化及其长远持续发展的可能性有所把握。东莞模式体现出来的是沿海一带的经济富庶城市，在产业转型和城市文化建设上的探索与尝试，其局限性也值得反思。

首先，在城市文化建设上，文化供给与文化需求不吻合。香市公园和一系列建筑群的地理位置位于城郊，无公交直达，直接影响了市民的参与度。虽然已举办了数届香博会，但其在当地居民中的知名度还不高。笔者在调研时曾碰到出租车司机不知道影视城的位置，交警不知道正在举办香博会，五星级酒店的大堂经理也不知道有沉香博物馆等情况。2013 年的香博会在影视城举办，不少居民站在路边兜售政府发给本地居民的免费入场券，自己却不进去参观。普通人大多觉得“香博会”跟自己没什么关系，沉香又贵又没用，更不会去购买。香博会闭幕之后，这些花重金打造的“香市遗产”随即变得“门庭冷落”。一方面政府和商人借着文化建设的势头打得火热，另一方面，普通民众却是一副局外人的围观心态，与实际生活相去甚远的文化建设，显得有些不接地气。

而与此形成鲜明对比的是历史上真正的“香市”。过去的牙香街，地摊摆满了沉香木，买卖论斤称。老百姓用沉香树做房梁和门，用沉香煮水喝治病，用沉香粉疗伤，莞香真真切切地存在于岭南人的生活之中。如今，经过文化包装的“莞香”，却被束之高阁，莞香文化被定位为一种高端消费文化，“高端”“精品”“名家”等字眼让普通人望而却步。当地方政府笼统地谈论“城市”和文化建设时，却忽略了这是谁的城市，为谁而建设。普通市民组成的社会主体在城市文化建设的论述中被隐藏了。因而我们必须思考，如何能把以政府为主导的文化建设转为以社群为主体的文化实践？作为一个完整的社会空间，城市文化需要得到群众的认同和参与，机械地依靠行政命令和市场规划，让民众被动地接受城市文化面貌的改变并非长久之计。

其次，在产业转型上，沉香产业的发展前景令人担忧。对一个要进行文化产业转型的城市来说，如何让文化品牌真正成为文化产业发展新的增长点是迫切要解决的问题。“通过让文化融入产业，以文化带动旅游，以旅游助推产业，打造沉香品牌集中展示和交易馆，树立沉香文化与产业完美融合的典范，提升行业竞争力与品牌价值”，这是广东省沉香协会的壮志豪言。但实际情况并不如此乐观。第一，沉香文化要传承，需要人才和技能认证，目前技能培训和正式认证还不够完善，该产业能够提供的工作岗位也有限。第二，尽管东莞开始大面积种植沉香树，但目前野生沉香仍在沉香市场上占据着主导地位。笔者采访多位香农得知，随着越来越多的资本投入到沉香行业，沉香市场价格大幅上涨，促使越来越多的人上山寻香，这些人不像香农懂得如何保护香树，他们乱砍滥伐，采香变成了掠夺性的、对生态环境破坏的行为，进而导致大批沉香树的死亡。自 2006 年开始，野生沉香已经日趋减少，寻到上品好香的概率更是微乎其微。因而沉香产业如何能带动可持续的经济发展还存在许多难点。

2014 年 9 月，广东省沉香协会与寮步镇政府正式签署了《中国东莞国际沉香文化艺术博览会十年战略合作协议》，意味着从 2014 年至 2023 年香博会将由寮步镇政府主办转为由广东省沉香协会主办，政府转为支持单位，进一步加深市场化运作和社会参与。这亦是令人担忧的转折，香博会的完全市场化运作可能会给莞香产业带来新的活力，但也暗含着经济风险和监管的缺乏。除此之外，沉香行业内假货充斥，各种炒作层出不穷，使得沉香价格年年攀高，反映了新自由主义市场经济结构下，人们追求快，不追求稳的心态。这些都影响着沉香产业的发展命运。

六、小结

总而言之，辉煌了三十多年的东莞模式已难以持续，其粗放式的增长方式遭遇要素供给制约，低端化的产业结构影响经济竞争力，加之灰色产业严重破坏地域形象，经济结构和城市形象问题导致东莞亟须城市转型。自2010年起，通过政府、市场和民间力量的包装，以莞香为主题的各类经济、文化活动层出不穷。通过上述讨论，可以发现在快餐化的包装过程中，传统是人为创造的，是具有现实文化和社会意义的。在当代市场经济社会，作为城市生活的一部分，城市文化需要探索如何在原有的文化脉络中注入新的活力，从传统中汲取养分又结合现代语境，以政府的语言说出民众的兴趣，进而吸引后者的参与，对地方政府来说，将是一个持续的挑战。

参考文献

[1] 李秋阳：《努力破解转变经济发展方式难题——以广东东莞市为例》，《学术论坛》，2010（4）。

[2] 刘松泰：《农耕档案：1949—1979 东莞农耕史实》，中山大学出版社，2016 年版。

[3] 袁敦卫、刘建中：《千年莞香及其文化血脉的传承》，《文化遗产》，2010（4）。

[4] 宋少鹏：《性的政治经济学与资本主义的性别奥秘——从 2014 年“东莞扫黄”引发的论争说起》，《开放时代》，2014（5）。

[5] 赵树冈：《文化展演与游移的边界：以湘西为例》，《广西民族大学学报（哲学社会科学版）》，2014，36（06）。

[6] 张展鸿：《福祸从天降——南京小龙虾的环境政治》，《中国饮食文化》，2010，6（2）。

[7] 张静红：《“正山茶”悔憾——从易武乡的变迁看普洱茶价值的建构历程》，《中国饮食文化》，2010，6（2）。

[8] 郑杭生：《论“传统”的现代性变迁——一种社会学视野》，《学习与实践》，2010（1）。

[9] Cheung, Sidney. 2015. “From Cajun Crayfish to Spicy Little Lobster: A Tale of Local Culinary Politics in a Third - Tier City in China”. In *Globalization and Asian Cuisines: Transnational Networks and Contact Zones*, ed. James Farrer, 209 ~ 228. New York: Palgrave MacMillan Press.

[10] Cohen, Erik. 1988. Authenticity and Commoditization in Tourism. *Annals of Tourism Research* 15: 370 ~ 386.

[11] Greenwood, David. 1977. “Culture by the Pound: An Anthropological Perspective on Tourism as Cultural Commoditization”. *In Hosts and Guests: The Anthropology of Tourism, ed.* Valene L. Smith, 129 ~ 138. Philadelphia: Pennsylvania University Press.

[12] Hobsbawm, Eric and Terence Ranger. eds. 1983. *The Invention of tradition.* Cambridge: Cambridge University Press. Luk, Tak - chuen. 2005. The Poverty of Tourism under Mobilization Developmentalism in China. *Visual Anthropology* 18 (2/3): 257 ~ 289.

[13] Swain, Margaret. 1989. Developing Ethnic Tourism in Yunnan, China: Shilin Sani. *Tourism Recreation Research* 14 (1): 33 ~ 39.

[14] Wallace, Richard. 2009. Commoditizing Culture: The Production, Exchange, and Consumption of Couro Vegetal from the Brazilian Amazon. *Ethnology* 48 (4): 295 ~ 313.

[15] Taylor, John. 2001. Authenticity and Sincerity in Tourism. *Annals of Tourism Research* 28 (1): 7 ~ 26.

作者简介：丁玲，安徽师范大学经管学院讲师、博士。

现代都市服装改革之梦

徐华龙

一、现代服装的改革

辛亥革命之后，象征封建社会的服装文化并没有随之而垮塌，带有清朝特点的服装随处可见，男子长袍马褂，女子上袄下裙。

为了体现新时代特点，国民政府曾经颁布条例，希望制作一种新的服装来与新的社会建制相匹配。因此，现代服装的改革就从都市开始。

1912年底，孙中山到上海，身体力行，制作新的服装。一次，他带去一套日本陆军士官服，在南京路近虞治卿路（今西藏路市百一店处）的荣昌祥西服店，要求将原式样做些改变，做成下翻领有袋盖的四贴袋式服装，袋盖为倒山形笔架式，纽扣五粒（象征五权宪法）。此服制成后，孙中山亲自穿着，对其简朴庄重大为赞赏。

后来国民政府一些官员纷纷穿着，并推广到社会上，成为一种定型的服装，取名为中山装。对于中山装的推广，主要是采取从机关、学校开始，将中山装塑造为革命的、进步的、时尚的服装，然后进一步向民众传输，从而实现对人们身体的规训。早在1928年3月，国民党内政部就要求部员一律穿棉布中山装；4月，首都市政府“为发扬精神起见”，规定职员“一律着中山装”。1929年4月，第二十二次国务会议议决《文官制服礼服条例》，规定“制服用中山装”。就此，中山装经国民政府明令公布而成为法定的制服。①

在女性服装方面，最成功的是旗袍。

上海开埠后，城市妇女习俗大变。《上海风土杂记》称“大部分优游不事家计、不知缝纫、不问女红，晨昏颠倒，宴午始作朝起。午后调脂弄粉，锦袍艳容。非外出游乐，即在家打牌，通宵达旦，烟茶果食、任情口腹。”但是女性的服装却没有根本性的变化。

旗袍的由来，现在流行的说法是根据满族女子的服装而来，其实还有一种说法，旗袍是传统的短袄和马甲合并从而成了长马甲，由此演变成为风行

① 陈蕴茜：《身体政治：国家权利与民国中山装的流行》，《学术月刊》，2007年第9期。

至今的女性服饰。此说不一定有道理，但是它也代表了一种观点，可以并存不悖。

有人对上海早期旗袍发展的二十年间的款式、袖高、边饰、领头、开叉以及下摆的高低进行了一番考察，发现旗袍的这些种种变化都与当时的社会生活有着密切的关系。

在中国现代服装改革中，也有标新立异的做法，如激进分子用国旗来做裤子。这种国旗裤，在民国初期还曾经流行了一段时间。

有记载说："光复初，五色旗照耀大地，而上海一隅，妇女之裤，竟有制五色旗以为美观者，而以妓院为尤甚，其制法大都在裤之上截腿际。以五色旗合陆军旗作交叉形，左右各一。说者谓若辈真爱国，故裤中制有国旗。或曰女裤制以国旗，未必亵渎。论者莫衷一是云。然不逾年亦绝迹矣。"①

中国服装的改革，是一个循序渐进的过程，也是慢慢才会被人们所接受，成为穿着的一部分。

民国初期，上海流行穿着一种短衣窄袖。这样短衣窄袖的风气，从租界影响到内地，变化得很慢。大概经过三十年之久，到鼎革之际，而达到了极限，衣服最短，不过一尺八寸左右，袖口不过二三寸左右，裤脚管也那样笔直而窄小，另外的是领口非常之高，因为后面有发髻，所以领口成为元宝式，前面两只曲线式的领角，掩蔽了脸孔的小部分。

这个直线的变化，到此可以划分一个时期，而变化的起源，实在是租界（尤其是上海）的妓女，至于内地妇女，大都因为恐怕人家笑骂，不敢效尤，总要比上海迟二三年，直到上海的太太小姐们，一齐改变了装束之后，方才感于学步。

因为这一期服装的变化，是起源于妓女的，所以它的进步，不外把衣服逐渐收缩到和身体差不多一般大小，可以显示出身体的曲线美来，而使得它发生诱惑的效果。但是那时的裁衣的工作，依然根据于传统的旧规，线缝是直线的，而且棉胎皮里，臃肿不灵，要表现身体的线条的美丽，还是差得很远。不过中国妇女历来宽衣博带，绝对缺少肉的诱惑感的服装，现在改成窄窄的形状，到底感到耳目一新，有兴奋起男子们注意的力量。

长袖之后，所起的变化就是短袖，而那时的裤脚管也逐渐提高，这是民国初元之式样，大概在民国五年的时候，衣袖之短，仅仅及肘，露出一段小膊来（这个长短的式样直到现在还保留着，不过冬天的长袖旗袍是另外一种），而下面裤脚管，差不多短到膝弯。

从民国五年到十年，衣袖裤脚以及身筒的长短还保持着旧有的八寸，不过袖口和裤管，却大大放宽了，袖口最大的在一尺开外，脚管也差不多这样，

① 《上海花界六十年》，时新书局，1922 年版，第 151 页。

不过上衣是放长了些，领空也往往没有。这种式样，几乎和第一期的短小高领成一个反比例。那个时候，还盛行一种短裙，材料并不限于黑色，用和上衣一般颜色的很多。这种服装，大概行于女学生界。从这时候起，女学生界的服饰，占一部分势力，而如太太奶奶们的服饰，显然划分出鲜明的界限来。①

这种服装的改变，有着众多复杂的因素，如心理的、风俗的、文化的、地域的、审美的以及人群的各种原因。也正因为这些种种的原因，决定了中国现代服装文化的发展也是逐渐演进的，而不是一蹴而就的，在某种历史场合甚至还会遭到摧残。

二、都市服装在磨砺中发展

中国现代都市服装的发展，与历史磨砺是分不开的，也与政治密不可分。

举中山装为例。众所周知，中山装与孙中山有关，其代表的是一种政治文明，是中国人的象征。

不仅中国人视中山装为民族服装象征着崇尚三民主义，日本人也同样认为。1933 年 1 月，日军攻入山海关城后，“大肆搜捕，凡着中山装者杀，着军服者杀，写反日标语者杀……” 在日本全面侵入华北后依旧如此，凡遇到青年男子穿中山装、学生装者即予杀死。所以，在沦陷区，人们不再穿中山装，“‘长袍马褂’又卷土重来，中山装反存之箱箧”。中山装不是一般的服装，而是与孙中山及民族主义存在内在联系的政治服装。②

中山装与政治的关系如此紧密，旗袍与政治的联系同样如此。

旗袍的演变是与当时政治和时尚分不开的。

1927 年，国民政府在南京成立，女子的旗袍跟随政治上变化而发生大变。妇女地位有了提高，旗袍的下摆的高度也有了一定的提升，但是囿于传统封建观念的束缚，还不敢较大幅度地升高，于是就在下摆处用蝴蝶褶的衣边和袖边来进行掩饰，以防止过于暴露。因为这时的妇女（特别的年轻女子）已经走出了闺阁，到了社会里，她们需要和男人一样的生活节奏，需要参与各种社会活动和工作。因此她们就有必要改变自己的服饰，将自己过去的服装改造一下，企图与社会同步，旗袍的变化就说明了这一点。旗袍下摆提高是为了行走的方便，是为了加快生活的节奏。

随着社会的进步，到了 1928 年，旗袍有了一个崭新的面貌，下摆提升到了小腿肚的上方，这样就更加方便行走。袖口还保留旧式短袄时的那种宽大的形式，但是领口也有了一定新的设计。1929 年，旗袍的下摆进一步上升，

---

① 《半世纪来中国妇女服装变迁的总检讨——现代的服装也确有相当的成功，不是直线的而是曲线的循环的》，1934 年 2 月 27 日《时报》号外《服装特刊》。

② 陈蕴茜：《身体政治：国家权利与民国中山装的流行》，《学术月刊》，2007 年第 9 期。

几乎到了膝盖，袖口也随之变小，袖子越来愈短。之所以发生这样的变化就在于，这时的西方流行短裙已经影响到上海，爱美的女性也开始纷纷效仿，因此就出现了旗袍变短的现象。

1930年，由于社会文明开放程度的提高和思想的解放，旗袍的下摆又向上提升了一寸，袖子也不拘泥于中式服装的裁剪方法，已完全仿照西式服装的样式了。这样的旗袍较之过去有了很大的不同，不仅可以使行走感到方便，而且还蹦跳自如。这种旗袍开始受到女学生的欢迎，随后慢慢地成为社会妇女服装的一种时尚而逐渐流行开来。

到了20世纪50年代，由于政治制度、经济基础发生变化，人们的审美趣味有了根本性的变革，劳动成为生活的主旋律，这样旗袍的生存空间已经大为缩小。原来有旗袍的人也都纷纷将旗袍藏于箱底，不敢轻易取出，更不敢随意穿着，只是在一些非正式的重要场合才偶尔穿之。上海一些专做旗袍的商店和裁缝也都歇业，改做中山装、列宁装等其他服装了。随之，旗袍慢慢地开始走入下坡路，而一蹶不振。但是这时的旗袍余音未了，还是有一些爱美的勇敢的上海年轻妇女穿着旗袍，成为上海沉重女性服装市场的一种点缀。

这时的旗袍讲究的是一种健康、自然的情趣，而不再讲究女性的妩媚、纤巧、美态，更强调的是一种美观大方的服装文化，因为这更能够符合当时的无产阶级的审美标准。由于当时的旗袍仅仅作为一种服装，而没有将旗袍视作是女性文化的延伸，是一种美的表现，因此旗袍的隐退是一个无法改变的事实。

20世纪60年代初，穿着旗袍就成了少数人的专有权。当时国家领导人出国访问时，陪同前往的夫人可以穿着旗袍，以表示中国女性的服装。但是在上海的实际生活里却很少看到有穿着旗袍的妇女，因为人们知道旗袍已经成为“国服”，一般人是难以企及的。在现代社会中，本不应该有穿着服装的限制，但是事实上却真的如此，这不能不令人难过、心寒。好在这样的日子，随着时间的推移，早已成为历史。从改革开放开始，旗袍慢慢地开始流行起来，逐渐成为女性争相穿着的对象，不过，这时的旗袍已经不再是淑女、闺秀的象征，而是成为礼仪小姐的工作服装，人们称之为“制服旗袍”。凡商家推销商品、娱乐场合、酒店门口，都有穿着旗袍的礼仪小姐。这些旗袍都是用化纤或仿真丝的产品做的，叉开得很高，色彩非常鲜亮，一般以大红、紫红的为主。做工也不讲究，比较粗略。这时的旗袍完全改变了人们的看法，原来作为女性象征的旗袍已经演化成为非常普通的工作服装，特别是穿着在那些从事公关、礼仪等活动的女服务员身上，这无疑是对中国旗袍的一种异化。这时上海穿着旗袍的女性还是比较少的，根本无法流行起来。20世纪90年代，上海旗袍的穿着，也基本局限在姑娘出嫁时候的酒席宴会上。在此之前，快要结婚的新娘往往要添置几套色彩各异的旗袍，以备在婚礼上穿着，这与20世纪30年代的婚礼有一些相同的地方。通常在婚礼上，新娘要换上几套旗袍，以展示女性妩媚和娇柔，显示女家的财力。2000年以后，随着香港影片《花样年华》的播放，电影中的张曼玉穿着的二十几套旗袍，颇受年轻女性的青睐，据说北京就曾经掀起了“曼玉旗袍热”。上海虽有张曼玉的影迷，但是旗袍却没有形成热点。这无疑表示，上海服装文化的成熟，不再有以往的冲动和从众心理。

从上述文字里，可以看出无论是中山装还是旗袍都与政治、社会的关系何等紧密。

对待服装的改革，并不是所有的人都赞成的，也有反对的声音：

“近年以来，我国中诸姑姊妹，不于教育上求智能之发展，于经济上树独立之根基，于社会上发挥本能，作种种有益人群之事业；乃独于装饰一道，则穷奢极侈，踵事增华，费有用之金钱，为奇异之装束，亦何怪男子之视妇女为玩物哉?”① 同样在此文里，作者又批评当时的妇女衣服：“时髦衣服，有短至一尺六七寸者，有大如男子之马褂者。有紧束胸腹，使其受压迫而不能发达者。吾谓女人之外衣，宜二尺二三寸——最长至二尺五寸——而宽则称其身躯之大小，总以胸腹部不受束缚，能尽量发育为度。”

这里，作者将服装变革与教育对立起来，是绝对错误的，其说西式服装是奇装异服，有违生理的说法，至今看来自然十分可笑。

更有甚者，到了20世纪30年代，还有人对时髦女子进行了人身的恶毒攻击。据1934年4月14日《新生》周刊第1卷第10期载：“杭（州）市发见（现）摩登破坏铁血团，以硝镪水毁人摩登衣服，并发‘警告服用洋货的摩登士女书’。”

当时，上海、北京等地亦发生了类似事情。鲁迅在《花边文学·洋服的没落》一文里说过：“这洋服的遗迹，现在已只残留在摩登男女的身上，恰如辫子小脚，不过偶然还见于顽固男女的身上一般。不料竟又来了一道促命符，硝镪水从背后洒过来了。”

到了“文革”初期，街头上强行对奇装异服的辱骂与攻击，对“小裤脚管”的任意撕剪，就沿袭了过去对新异服装的暴力破坏。

尽管如此，服装的发展是不可阻挠的，任何人都难以抵挡，特别是那种用极端的手段企图阻碍服装文化的进步，更是可笑的行为。

刘志纯《服装改良论》（第一期《时装周刊》上的《发刊辞》，《时事新报》1932年6月19日星期一）：“衣服的作用，第一是御寒，第二是仪表，御寒的作用是必需的，实用的，仪表作用是装饰的，审美的。社会文化的进

---

① 《女子服装的改良》（二），《妇女杂志》1921年第7卷第9号。

化，一切物品，往往第一期是必需，第二期的装饰品，又往往转变为第一期的必需品，而另有第二期的装饰品出来替代。同时为了人类具有一种爱美的天性，衣服又是人类必需的、实用的缘故，促使装饰作用的发展，衣服就首当其冲了。自欧美文化东渐以来，在中国有进步的，却不多见，唯有服装一项，倒大有一日千里之势，在城市都会的地方，更是穷极奢华，脑筋中充满的思想，尽是时装的样式，这已成普遍的现象。”

在这里，作者十分清楚服装的原本作用，但是由于社会的进步，文化的影响，审美的需求，服装的原本价值就越来越显得渺小，而其装饰作用却越来越重要，这是一种自然规律。

所有这些服装的变化都先从都市开始，慢慢地影响周边的中小城市，再慢慢地转移到农村，由此可知，服装的发展路径就是从都市最早兴起，然后再像涟漪一般扩散到其他地方而越来越远，直至消失。

三、建立服装文化的大国

1. 建立中国服装的自信

建立中国服装的自信，首先从都市开始。中国人口众多，穿着服装的人自然也多，而最有服装变化需求的是都市里的人，特别是年轻人对服装潮流的追求是无止境的。在很长一段时间里，在中国服装与外国服装进行竞争中，人们在有选择的情况下，更多地选择了西方或者日本、韩国的服装。当然也有的喜欢中国传统服装，不过这种传统服装也是进行改良之后的，而不是一成不变拿来穿着，还有的人将外国服装进行改造，从而形成具有中国文化特色的服装，历史上如中山装就是例证。

30 年代，旗袍受到女学生的欢迎，特别是青布旗袍最为当时上海女学生所喜欢，一时不胫而走，全国效仿。由于在旗袍式样上不断进行翻新，大大促进了旗袍的发展，几乎成为中国新女性典型装扮。各种专门制作旗袍的公司也相继建立，使得更多的妇女穿着旗袍。各界妇女都喜欢穿着旗袍，即便达官贵人的太太也将旗袍作为礼服，出席各种社交场合。

如果说旗袍已经成为女性日常生活服装，就意味着打开中国现代服装的大门，而男性的现代服装是从礼仪服装，慢慢地成为生活服装的。

这种表现，可以从 1935 年 4 月 3 日下午上海举行“集团结婚”的礼仪上得到充分的展示。

在这次集体婚礼中，规定了男女礼服的式样、颜色，证婚人及全体职员一律穿蓝袍黑马褂，结婚人除已规定服装外，胸间佩戴红底金字的“结婚人”飘带，其上有一徽章，印有新生活集团结婚字样及号码。

新娘穿白色婚纱礼服，手捧鲜花，头戴白色长纱，长达五六米；新郎穿黑色大礼服，白硬领衬衫，戴黑领结，手捧黑呢高帽、戴白色手套。另外还有男女两位傧相，也穿大礼服和白纱，陪着一对新人。举行婚礼后，就在教堂内与双方家长、证婚人等拍摄合影照，这就是起初的婚纱照。

这种新郎穿西式礼服、新娘穿白色婚纱而举行结婚仪式，一直延续到20世纪50年代。其中男子服装逐渐简洁，不再是“戴黑领结，手捧黑呢高帽、戴白色手套”，一般只穿着西装而已。不仅如此，到了21世纪，偏远的农村也时兴这种新娘穿戴白色婚纱，新郎则是西装革履，并且成为一种习俗。

这种西服自用的做法，也是一种有自信心的标志。中国人过去没有大衣、围巾、皮鞋等，由于这些外国的服饰传入，对中国服装变化产生了很大的影响。我国过去没有大衣，只有斗篷（披风），西俗东渐后，妇女长短大衣开始流行，不仅冬天，即便春秋季节也穿大衣，这就大大改变了人们的穿着习惯，并且将这些外来的服饰，逐渐变成中国服装的一部分。

西方的服装融入中国人的生活就可以成为中国文化的一部分，而不必自我排除，另眼看待。

2. 服装穿着大国，不等于服装文化大国

俗话说的衣食住行，表示的是服装占据人们生活中很重要的地位，更带有主动性的一种追求，因此也蕴含着巨大的市场潜力。

但有的服装生产厂家却活得非常艰难。原因很多，其中一个就是没有大家公认的品牌。过去的上海服装品牌大多数是响当当的，如今有的已经成为非遗保护项目，有的早已消失，有的还在苦苦挣扎在市场上。现在，中国的服装公司比以往成倍增加，就以上市公司而言，就有搜于特、七匹狼、希努尔、乔治白、步森、雅戈尔、创世、杉杉、开开、红豆、九牧王等，但是真正被认可的品牌却不多。

目前。大多数品牌都在艰难地生存着，有的已经仅仅是服装的符号而已，没有附着的文化、故事、历史，如果只是依靠广告来扩大影响也只能是杯水车薪，无济于事。

因此，服装文化的大国，其路途漫漫，任重道远。

3. 存在的问题

没有创新精神，喜欢拿来，喜欢做山寨版。

服装是一种创意产业，没有创新就没有市场，从英国留学归来的设计师刘清扬于2009年创立了个人品牌Chictopia，主打醒目可爱的原创印花图案，带有强烈的辨识度和传播性。然而，也正是这传播效应，五年不到的时间，她已成为中国设计师中最为被山寨所累的一个。在淘宝网以“刘清扬”为关键字搜索，跳出的页面就有84个，99%都是假货。而外贸小店的橱窗里也经常悬挂仿制Chictopia的连衣裙，原本刺绣图案被简化成了印花。随着山寨手法的日渐多元化，对刘清扬的抄袭也愈见“创意”：有的专仿制她的特色图案，印制在设计师从未生产过的款型和产品上；有的在一款裙装的基础上开发出不同的颜色；有的则专抄她的过季款……蝗虫般的山寨大军携带五花八门的山寨手法而来，这个台面下的体系，简直比台面上 Chictopia 本身的规模和出产还要大得多。

两年前，我认识了一位朋友，较为深入地体会了台面下的山寨体系。他服装生意的核心产品便是山寨时装，涵盖了前期生产、中期批发和后期零售。在他的指引下，我参观了深圳的一家大型山寨批发市场，在这里，英国品牌“Burberry”甚至拥有自己的专门店面，而那已经是过时款山寨客的目标。在更稍稍时髦的铺头上，随便一翻，都是美国设计师品牌“Alexander Wang”、瑞典品牌“Acne”这样的新锐品牌。朋友告诉我，如今的客人慢慢也从买大牌过渡到了买款式，为了追赶日新月异的市场，他们也不断寻找新晋设计师。“我们很多抄版的原单货都是去香港 Joyce 买的。”他说。Joyce 是起源于香港，以贩售最顶尖先锋设计而闻名的买手店。在竞争日趋激烈的市场环境下，依附于原创的山寨一再扩大搜索网络，正在升温中的中国设计师在所难逃。①

如今，越来越多的外国服装品牌进入中国市场，成为人们选择的目标。在这样的情况下，也会改变、提升中国的都市服装文化，这也是摆在我们民俗学者面前的一个新课题。

作者简介：徐华龙，上海文艺出版社编审。

---

① 《中国山寨，由“劫富”到“劫贫”》，《纽约时报中文网每周精选》，2013 年 7 月 25 日。

超越经济理性的社会再生产

——一个壮族村落的屯内通婚习俗研究

毋利军

对于乡村通婚范围的变化，现代化论者认为，随着经济的发展和社会交往的便利，婚姻在范围上会逐渐扩大，超越传统通婚圈。对于乡村通婚的意义，人类学家往往采用“交换”的视角，将婚姻视作两个社会之间的女人交换，认为婚姻是一个村落对外沟通和交换的资源，是超社会的区域体系的基础之一。① 本文试图对上述两类观点的普适性提出质疑，在所调查的这个壮族村落中，现代化没有使得村民的通婚范围扩大，他们的通婚范围仍主要局限在一个自然村落之内；通婚的意义也不是两个社会之间的交换，而主要表现为一个村落社会内部结构关系的再生产。这个村落名为“龙感”，位于广西的平果、田东、天等三县交界的峰丛洼地区域②，是平果县果化镇龙匠村下属的一个壮族自然村落，共有168户，680人，是由居住在四面环山的同一片洼地之上的阮、卢、谭三个家族混居联姻而形成的村落社会。“三家合成村落”是其基本的社会组织形式，而屯内通婚则是其社会再生产的核心方式。有意思的是，在当前村民大量进城务工的背景下，龙感的屯内通婚习俗仍在延续，且在通婚比例中占据主流。对这样一个村落的屯内通婚习俗进行研究，将有助于反思学界对现代背景下通婚的范围和意义的固有认识。

现代背景下村落通婚范围的扩大，主要源于村民在婚姻选择上表现出了更多的“经济理性”，尤其是乡村女青年为了更好的经济条件选择嫁入城镇。当前，很多村落社会的萧条与本地女青年外嫁有关，尤其是贫困村。随着越来越多的女青年嫁入城镇，不少乡村男青年讨不到老婆，成了光棍。作为石

① 人类学家常常使用通婚地域、祭祀圈和基层市场体系等超社会的元素来界定一个富有整体性的区域。

② 这片区域的壮人被称为“陇人”（壮族的一个支系，“陇人”是对其自称的汉译），龙感人属于“陇人”，龙感屯是区域内众多陇人村落中的一个。

山深处的贫困村，龙感为何与众不同？为什么龙感女青年更多选择嫁入屯内而非城镇？为什么她们不做出更符合“经济理性”的婚姻选择？这显然与龙感社会独特的屯内通婚习俗和社会再生产方式密切相关。

一、屯内通婚的成因、历史与现状

1953 年的社会历史调查这样描述龙感的屯内通婚习俗。“在婚姻关系上，陇人不但与壮人和汉人通婚的很少，就是本屯与别屯陇人通婚的也不多。他们多是本屯男女结婚，同姓之间亦结婚。他们有句话说：‘好货不出门。’不肯把妇女嫁出别屯。以陇感屯为例，全屯 92 户，402 人，陇感屯妇女嫁到山区陇匠等屯陇人的 15 人，别屯嫁入的 29 人，嫁给平地槐前等屯壮人的 3 人，其中有 2 人是解放后才嫁出去的，平地壮人嫁入本屯的没有一人，其余已结婚的 101 对，都是本屯男女相结婚，占了全屯结婚人数的 70% 左右，而与平地壮人结婚的仅占 2% 左右。”①

龙感的屯内通婚习俗不是一开始就有的。大约明中期，阮氏先祖刚入龙感之时，只有一家六人，不可能屯内通婚，必然要与周边村屯发生婚姻交换。后来，随着三家协作结构的逐步形成，龙感的屯内通婚才渐渐成为习俗。卢氏家族进入龙感是因为与阮氏联姻，谭氏家族进入龙感也是如此，但与汉人宗族村落之间的联姻是不同的，不是单纯的家族之间女人的交换，而是三个家族的合体，形成了一个多家族共享的社区。据阮氏族谱记载，卢氏、谭氏家族初入龙感之时，都分得了土地。② 阮氏家族允许卢氏、谭氏与他们共享龙感这块栖息之地。这在汉人宗族村落中是少见的，因为“嫁出去的姑娘如同泼出去的水”，她们已经成了男方家族的人了，断没有还顺带将整个家族迁移过去的道理。

汉人宗族村落，常常一个家族就是一个村落，一个社区。但村落社区不能满足所有需求，通婚就是需要超越社区的，因为家族内部一般是不允许通婚的。这样一来，借助婚姻交换，就加强了不同村落之间的联系，形成了一个超社区的地方共同体。同时社区范围也没有扩大，内部整合机制也没有改变，家族内外仍然有着明确的界分，一个家族成员的生活半径主要仍在村落内部。这样的好处是既保证了社区内部的团结与认同，又为村落带来了外部的关系，增强了家族社区抗风险的能力。对于一个普通成员来说，一旦家族遇到了危机，他还可以向村落外的亲友寻求帮助。龙感人则不同，他们倾向于在社区内部解决通婚的问题，并不试图通过婚姻交换谋求外部联系，似乎并不在乎社区风险分摊的问题。他们的家族观念似乎是矛盾的，一方面强调

① 广西壮族自治区编辑组、《中国少数民族社会历史调查资料丛刊》修订编辑委员会编：《广西壮族社会历史调查·七》，民族出版社，2009 年版，第 178 页。

② 未出版民间文献。阮朝勇：《龙感阮氏家族族谱》，2013 年，第 19～20 页。

家族认同，有着较强的祖宗观念，另一方面却又愿意与其他家族互相通婚以形成互助的社区。这该如何解释？屯内通婚作为一种内生的文化习俗，要想探究其产生的根源，必须结合当地的地理环境、族群关系和文化观念来认识。

第一，在峰丛洼地的地理环境下，村落与村落相隔较远，交通不便，联系很困难，这不利于它们之间形成婚姻互惠关系。相反地，屯内通婚则可以使得社区内部更加团结，亲戚间互助更加方便。因此，阮氏家族通过联姻将卢氏和谭氏家族一起拉进龙感社区，这虽然没有带来社区外的支持，却使得社区内部关系更加亲密。龙感人一般不通过婚姻谋求外部关系，一定程度上是因为在交通不便的环境下，外部关系的价值已经大打折扣。

第二，要看到区域族群关系的影响。龙感人属于山区陇人，过去"由于陇人生活较苦，文化较低，平地壮人和汉人看不起陇人，多不愿与陇人通婚，历来陇人没有与汉人结婚的，与平地壮人通婚的为数也很少，而且只限于平地壮人中的男人娶陇人为妻，或陇人下山到平地壮人家里上门，平地壮人的妇女是不肯也没有嫁给陇人的。平地壮人对于与陇人结婚，认为是一件不体面的事情，槐前、永定等乡群众有句俗话说：'狗肉好吃名堂丑，与山陇结亲名声无。'"① 恶劣的生存环境和经济条件，造就了不平等的族群关系，进而使得作为陇人的龙感人无法建立一个更大范围的婚姻互惠体系。"好货"之所以不出门，是因为外面的也不愿意进来。只有屯内通婚，才可以充分利用有限的内部资源，维持家族的生存与繁衍。

第三，屯内通婚也是龙感人家族观念与村落观念共同作用的结果。与汉人一样，龙感人也尊敬祖宗，重视家族，但不似汉人家族那样封闭。龙感人的家族观念是开放的，他们愿意与同村的其他家族共享社会空间，进行婚姻交换，建立密不可分的关系，形成村落命运共同体。阮氏家族将卢氏家族与谭氏家族拉进龙感，虽然部分牺牲了家族的认同与整合，但却实现了家族的长远发展。如果没有卢、谭两家进入龙感，阮氏家族就将不得不更多的同姓通婚，因为他们很难让村落外面的女人嫁进来。另一方面，龙感人的村落观念却是封闭的，与周边村落的联系非常松散，在举行打斋安社这样的重大年度仪式时一般需要"封村"。相对于血缘，他们对地缘更为看重，他们希望婚姻在村落社区内完成。在开放的家族观念与封闭的村落观念的双重影响下，龙感人逐步形成了三家的格局，继而生成了屯内通婚的习俗。

过去，封闭的地理环境、不平等的族群关系和特殊的文化观念，催生了屯内通婚的习俗。而现在，龙感已经不似过去那样封闭，交通更加便利，生活条件和生存环境也得到了改善。随着经济社会的发展，龙感与外界联系和

---

① 广西壮族自治区编辑组、《中国少数民族社会历史调查资料丛刊》修订编辑委员会编：《广西壮族社会历史调查·七》，民族出版社，2009 年版，第 178 页。

交往不断增多，地方族群关系发生了巨大变化，山里山外已经没有明显的族群区隔意识。在这种情况下，屯内通婚习俗是否还在延续？2017 年 3 月，本人与龙感屯长阮朝珠一道，对 610 位龙感人的婚姻状况进行了调查。统计发现：屯内通婚共有 206 对，其中夫妻完好的有 140 对，丧夫者有 51 人，丧妻者有 15 人；嫁出屯外的有 7 人；屯外嫁入的有 37 人，其中夫妻完好的有 31 对，离异的有 4 人，丧夫的有 2 人。若全部计算（包括已婚、丧偶和离异），屯内通婚所占比例为 82.4%；若只计算夫妻完好的对数，则屯内通婚所占比例约为 78.7%。数据证明，在当前城市化的背景下，尽管屯中几乎全部青壮年都外出谋生，但是屯内通婚习俗仍然得到了很好的延承。

二、屯内通婚的主要形式与功能

相较于更常见的村落间通婚，屯内通婚存在着一个关键问题：一方面婚姻在单个村落社会中完成，也就意味着婚姻两方之间其实同属一个群体，是“我们”的关系；另一方面传统婚姻的主要功能是不同群体间的女人交换，往往要区分自我与他者，因而婚姻两方之间又需分属不同群体。如何调和这种张力？在陇人村落中，有两类解决办法。一类是同村同姓异支婚，即在同一家族中根据世代远近划分为不同支系，允许不同支系间通婚，禁止同一支系内部通婚，这主要被单家族村落或以一个家族为主的村落所采用；另一类是同村异姓婚，这主要适用于内部有多个规模较均衡的家族所组成的村落。张江华曾对广西田东县立坡屯（一个以谈姓为主的陇人村落）进行过调查，认为其“是一个婚姻循环的单位，为了维持村落内婚，他们很自然地在同村同姓开亲，形成了彼此既为通婚对象、又形同是一家人（姓氏相同，字辈相同）的情景。”① 这个陇人村落屯内通婚的主要形式就是同村同姓异支婚。

与一姓独大的立坡屯不同，龙感的阮卢谭三姓的户数比较均衡，这使得龙感人更倾向与同村的其他家族联姻。据 2017 年 3 月对龙感人婚姻状况的调查，在夫妻完好的 140 对屯内通婚中，异姓婚有 116 对，占比约为 82.9%。可见，龙感屯内通婚的主要形式就是三个家族相互联姻式的“同村异姓”婚。虽然龙感人也允许七代后的同村同姓通婚（这其实就是同村同姓异支婚），但在内心深处，龙感人还是有着较强的家族观念，如非不可避免，尽量与异姓通婚。从社会整合角度来看，实行同村同姓异支婚的村落可以通过追溯共同祖先来整合，而实行同村异姓婚的村落则主要依靠联姻。一方面龙感人需要强调同一片洼地之上三个家族之间的差异，以维持婚姻交换对象的“他者”身份；另一方面又需要通过联姻、社区互助、合作进行打斋安社仪式等，不

---

① 张江华：《陇人的家屋及其意义》，王铭铭主编：《中国人类学评论 · 第 3 辑》，世界图书出版公司北京公司，2007 年版，第 86 页。

断地将“他者”化为“自我”，以维持社区的整合与再生产。认识到这一点，对于理解屯内通婚在维持龙感三家一体格局上的功能非常重要。具体来说，龙感屯内通婚的功能主要体现在三个方面。

第一，屯内通婚持续地推动着龙感社会的再生产。莫斯在《礼物》中说，“尽管呈献与回献根本就是一种严格的义务，但是它们却往往透过馈赠礼物这样自愿的形式完成。”① 屯内通婚也是一种类似的“礼物”式交换，虽然它是社区内部的惯例和家族之间的义务，但联姻从来不是强迫的，“义务不是简单的、外在的强制，而必须转化为自主的意愿才能实现其自身。”② 龙感人的婚姻从来不是强制的，但在文化习俗的影响下，自然而然就形成了屯内通婚的格局。历史上，阮氏家族通过联姻邀请卢氏家族和谭氏家族进入龙感，显然不仅仅是一种短期的交换关系。卢氏家族和谭氏家族先后进入龙感，并接受了阮氏家族馈赠的土地的那一刻，也就意味着阮、卢、谭三个家族已经订立了一份长期交换的“契约”——龙感三家之间以通婚为基础的交换与互助。正是因为有了这份“契约”，龙感社会才得以形成。龙感社会的延续与再生产则需要三个家族继续履行这份“契约”，但这份“契约”的履行并非依靠强制，而是内含在龙感青年男女“自由”的婚姻实践中。在这个过程中，龙感社会不断地被再生产，三家之间的关系因之不会随着世代的更迭而疏远，相反地，伴随着持续的屯内联姻，阮、卢、谭三家间的关系越发密不可分。作为三家合成的村落，龙感社会无法像汉人宗族村落那样，依靠联宗祭祖来完成再生产，而必须依靠屯内家族间不断联姻的办法。可以说，龙感社会再生产的核心方式就是屯内通婚。

第二，屯内通婚增强了三个家族间的认同、联系与互助。婚姻绝不仅仅是男女两个人的事，更是两个家庭甚至两个家族之间的事。两个家庭能够联姻，意味着两个家庭认为“门当户对”，相互看得起；两个家族之间能够联姻，则意味着家族间的相互认可认同。屯内通婚不断地形成了新的关系网络，这些关系网络大多数超越了家族的界限，同时仍在社区之内，这样就持续地保持和推进了三家间的联系。进一步地，屯内通婚所形成的这些关系网络也是社区互助的基础。对于汉人宗族村落而言，一个家庭有大事发生或需要帮助的时候，首先求助于社区内的家族“亚房”或“本家”（一般是五代以内），然后才求助于村落外面由于通婚所结成的亲戚。龙感人则不一样，屯内通婚所形成的亲戚与家族亚房同样重要，因为两者都在社区之内，相互帮忙很方便。可以说，屯内通婚模糊了三个家族之间的界限，促进了三家之间的

① ［法］马塞尔·莫斯：《礼物：古式社会中交换的形式与理由》，汲喆译，陈瑞桦校，商务印书馆，2016年版，第10页。

② 汲喆：《礼物交换作为宗教生活的基本形式》，《社会学研究》，2009年第3期。

相互认同、紧密联系与团结互助。

第三，屯内通婚还维持了家庭结构的稳定。尽管从横向上看，龙感是一个三家合成的村落，与汉人宗族村落有着较大差异，但从纵向上看，龙感又有着较强的家族色彩，与汉人宗族村落又有着相似之处。龙感人的土地与财产继承，包括分家，也是男性父系式的，女儿终归要嫁出去，因而一般没有继承土地与财产的权利。这样就会产生一个问题，一旦丈夫死去，妻子回娘家或改嫁，孩子无人抚养，土地无人耕种，怎么办？自然妻子也可以带走孩子，但家族的一个分支家庭就会断绝。古时汉人宗族村落对这种问题的解决办法之一就是创造了“妇女留在夫家守节”的文化，但这是“残忍”的，因为她们在当地除了自己所生的孩子外往往没有血亲，只能依靠死去丈夫的家族，而这种以“死人”为中介的依靠又是不牢靠的。龙感人的解决办法就是屯内通婚，或者说，屯内通婚最大程度弱化了这种情况下的家庭危机。一方面，不存在回娘家的问题，因为她们的娘家本就在龙感，失去丈夫后的妇女可以就近得到娘家的帮助，事实上，正如上文所述，娘家本就在龙感社区互助体系之中。另一方面，她们多数不愿意改嫁，也很难改嫁，不只是因为孩子的问题，也是因为她们需要顾及夫家与娘家两个家庭甚至家族之间的关系。虽然她们也可以外嫁，但这是不容易的，也不符合她们长久以来形成的保守的婚姻观念。据 2017 年 3 月对龙感人婚姻状况的调查，丈夫在失去妻子后更倾向于再娶，妻子在失去丈夫后则倾向于留在夫家而不是改嫁。屯内通婚区别于屯外婚，它使得“嫁出去的姑娘不完全是泼出去的水”，因为夫家和娘家还在同一个社区体系之中。在这种情况下，家庭的抗风险能力更强，家庭在破裂后更容易维持，因此说，屯内通婚在一定程度上也维持了家庭结构的稳定。

三、城市化背景下屯内通婚的延续

在城市化的背景下，和大多数村落一样，龙感的社会结构也发生了巨大的变化，走向了空心化，形成了超社区的代际分工的社会结构。据本人与屯长阮朝珠在 2017 年 3 月份的调查，在统计的 610 位龙感人中，177 人常住龙感，其余 433 人常住在外。这里的“常住龙感”是指由于在家务农、在屯内从事非农工作、在龙感小学读书、未达到入学年龄等原因，一年中大部分时间待在家里的龙感人；“常住在外”是指由于进城务工、在外上学、在外有稳定工作、跟随家人外出、买房外嫁迁出等原因，一年中大部分时间待在外面的龙感人。数据表明，多数龙感人的大部分时间在社区外度过。常住在外的龙感人主要有三类群体：工作不够稳定的打工群体，外出的学生群体，其他有稳定工作的或跟随外出的或买房外嫁迁出的群体。具体的统计情况如下：

表 1　龙感人进城情况统计（工作不够稳定的打工群体）

群体类别	工作不够稳定的打工群体					
工作地点	广东	百色	平果	南宁	上海	果化
外出人数	213	25	19	7	2	1
总计	267 人					

表 2　龙感人进城情况统计（外出的学生群体）

群体类别	外出的学生群体											
学校层次	幼儿园	小学					初中			高中	中专	大学
学校地点	平果	果化	平果	百色	南宁	新安	平果	百色	果化	百色		
学生人数	1	37	35	11	4	1	11	2	1	5	3	7
总计	118 人											

表 3　龙感人进城情况统计（其他有稳定工作的或跟随的或迁出的群体）

群体类别	有稳定工作的群体 + 跟随外出 + 买房外嫁迁出等							
工作	个体生意	司机	医院工作	当兵	银行员工	养老院	跟随外出	迁出
外出人数	12	6	5	1	1	1	14	8
总计	48 人							

接下来依次对这三类群体的数据进行分析。首先是打工群体。这个群体人数最多，有 267 人。打工群体年龄适中，绝大多数在 20 ~ 50 岁之间，属于青壮年群体。学历层次整体偏低，在 267 人中，170 人是小学学历，93 人是初中学历，2 人是高中学历，2 人是中专学历。打工地域分布上，213 人选择了收入较高的广东打工，主要在深圳和广州；52 人选择了就近的百色市、平果县、南宁市和果化镇。打工群体有其两面性：一方面，他们必须到更发达的城市赚更多的钱，以维持家用，因此看到大多数龙感的打工者选择了深圳广州这样的一线城市；另一方面，他们又不会成为率先定居城市的龙感人，不够稳定的工作使他们难以产生归属感，偏低的学历又制约了他们在城市中的上升空间，因此当前他们还是愿意把资源花在龙感社区，用来供孩子上学、扶养老人、盖房、装修、置办家用、改善生活。

其次是学生群体。这个群体人数第二多，不算在屯里上小学的孩子，共有 118 人。在上学地点分布上，龙感的孩子们基本就近在果化镇、平果县和百色市上学，这意味着孩子们在节假日可以回到龙感，与家中的爷爷奶奶等亲人生活，同时也意味着，照顾教育这些孩子们的责任落在了家中留守的亲人身上，而不是外出的务工者。在 267 位外出打工者中，有 213 人在广东打工，但在统计的 118 位学生中，没有一人在广东上学。这进一步反映了龙感打工群体的境况，常年工作生活的地点——广东，至少在目前难以成为他们的家。他们把老人留在了龙感，把孩子送进了龙感周边城镇的学校里，而独自出去谋生。

除了打工群体和学生群体外，还有约数十人进城是基于其他原因。一部分在外有稳定工作，一部分是嫁到城里，还有一部分没有工作，多是老人孩子，主要是跟过去照顾孩子或被照顾的。这部分群体数量较少，但多在城里有房，家中成员也多数在城里，因此，这个群体是率先定居城市的龙感人。

当前龙感的城市化还处在初级阶段。多数龙感人虽然工作在沿海发达的城市，但还是把家中的老人孩子留在了龙感及其周边，照顾老人孩子的任务主要还是由家中留守的亲人承担，而进城务工者的任务就是提供足够的资源，以满足老人孩子的生活需求。

在这样的进城背景下，虽然龙感的社会成员已经大量外流，但屯内通婚习俗仍在延续并占据主流。据 2017 年 3 月的统计，龙感屯内通婚的比例为 82.4%，当然这里包括了中老年夫妻的数据。若是仅统计青年夫妻的婚姻状况，屯内通婚是否也占据主流呢？本人从 2017 年 3 月的 610 位龙感人的调查数据中抽取出青年夫妻（这里对青年夫妻的界定是：夫妻中有一方未超过 35 岁）的数据，具体如下：

表 4　龙感屯青年夫妻（夫妻中有一方未超过 35 岁）屯内通婚统计

序号	姓名	夫/妻	年龄	学历	工作
1	阮 TB	夫	35	小学	广东打工
	阮 QR	妻	37	小学	广东打工
2	阮 CL	夫	35	初中	广东打工
	阮 QH	妻	35	初中	广东打工
3	阮 RL	夫	27	初中	平果打工
	谭 HQ	妻	28	初中	平果打工
4	阮 TZ	夫	29	初中	广东打工
	卢 MY	妻	27	初中	广东打工
5	阮 TX	夫	31	初中	广东打工
	卢 CZ	妻	33	初中	广东打工
6	阮 TX	夫	32	小学	广东打工
	卢 GF	妻	29	小学	广东打工

续表

序号	姓名	夫/妻	年龄	学历	工作
7	阮 TY	夫	34	小学	广东打工
	阮 AB	妻	32	小学	广东打工
8	阮 TY	夫	35	小学	广东打工
	卢 GB	妻	33	小学	广东打工
9	阮 TF	夫	29	初中	广东打工
	阮 QF	妻	28	初中	广东打工
10	阮 TX	夫	32	初中	广东打工
	谭 QJ	妻	30	初中	广东打工
11	阮 TY	夫	30	初中	广东打工
	卢 CL	妻	27	初中	广东打工
12	谭 RF	夫	26	初中	广东打工
	阮 QY	妻	26	初中	广东打工
13	阮 TC	夫	32	小学	百色打工
	卢 WP	妻	31	小学	百色打工
14	卢 TZ	夫	28	初中	广东打工
	阮 QS	妻	22	初中	广东打工
15	卢 RW	夫	24	初中	广东打工
	阮 YL	妻	23	小学	广东打工
16	卢 TD	夫	33	初中	百色打工
	阮 LH	妻	30	初中	百色打工
17	卢 RJ	夫	22	初中	广东打工
	阮 CD	妻	20	小学	广东打工
18	阮 TH	夫	35	初中	南宁打工
	谭 YS	妻	32	初中	南宁打工
19	卢 RQ	夫	28	初中	广东打工
	阮 QN	妻	25	初中	广东打工
20	卢 RQ	夫	30	初中	平果做生意
	谭 QP	妻	31	初中	平果做生意

续表

序号	姓名	夫/妻	年龄	学历	工作
21	卢 TF	夫	40	初中	平果面包车司机
	阮 YZ	妻	35	初中	跟随
22	卢 YX	夫	35	初中	广东打工
	阮 HP	妻	37	小学	广东打工
23	卢 TC	夫	35	初中	南宁打工
	阮 HZ	妻	37	小学	南宁打工
24	阮 TM	夫	37	小学	广东打工
	谭 HH	妻	31	小学	广东打工
25	卢 Z	夫	34	初中	百色打工
	谭 YQ	妻	29	小学	百色打工
26	谭 RN	夫	28	大专	果化卫生院上班
	阮 CH	妻	24	小学	平果打工
27	谭 RK	夫	27	小学	广东打工
	阮 QY	妻	26	小学	在家
28	卢 CY	夫	41	小学	广东打工
	谭 HZ	妻	34	小学	广东打工
29	谭 TX	夫	33	小学	广东打工
	卢 GF	妻	28	小学	广东打工
30	谭 RS	夫	33	初中	广东打工
	阮 MB	妻	33	初中	广东打工
31	卢 TZ	夫	未统计	中专	果化卫生院上班
	谭 AL	妻	33	初中	果化做生意
32	阮 TJ	夫	35	小学	广东打工
	谭 YN	妻	31	小学	广东打工
33	阮 RZ	夫	28	初中	广东打工
	谭 CQ	妻	29	初中	广东打工

表5　龙感屯青年夫妻（夫妻中有一方未超过35岁）屯外通婚统计

序号	姓名	夫/妻	年龄	学历	婚姻流动	工作
1	卢 JR	妻	29	大学	外嫁新安镇	中国银行员工
2	阮 RF	夫	27	小学		广东打工
	卢 CY	妻	26	小学	从龙养屯嫁入	广东打工
3	阮 TW	夫	23	中专	妻子从凌云县嫁入	榜圩医院工作
4	阮 JY	夫	38	中专		平果打工
	吴 YW	妻	23	高中	从北海嫁入	平果打工
5	阮 TH	夫	32	中专		隆林做生意
	罗 X	妻	未统计	中专	从隆林嫁入	隆林做生意
6	卢 TK	夫	33	初中		平果打工
	邓 QM	妻	38	初中	从田东坡塘嫁入	平果打工
7	卢 QO	妻	25	小学	外嫁湖南	未统计
8	卢 TG	夫	24	初中	妻子从外地嫁入	广东打工
9	卢 RL	夫	28	小学	妻子从湖南嫁入	平果打工
10	卢 QF	妻	27	小学	外嫁龙急屯	广东打工
11	阮 TJ	夫	35	小学		百色打工
	潘 Q	妻	33	小学	从龙劳屯嫁入	百色打工
12	阮 QJ	妻	32	初中	外嫁南宁	未统计
13	卢 TT	夫	34	小学	离异；前妻是德保人	在家
14	卢 TZ	夫	32	小学		广东打工
	潘 XW	妻	27	小学	从六孔村嫁入	广东打工
15	卢 TQ	夫	31	初中		平果打工
	覃 HH	妻	28	小学	从福建嫁入	平果打工
16	谭 HX	妻	29	初中	外嫁湖南	未统计
17	阮 RC	夫	32	初中		广东打工
	黄 YX	妻	34		从田林嫁入	广东打工
18	阮 CM	妻	28	小学	外嫁	未统计
19	阮 CJ	夫	30	小学		广东打工
	黎 XD	妻	未统计	小学	从广东嫁入	广东打工

续表

序号	姓名	夫/妻	年龄	学历	婚姻流动	工作
20	谭 TJ	夫	35	小学		广东打工
	卢 YF	妻	34	小学	从龙匠屯嫁入	广东打工
21	谭 HR	夫	29	小学		广东打工
	农 JD	妻	31	小学	从外地嫁入	广东打工
22	谭 TX	夫	31	初中		广东打工
	农 MJ	妻	28	初中	从天等县嫁入	广东打工
23	谭 RJ	夫	38	小学		平果打工
	阮 BL	妻	35	小学	从广东嫁入	平果打工
24	谭 RF	夫	31	初中		广东打工
	王 JF	妻	30	初中	从天等嫁入	广东打工

在这610位龙感人中，青年夫妻共有57对，其中屯内通婚33对，屯外通婚24对，屯内通婚占比约57.9%。[①] 可见，纵使在青年夫妻中，屯内通婚仍然占据主流。从表中进一步发现，这些青年龙感人，绝大多数在外打工，为何他们仍会选择在屯内找对象？周边的一些平地壮族村落，过去也曾有过屯内通婚的现象——当然比例没有龙感这么高，但随着现代化的推进，尤其是青年村民大量进城务工之后，比例已经大大下降，不占主流，[②] 但龙感的屯内通婚为何没有大的改变？

当然，有人可能会这样认为，屯内通婚的延续只是村落传统的自然的正常的延续，没有什么特别之处，或许城市化带来的经济理性还没有深入当地人的文化观念，或许当地的青年男女比较封闭，尚没有打开自己的择婚视野。我不同意这样的观点，在调查期间，种种迹象表明，龙感人已经有了经济理性，他们对物质的追求甚至比平原上的村落更加强烈。在对龙感屯长阮朝珠访谈时，问及屯里的孩子为什么多数上完初中就出去打工了，他说："考不上的话不去做工吃什么风？"龙感在外的267个打工者中，绝大多数都是初中、小学学历，男女青壮年都有，很多是夫妻一起出去打工。龙感青年男女结完婚后，基本都会一起出去打工，只有生孩子期间会在家中停留，孩子一两岁后，就交由家中老人带，妻子继续出去打工。龙感人改变贫困、追求物质的

① 这里的比例只是按照婚姻对数来计算的。由于屯内通婚的男女双方原来都是龙感人，屯外通婚只有一方原来是龙感人，因此，若统计龙感青年人的个体婚姻选择倾向，屯内通婚的比例将会更高。

② 参见李富强对一个平地壮族村落婚姻文化变迁的描述，可推知，随着现代化的推进，很多壮族村落，尤其是平原地带的村落，婚姻范围已经大大扩展。李富强：《"打工族"与壮族文化变迁——以田林那善屯为例》，《广西民族学院学报（哲学社会科学版）》，2003年第2期。

意愿如此急迫，显然已经有了较强的“经济理性”。同时基于青年男女长期在城市里务工的事实，我们也不能说龙感的青年男女没有打开择婚视野。既然如此，在婚姻选择中，为什么龙感的青年人，尤其是女青年不遵循经济理性？是什么因素让她们在婚姻选择中将经济理性置于了次要的位置？

四、屯内通婚延续的原因与意义

讨论乡村青年的婚姻选择，关键是理解乡村女青年的婚姻选择，因为贫困村的男青年不娶外面的女人很可能只是娶不到，但女青年基本不存在这个问题。换句话说，屯内通婚的延续，主要得益于龙感女青年的选择。随着城市化的发展，很多乡村女青年是“一山望着一山高”，村里的想嫁进镇里，镇里的想嫁进县里，县里的想嫁进市里，而乡村男青年由于经济上多处在社会底层，婚姻成了难题。但龙感的女青年与众不同，她们没有选择进入条件更好的镇里县里市里，更多人选择留在了大山深处。如果婚姻选择不是基于“经济理性”，那么往往就与特定社会文化密切相关。

第一，屯内通婚的传统为龙感女青年提供了在“经济理性”和“保持亲熟”中做出选择的可能，而龙感特有的“社会亲密感”影响了屯中女青年的婚姻选择。比较而言，汉人宗族村落和多数平地壮族村落的通婚传统，其实是地域通婚圈内的村落外婚，结婚就意味着离开原来的村落，而无法保持亲熟关系，这其实并没有提供在“经济理性”和“保持亲熟”中做出选择的可能。于是就可以解释为什么这些村落中的女青年倾向于嫁入城镇，因为反正都要离开原来的社会，去一个陌生的社区，为什么不去一个经济条件更好的地方呢？龙感则不同，有着内部通婚的习俗，嫁在屯内的女青年仍然可以保留原来的亲熟关系。在龙感女青年的心中，既然文化上内嫁是受欢迎的，相对于经济条件的改善，她们只是选择了待在原来亲熟的村落之中。因之，龙感社会成了一个亲情浓厚的社会。在平果县打工的龙感人谭荣劲，谈起龙感时，深情地说：“在城里，不管做什么，都用钱，但在屯里，不管到哪里，至少有饭吃。”他打工的收入并不低，可回到村里，获得了更多的安全感和人情味。从他的话语中，可以体会出龙感社会在进城龙感人心中的意义。过去，在石山的恶劣环境下，龙感人为了保住家族的繁衍，不肯把女性嫁到别处，坚持“好货不出门”。现在，虽然是自由婚恋，但这种特殊的“社会亲密感”还在影响着龙感女青年的婚姻选择，使得她们仍然倾向于嫁在屯内。换句话说，龙感女青年，喜欢龙感这样的亲密社会，愿意通过内部通婚再生产出这样的社会。

第二，我们在做婚姻选择时，除了考虑经济条件外，也常常把“是否离家近”和“是否方便照顾家人”作为取舍的重要标准。屯内通婚显然符合这两条标准，既离家近又方便照顾家人。长期以来，乡村进城务工者，都有着后顾之忧，因为家中的老人孩子需要照顾，如果老人身体不好，孩子还小，就更是如此。龙感也不例外，老人仍待在村里，孩子基本在村里、附近的镇上、县里生活和上学，他们需要被照顾和相互照顾，尤其是青年夫妻共同出去打工之时。在进行婚姻选择时，龙感女青年显然会考虑这个因素，嫁在屯里，就可以待在原来的社区，方便照顾娘家人，同时因为血亲和姻亲都在同一个社区之中，夫家人和娘家人相互照应也要方便许多。

第三，对婚姻稳定性的追求也影响着龙感女青年的婚姻选择。相对于外嫁，嫁在屯内要稳定得多，也随便得多。龙感很多青年男女，有些是在屯里好上的，有些是打工时好上的，只要双方情投意合，就可以住在一起。往往是孩子已经有了，还没有领结婚证和请酒，很多是后来补办的。这种对待婚姻“随便”的态度，反映了龙感人对内部通婚的一种自信，对龙感社会结构本身的自信，他们相信内部通婚是稳定的、可靠的、能够延续的。事实也确实如此，屯内通婚很少有离婚的，离婚的基本都是外地嫁过来的。

概括而言，龙感女青年，在面对“经济理性”和“保持亲熟”的抉择时，更多选择了后者。虽然她们努力在城里打工赚钱，但大部分钱仍然花在了龙感社会，追求经济的提升终归是为了社会的再生产。而当经济与社会不可兼得时，至少在目前阶段，她们更多还是选择留在原来的社会。

屯内通婚习俗的延续，对龙感社会的再生产有着重要的意义。龙感是一个通过父系传承由阮、卢、谭三家合成的社会。因此，龙感社会的再生产主要包含两方面的内涵：一是纵向的人口再生产，实现家庭和家族的繁衍；二是横向的阮、卢、谭三家亲熟合作关系的再生产，实现村落社会的整合。而这两方面的再生产都与屯内通婚直接相关。

一方面，屯内通婚以较低的成本满足了龙感青年人，尤其是男青年的婚姻需求，进而实现了人口的再生产。进城务工的龙感青年人，工作不稳定，多是初中小学学历，在城市中上升空间有限，掌握的资源不多，很难负担成本更高的屯外通婚，而屯内通婚的成本则要低得多。具体低到何种程度？据多位龙感人的叙述，现在龙感人结婚时，男方只需给女方一万二千元左右的彩礼，几年前甚至更低。而女方的回礼往往超出男方的彩礼，这是因为女方的回礼来自女方的亲戚们，这些亲戚们每人都会给男方家回一些实物，大至沙发、桌子、冰箱、电视、电脑，小至锅碗瓢盆等，这些实物加起来常常超出男方彩礼的价值，于是一些龙感人认为结婚是女方家略微吃亏。举例来说，2015 年，龙感屯长阮朝珠的女儿嫁给了隔壁卢家的儿子，当时卢家所给的彩礼不到一万元，而阮家亲戚们所回实物的价值已经超出了卢家的彩礼。

这自然不是说龙感男青年在婚姻选择时更注重经济理性，而是说在当前的城市化初级阶段（外部资源尚未足够、内部资源还不能丢），龙感人出于“保持亲熟”需要的屯内通婚习俗，客观上也为龙感男青年节约了婚姻成本。

假若屯内通婚传统不再，龙感女青年纷纷选择离开石山，嫁入城镇，可以想见，龙感男青年的婚姻将会成为一个难题，有可能出现大量“光棍”。

另一方面，当前屯内通婚习俗的延续，实现了三家亲熟合作关系的再生产。在汉人宗族村落中，家族是社会整合与生产的核心，婚姻只是与其他村落进行交换与联系的资源。但在龙感，情况大不相同，内部通婚是龙感社会整合与再生产的关键，通婚圈与单个社区的范围基本重合，婚姻的意义主要不在于交换，而更多表现为社会的再生产。对于汉人村落而言，纵使与周边村落不再通婚了，也不会影响其社区本体的整合与再生产，但对于龙感这样的壮族村落而言，如若没有了屯内通婚，龙感社会的整合与再生产就会出现危机，因为它从来都是依靠婚姻而非家族来聚合的社会。对于汉人村落，是与周边联姻，还是与更远的“周边”联姻，是跨乡婚、跨县婚还是跨省婚，对村落社会的存续与再生产没有多少影响。但在龙感这一类型的壮族村落中，能否延续屯内通婚，事关其传统社会结构的存亡。龙感三家的亲熟合作关系，隐含在龙感青年人的具体婚姻实践之中，通过不断实践屯内通婚，龙感三家的亲熟合作关系才能得以不断再生产。

总体而言，屯内通婚习俗的延续是超越经济理性的社会再生产。在保守的婚姻文化和亲密的社会结构的影响下，龙感青年人面对婚姻抉择，倾向于将“保持亲熟”置于首位，而非遵循“经济理性”；倾向于再生产传统社会，而非逃离原来的山村。此外也要看到，虽然龙感青年人不是基于经济理性而做出的婚姻选择，但屯内通婚习俗的延续，客观上也节约了龙感男青年的婚姻成本。

作者简介：毋利军，上海大学社会学院人类学博士研究生。

城市里的“花儿”：人类学视域下文化生态的移植与延展

韦仁忠

一、文化生态：非遗保护所依赖和因应的动态性场域

“文化空间”是现代民间文艺学中非常重要的一个理论概念，是巴赫金等人发现的一个关于民众文化的“小真理”。“研究民间文化学中的地方文化，不单是研究一个文本的正确阅读问题，而且是要对该文本所属文化空间做研究。巴赫金已发现，文化空间不是虚拟的，而是一个实体空间，但它不是靠行政法规建立的，而是靠符合传统的群体选择建立的。文化空间，在巴赫金著作中，也被称为一种‘广场’，在广场中的下层叙事表演，也被称为‘广场文化’。这种广场的位置，都是地理与文化传统的复合点。”① 而从生态学的角度来看，人类的生存环境有自然环境、社会环境和规范环境。文化生态是指由构成文化系统的诸内、外在要素及其相互作用所形成的生态关系。文化生态系统是文化与自然环境、生产生活方式、经济形式、语言环境、社会组织、意识形态、价值观念等构成的相互作用的完整体系，具有动态性、开放性、整体性的特点。在一定历史和地域条件下形成的文化空间，以及人们在长期发展中逐步形成的生产生活方式、风俗习惯和艺术表现形式，共同构成了丰富多彩和充满活力的文化生态。② 花儿是中国西北九个民族中传承的民间文艺代表作。2009 年 9 月 30 日，在联合国教科文组织保护非物质文化遗产政府间委员会第四次会议上，西北花儿经审议被列入《人类非物质文化遗产代表作名录》。“花儿在九个民族民众中达到了不同语言语境中的文化认同，且表现出涵化共融的特点，显示出它具有平行纬度空间的张力。就其所反映的文化内涵来看，流布于中国北方的这种民歌，作为中国各民族文化史的折射，

① 董晓萍：《现代民间文艺学讲演录》，广西师范大学出版社，2008 年版，第 259 页。

② 黄永林：《“文化生态”视野下的非物质文化遗产保护》，《文化遗产》，2013 年第 5 期，第 1～12 页。

成为中国民族关系‘多元一体格局’的生动诠释和实证。”①

1989年，联合国教科文组织颁布的《保护民间创作议案》把“民间创作”解释为“来自某一文化社区的全体创作”，将民间创作与特定社区联系起来，体现了关注文化生态的整体保护理念。2003年，联合国教科文组织通过的《保护非物质文化遗产公约》第二条指出：“各个群体和团体随着其所处环境、与自然界的相互关系和历史条件的变化，不断使这种代代相传的非物质文化遗产得到创新，同时使他们自己具有一种认同感和历史感，从而促进了文化多样性和人类的创造力。”对非物质文化遗产保护定义的核心是：“采取措施，确保非物质文化遗产的生命力。”文化遗产是拥有该文化的民族创造的、与时俱进而又能基本上保持原始状态的传统文化，是人类共同体传承到当今时代的原创性文化，是与时俱进，在时代的浪潮中不断创新、融入了时代元素的活的传统文化。非物质文化遗产的这种不断创新精神，是确保其生命力的重要保证。从生态学的视角看，文化生态学强调生态整体性，明确人类在生态系统整体中作为一个“类”存在的特征，并认为“人和人类社会是自然生态系统自组织进化的产物，人和人类社会产生以后又作为相对独立的主体，以自身适应和改造自然环境的活动，参与自然生态系统的自组织演化过程”，一定的生态潜力是文化发展的基础，生态圈的整体性及稳定性是可持续发展的自然基础。② 2004年刘魁立先生在《非物质文化遗产及其保护的整体性原则》一文中，从文化的空间和时间两个维度解释了非物质文化遗产保护的“整体性原则”。他认为，首先，保护文化遗产不是对一个个“文化碎片”或“文化孤岛”的“圈护”，而是对文化全局的关注；不但要保护文化遗产自身及其有形外观，还要注意它们所依赖和因应的结构性环境。其次，从时间上来说，不仅要注意文化遗产的历史形态，也不能忽视和歧视其现实状况和将来发展。③

在城镇化浪潮中，花儿这种原生态文化需要保护，但这种保护不应是封闭的保护，而应是开放的、与时俱进的保护，因为原生态传统文化不是静态的存在，而是动态的观念；不是静态的积淀物，而是动态的生活。非物质文化遗产的保护与物质文化遗产的保护的区别，就在于物质文化遗产的保护，是对定格于特定历史时空点上物化形态的即器物层面的静态保护，要求不走形、不走样的原汁原味地保护，即使维修，也要修旧如旧；而非物质文化遗

① 郝苏民：《文化场域与仪式里的“花儿”——从人类学视野谈非物质文化遗产保护》，《民族文学研究》，2005年第4期，第122~126页。

② 黄永林：《“文化生态”视野下的非物质文化遗产保护》，《文化遗产》，2013年第5期，第1~12页。

③ 刘魁立：《非物质文化遗产及其保护的整体性原则》，《广西师范大学学报》，2004年第4期，第1~8、19页。

产的保护，是对社会历史发展过程中形成的世代相传的非物化形态的即精神（技艺）层面文化的动态保护，不是机械的、被动的封存式保护，而是活态传承。要正确处理好花儿原生态文化“保护”与“发展”的辩证关系，就必须实现民族性与开放性有机结合，原生性与“再生性”、产业性结合，观念性与商业性有机统一。要在保护好其原生态文化生长的“原生土壤”的基础上，引导好原生态文化的良性变迁。我们还应当看到，不是社会文化环境要去适应花儿，使其得以传承，而是花儿要适应不断变化着的社会文化环境而得以传承。

二、城镇化演进：花儿传唱群体的分化、解构与“再生”

花儿起源于甘青之交的河湟乡土社会，数百年来流行于甘肃、青海、宁夏、新疆四省区，为保安族、东乡族、汉族、回族、蒙古族、撒拉族、土族、裕固族、藏族九个民族所共同传唱。因此不仅具有独特的艺术价值，又兼有多民族文化交流与共融的深刻内涵，称得上解读西北地区社会生活及民族文化的活化石。花儿曾历经数百年而不衰，缘于特定的生态环境和自我循环系统，即稳定的乡土社会、世代相续的传唱群体、循序渐进的自然传承。这三者之间一环套着一环，前者决定后者的存在状态，后者依于前者的存在而存在，三者共同维系了花儿的自然传承。花儿作为一种群体性口传文化，通过世代相沿的传唱群体实现自然传承，具有强大的自我吸收和自我发展功能。花儿生于乡土、长于乡土，从形式到内容都溢出浓郁的乡土气息，与乡土民众当时的物质及精神生活紧密相连，真实地反映了他们的生活情境，符合他们的价值观念和审美需求。花儿缘于它口耳相传的特点，一切都是随性自由的，以“见啥唱啥，想啥唱啥”的即兴创作，将歌者的内心情感表现得淋漓尽致。他们肆意宣泄的自然放纵唤醒了压抑的人性，获得一种精神上的解脱和享受。口传过程表现了花儿最具活态、也最具吸引力之处。

在中国社会城镇化进程中，乡土社会正在发生本质上的改变，维系花儿生存的主要条件逐次消解，花儿必然陷入日益加深的生存困境中。城镇化使中国乡土社会自我封闭的藩篱被推倒。工业化和市场化的普及发展，改变了原有的经济结构和社会结构；城镇化的推进松动了城乡二元结构，城市与乡村不再是隔离的两极。在现代工业碾压和城市文化侵蚀的双重作用下，乡土社会已经不可能再以传统的形式存在下去。村落共同体的瓦解和人口的大面积流动，造成花儿传唱群体的解体，失去传承载体的花儿脱离固有的轨道，被淹没在城市文化的浪潮中，花儿的生存出现了传承困境。花儿原有的社会文化功能慢慢萎缩，充溢乡土社会的大众情结日渐淡化，花儿数百年形成的民众基础逐渐被瓦解。①

但任何事物都是发展变化的，不经意间又会“绝处逢生”。原本为“庄子里到了你莫唱，你唱时老汉们骂哩”的花儿，随着人群的流动也走进了城市，“花儿茶园”如雨后春笋，私人邀请的“花儿堂会”异军突起，政府举办的各种花儿演唱比赛竞相登场。这一切为迁徙到陌生都市的乡村花儿唱家们搭建了施展才华的平台。在城市的舞台上，古老的花儿开始抖落浑身的乡土味，悄然打上了城市和时代的烙印，是花儿在新文化空间中的“再生”。农民群众是城镇花儿会文化空间的开辟者。随着农民进城和新型城镇化的实施，在兰州、临夏、西宁、格尔木、德令哈等中小城市的小公园、小广场和河湟地区的县城逐渐形成了为数不少的花儿演唱空间，也已引起不少学者的关注。据笔者观察分析，在形成这些城镇花儿演唱空间的过程中，有两大群体是主体力量。一是原先这些城镇郊区的农民群体，他们虽然接近城镇，但没有过多地融入城镇生活，仍然沿袭着农村生活方式，具有农民的情感诉求和审美标准，是具有典型农民文化特征的群体。一是近年大量涌入城镇的打工族，他们身在城镇，却找不到城镇化的情感诉求方式和娱乐渠道，也许在内心深处，他们仍然深深迷恋着最能展示内心世界的花儿，因为“花儿本是心上的话”。更何况，通过花儿演唱，表明了这个群体的身份认同和阶层认同；通过花儿演唱和欣赏，他们感受到具有相同喜好者一同享用的快乐和满足。开辟新型花儿文化空间的是农民群体或者说居住空间逐渐市民化而生活方式和文化特征仍是农民化的群体，近年一些由政府组织的花儿艺术节只是利用了由他们开辟的花儿文化空间而已。与传统花儿相比，走进城市的花儿有其鲜明的特点。

第一，弥补了花儿的表演空间，但城镇文化空间的局限性削弱了花儿的互动性。随着城镇化的进程，由于建设集镇、公路、旅游区等现代设施的需要，不少传统的花儿会场被人为挤占破坏。如青海省民和七里寺花儿会场的大部分被圈建林场，峡门花儿会场的大部分被用来建设集镇，乐都瞿昙寺花儿会场的部分也用去建设集镇。导致这些传统花儿会的规模、氛围都大不如前。而“花儿进城”开辟了花儿演唱空间。但城镇化的花儿文化空间毕竟缺少了足够的广阔性、自然性，缺少了不受约束的山野性，离开了花儿得以天然成长的生活环境和生活土壤，花儿主体的演唱天赋、编创天赋均受到一定制约。尤其是城镇花儿文化空间可以容纳的数量极为有限，多数群众被排除在城镇花儿空间以外。参与到其中的各类主体，也没能形成传统花儿会那样的良性互动。

---

① 周亮：《“花儿”的生存状态与风险应对》，《兰州大学学报》，2017 年第 4 期，第 162 ~ 169 页。

第二，舞台表演提升了花儿演唱水平，但其程式化限制了花儿的即兴表演。在城镇化过程中，很多走进城市的青年人逐渐适应甚至喜欢起了舞台演出，一部分优秀歌手也应时脱颖而出，花儿演出有了城镇特色的花儿茶园、舞台花儿等新形式。这些歌手逐渐演化为专业或半专业化，他们本来就具备较好的演唱天赋，而且在发展过程中不断接受专业人士（音乐家、民俗学者、文化学者等）的指导，演唱水平自然不是与田野歌手所能相提并论的。专业或半专业歌手的茶园演出和舞台演出提升了花儿演唱的专业水准，但这种演唱方式把绝大多数的花儿爱好者被挤出了演唱圈，成为机械的看客。而且茶园、舞台的专业半专业演唱恰恰失去了花儿演唱的随意性、即兴性。

第三，现代化媒介和音响设备丰富了花儿内容，却淡化了民俗主体。舞台化的演出会借助现代化的音响设施，近年来，花儿茶园或利用磁带、光盘作为伴奏，或聘请键盘手、架子鼓、二胡、唢呐等小型乐队进行伴奏，一些花儿艺术节或舞台花儿演出都有多种乐器的伴奏团队。不论茶园花儿还是舞台花儿演出，大音量扩音设备都是不可缺少的，否则达不到经营者的目的。这种花儿演出中，所有参与者的多向互动不存在了，花儿主体放肆地吼叫、尽情地戏谑不存在了，甚至大快朵颐、一醉方休地狂欢不存在了，花儿会歌声不绝、余音绕梁的民间歌会氛围不存在了。当花儿的民俗主体走向城镇化，政府在采取政策扩大花儿的影响，学者在研究花儿的演唱技巧、舞台效果或文化品牌时，花儿真正的主体正在被迫退位，主体角色不断地被淡化。

第四，民俗主体参与机会增多，但更多的是被动接受。在花儿进城的过程中，随着有闲群体数量的扩大、文化空间的转移和演唱设施的改进，花儿演唱打破了以往的农事节拍，不论春夏秋冬、农闲农忙，随时都可进行。但花儿的民俗主体角色悄悄发生着几方面的变化。一是由表演者向观赏者的转化。传统花儿会期间，所有前来山场的民众都是花儿的表演者，即使临时性地扮演听众、串把式，也会在另一个场合扮演歌手。他们与正在演唱的歌手产生良性互动和随声和唱，既是花儿的观赏者也是表演者。在花儿茶园、舞台花儿表演空间，真正花儿会的主体只能作为听众，不能与歌手互动，不能随声和唱，不能抢占演唱歌手的舞台。舞台歌手表演的优劣好坏与听众基本没有关系。二是由主动参与向被动接受的转化。传统花儿会的所有参与者或唱、或听、或逛、或吃喝，唱什么曲令、用什么道具都由参与者自行选择，一切都由自己的喜欢爱好，一切都由自己的情绪状态。走进城市的花儿演唱空间，大多数的参与者就是被动的听众，唱什么曲令、怎么唱是舞台歌手的事，作为听众的花儿会主体的倾向喜好基本没法表达，想登台演唱或与舞台歌手对唱也基本没有可能，几乎连座位都不能随时调换。三是由宣泄情感向冷眼旁观的转化。传统花儿会是农村农民群众集中吐露心声的狂欢节，突破了日常伦理的约束和羞涩面纱，将最真实、最强烈的情感以最富有表现力的方式表达出来，解除长年淤积的心理压力。但作为被动接受的听众，不论这样的文化空间还是这种表演的组织者都不会给予一表心声的机会。①

三、花儿的都市化：文化生态的移植与延展

花儿进入城市是时代发展的必然，因为文化是跟随人迁徙的。在城镇化浪潮中，花儿跟随传播群体在城市的土壤上生根发芽，这是传统花儿文化生态的移植和延展，是其生命的再次延续。虽然其流播方式与传统花儿相比有一定的短板，但它以另一种方式存活于当下也是不幸中的万幸。走进城市的花儿变化的不仅是展演场域、传播方式，在城市商业文化的背景下，适当的产业化也是其走得更远的不二选择。目前在走进城市的各种花儿中，影响比较大、最稳定、民众认可度高、参与度较广、经济效果最明显的是花儿茶园这一形式。大约在2000年前后，青海、甘肃各地一批花儿茶园应运而生。十多年过去了，这一新生事物仍在茁壮成长。这一文化产业化的具体实践主要是由城市中诸多花儿茶园里的专职花儿歌手完成的。在花儿这一民间传统文化的传播、发展过程中，专职花儿歌手无形中充当了文化中介的角色，他们客观上促成了花儿向更大空间扩大。同时，这一产业形式也产生了一定的社会效益。主要体现在以下几个方面：

（一）培养了年轻一代的花儿歌手。青海、甘肃是花儿的海洋，民间蕴藏着众多花儿歌手。然而他们毕竟只是走进城市的打工者，无论多么喜爱花儿，也极少有机会以专职演唱花儿为生，难以长期坚持下去。但在茶园中进行职业性演出的他们已经日益专业化起来。他们现在的身份是职业歌手，唱花儿是他们的工作。相当一批民间歌手从此起步，成为当今西北花儿歌坛的生力军。以张存秀的“故乡情花儿茶园”为例，可以说是花儿茶园孕育了她的艺术成就。她虽然有天赋，并已取得了骄人的成绩，但如果缺少歌唱机会和施展舞台，未必会有大的发展。但她和丈夫所创办的花儿茶园，让自己成为职业歌手及花儿教师。长期的演出、培育新人的职责和观众的支持，都促使她不断成长与进步，取得了一系列辉煌的成绩：两次获得文化部举办的“沙湖杯”（宁夏）西部十二省民歌大赛金奖，在中央电视台《半边天》栏目录制了“花儿皇后——张存秀”节目，2004年当选为“中国十大乡土歌王”等。另外，张存秀作为花儿茶园的“园丁”，十多年来，先后吸收培养了60多名汉族和藏族的花儿歌手，其中不少学有所成。如吴玉兰、严美颖、任长莲等，分别在省内外的各种花儿比赛中获得金奖或银奖。由于青海、甘肃各地花儿茶园的开办，使很多年轻的花儿歌手找到了人生舞台，实现了歌唱花儿的梦

---

① 许四辈：《城镇化背景下的花儿会民俗主体研究》，《青海师范大学学报》，2014年第5期，第100~103页。

想。花儿能否代代相传，青少年是关键。而花儿茶园恰恰发挥了培育花儿歌手的社会功能。每个花儿茶园，都是一个小型“花儿歌手培训实习基地”。在这里，培育了一批又一批花儿歌手，为西北花儿歌坛输送了人才，也为中国花儿的保护与传承作出了积极的贡献。

（二）以常态化形式满足群众对花儿的需求。青海及甘肃都有着传统的花儿会，每年从春暖花开直到金秋时节，各地的花儿会此起彼伏，农历六月六为花儿会最集中的时段。然而，各地区的花儿会毕竟是一年一度，人们总是如同盼过年一般，期盼着家乡花儿会的举办。有很多群众，在传统“花儿会”这天，宁可不放牛羊，不做生意，都要赶赴花儿会。如花儿所唱：“一年一度莲花山，不唱花儿心不甘。娃娃不领门不关，油缸跌倒也不管。”在花儿会上，有些农民手提录音机，漫山遍野到处追随着名歌手录他们唱的花儿。一旦如愿以偿，便心花怒放，声称要带回家去，一年四季慢慢品味欣赏。但是，因为恶劣天气或交通不便、外出劳务等原因，不能如愿的时候也是有的，并非每个“好家”都能赶得上传统花儿会。尤其是近年来，农村中越来越多的青壮年进城务工，有些从此久居城镇，再也不能享受农村花儿会的欢乐。而各地新兴的花儿茶园则能为他们弥补缺憾，以常态化的形式，将农村的“花儿会”浓缩并“移植”到城镇的茶园之中，为热爱花儿的群众提供了随时可以欣赏花儿的温馨场所。尤其是进城务工人员，在打工闲暇之时，可随时走进大众化的、花销不大的茶园，聆听久违的家乡花儿的浓浓乡音。还可以点歌，请歌手演唱自己最钟爱的花儿。在互动环节中，也可以上台过一把唱花儿的瘾，以得到心灵的慰藉和满足。唱花儿、听花儿，对于青海和甘肃一带的农村群众来说，确实是莫大的精神需求，有歌手称其为“救命丹”。一些群众常常会为自己在花儿会上没有如愿听到某名歌手的花儿歌声而遗憾许久，但在花儿茶园中，可轻易满足这一愿望。因为，不少青海、甘肃的优秀花儿唱家，常年活跃在花儿茶园的舞台上，群众可随时前往欣赏。比如青海省非物质文化遗产（花儿）传承人、著名藏族花儿女歌手华松兰，会在西宁市的“河湟花儿茶园”演唱；青海省有着“花儿皇后”美誉的张存秀，则常年在自家花儿茶园中演出；甘肃、宁夏等地的花儿唱家、著名歌手，也会应邀前来花儿茶园友情演出，让当地群众一饱耳福。青海、甘肃各地的花儿茶园，能够常年为广大群众提供小型“花儿会”，每年接待成千上万名观众，方便了热爱花儿的群众，随时满足人们对花儿的需求，让人们享受精神愉悦。①

在当前工业化、城镇化的影响下，花儿的保护与传承受到了很大冲击，面临新的挑战。花儿原有的自然传承的人文生态环境正在发生变化，近年来

① 武宇林：《试论“花儿茶园”与花儿的传承》，《北方民族大学学报》，2014 年第 4 期，第 114 ~118 页。

西北农村中很多青壮年都来到城市务工，很多人渐渐离开了乡村，也离开了花儿的土壤。每年参加传统花儿会的群众在逐年减少，民间的歌手人数也在减少。从而，造成了传承群体规模缩小、原生态花儿发展空间萎缩。长此以往，花儿势必面临危机。然而，走进城市的花儿可谓是顺应了工业化、城镇化的发展，将乡土的花儿引进到了城镇，承担起了弘扬和传承花儿的历史使命，不失为一条化解新矛盾的新途径。传统文化不是静态的积淀物，而是动态的价值取向。城镇化和新媒介使传统文化跳出原有发展空间与模式的束缚，在颠覆传统花儿存在方式的同时，又赋予了其新的内涵和活力，激发出创新意识和创新思维，在已有的艺术样式和载体之外开拓出新的无限可能的创造空间。任何文化的产生发展都离不开一定的时间和空间，当花儿所依附的文化生态发生根本性改变时，花儿发生变异则是不可避免的。随着城镇化和社会转型，顺应时代潮流，这将是花儿新生的开始。文化生态的移植和延展是对花儿的现代化“改造”，只有适应时代和现代民众的文化需求，花儿才能重新找回失去的生存土地，只有活着的文化，才能够推动民族文化精神的延续。

作者简介：韦仁忠，男，博士，四川大学社会发展与西部开发研究院教授。从事民族社会学、文化人类学研究。

都市旅游/社区参与旅游

中国大都市旅游绅士化现象

——对深圳和北京华侨城社区的研究

梁增贤

一、问题的提出

在都市大型文化旅游综合体和旅游房地产两股浪潮推动下，中国各主要大城市都纷纷建设大型旅游房地产社区，配套主题公园等城市旅游项目，吸引城市新兴富裕人口的入住。一般认为，主题公园是后工业社会空间的例证，主要面向中产阶层，能够带来大规模消费客流，因而成为吸引相对富裕阶层入住周边社区的核心吸引物[1~3]。这种相对富裕阶层置换相对下层阶层社会空间的现象可以理解为绅士化（gentrification）。绅士化是全球化的结果和显现[4]。绅士化成为一种全球的城市发展策略用以推动城市内城的转型，吸引新兴富裕阶层重新回到城市[5]。因而，绅士化也就成为全球性的阶层重塑过程[6]。得益于中国旅游业的快速发展和绅士化的普适化，绅士化现象不仅发生在发达的西方国家，在许多新兴国家也不断涌现新的案例，例如中国[7]。Smith 称这一绅士化的地理扩张过程为“绅士化普遍化”（gentrification generalized）。旅游绅士化就是其中之一。

旅游绅士化的理论引介到中国的时间比较短[8]，但受到了旅游地理学者的广泛关注，一些案例研究已经在中国展开。例如，一些研究对北京南锣古巷开展实证，指出在历史街区保护和房地产投资的背景下，南锣鼓巷的历史街区改造运动呈现绅士化的特征，并伴随着旅游业的发展[9]。类似的现象在南京也被发现。城市旅游绅士化现象呈现了较为明显的居住与商业转变过程，日益具有国际化特征，不仅展现了当代中国城市化过程中全球化和地方化的相互作用，也反映了文化战略的全球趋势与地方城市发展的融合[10]。然而，绅士化是西方情境下提出的理论，依托于特定的地域背景和条件。在中国，上述研究已经表明了一些中国情境下旅游绅士化的特殊性。例如，Gotham 提出的旅游绅士化是一种在美国第三次绅士化浪潮中出现的超级绅士化[11]。相较之下，中国的旅游绅士化从一些实证研究呈现的事实看，可能发生在中产阶层社区或大都市内城[10]，也可能发生在居住有低收入群体的历史街区，甚至发生在没有任何早期居住者的城市棕地。这意味着，中国的旅游绅士化可能并不一定是超级绅士化。这种特殊性要求绅士化理论对中国特殊情境做出调适。本文将以深圳和北京华侨城为例，研究旅游绅士化的成因和社会空间后果，并进一步探讨和调适 Gotham 提出的旅游绅士化理论，试图基于中国情境提出解释旅游绅士化的一般框架。

二、构建解释旅游绅士化的阶段模型

（一）重新认识旅游绅士化

绅士化又称中产阶层化，被西方学术界公认为城市研究的重要议题[5,12]，也是受到争议最大的议题之一[13]。绅士化最核心的过程并非物质空间变化，而是社会空间重构。1964 年，Glass 提出了绅士化的经典定义，即中产阶层迁入工人社区，旧的房屋被修缮，街区的物质景观、商业环境和文化景观发生改变，引发的房地产价格和生活费用的上涨，导致原住民被迫迁出，直到工人阶层的绝大多数都迁出为止[14]。在过去将近 60 年，绅士化通常以“新城市主义”（new urbanism）、“城市再开发”（urban redevelopment）、“城市更新”（urban renewal）、“新社区运动”（new communities）和“历史保护运动”（historical preservation）[15]等形式周期性地发生在世界各地，从西方世界蔓延到新兴国家，产生多种类型，出现了乡村绅士化（rural gentrification）[16~20]、新建绅士化（new - builtd gentrification）[21~23]、超级绅士化（super gentrification）[24~27]、学生绅士化（studentification）[28~30]、旅游绅士化（tourism gentrification）[10,31]等。Glass 所界定的绅士化仅仅是众多绅士化的一种，甚至是非常特殊的一种[24]。

面对绅士化的全球化，一些学者主张对绅士化的概念进行有针对性的、弹性的界定，以适应新的变化[32]，主要表现在 5 个方面：第一，绅士化原本视为逆城市化和郊区化后的一种中产阶层“重返城市运动”（back to the city movement）。但后来证明，绅士化是中产阶层在内城的重新聚集，又称“住在城市运动”（stay in the city movement），而一些新兴国家的绅士化也并没有郊区化的基础。第二，绅士化跳出了传统的内城，扩展到城市滨水区[33]、城郊[34,35]、乡村[16~18,20]。第三，绅士化不仅仅以旧房屋的修缮为特征，还包括居住区配套的完善和提升，以及社区整体消费空间的升级[36]。第四，传统绅士化发生在居住有低收入者的邻里，而当前一些绅士化发生在没有居民的城市棕地上，即新建绅士化[37,38]。尽管有一些学者对此保留异议[39]，但主流学者认为，虽然新建绅士化不存在对原住民的直接置换，但造成间接置换[22]。第五，迁入者主要是中产阶层，但也包括超富阶层和低收入的学生阶层[30]，绅士化不一定迫使原住民完全迁出。总之，绅士化的核心就是较高社会阶层群体置换较低社会阶层群体的社会空间过程。

（二）构建旅游绅士化的阶段模型

社会空间置换是旅游绅士化的核心过程。这个过程包括社会阶层的置换、建成环境的转变、文化和生活方式的变迁以及社会经济的重组[40]。这个转型的过程还涉及社会人口结构的变化、地方认同的转变和绅士的社会影响[41]。另外，大都市惯习的变化也被认为是绅士化的重要方面。旅游绅士化提供了生产导向和消费导向绅士化解释的概念性连接，涉及房地产业、旅游业和地方制度的变化[31]。

有学者认为，绅士化有7个积极方面和11个消极影响[42]。其中，很多方面的影响早已在绅士化的生产导向和消费导向解释中应用，主要采用时间序列分析法[43]。Smith认为时序序列分析能够基本覆盖生产导向和消费导向的绅士化解释。一些学者强调资本投资的时间序列，并应用资本与文化的一系列循环路径解释绅士化的各个阶段，涉及劳动力/产品、基础设施和财政[44]。后来这一模型进一步发展，在资本与文化的循环路径中增加了4个阶段，用于解释乡村绅士化[45]。Donaldson调整了上述模型，将解释维度划分为劳动力/产品、产权关系、人口变化、财政/投资，并应用于旅游绅士化小镇的分析[46]。

尽管Gotham没有使用阶段模型解释旅游绅士化，但他的分析遵循了时间序列的基本逻辑，涉及资本投资（主要是旅游投资）、旅游地演化、人口变化和政府和旅游房地产开发商的角色变化等在不同阶段的变化。因此，本研究综合Zukin，Phillips，Gotham和Donaldson的阶段模型框架，针对旅游绅士化的特殊性，提出了4个关键的分析维度：旅游发展/投资、人口变化、基础设施/景观变化、文化和生活方式变迁，见表1。

表1　旅游绅士化的阶段模型

旅游发展/投资	人口变化	基础设施/景观变化	文化和生活方式变迁
1. 旅游及旅游相关投资 2. 当地旅游房地产市场的创造 3. 投资的阶段和形式 4. 投资主体	1. 人口数量变化 2. 社会阶层结构重组	1. 历史建筑保护 2. 景观和设施配套建设 3. 地标性建筑和吸引物建设 4. 建筑修复 5. 绅士化产品的生产	1. 思想和人与人的交流 2. 生活方式变迁 3. 空间的文化生产 4. 社区认同

文献来源：[47]

三、深圳华侨城案例

自20世纪80年代开始，深圳的快速城市化迅速地将其从一个小渔村转变为国际大都市。深圳华侨城在深圳快速城市化的过程中扮演重要角色，而深圳华侨城的绅士化主要分为3个阶段。

（一）从乡村社区到工人社区

1981以前，深圳华侨城所在地属沙河农场管辖，呈现典型的乡村景观。在快速城市化背景下，物质景观的变迁是迅速的，而人的现代化则需要较长的时间。人与地之间的现代化是不同步的，是造成今天深圳华侨城复杂多样的人地关系的原因之一。

深圳华侨城所在地解放后属于沙河农场，约有350户，共1 500人左右，包括上白石村、下白石村、白石洲村、新塘村4个自然村，全部是农民。1981年，光明农场沙河分场成立沙河华侨企业公司，积极引进劳动密集型的加工工业，发展地方经济。公司陆续从全国征调青壮年劳动力，以接受过高中及以上教育的“知识青年”为主，大量的产业工人聚集到深圳华侨城。为安置产业公园，华侨城建设了光华街、光侨街和西组团3处工人社区。光华街、光侨街和西组团是开放式社区，包括有两房一厅的小户型（西组团居多）、多人间职工宿舍（光华街、光侨街居多），没有电梯、没有奢华的外部装饰，楼房之间较为密集，中间缺乏公共活动空间。随后又新建了东组团，修建东部菜市场。整个华侨城聚集了大量的产业工人，形成了系统完善的工人阶层社区。当时在华侨城的工人数量应该超过20 000人，一部分居住在各个工厂内部的职工集体宿舍，更多的居住在光华街、光侨街、西组团和东组团。华侨城的工业化使得城区在短时间内吸引了大批产业工人，数量远远超过原沙河农场的农民数量，其中很多产业工人是知识青年。这些产业工人的到来，不仅改变了城区的经济秩序和空间秩序，也重组了社会秩序，以工人阶层主导的城市社会空间被建立起来。

（二）从工人社区到初级绅士化社区

深圳的快速城市化导致城市大面积的土地被开发，许多占地大的工业区不得不外迁“关外”，城市中心区经济重组，社会空间重构。华侨城也不得不适应这一变化，从工业区转型为旅游度假区。1989年，总投资1亿港币的锦绣中华正式开业。锦绣中华开业一年多便收回成本，人均利润高达6.354万元[48]。锦绣中华的成功不仅是中国主题公园产业发展的里程碑事件，更重要的是为华侨城经济转型提供了方向，创新了城市空间发展的方式。随后，华侨城又在1991年建成了总投资为1.1亿港币的中国民俗文化村。1994年，华侨城又以5.8亿元的巨资开发世界之窗。深圳华侨城通过5年的发展，形成我国第一个主题公园集群。随着游客需求的增加，华侨城相继提升和新建了深圳湾大酒店（1985年开业，1998年翻新）、海景酒店（1992年建成，2003年翻新）、华侨城医院（1990年建成）、何香凝美术馆（1997年开馆）、中旅学院、华夏艺术中心（1991年建成）、燕晗山郊野公园等配套设施。

旅游的发展带动了客流的增长，抬高了深圳华侨城土地的商业价值，房地产开发可以获得更多的收益。1990年11月，华侨城开发高尚社区海景花园，该楼盘很快售罄，受到市场热捧。随后又开发建筑风格基本类似、设施配套更加齐全的桂花苑（1993 年开始入住）、湖滨花园（1994 年 8 月 29 日竣工）、中旅广场（1996 年开始入住）、汇文·荔海（1997 年 9 月竣工）等小区。这一阶段，深圳华侨城主题公园的发展对城市空间重构的作用逐渐显现，表现为初级旅游绅士化：第一，3 个主题公园的成功带动了旅游相关产业在华侨城的发展，生产为导向的工业经济秩序向以消费为导向的混合经济秩序转型；第二，主题公园、高尚社区以及相关配套空间的建设，重构了华侨城的空间秩序，由单一的工人社区转变为趋于高尚化的混合社区；第三，旅游业的发展提升了城市空间品位，吸引中产阶层入住，调整了社会阶层结构，重建新的社会秩序。

（三）从初级绅士化社区到成熟绅士化社区

1993 年，深圳城市发展进入转型调整期，第三产业迅速发展。华侨城与深圳市区连成一片，成为名副其实的城区。华侨城新的规划定位为以先进工业为基础，建成 21 世纪示范城区、深圳市的高尚型社区和具有国际水平的旅游城。为此，将华侨城西北部工业用地（1986 年规划）调整为居住用地，居住人口控制在 6 万人，并配套 10 万人的公共服务设施，其中 3 万人规模服务设施面向旅游者。

1998 年，华侨城集团独立投资 17 个亿的欢乐谷一期开业。欢乐谷投资规模大，引入西方娱乐文化元素，符合后工业社会中产阶层消费群体的需求，具有可复制性、易更新性等特点。与此同时，华侨城围绕主题公园大力发展旅游相关产业，建设了华侨城洲际大酒店、海景酒店、城市客栈连锁酒店，并对原有工业区进行更新改造，开发文化创意空间，如 OCT 当代艺术中心开馆。原有的工业厂房改造成为 LOFT，吸引一批旅游相关的创意机构入驻，其中包括一批旅游策划公司、园林景观公司、建筑设计公司等旅游咨询行业的企业，华侨城成为全国重要的旅游创意产业基地。

旅游业升级也促使了房地产开发的进一步主题化、高尚化，以满足更为富裕阶层的居住需求。这一时期，最重要的绅士化社区开发是波托菲诺。波托菲诺主要针对中产阶层，甚至超富阶层，他们多是脑力劳动者，金融、贸易、媒体、咨询等现代服务业的高级经理人，成功商人，年收入数百万，甚至千万以上的家庭，学历、阅历、社会地位较高的富裕人群。小区配套也极为高档，以波托菲诺商业街为例，商业街涵盖餐饮、综合性会所、超市、酒吧、咖啡面包房、美容、精品等服务，已进驻的商家有丹桂轩餐厅、舞鹤日本料理、汉阳馆韩国料理、百佳超市、可颂坊面包店、illy 咖啡、SPR 酒吧、梦圆皇宫美容等连锁品牌店。2006 年华侨城社区登记的居住人口 51 355 人，其中常住人口 19 855 人，暂住人口 31 500 人。据华侨城集团城管部门估计，城区实际居住人口规模为 67 万人。其中，波托菲诺常住人口就超过 5 000 人，还不包括其他绅士化社区。因此，经过高级绅士化后，深圳华侨城居民构成中，中产阶层的比重迅速扩大，成为社区主流。根据旅游绅士化的阶段模型，深圳华侨城的旅游绅士化总结如表2。

表2 深圳华侨城的旅游绅士化

阶段	旅游发展/投资	人口变化	基础设施/景观变化	文化和生活方式变迁
1981年前，前绅士化阶段一	以农业生产为主的传统农场	人口自然增长，主要是农民，少部分为东南亚归国华侨	传统华南地区乡村景观，配套少量的生活设施	典型的华南乡村文化和社会主义集体经济的生活方式
1981—1988年，前绅士化阶段二	引入劳动密集型工厂，建设工人生活社区，工业投资为主	人口迅速增长了1万人，原有农民中大部分转为产业工人，而移民也主要是工人	标准化规划的工人社区，典型的工业景观，并配套标准化的生活设施	工人社区的集体文化和有组织的团体活动和生活方式
1989—1997年，初级绅士化阶段	经济转型，主题公园开发，旅游相关设施投资，高尚社区建设，房地产价值快速升高	人口再次增加超过1.5万人，主要是中产阶层移民，部分工人居民被置换出社区	旅游景观和吸引物，配套齐全的高尚社区，主要面向中产阶层等相对富裕人口的消费空间	中国经典文化的空间生产，现代都市生活方式，怀旧文化与自我意识表达
1998—2013年，成熟绅士化阶段	更新或开发新的旅游设施，新建主题公园，工厂的消费化改造，高尚社区建设，房地产的进一步升值	人口增长到5万人，其中超过5 000人为新迁入的超富阶层和中产阶层移民，大规模低收入阶层和部分中产阶层被置换出社区	现代旅游景观和吸引物，配套奢华齐全的生活设施和服务，消费空间的升级与24小时化	西方时尚文化和怀旧主义并存，现代多样化的生活方式并存，注重地方的认同和情感依附

四、北京华侨城案例

以金融、保险、房地产为代表的高端服务行业在城市中心区高度集聚，这些行业的中产阶层雇员便在中心区周边居住，导致了新的绅士化[49]。北京华侨城正是位于北京最重要的商务金融中心CBD周边，城市中心区全球经济功能直接给周边社区绅士化提供驱动力。

（一）城乡接合部的社会经济变迁

北京华侨城所在地原有厚俸村、邱家庄、六座屯、南大山子4个自然村，位于目前南磨房地区（乡）、十八里店乡、垡头地区和王四营乡四个行政街道（或乡镇）交会处。1949年以前，4个村子都是农村，以畜牧业和农业为主要的经济产业。解放后，该地区作为北京市工业发展的重点区域，逐渐引进大型工业项目，包括北京焦化厂、北京染料厂、北京有机化工厂等，形成了垡头工业区和大郊亭化工区，并由此引发周边工人社区及相关配套设施的建设。

工业区和周边工人社区的建设改变了原有乡村社区的经济生产方式和生活方式。一方面，围绕工业区的建设，南磨房乡陆续组建了建筑、运输、轻工业、农副业、商业和社区服务业等集体企业，吸引了大批农村剩余劳动力。到1992年实行乡级专业化管理后，整个南磨房乡的集体经济总收入达到2.29亿元，到1995年则高达11.33亿元①。另一方面，工业发展也带来大量的外来务工者聚集，主要从事初级的工业生产和建筑业等重体力活，主要居住在工业区附近的乡村，如厚俸村、邱家庄、小武基村等。

（二）混合绅士化社区的形成

进入21世纪，北京为争当全球城市，进行重大的经济结构调整，许多大型工业项目（主要是耗能大、污染大的项目）逐步迁离北京。2006年7月15日，北京焦化厂停产运营，整体搬迁到唐山。经济主体的调出，地方需要新的发展引擎，而第三产业是最优的选择。北京欢乐谷主题公园和房地产的引入恰逢其时。

北京华侨城占地1.5平方公里，规划定位很高，概况为“一个投资主体、两大项目、三片功能区”，即由北京世纪华侨城实业有限公司统一开发，包括旅游项目和房地产（住宅地产+商业地产）项目，分为北京欢乐谷主题生态乐园、北京维吉奥广场和北京华侨城主题居住区3个功能区，直接促进了北京华侨城的旅游绅士化。

2006年7月29日，北京欢乐谷正式开园，吸引了大批的游客到来，成为北京当时最受欢迎的城市旅游项目之一。北京华侨城带来巨大的游客流，刺激了酒店和周边商业的发展。2008年1月18日，城市客栈北京欢乐谷店开业。与此同时，华侨城也开发了高尚化、主题化的维吉奥广场，主要面向游客和高尚社区居民，一些著名连锁品牌店陆续进驻，包括城市客栈、乐购超市等，形成一个价格较高的消费空间。

主题公园及旅游相关产业的发展，提升了周边商业空间的价值。客观上造成低收入阶层逐步被高档商业空间排斥的局面。中产阶层从主题社区到消费空间，逐步将低收入阶层排挤到社区边缘，而整个社区的旅游绅士化过程在一种相对隐秘的状态下进行。与华侨城相邻的金蝉南里是同一时期开发的普通邻里。随着绅士化社区及周边消费空间的成熟，更多的富裕阶层逐渐聚集到北京华侨城，引发金蝉南里等周边普通社区房地产价格的上涨，部分低收入阶层开始出售或出租房屋，绅士化开始由金蝉欢乐园等高尚小区向周边低收入邻里蔓延，整个社区的阶层构成将出现较大的变化。根据旅游绅士化的阶段模型，北京华侨城的旅游绅士化总结如表3。

① 数据来源：北京市朝阳区志/北京市朝阳区地方志编纂委员会：《北京朝阳区志》，北京出版社，2006年版。

表 3　北京华侨城的旅游绅士化

阶段	旅游发展/投资	人口变化	基础设施/景观变化	文化和生活方式变迁
2000 年，前绅士化阶段一	传统工人社区和生活设施服务配套，面向重工业的轻工业投资，集体经济为主	所在区位人口约 1 504 人，但周边有超过 2.6 万工人	标准化规划的工人社区，城市景观，城市基础配套和服务设施	典型工人集体文化和集体活动，普通城市的生活方式
2001—2005 年，前绅士化阶段二	经济转型与重工业的迁出，社区轻工业衰败，投资下降	人口下降到 1 000 人以下，周边社区人口不足 1.5 万人，主要是随重工业迁出	衰退的工业社区，一些生活设施衰落，一些空间和设施被荒废	工人阶层文化，有组织的集体活动，普通城市的生活方式
2006 年之后，快速旅游绅士化	旅游吸引物和相关设施投资，创意产业投资，消费空间建设，高尚社区新建，房地产增值	人口约为 12 934 人，超过 3 万人居住在周边，新增加的人口主要是中产阶层和超富阶层，工人被置换或重新安置	旅游景观和吸引物，配套豪华的高尚社区，现代都市生活配套和服务，空间的消费化和主题化	西方时尚文化，怀旧主义文化，都市多元的生活方式

五、中国旅游绅士化的解释

绅士化现象的研究是通过西方主要城市个案的分析以确定现象的性质、类型、过程和发生范围。关于其形成机制的探讨分为两派：一派是以 Smith 为代表，姑且称作资本学派，主张从生产的角度解释，研究资本流动与社会空间的关系，认为绅士化是城市空间发展不平衡的表现，提出了著名的地租差理论[50~54]。另一派是以 Ley 为代表，称作文化学派，侧重于从消费的角度考量消费方式和价值理念的变化对绅士化的影响，认为内城丰富的文化资本和多元的社会性是吸引中产阶层回归的主要因素，而迁入的中产阶层也将绅士化视为一种取得身份认同的过程[55,56]。

经济力量在推动绅士化的过程中总是伴随着文化因素的影响[34]。资本与文化解释了绅士化成因的不同面向，二者结合才是理论发展的正确之道。著名学者 Zukin 用文化资本构筑桥梁，认为文化与资本的结合为绅士化提供了条件，并以纽约苏荷区（SOHO）案例说明了文化与资本如何推进城市空间的重构[57]。Gotham 认为，将资本在旅游和房地产市场的流动性结合起来能够跳出传统对高档邻里消费者需求和文化偏好的过分关注，更好地解释旅游绅士化[31]。诚如前文所述，华侨城的旅游绅士化现象也呈现资本与文化的双重解释。

（一）对中国旅游绅士化成因的解释

地租差解释有 4 个预设：第一，西方国家的产权私有化使得土地和房屋的所有者拥有修缮权，并对特定的、不可移动的空间具有垄断性的控制权；

第二，土地和房屋固定在具体的空间上，而它们的价值却是变化的；第三，土地是永久的，但土地上的房屋并非永久，其物理情况和价值一般会有一个较长的周期性的变化；第四，资本流动是顺畅的，且是完全自私逐利的[36]55~56。地租差是潜在租住金水平（potential capitalized ground rent level）与实际租金水平（actual capitalized ground rent level）的差价。地租差的形成是城市局部地区（西方国家主要是内城）投资缩减和持续的城市开发和扩张的结果。内城投资缩减使得内城的实际租金水平维持不变，甚至下降，而持续的城市开发和扩张（西方国家主要是以郊区化为主）使得内城潜在租金水平上升。由于资本在城市空间投入的不平衡，随着时间的推移，地租差将逐渐扩大，最终使得内城更具投资价值，于是资本重新回到内城，引发绅士化[36]。

地租差在西方国家更合理，尽管都需要做一定的修正，但基本都能解释。然而，地租差在中国情景下，需要做较大的调整。地租差的 4 个基本预设在中国情景下并不完全成立。西方国家认为绅士化是逆城市化的后果，但中国并未经历逆城市化。在中国，由于再次投资的时限约束，在一定时期内，城市某一地区的投资会出现相对滞后，实际租金水平保持相对稳定，如果这一时期内城市迅速发展和扩张（快速城市化），那么这一地区的潜在租金水平将迅速上涨，导致地租差迅速扩大，达到资本获取满意回报的水平，于是该地区就可能发生绅士化。简单而言，就是城市发展太快，城市内部任何地区投资的短暂停滞都能导致地租差扩大，引发绅士化。因此，中国大都市的旅游绅士化所需要的地租差主要是快速城市化的结果，并不是逆城市化。

从文化解释看，正如 Smith 所说，绅士化对城市空间的重构是由于资本的需求，并伴随中产阶层文化的重构。Smith 将社会文化理解为保持绅士化社区持续性的文化资本，是绅士化的第二动力。社会文化显然是一种绅士化动力，但往往不是首要的动力，而是一种“隐藏”动力。它不需要持续的资金资本投入，但却能够发挥持续作用，甚至具有积累扩大效应。

在旅游绅士化的过程中，开发商通过将民族文化、西方时尚文化、怀旧文化等文化表征在绅士化社区中，吸引中产阶层迁居。开发商这种将符合中产阶层意识形成和身份需求的社会文化融入城市社会空间的营造中是一种空间想象化工程。开发商通过迪士尼化以实现空间想象化工程，从主题公园一直延伸到主题高尚社区的开发。与此同时，社会文化作为一种资本是可以生产和积累的。一方面，开发商针对不同的中产阶层细分市场，通过空间想象化工程生产了不同文化表征的绅士化社区。另一方面，中产阶层所进行的空间文化再生产活动，由此产生绅士化的文化积累，而文化积累可能使社会空间更具吸引力，从而导致空间价值的提升，绅士化得以持续。

（二）旅游绅士化的社会空间结果

深圳华侨城和北京华侨城的案例研究表明，旅游绅士化并不必然是超级绅士化，它也可能是新建绅士化，即在一个原本没有任何社区人口的城市棕地上开发新的绅士化社区。与此同时，Gotham 对美国 Vieux Carre 旅游绅士化的研究表明，绅士化最终产生一个由大型旅游和娱乐项目主导的，带动其周边邻里地区发展富裕的独立区域。当然，这个富裕的独立区域包含了大约11%的贫困人口所形成低收入邻里[31]。因此，Vieux Carre 旅游绅士化的结果是一个混合社区，而非一个完全排斥低收入阶层的超富阶层社区。深圳华侨城和北京华侨城的案例研究也表明，旅游绅士化最终形成的是一个具有一定比例低收入阶层居住的混合社区。低收入阶层群体主要是供职于旅游企业和从事针对较高收入阶层家政服务的劳动者。他们由于职业要求，加之较低的工资水平，季节性劳动等特征[58,59]，必须居住在周边社区，从而形成低收入邻里。从这个意义上说，旅游绅士化社区倾向于吸引一部分低收入阶层的入住，以便提供更好的服务。在深圳华侨城，这样的低收入邻里主要布局在光华街、光侨街、东组团以及白石洲等城中村区域。根据统计，深圳华侨城 3 个主题公园提供大约 2 500 个低层次的就业岗位，以及超过 5 000 个旅游相关的低层次就业岗位。这些岗位的从业者主要就是低收入群体，每月所得仅能维持最低生活标准。他们因此居住在旅游企业提供的集体宿舍或租住在周边的城中村中，每天往来在绅士化社区中，共享相同的公共空间和设施服务。当前，中国旅游业蓬勃发展，已经从城市蔓延到农村，农村普遍出现的精品民宿本质上也反映了绅士化的特征。这种在乡村地域出现的绅士化，其实是乡村绅士化的一种。从某种意义上说，旅游绅士化也具有乡村绅士化的特征。

参考文献

[1] Liang Z, Hui T. Residents' quality of life and attitudes toward tourism development in China [J]. Tourism Management, 2016, 57: 56 ~ 67.

[2] 梁增贤、许德祺：《城市居民日常活动的社区依赖性研究——以深圳华侨城为例》，《人文地理》，2016 (02): 29 ~ 35。

[3] 梁增贤、保继刚：《文化转型对地方意义流变的影响——以深圳华侨城空间文化生产为例》，《地理科学》，2015, 35 (5): 544 ~ 550。

[4] Davidson M. Gentrification as global habitat: a process of class formation or corporate creation? [J]. Transactions of the Institute of British Geographers, 2007, 32 (4): 490 ~ 506.

[5] Smith N. New Globalism, New Urbanism: Gentrification as Global Urban Strategy [J]. Antipode, 2002, 34 (3): 427 ~ 450.

[6] Butler T. Thinking Global but Acting Local: the Middle Classes in the City [J]. Sociological Research online 7, 2002.

[7] He S. New - build gentrification in Central Shanghai: demographic changes and socioeconomic implications [J]. Population, Space and Place, 2010, 16 (5): 345 ~ 361.

[8] 赵玉宗、顾朝林、李东和，等：《旅游绅士化：概念、类型与机制》，《旅游学刊》，2006, 21

(11)：70～74。

[9] Shin H B. Urban conservation and revalorisation of dilapidated historic quarters: the case of Nanluoguxiang in Beijing. Cities, 2010, 27: S43～S54.

[10] 赵玉宗、寇敏、卢松，等：《城市旅游绅士化特征及其影响因素——以南京"总统府"周边地区为例》，《经济地理》，2009，29（8）：1391～1396。

[11] Hackworth J. Postrecession Gentrification in New York City [J]. Urban Affairs Review, 2002, 37 (6): 815～843.

[12] Hamnett C. The Blind Men and the Elephant: The Explanation of Gentrification [J]. Transactions of the Institute of British Geographers, 1991, 16 (2): 173～189.

[13] Rérat P, Söderström O, Piguet E. New forms of gentrification: issues and debates [J]. Population, Space and Place, 2010, 16 (5): 335～343.

[14] Glass R. Introduction: aspects of change [M] //: Studies C F U. London: Aspects of Change. London: Macgibbon & Kee, 1964: xii～xlii.

[15] Listokin D, Listokin B, Lahr M. The contributions of historic preservation to housing and economic development [J]. Housing Policy Debate, 1998, 9 (3): 431.

[16] Hines J D. The Persistent Frontier and the Rural Gentrification of the Rocky Mountain West [J]. Journal of the West, 2007, 46 (1): 63.

[17] Phillips M. Counterurbanisation and rural gentrification: an exploration of the terms [J]. Population, Space and Place, 2010, 16 (6): 539～558.

[18] Hines J D. The Post－Industrial Regime of Production/Consumption and the Rural Gentrification of the New West Archipelago [J]. Antipode, 2011, 44 (1): 74～97.

[19] Phillips M. Other geographies of gentrification [J]. Progress in Human Geography, 2004, 28 (1): 5～30.

[20] 何深静、钱俊希、邓尚昆：《转型期大城市多类绅士化现象探讨——基于广州市六个社区的案例分析》，《人文地理》，2011，26（1）：44～49。

[21] Davidson M, Lees L. New－build gentrification and London' s riverside renaissance [J]. Environment and Planning A, 2005, 37: 1165～1190.

[22] Davidson M, Lees L. New－build gentrification: its histories, trajectories, and critical geographies [J]. Population, Space and Place, 2010, 16 (5): 395～411.

[23] Kotze G V N. The State and New－build Gentrification in Central Cape Town, South Africa [J]. Urban Studies, 2008, 45 (12): 2565～2593.

[24] Lees L. A reappraisal of gentrification: towards a 'geography of gentrification' [J]. Progress in Human Geography, 2000, 24 (3): 389～408.

[25] Rofe M W. From 'Problem City' to 'Promise City': Gentrification and the Revitalisation of Newcastle [J]. Australian Geographical Studies, 2004, 42 (2): 193～206.

[26] Butler T, Lees L. Super－gentrification in Barnsbury, London: globalization and gentrifying global elites at the neighbourhood level [J]. Transactions of the Institute of British Geographers, 2006, 31 (4): 467～487.

[27] Lees L. Super - gentrification: The Case of Brooklyn Heights, New York City [J] . Urban Studies, 2003, 40 (12): 2487 ~ 2509.

[28] Smith D. Studentification: the gentrification factory? [M] //: Atkinson R, Bridge G. Gentrification in a global context: the new urban colonialism. London: Routledge, 2005: 72 ~ 89.

[29] Smith D. The Politics of Studentification and (Un) balanced Urban Populations: Lessons for Gentrification and Sustainable Communities? [J] . Urban Studies, 2008, 45 (12): 2541.

[30] 何深静、钱俊希、吴敏华:《"学生化"的城中村社区——基于广州下渡村的实证分析》,《地理研究》, 2011, 30 (8): 1508 ~ 1519。

[31] Gotham K F. Tourism Gentrification: The Case of New Orleans' Vieux Carre (French Quarter) [J] . Urban Studies, 2005, 42 (7): 1099 ~ 1121.

[32] Clark E. The Order and Simplicity of Gentrification: A Political Debate [M] //: Atkinson R, Bridge G. Gentrification in a Global Context: The New Urban Colonialism. New York: Routledge, 2005: 261 ~ 269.

[33] Hoyle B S. Revitalising the waterfront : international dimensions of dockland redevelopment [M] . London: Belhaven, 1988.

[34] Hackworth J, Smith N. The changing state of gentrification [J] . Tijdschrift voor economische en sociale geografie, 2001, 92 (4): 464 ~ 477.

[35] Badcock B. Thirty Years On: Gentrification and Class Changeover in Adelaide' s Inner Suburbs, 1966—1996 [J] . Urban Studies, 2001, 38 (9): 1559 ~ 1572.

[36] Smith N. The New Urban Frontier: Gentrification and the Revanchist City (2ed) [M] . London: Routledge, 2005.

[37] Rérat P, Söderström O, Piguet E, et al. From urban wastelands to new - build gentrification: The case of Swiss cities [J] . Population, Space and Place, 2010, 16 (5): 429 ~ 442.

[38] Visser G, Kotze N. The State and New - build Gentrification in Central Cape Town, South Africa [J] . Urban Studies, 2008, 45 (12): 2565.

[39] Boddy M. Designer neighbourhoods: new - build residential development in nonmetropolitan UK cities—the case of Bristol [J] . Environment and Planning A, 2007, 39 (1): 86 ~ 105.

[40] Warde A. Gentrification as consumption: Issues of class and gender [J] . Environment and Planning D, 1991, 9 (2): 223 ~ 232.

[41] Phillips M. The production, symbolization and socialization of gentrification: impressions from two Berkshire villages [J] . Transactions of the Institute of British Geographers, 2002, 27 (3): 282 ~ 308.

[42] Atkinson R, Bridge G. Gentrification in a global context : the new urban colonialism [M] . London: Routledge, 2005. 300.

[43] Kerstein R. Stage Models of Gentrification: An Examination [J] . Urban Affairs Review, 1990, 25 (4): 620 ~ 639.

[44] Zukin S. Socio - Spatial Prototypes of a New Organization of Consumption: The Role of Real Cultural Capital [J] . Sociology, 1990, 24 (1): 37 ~ 56.

[45] Phillips M. Differential productions of rural gentrification: illustrations from North and South Norfolk

[J]. Geoforum, 2005, 36 (4): 477 ~494.

[46] Donaldson R. The making of a tourism – gentrified town: Greyton, South Africa [J]. GEOGRAPHY, 2009, 94 (2): 88 ~99.

[47] Liang Z, Bao J. Tourism gentrification in Shenzhen, China: causes and socio – spatial consequences [J]. Tourism Geographies, 2015, 17 (3): 461 ~481.

[48] 保继刚:《大型主题公园布局初步研究》,《地理研究》, 1994, 13 (3): 83 ~89。

[49] Sassen S. The global city : New York, London, Tokyo (2nd Ed) [M]. Princeton: Princeton University Press, 2001. 447.

[50] SMITH N. GENTRIFICATION AND CAPITAL: PRACTICE AND IDEOLOGY IN SOCIETY HILL [J]. Antipode, 1979, 11 (3): 24 ~35.

[51] Smith N. Gentrification and Capital: Practice and Ideology in Society Hill [J]. Antipode, 1985, 17 (2 ~3): 163 ~173.

[52] Clark E. The Rent Gap Re – examined [J]. Urban Studies, 1995, 32 (9): 1489 ~1503.

[53] Darling E. The City in the Country: Wilderness Gentrification and the Rent Gap [J]. Environment and Planning A, 2005, 37 (6): 1015 ~1032.

[54] Smith N. Gentrification and the Rent Gap [J]. Annals of the Association of American Geographers, 1987, 77 (3): 462 ~465.

[55] Ley D. Alternative Explanations for Inner – City Gentrification: A Canadian Assessment [J]. Annals of the Association of American Geographers, 1986, 76 (4): 521 ~535.

[56] Ley D, Dobson C. Are There Limits to Gentrification? The Contexts of Impeded Gentrification in Vancouver [J]. Urban Studies, 2008, 45 (12): 2471.

[57] Zukin S. Loft living : culture and capital in urban change [M]. Baltimore: Johns Hopkins University Press, 1982.

[58] Choi J, Woods R H, Murrmann S K. International labor markets and the migration of labor forces as an alternative solution for labor shortages in the hospitality industry [J]. International Journal of Contemporary Hospitality Management, 2000, 12 (1): 61 ~67.

[59] 梁增贤、保继刚:《大型主题公园发展与城市居民就业——对华侨城主题公园就业分配的考察》,《旅游学刊》, 2014, 29 (8): 62 ~69。

作者简介:梁增贤,博士,中山大学旅游学院副教授,系主任。

成都市民休闲决策影响因素分析

——基于跨十年的调查比较

李丽梅　楼嘉军

一、引言

随着我国社会经济建设的持续高速发展，居民家庭生活水平不断提升，不仅使休闲成为居民日常生活的一种常态，而且促进了城市功能在新时期的全面转型。其中城市休闲功能的不断完善，成为近年来城市建设和发展的一个重要特征。城市休闲功能是满足本地居民休闲娱乐需要和需求的有力载体，而本地居民参与休闲活动的范围、频次和强度是推动城市休闲功能不断优化、影响力不断扩大的内在动力。譬如，广场舞现象在城市中的出现，引发了城市管理者对城市休闲空间的建设投入与布局规划，就是一个佐证。显然，居民休闲决策问题关乎城市的功能转型与全面发展。

近年来，国民休闲决策问题逐渐得到学界、业界和政府的关注。2013 年国家旅游局发布的《中国国民休闲状况调查报告》显示，中国国民休闲的时间仅为 3 小时，占全天的 13.15%，远低于经济合作与发展组织（OECD）18 个国家 23.9% 的平均值；2014 年中国旅游研究院编写的《中国休闲发展年度报告 2013—2014》称，国民休闲意识虽不断觉醒，但居民参与的休闲活动较为单调，休闲空间范围较小。整体看，居民休闲参与水平和活动质量尚处于较低发展阶段，这固然与社会经济发展水平、休假制度完善等因素有关，实际上，从微观角度看，与居民自身的内在因素也有直接的关联。具体来说，居民对休闲方式的偏好、对休闲设施及服务的感知、对个人健康及心理的把握、对个人社会经济因素的判断等都是直接影响居民是否会决定参与休闲活动的重要因素。本文即是从居民的需求特点出发，以成都为案例地，通过十年的调查结果，讨论与比较市民休闲决策影响因素的特点及变化。通过这一历时性的调查研究，一方面能够为市民生活质量变迁提供一个新的分析视角，另一方面对于转型期城市发展如何更好地满足居民美好生活追求提供思路和政策依据。

二、相关研究进展

有关休闲决策影响因素的研究是国外学者比较关注的议题之一。总体来讲，研究内容主要聚焦于两个层面。

第一，休闲决策影响因素类型的研究。休闲决策影响因素是个体参与休闲活动与否的各项原因（Jackson，1983）①。Francken et al.（1981）将影响因素划分为内在和外在两个维度，前者是指个人能力、知识和兴趣等；后者是指时间、金钱、地理距离、设施缺乏②。McGuire（1984）列出了 30 项影响因素，其中外部资源、时间、家人/朋友支持、社会交往、身体健康状况是 45 ~ 93 岁的成年人最为看重的影响变量③。McGuire 虽提出了多项影响因素，但并未做出科学划分，Godbey（1987）正式提出个人内在（intrapersonal）、人际（interpersonal）和结构性（structural）因素三种休闲决策影响因素类型④。这一研究成果成为后来学者的研究范式，并发展出认知、社会、能力、环境、机会等因素的探讨（Jackson，1993⑤；Hultsman，1995⑥；Alexandris&Tsorbatzoudis，2002⑦）。

第二，不同群体休闲决策的影响因素研究。Glendon（1998）指出："人们往往会把日常生活的种种痕迹带到休闲中去，因而不同人群的特征会产生不同的休闲期望结果，从而影响他们对休闲活动的选择。"Ryan 等的研究开启了以某一特定群体为对象的实证研究浪潮，其中，以移民者、青少年、城市居民休闲决策影响因素研究居多。⑧ Tsai et al.（1999）以 127 位移民澳大利亚的中国人为研究对象，采用问卷调研和因子分析法发现休闲资源和人际

① Jackson, E. Activity - specific barriers to recreation participation [J]. Leisure Science, 1983, (6): 47 ~ 60.

② Francken, D., &Van Raiij, M. Satisfaction with leisure time activities [J]. Journal of Leisure Research, 1981, (13): 337 ~ 352.

③ Francis A. McGuire. A factor analytic study of leisure constraints in advanced adulthood [J]. Leisure Sciences, 1984, 6 (3): 313 ~ 326.

④ Crawford, D., &Godbey, G. Reconceptualizing barriers to family leisure [J]. Leisure Sciences, 1987, 9 (2): 119 ~ 127.

⑤ Jackson, E. L., Crawford, D. W., &Godbey, G. Negotiation of leisure constraints. Leisure Sciences, 1993, 15 (1): 1 ~ 11.

⑥ Hultsman, W. Recognizing patterns of leisure constraints: An extension of the exploration of dimensionality [J]. Journal of Leisure Research, 1995, 27 (3): 228 ~ 244.

⑦ Alexandris, K. &Tsorbatzoudis, C. Perceived constraints on recreational sport participation: investigating their relationship with intrinsic motivation, extrinsic motivation and amotivation [J]. Journal of Leisure Research, 2002, 34 (3): 233 ~ 252.

⑧ Ryan. C, Glendon. I: Application of leisure motivation scale to tourism [J]. Annals of Tourism Research, 1998, 25 (1): 169 ~ 184.

关系是影响中国移民参与休闲的重要因素①，并且未被同化的移民更易受到社会文化因素的制约（Eva，2000）②。与中国移民相似，长期居住在澳大利亚的韩国移民的休闲模式并没有显著的“澳大利亚化”，休闲决策是否有助于移民的文化适应是值得进一步探讨的问题（Sooyoung et al.，2003）③。Golob et al.（2011）探讨了加拿大社会的多元文化因素对移民者参与休闲活动的积极与消极作用④。

从20世纪90年代开始，青少年开展身体活动的比例下降趋势比较明显（Andersen et al.，1998）⑤，Caspersen（1985）认为，“随年龄的增长，青少年休闲性身体活动方式正在广泛地受到侵蚀”⑥。为提升青少年的身心健康水平，有必要了解青少年参与休闲活动的制约因素。Christopher，et al.（2010）以夏威夷岛青少年为例，研究发现个人内在、人际间以及结构性因素都严重制约青少年参与休闲活动⑦。Palen et al.（2010）发现开普敦青少年普遍认为个人内在因素是主要障碍⑧。Gürbüz et al.（2014）揭示了土耳其大学生参与休闲活动主要障碍因素是休闲机会⑨。显然，不同国家青少年的休闲决策影响因素存在差异。

值得一提的是，不同国家的城市居民参与休闲活动的影响因素却存在相似性。Peter et al.（2005）发现收入、距离等是瑞典市民参与登山活动的主要

---

① Eva H. Tsai & Denis J. Coleman. Leisure constraints of Chinese immigrants：An Exploratory Study［J］. Society and Leisure，1999，22（1）：243～264.

② Eva H. The influence of acculturation on perception of leisure constraints of chinese immigrants［J］. World Leisure Journal，2000，42（4）：33～42.

③ Sooyoung Sul Tcha & Francis Lobo. Analysis of constraints to sport and leisure participation－the case of Korean immigrants in Western Australia［J］. World Leisure Journal，2003，45（3）：13～23.

④ Matias I. Golob & Audrey R. Giles. Canadian multicultural citizenship：constraints on immigrants' leisure pursuits［J］. World Leisure Journal，2011，53（4）：312～321.

⑤ Andersen，R. E.，Crespo，C. J.，Bartlett，S. J.，Cheskin，L. J.，&Pratt，M. Relationship of physical activity and television watching with body with and level of fatness among children：results from the third National Health and Nutrition Examination Survey［J］. Journal of the American Medical Associotion，1998，279（12）：938～942.

⑥ Caspersen，C. J.，Powell，K. E.，&Christenson，G. M.. Physical activity，exercise and physical fitness：definition and distinctions for health－related research［J］. Public Health Reports，1985：126～131.

⑦ Christopher L. Kowalski & Samuel V. Lankford. A comparative study examining constraints to leisure and recreation opportunities for youth living in remote and isolated communities［J］. World Leisure Journal，2010，52（2）：135～147.

⑧ Lori－Ann Palen，Megan E. Patrick. Leisure constraints for adolescents in Cape Town，South Africa：a qualitative study［J］. Leisure Sciences，2010，32（5）：434～452.

⑨ Bülent Gürbüz& Karla A. Henderson. Leisure activity preferences and constraints：perspectives from Turkey［J］. World Leisue Journal，2014，（2）：1～17.

障碍①。Dong et al.（2012）研究得出，时间、金钱、工作、设施与空间、同伴、家人支持是中国六个城市居民提到最多的休闲决策影响因素，其中，一半以上的城市居民认为时间和金钱占主要地位②。Kowalski et al.（2012）以加拿大西北区域的14个社区的居民为研究对象，发现产品价格、休闲时间以及休闲场所距家远近等是影响居民休闲的重要因素③。

国内与此相关的研究主要从两个方面展开。首先，从人口学特征探讨休闲决策影响因素。马勇占等（2006）研究认为性别、年龄、职称和年收入水平对高校教师休闲活动参与类型均有不同程度影响④。吴承忠（2012）发现，相较于性别，婚姻状况、收入等因素，年龄、学历对北京市民端午节期间休闲选择有重要影响⑤。蒋艳（2012）调查发现，年龄、性别、职业和文化程度是影响居民休闲时间投入意愿的重要因素，而婚姻状况影响不大，收入没有影响⑥。

其次，从社会学、心理学角度研究休闲决策影响因素。王文丽等（2009）研究发现，大学生休闲运动决策与其惯习、所处场域以及家庭环境有关⑦。许晓霞等（2011）的研究显示，女性休闲决策受到家务照料活动、居住区位的显著影响⑧。而白领女性的休闲决策主要受工作、精力、家庭义务以及人际等因素影响（张琴等，2011）⑨。此外，居民参与休闲体育的影响因素也是研究的重点，童莹娟等（2007）研究发现，活动场所、运动伙伴、闲暇时间、收入及体育消费观念等因素是影响休闲体育消费的主要因素⑩。程其练等

---

① Peter Fredman&Thomas A. Heberlein. Visits to the Swedish mountains: constraints and motivations [J]. Scandinavian Journal of Hospitality and Tourism, 2005, 5 (3): 177~192.

② Erwei Dong & Garry Chick. Leisure constraints in six Chinese cities [J]. Leisure Sciences, 2012, 34 (5): 417~435.

③ Christopher L. Kowalski, Oksana Grybovych, Samuel Lankford& Larry Neal. Examining constraints to leisure and recreation for residents in remote and isolated communities: an analysis of 14 communities in the northwest [J]. World Leisue Journal, 2012, 54 (4): 322~336.

④ 马勇占、郑素萍、霍芹、吴欣：《高校教师休闲活动参与特征及影响因素》，《西安体育学院学报》，2006，23（6）：27~31。

⑤ 吴承忠：《北京市民端午节休闲行为特征及其影响因素》，《城市问题》，2012（9）：91~94。

⑥ 蒋艳：《城市居民休闲时间投入意愿及其影响因素研究——以杭州市为例》，《生态经济》，2012（3）：78~83。

⑦ 王文丽、刘静等：《大学生休闲运动参与的影响因素研究》，《沈阳体育学院学报》，2009，28（2）：56~59。

⑧ 许晓霞、柴彦威：《城市女性休闲活动的影响因素及差异分析——基于休息日与工作日的对比》，《城市发展研究》，2011，18（12）：95~100。

⑨ 张琴、朱立新：《上海女性白领休闲限制研究》，《北京第二外国语学院学报》，2011（3）：73~80。

⑩ 童莹娟、李秀梅：《城镇居民休闲体育的影响因素研究》，《体育文化导刊》，2007（11）：10~12。

(2007) 认为，居民对自我健康的认识、单位开展休闲体育的频率、休闲体育观念以及社会大众传媒的选择等是影响江西城市居民参与休闲体育活动的主要因素①。

总体来看，国内外学者的研究主要体现在：(1) 研究角度主要为影响因素类型研究，分析方式主要是主观分类法和因子分析法。前者以研究者个人主观判断，对休闲活动影响因素进行分类及命名；后者运用统计方法将休闲参与因素进行分类，但易造成各类型间关系的不清楚，休闲类型的命名也会因人而异。(2) 研究对象主要为特定的群体，如移民、青少年、大学生、高校教师、女性、80 后群体等，从城市居民整体角度探讨休闲决策影响因素的研究还偏少，这可能与不同群体休闲决策影响因素呈现较大差异性有关，但值得注意的是，居民整体性的休闲决策特征有助于城市规划设计者比较全面地了解居民休闲特色，从而做出科学决策。(3) 研究思路主要是识别显著影响群体参与休闲活动的因素，但稍显不足的是，第一，研究内容未能详细分析影响因素背后的机理，即为什么某项因素会有显著影响，与之相关的社会背景是什么，如何针对该因素设计对应的休闲产品、提供相应的休闲服务等；第二，研究内容多为静态时点研究，动态的时间跨度研究还比较欠缺，而后者的研究显然是非常重要的，因为随着社会经济的发展，人们的休闲观念也在改变，关注和了解这种变化可以更好地指导城市休闲文化建设，促进城市更新。因此，本文的研究从城市居民这一整体研究对象，剖析十年来影响因素变化的特征与原因，并将其与居民休闲需求联系起来，来思考城市应该如何更好地为人的休闲服务，从而推进城市休闲功能建设。

三、研究对象

本文选择成都作为案例地，主要从以下因素考虑。第一，成都休闲文化比较有代表性。自秦汉以来，成都便形成了一种闲适享乐的生活方式，休闲生活是成都居民的基本诉求，尤其从品茶、麻将惯习便可见一斑。第二，成都休闲城市建设起步较早。2003 年《成都市人民政府工作报告》明确提出打造“休闲之都”新思路，此后成都积极促进和引导文化娱乐、体育健身、医疗健身、餐饮等休闲产业发展，大幅度提升了居民的休闲意愿。以节假日为例，2004 年仅有 35% 左右的市民周末的平均休闲时间为 4 ~ 10 小时，2014 年这一比例上升到 70%；同样，2004 年 32% 左右的市民在黄金周期间的平均花费在 1 000 ~ 3 000 元，2014 年这一比例上涨到 51%。第三，成都市民休闲活动比较独特。据一项调查显示，成都市民最常参与的 5 项休闲活动为看电视、

① 程其练、黎霞芳等：《江西省城市居民休闲体育参与行为的影响因素分析》，《江西师范大学学报（自然科学版）》，2007，31（6）：653 ~ 656。

逛街/购物、上网、读报刊及体育锻炼，而台北市民则为：看电视、逛街/购物、上网、酒吧、外出游玩，日本岐阜市民为：早餐、逛街/购物、外出游玩、酒吧和社会交往①。可见，成都市民的休闲方式相对单一。总的来讲，以上三点实际上反映出成都休闲实践存在的问题，即城市的休闲文化氛围、休闲产业发展与市民的休闲方式是不协调的。要解决这个问题，必须站在市民自身的角度来思考影响其休闲决策的因素到底是什么，才能有针对性地将市民休闲特征与城市休闲实践发展有效地衔接起来，才能有利于城市休闲功能建设。因此，本文的研究目的在于，一方面深入剖析影响成都市民休闲决策的主要因素，为成都城市休闲功能建设提供理论依据和经验支持；另一方面希望通过对成都案例地的探讨，能为国内其他城市的休闲发展提供经验借鉴。

四、研究方法

（一）样本和资料

本文所用资料来自课题组于2004年7—8月和2014年8—9月在四川省成都市进行的一项抽样调查。样本的选取采用简单随机抽样方法，2004年7—8月课题组在成都市内的娱乐场所、公园、社区、公共图书馆以及企事业单位发放问卷250份，回收有效问卷237份，有效率为94.8%。2014年课题调查资料由来自西南财经大学、四川大学、电子科技大学、西华大学等高校的学生作为调查员完成。调查区域由成都市中心城区锦江区、青羊区、金牛区、成华区组成。课题组共发放问卷430份，回收问卷420份，经审核共获得有效问卷408份，有效率为94.9%。需要说明的是，2014年课题组对问卷一些选题做了微调，如工人月收入更加细化，职业结构更加符合现在社会特征。样本的人口特征见表1。

表1　样本的人口特征

问项	类别	频次（%）	
		2004	2014
性别	男	53.16	49.8
	女	46.84	50.2
年龄	18岁以下	1.69	13.2
	18～25岁	25.32	27.2
	26～35岁	40.93	15.9
	36～45岁	16.46	19.6
	46～60岁	13.08	16.7
	60岁以上	2.53	7.4

① 秦小朝：《城市居民休闲时间利用的区域差异研究》，华侨大学硕士学位论文，2013。

续表

<table>
<tr><th rowspan="2">问项</th><th rowspan="2">类别</th><th colspan="2">频次（%）</th></tr>
<tr><th>2004</th><th>2014</th></tr>
<tr><td rowspan="2">婚姻状况</td><td>未婚</td><td>42.62</td><td>38.5</td></tr>
<tr><td>已婚</td><td>57.38</td><td>61.5</td></tr>
<tr><td rowspan="8">个人月收入</td><td>1 000 元以下</td><td>20.25</td><td>11.8</td></tr>
<tr><td>1 000～3 000 元</td><td>47.26</td><td>22.1</td></tr>
<tr><td>3 000～5 000 元</td><td>23.21</td><td>43.4</td></tr>
<tr><td>5 000～8 000 元</td><td>7.59</td><td>7.8</td></tr>
<tr><td>8 000～10 000 元</td><td rowspan="4">1.69</td><td>7.4</td></tr>
<tr><td>10 000～15 000 元</td><td>5.9</td></tr>
<tr><td>15 000～20 000</td><td>0.7</td></tr>
<tr><td>20 000 元以上</td><td>1.0</td></tr>
<tr><td rowspan="4">文化程度</td><td>初中及以下</td><td>7.59</td><td>11.0</td></tr>
<tr><td>高中（中专、职校）</td><td>24.05</td><td>32.1</td></tr>
<tr><td>本科及大专</td><td>61.18</td><td>55.1</td></tr>
<tr><td>硕士及以上</td><td>7.17</td><td>1.7</td></tr>
<tr><td rowspan="13">职业</td><td>企事业单位职工</td><td>——</td><td>29.4</td></tr>
<tr><td>工人</td><td>8.86</td><td>——</td></tr>
<tr><td>农民</td><td>1.69</td><td>——</td></tr>
<tr><td>军人</td><td>1.27</td><td>——</td></tr>
<tr><td>企事业单位管理人员</td><td>29.54</td><td>20.8</td></tr>
<tr><td>公务员</td><td>3.80</td><td>11.8</td></tr>
<tr><td>文体从业人员</td><td>2.95</td><td>——</td></tr>
<tr><td>私营企业主、个体经营者</td><td>2.11</td><td>1.7</td></tr>
<tr><td>学生</td><td>8.44</td><td>17.2</td></tr>
<tr><td>自由职业者</td><td>13.50</td><td>7.6</td></tr>
<tr><td>离退休人员</td><td>——</td><td>3.7</td></tr>
<tr><td>其他从业人员</td><td>15.61</td><td>7.8</td></tr>
</table>

从统计结果来看，2004 年和 2014 年的调查样本中，从事管理工作的已婚中青年人占了较大比例，他们的文化素质普遍较高，有着较为稳定的职业和收入，这为本研究提供了较为有利的基础条件。

（二）变量设计

本文是从参与主体——市民视角对影响因素进行探讨。一般认为，人们在参加一项休闲活动之前，会通过个人的主观与客观条件来进行决策，从而影响个人休闲活动的参与度。本文对影响因素的界定是影响市民休闲参与的主体性因素和客体性因素的总和，从内容上大致可以概括为五大类别，即休闲方式本身的性质、休闲设施及服务因素、个人健康及心理因素、个人社会经济因素和社会群体支持因素，具体又可以细分为18项因素。见表2。

表2 市民休闲决策影响因素评价表

类别	具体因素	打分说明
休闲方式的性质	休闲方式趣味性	
	休闲方式娱乐性	
	休闲方式健身性	
	休闲方式时尚性	
	休闲方式知识性	
	休闲方式参与性	
休闲方式趣味性	休闲设施质量	
	休闲服务水平	完全没影响（1分） 影响比较小（2分） 影响比较大（3分） 非常有影响（4分）
	休闲产品宣传与推荐	
	休闲场所管理水平	
	休闲场所离居住地距离	
个人健康及心理	身体健康状况	
	心情	
	兴趣爱好	
个人收入与时间	收入水平	
	闲暇时间	
社会群体支持	家人朋友支持	
	周围人参与休闲活动状况	

五、结果与分析

通过spss20.0软件统计分析显示（表3），首先，从影响因素的均值看，2004年和2014年休闲方式性质因素的影响比较大，分别为39.41%和50.68%；休闲设施及服务因素的影响变化较大，2004年这一因素对市民休闲决策影响比较大（46.04%），2014年却成了影响比较小的因素（55.44%）；个人健康及心理因素依然是影响市民休闲决策比较大的因素，分别达到

54.64%和66.33%，而且经过十年的发展，市民越发重视休闲所带来的身心健康价值；同样，十年来个人社会经济因素对市民休闲参与的影响均比较大，分别为45.99%和49.65%，这说明个人收入水平和闲暇时间是休闲行为发生的约束性条件；群体支持因素均对市民休闲决策的影响比较小，分别为42.62%和46.76%，说明成都市民非常注重个人参与休闲活动的情绪，而并不在意周围人参与休闲活动的状况对自己的影响。

其次，从影响因素的程度类别看，2014年被调查的成都市民均认为18项因素对他们的休闲决策有影响，不存在完全无影响的因素，可见，随着社会经济的发展，市民参与休闲活动或多或少地都会考虑休闲方式本身的性质、休闲设施及服务的质量、休闲的身心健康价值、个人的时间和经济条件，以及周围人与家人朋友的休闲状况等因素。

再次，从具体的影响因素分值看，第一，2004年和2014年休闲方式的趣味性、娱乐性、健身性、参与性均是影响成都市民休闲决策比较大的因素，尤其是娱乐性在2014年高达82.8%，这一观念与成都市民独特的生活方式有直接关系，“成都人的闲散与放松、成都人的呼朋引伴、遍布大街小巷的茶馆、通宵达旦的酒吧、人流如织的商场、老少通玩的麻将造就了成都人水样的生活方式”①。而十年来，时尚性和知识性对市民休闲决策的影响均较小，反映出成都市民对休闲方式本身的知识性与时尚性并不十分关注。第二，2004年和2014年休闲设施的质量和水平是影响成都市民休闲决策比较大的因素，而且2014年这一因素比例均有上升；相反，休闲产品的宣传与推荐是影响成都市民休闲决策比较小的因素，这一比例在2014年达到78.4%，成都市民休闲生活比较自我与独特，较少受到产品宣传的影响。此外，经过十年的发展，休闲场所的管理水平和休闲场所距家远近均成为对成都市民休闲决策影响比较小的因素，这间接反映出成都市民独特的自我融入与认同的休闲价值观，而不是通过第三方的管理或条件等来被动接受或选择。第三，十年来，成都市民比较注重参与休闲活动时个人的身体健康状况、心理情绪、兴趣以及经济条件，反而闲暇时间成为影响市民休闲决策较小的因素，这反映出自2008年以来我国休假制度的逐步完善，闲暇时间的影响逐渐减弱。第四，周围人参与休闲活动的多少和家人朋友的支持始终是影响成都市民休闲决策比较小的因素。

---

① 黄晓菲：《成都—巴黎休闲文化的比较研究》，《四川烹饪高等专科学校学报》，2011（5）：55~57。

表3 成都市民休闲决策影响因素比较（2004 年和 2014 年）

影响因素	完全无影响		影响比较小		影响比较大		影响非常大	
	2004 年	2014 年	2004 年	2014 年	2004 年	2014 年	2004 年	2014 年
休闲方式的趣味性	6.75	0.00	31.65	41.40	48.10	46.60	13.50	12.00
休闲方式的娱乐性	12.24	0.00	31.22	17.20	45.57	82.80	10.97	0.00
休闲方式的健身性	10.55	0.00	39.24	9.60	39.24	70.50	10.97	19.90
休闲方式的时尚性	23.63	0.00	52.74	71.30	20.68	28.70	2.95	0.00
休闲方式的知识性	6.78	0.00	41.53	66.20	36.02	21.80	15.68	12.00
休闲方式的参与性	8.86	0.00	34.6	46.30	46.84	53.70	9.70	0.00
休闲方式性质因素均值	11.47	0.00	38.50	42.00	39.41	50.68	10.63	7.32
休闲设施的质量	4.22	0.00	22.78	36.80	57.38	63.20	15.61	0.00
休闲服务的水平	5.06	0.00	21.52	29.20	53.39	58.80	19.83	12.00
休闲产品的宣传、推荐	11.39	0.00	51.9	78.40	31.65	21.60	5.06	0.00
休闲场所的管理水平	2.54	0.00	31.36	71.30	50.85	16.70	15.25	12.00
休闲场所距家远近	8.44	0.00	38.4	61.50	36.71	31.40	16.46	7.10
休闲设施及服务因素均值	6.33	0.00	33.19	55.44	46.04	38.34	14.44	6.22
自己的身体健康状况	5.91	0.00	25.74	26.70	54.85	61.30	13.50	12.00
自己的心情	3.8	0.00	17.3	10.10	56.54	67.60	22.36	22.30
自己的兴趣爱好	2.97	0.00	16.1	10.00	52.54	70.10	28.39	19.90
个人健康及心理因素均值	4.23	0.00	19.71	15.6	54.64	66.33	21.42	18.07
个人收入水平高低	5.06	0.00	21.94	27.50	44.30	60.30	28.69	12.20
个人闲暇时间多少	5.49	0.00	26.16	51.50	45.99	39.00	22.36	9.50
个人社会经济因素均值	4.64	0.00	24.61	39.5	45.99	49.65	24.75	10.85
周围人参与休闲活动多少	21.1	0.00	48.1	46.30	21.94	44.10	8.86	9.60
家人朋友的支持	11.81	0.00	37.13	92.90	39.66	0.00	11.39	7.10
群体支持因素均值	16.46	0.00	42.62	46.76	30.80	22.05	10.13	8.35

六、结论与建议

（一）结论

1. 成都市民休闲决策的自主性特征始终显著

研究结果表明，成都市民参与休闲活动比较注重个人健康及心理因素，一定程度上反映了成都市民休闲是自发性的，是生理心理层面的休闲需要，并不是经济层面的休闲消费需求，这一点也可以通过城市休闲化的研究结果得以佐证。

2011—2014 年成都城市休闲化水平连续四年的排名分别是第 8、8、9、8

名，但其休闲消费水平的排名连续四年的排名是第16、17、18、17名①，落后于休闲基础、休闲产业和休闲特色资源的发展水平。这说明：第一，成都市民休闲消费水平较低，更多的是一种非消费性支出形式的休闲需要；第二，成都的休闲生产与休闲消费是不协调的，成都城市的基础环境和休闲相关产业发展要优于市民的休闲消费。因此，未来城市发展过程中，成都要积极引导市民将休闲需要转化为休闲消费，只有当休闲需要是通过对某些商品、设施和服务进行消费来得到满足时，休闲活动才转化为休闲消费②，如此才能促进休闲经济的发展，推动城市休闲功能建设。

2. 成都市民更加注重休闲活动的体验性

与2004年相比，成都市民休闲决策的影响因素发生了较大变化。2004年，成都人均GDP刚刚超过2 000美元，2013年达到10 330美元，首次突破万美元大关。伴随城市社会经济的发展，市民的休闲观念经历了从重视休闲设施质量到注重休闲方式本身的健身娱乐性的转变。2004年，成都市民认为休闲设施质量、心情、健康状况等对其休闲决策有较大影响③，10年后，这三者的选择比例都有所下降；相反，休闲方式的健身性、娱乐性成为成都市民更为看重的要素。值得注意的是，休闲方式的时尚性、休闲产品宣传推荐、周围人参与休闲均是2004年和2014年成都市民认为对其休闲决策影响较小的前三项因素。同时，2004年成都市民较为看重的休闲场所管理水平、闲暇时间等因素时过境迁。这一对比结果可以从以下层面分析：一是成都市民的休闲意识更加主动，越发重视休闲活动的体验性；二是10年来国家休假制度的政策效益已经显现，城市休闲服务不断提升；三是经济发展水平是人们进行多元化休闲活动和享受型休闲消费的重要条件。

3. 闲暇时间因素对成都市民休闲决策的影响力下降

本研究的调查结果显示，2004年有45.99%的成都市民认为闲暇时间是影响其休闲决策比较大的因素，2014年这一比例下降到39%，并且51.5%的成都市民认为闲暇时间是影响其休闲决策比较小的因素。这一结果一方面说明国家休假制度的逐步完善为市民开展休闲活动提供了更充分的时间保障；另一方面隐含着成都休闲文化对市民休闲的影响。成都与生俱来的休闲气质，一定程度上揭示了休闲已经融入市民生活，市民可能并不在意闲暇时间的多少对自我休闲体验的影响，因为休闲生活无处不在。但这样的结果是不是成都的个案，还需要通过对其他城市的调查分析得知。

（二）建议

1. 挖掘市民休闲特点，提高休闲消费水平

就企业而言，要结合市民的休闲心理做好营销宣传工作，想方设法将休

---

① 数据来源于本课题组《2014中国城市休闲化指数报告》。

② 王宁：《消费社会学》，社会科学文献出版社，2011年版，第180页。

③ 资料来源于2005年本课题组《城市居民休闲娱乐研究报告》。

闲产品或服务变成市民日常消费的常态性的东西。比如，成都市民参与休闲活动较注重个人的兴趣爱好、心情等，企业要去做持续性的市场调查或深度访谈，了解市民对休闲产品的偏好，挖掘市民参与休闲活动的情绪。有的居民可能会在心情好的状态下参与休闲活动，而有的居民可能会在比较烦躁的时候参与休闲以减少压力。因此，相关企业要根据不同细分市场的特征和要求设计休闲产品、提供休闲服务、做好休闲营销。就政府来说，可以通过增加居民收入来刺激消费。根据国际经验，当家庭可支配收入达到较高的“生存过剩”水平的时候，“过剩”收入的一部分在一定的条件下就可能被用于休闲消费。①

2. 规范休闲服务管理，促进休闲产业发展

尽管成都市民认为休闲场所管理水平对其休闲决策影响较小，但这并不意味着休闲服务与管理的因素就不重要。实际上，随着城市居民生活由追求物质满足到追求精神享受的转变，居民对休闲设施的人性化、休闲场所的专业化、休闲服务的规范化要求就会更高。这就需要政府部门、企业、非营利机构相互协调，形成合力，加强城市休闲服务与管理建设，促进休闲产业健康发展。首先，政府要建立城市公共休闲服务与管理的标准化体系，规范城市的休闲设施配置、空间布局等问题。其次，企业要发挥专业技术、人力资源优势，研究居民趣味与需求，提供适应市场变化的休闲产品与服务，不断提升质量。最后，非营利机构要结合自身承担的任务和发展理念，提供专门化的休闲活动，为服务对象营造满意度，提高其休闲福利。

3. 完善城市休闲功能，增进居民休闲福祉

一是合理布局城市休闲功能区结构，要在全市形成两到三个主要休闲功能区节点，周边辅助若干次级休闲功能区的布局结构，并在相应的功能区内配置产业形态。二是推进城市休闲功能在旅游服务中的系统转型，成都早在2003 年就提出打造休闲城市，但与杭州相比，其休闲化发展速度是低而缓慢的。究其原因，成都的休闲功能建设力度不够，要充分认识到城市休闲功能有助于旅游资源的优化配置，促进旅游产业结构调整，从而更好地发挥城市休闲功能，满足本地居民和外来游客的休闲需要、美感需要和情感需要。三是注重户外休闲环境建设，这不仅可以强化成都自然资源固有的休闲功能，而且可以实现由自然休闲资源单纯地使用到可持续利用的转变，从而有利于城市生态休闲环境建设，更好地满足成都市民健康娱乐的休闲需求。

作者简介：李丽梅，河南济源人，博士，上海师范大学旅游学院讲师，研究方向：城市休闲与旅游；楼嘉军，浙江鄞县人，博士，华东师范大学工商管理学院教授，研究方向：都市旅游与休闲娱乐。

① 王宁：《消费社会学》，社会文献出版社，2011 年版，第 185 页。

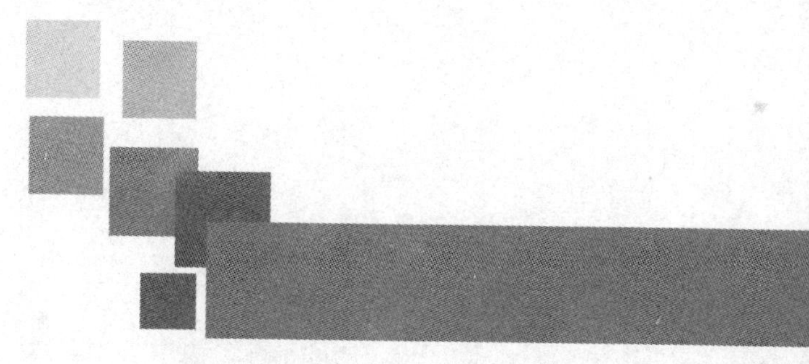

综　述

都市人类学的新拓展

——第十七届人类学高级论坛综述

邢海燕　包莉莉

第十七届人类学高级论坛于2018年11月3—4日在上海市召开。此次论坛由上海师范大学和人类学高级论坛秘书处联合主办，上海师范大学哲学与法政学院和贺州学院承办。来自美国、奥地利、中国（包括香港、台湾）50余所高校、科研院所、出版社和其他科研机构的100多名专家学者出席了会议。本届论坛以“人类学与都市文明”为主题，收到学术论文60余篇。这些论文反映了当前都市人类学研究的新拓展。

一、都市人类学的发展历程与研究前景

都市人类学在中国的发展只有30余年，时间并不是很长。中山大学人类学系周大鸣认为，学者们的研究旨趣相对集中在城市人群，包括本土居民、农民工、失地农民新移民和跨国少数民族移民，以及乡村都市化、都市症（包括贫困、艾滋病）等领域；形成了跨文化比较、多点民族志、团队合作专题性研究和对策性的应用性研究等研究方法；产生了丰硕的学术成果；培养了一批学术科研人才。这些努力和成果有力地促进了中国人类学的学科建设和发展。

上海师范大学 Gerald Murray 十分关注应用人类学在中国的研究前景。他指出人类学在研究特定社会文化时有三个传统的操作程序：运用民族志方法进行描述性研究、比较与对比研究以及用理论来解释异同。Murray 强调，对于应用人类学家来说，最有力的理论是那些能够预测和解释个体行为和整个系统变化的理论；可以通过应用人类学的理论和方法，从村庄问题研究延伸到城市问题上来。南京大学范可认为 Murray 教授语境中的人类学家实际上是“文化的经纪人”，即人类学家可以通过运用专业知识引导或者帮助像海地那样的地区和社会进行一些比较合理的变迁。他指出，都市人类学应放在整个人类学学科发展的脉络中来讨论，而人类学的发展则要放在宏大的社会变迁背景中来考察。现代性推进了大量的人口迁移到城市，进而引发了一些社会

问题，人类学家的研究视野也扩展到了城市问题上来。他指出关于“城市转型问题是目前都市人类学研究的重要议题”的观点是值得重视的；“都市化”是一种人文生活方式的改变，中国城市化过程也可以是一种在地城市化的过程。

香港中文大学张展鸿指出，近年来学者开始关注在灾难出现后，沿海社区如何在逆境中重建地方关系和社区故有的运作。他以香港新界元朗地区为主线，探讨香港的沿岸污染问题从20世纪70年代以来如何影响传统的稻米生产、淡水渔业、牡蛎养殖等行业的发展，以及渔民的应对策略，从而找出解决方法。这方面的研究旨在突出社会复原力、适应和转型对于理解灾后重建和社区参与的各种经验和策略的重要性。

中山大学杨小柳认为中国特色都市人类学研究有以下特征：在研究思路上，以人口迁移为线索追踪城市社会转型的推进；在研究目标上，从地域性、专题性的现实问题研究到理论模式的抽象和提炼；在研究领域上，拓展到移民社会的文化转型问题；在研究方法上，则体现出宏观与微观的有机结合。同时，她指出人类学近年来的研究表现出跨学科的实践尝试，但也存在研究边界模糊等问题，因此要强调立足于理论和方法的学科特色。

二、都市人类学与城镇化

改革开放以来，我国的城镇化建设取得了举世瞩目的成就，其对中国社会转型的重大意义也在国家战略的层面得到了确认。本次论坛上，学者们也分别从跨国（境）都市文化研究、城市空间与社区营造、新移民与城镇化等角度就都市人类学与城镇化展开了探讨。

首先，学者们通过对跨国（境）都市文化的研究，为我国的都市人类学发展提供了经验借鉴。复旦大学娄芸鹤指出城市是人类文明成果的载体，并指出新加坡的“城市文明”可能转变成为人类文化整体转型中的“活态样本”，是文化融合、种族平等共处以及人类社会发展至信息数字化阶段新文化、新生活方式的转折点，这对于研究中国城市文明发展有着重要的借鉴意义。中山大学夏循祥指出，在香港，形式多元、层次丰富的社会组织成为有效的城市治理的（公民）基础设施，它们不仅能够为个体提供物质或者精神上的帮助，也为公共政治限制了暴力或暴政的可能性。

其次，也有学者从中国城市遗产的空间转型、城市空间定位等视角对都市人类学研究进行了交流，并重点关注了公共空间、文化空间等维度。四川大学徐新建以成都望江公园的历史演变为例，阐述了特定景观的空间转型，由此探讨作为文化地标的城市遗产问题。华东师范大学黄剑波认为，城市作为一个文化空间，不仅在社会维度上具有不可复制的丰富性，同时在文化资源和观念相遇的意义上也具有其独特之处，传统既不是一些可以归结为固定模式的静态规则，也不是完全无限度的任意制造或“发明”，在一个社会文化转型的大背景下如何理解和把握文化传统的断与续，一方面需要更为细致的观察和深入体会，另一方面则需要更为宽宏的视野和关怀。中山大学孙九霞认为大型事件作为城市重新定位的契机影响着城市空间的演替与发展，她结合空间生产的有关理论，应用“过程—事件”分析方法，重点探讨了荔枝湾在亚运会背景下的生产过程，以及在这一生产过程中各空间使用者的态度、行为变化及这一过程所隐含的政治与文化意义。

从城市空间生产到社区营造，恢复了居民对于自身生活空间改善和创造的主动权，但在社区实践和社区文化发展层面仍面临一些困境。复旦大学潘天舒基于田野体验和实地观察，以沪人皆知的“上下只角”空间二元论入手，论述特定社会语境中历史记忆对“上下只角”这些想象社区的空间重构的作用。他指出，人类学学者所强调的将个人与集体记忆与权力结构和特定地方相连的研究手段，有助于我们观察、了解、体会和分析具有新上海特色的“士绅化”进程及其对城市中心社区发展的推动和限制作用。复旦大学孙云龙以国内外相关案例为研究对象，通过比较分析的方式探讨了创意社区对于国际化大都市城市更新的重要意义，进而分析了国内创意社区对于城市更新的参与方式的异同。

最后，关于新移民与城镇化这一话题，云南大学朱凌飞在社会流动与现代性的视域下，研究了中老边境磨憨口岸城镇化问题，并提出城镇化是一个现代性建构过程，城镇化本身也是一种流动。安徽大学刘辰东以青海籍拉面群体为例，研究了社会组织与少数民族新生代农民工市民化问题。云南农业大学孙秀清分析了云南藏族的劳务输出与城镇化问题，提出通过加强技术培训、投资社会关系网络、发挥藏族妇女创业技能以促进劳务输出的对策建议。与此同时，也有学者关注了城市中的流动人口的生存现状。中国人民大学刘谦对北京随迁子女教育生态进行深层次的解读，认为“静默的伙伴”“惯常的节奏”“突发的事件”共同构成随迁子女“学做人”的生态系统。

徐新建指出，随着研究视野和对象逐渐转向城市区域，人类学形成了新兴的分支学科“都市人类学”。结合现代人类学漫长的乡村研究历程来看，此转向意义重大，可以称为“人类学进城”；并强调如何以不同于以往乡村范式的方法和路径来界定城市、考察城市并阐释城市，还需做不断深入的尝试。

三、都市民俗与非遗

近年来，在文化创意产业的大背景下，非遗使得传统艺术与现代时尚融合为一种新艺术形式，为现代都市生活提供一种回归本真的桥梁。对中国传统民间戏曲、民间习俗和少数民族传统手工艺的研究与关注，是推动都市文明长远发展的重要举措。

浙江师范大学辛允星指出，中国传统民间戏曲承载着中华文化的精华要素，民众的“社会正义”观念在其中得以委婉表达，明君清官、江湖侠客、神仙鬼怪仍是人们所信赖的主要正义力量，传统政治文化仍保持着顽强的生命力。上海文艺出版社徐华龙探讨了现代都市服装的改革与服装文化等话题，认为上海民国以来的服饰变迁，实际上也是全国服饰变迁的一个缩影。南京大学邱月则通过对川西北羌族地区震后10年间羌绣发展情况的考察，认为在震后对羌族文化关注和灾后重建中，羌绣经历了被关注、资本征用和规范化，最后又回归妇女日常生活的过程。

在以全球都市为中心的文化全球化进程中，如何在传统与现代之间对都市民俗与非遗进行保护，是“原生态保护”还是“继承与创新”等一系列问题仍需进一步探讨。

四、都市音乐与艺术

音乐和艺术在都市人类学中占有重要地位，都市中音乐生活及其符号性表达成为人们生活中不可或缺的元素。对都市音乐与艺术的表达方式及其与现代性的关系的研究一直是学者关心的议题。

浙江音乐学院洪艳在阐释了畲族民歌的审美文化意蕴，并认为从现代畲歌歌场的“仪式化”出路和“网络化”转移现状来看，“移居”中的畲族人音乐文化现状的考察将是一个不可忽视的调研课题。四川大学韦仁忠指出，文化生态的移植和延展是对城市“花儿”的现代化“改造”，只有适应了时代和现代民众的文化需求，“花儿”才能重新找回失去的生存土地；只有活着的文化，才能推动民族文化精神的延续。浙江音乐学院陶铮则以贾樟柯电影中的流行音乐为例，分析了城市化进程中的个体及其不满。

同时，从文化认同和身份认同的角度，对不同民族的都市音乐与艺术进行研究也具有重要意义。南京艺术学院杨曦帆以一座藏传佛教寺院的宗教艺术为例，研究了少数民族音乐在现代社会中的文化认同，并强调少数民族音乐在现代社会中的文化认同问题不仅仅是对音乐的选择，而且是少数民族在现代都市中寻找文化身份的努力。浙江音乐学院南鸿雁分析了自申遗成功以来的十多年间所形成的氛围，究竟是否真的使古琴成为从传统高雅文化的代表流变为市井文化中附庸风雅之物这一议题，力图揭示以琴为中心所形成的“精英”与常民的区隔等背后的问题，发掘古琴在传承过程中所体现的当代价值及其所体现的文化认同意涵。内蒙古艺术学院魏琳琳以蒙汉杂居区民间艺人郭威为例，对城市化语境中个体及身份认同问题进行了研究，并认为从民族音乐学的角度来看，城市化语境中的个体共性与个性特征的研究意义在于发现文化的异同与变迁，进而引申至个体身份认同、文化认同的讨论。内蒙古大学史蒂芬（Stefan Krist）研究了传统的蒙古族农村体育竞赛在过去和现在的城市语境中所扮演的角色，并指出赛马、摔跤和射箭这“男儿三技艺”实际上可以最有效地用于建设或加强居住在城市的布里亚人的民族、族裔等身份特征。

山东聊城大学曲枫认为，此次发言主题涉及城市与个体认同、城市与边缘文化等议题，问题聚焦而又丰富多彩。都市文化研究如何在内部实现更高层次的融合以及如何在外部实现与相关学科更广泛的对话，已成为推动学术转型的关键所在。

五、都市旅游

旅游业是在经济、文化、社会、环境等共同作用下发展起来的，是构建和谐社会必不可少的要素之一。都市人类学研究引入对都市旅游的考察，是顺应时代发展，促进生态文明发展的必由之路。

针对都市旅游这一专题研究，学者们形成了多视角、跨学科的研究范式。上海师范大学袁丁基于对滇西一个亲子游学项目的人类学观察，研究了旅游活动中组织者的设计与城市参与家庭的实践之间所显现出的既亲近又逃避的关系。中山大学梁增贤基于对北京华侨城和深圳华侨城两个城市旅游房地产社区的案例研究，重新修订了地租差理论。他指出，中国的旅游绅士化不仅仅包括 Gotham 认为的超级绅士化，还包括新建绅士化和乡村绅士化；而且旅游绅士化所需要的地租差主要是快速城市化的结果，地租差理论为旅游绅士化的发展提供了可能性解释，而文化多元性理论则进一步指出旅游绅士化发生的可能社区。

与此同时，学者们也关注了都市旅游议题中不同的研究对象。上海师范大学李丽梅以成都市民为研究对象，对城市居民休闲决策的影响因素差异进行了分析。她指出，成都市民休闲决策始终受到个人健康及心理因素影响；休闲方式的健身性、娱乐性因素越发受到成都市民的重视；闲暇时间因素对成都市民休闲决策的影响程度有所下降。

本届论坛的闭幕式由人类学高级论坛学术委员会荣誉主席徐杰舜教授主持。会上，徐教授宣读了人类学高级论坛学术委员会第十一次会议相关决议：选举王明珂（台北“中研院”）、张展鸿（香港中文大学）、周大鸣（中山大学）、范可（南京大学）、徐新建（四川大学）、彭兆荣（厦门大学）和简美玲（台湾新竹交通大学）为人类学高级论坛学术委员会主席团主席。同时，还宣布将于 2019 年 3 月 22—24 日在中山大学举办“乔健先生学术思想与中国人类学发展研讨会”；2019 年 9 月 20—22 日在云南农业大学举办第十八届人类学高级论坛，主题为“人类学与乡村振兴”。

作者简介：邢海燕，上海师范大学哲学与法政学院副教授；包莉莉，上海师范大学哲学与法政学院硕士研究生。

人类学与都市文明

——第十七届人类学高级论坛会议综述

杨秋月　常小竹

人类学是一门与时俱进、直面当下、有所担当的学科。改革开放40年来，中国的城市化发展水平显著提升，城市问题渐趋复杂多样。伴随着20世纪80年代人类学的学科重建以及中国城市化的发展进程，都市人类学在中国的发展日益成熟，并成为城市研究的一个重要组成部分。

人类学高级论坛自其诞生之日起，经山地—乡村—草原—流域等人类生活文明形态的讨论，于2018年11月3—4日驻足都市，在上海举行了主题为“人类学与都市文明”的第十七届人类学高级论坛。本届高级论坛由上海师范大学与人类学高级论坛联合主办，由上海师范大学哲学与法政学院和贺州学院承办，来自佛罗里达大学、香港中文大学、复旦大学、南京大学、中山大学、广西民族大学等海内外40余所高校、科研院所和学术期刊的100多名专家学者出席本次论坛，与会学者围绕都市空间、社区参与、新移民、城镇化、都市民俗、都市音乐等子议题展开交流探讨。

2018年10月7日，著名人类学家乔健先生在台北逝世。为缅怀乔先生，本届论坛特安排“追念乔健先生的人生与学术”活动，主持人范可教授在简单介绍了他与乔先生相识相知的经历之后，代因病未能出席的乔先生公子乔立博士宣读了乔先生的生平。其后，张展鸿、周大鸣、徐新建、赵树冈4位教授依次表达了对乔先生的追思。张展鸿教授介绍了乔先生对香港人类学界的贡献：他将香港中文大学人类学系由3位老师、不足10名学生的规模发展到今天的9位老师80多名学生，其一生为推动人类学的发展作出了重大贡献；周大鸣教授回忆乔先生率先将香港的人类学研究带到内地，以香港为桥梁连接内地与香港学术界，为两岸学术交流作出了重要贡献；徐新建教授回忆了和乔先生的诸多学术会面，认为对乔先生最重要的一个评价是：乔先生是一个真正的学者，我们这一辈人纪念乔先生，第一个是缅怀，第二个是继承；赵树冈教授讲述了乔先生早年在台湾的求学经历以及他后来在台湾的学术活动，认为乔先生是一位承前启后的学者。其后，大家共同观看了由乔立博士制作的缅怀乔健先生的视频。

本届论坛的第二项议程是由徐杰舜教授主持的“人类学高级论坛秘书长交接仪式”，从今年起由范可教授接替周大鸣教授出任新一届人类学高级论坛秘书长。

一、中国都市人类学的发展脉络及其应用

理解都市人类学的发展是我们进行都市人类学研究的基础和前提，这既要站在整个人类学的发展脉络上来讨论，又要在作为整体的外在社会变迁的语境中来考量。在本届论坛中，周大鸣教授等学者从学科发展及其应用角度对都市人类学进行了宏观梳理。

在主题演讲中，中山大学的周大鸣教授回顾了国外都市人类学的发展，并总结了中国都市人类学的30年研究历程。他强调，都市人类学在中国的系统性发展首先得益于1986年以来中山大学与美国太平洋路德大学的顾定国（Greg E. Guldin）教授的合作。经过30多年的发展，中国都市人类学铸就了自己的学科特色，其研究主体包括：（1）农民工、外国人等在内的都市移民研究；（2）邻里、社区重建等的城市社区民族志；（3）诸如蚁族、监狱犯人等的都市特殊群体研究；（4）包括基督教、伊斯兰教等在内的城市宗教研究。在方法论上，周教授认为：参与观察与整体观依旧是都市人类学研究方法的核心。最后，他对都市人类学未来发展做了展望，认为未来的都市人类学研究除了要追求应用性、文化多元性、综合性、理论性以外，还要利用大数据和新技术进行辅助研究。

四川大学的徐新建教授总结了17年来人类学高级论坛的线性演化逻辑，更对本次的“都市文明”主题进行了高度的理论概括和现实思考。他以“人类学进城”的话题开场，认为本届人类学高级论坛在上海召开是一个里程碑式的改变，是“中国人类学进城”的隐喻。在讨论“都市文明”这一概念时，他指出人类学高级论坛一直致力于将“文明”作为一个基本单位对人类学不同层面、不同区域的话题进行考察。“都市文明”中最明显的标志是城镇化，而关注城镇化不仅要关注数据增长和表面繁华，更要关注其中的形和神——人和人的行动。其后，徐教授从宏观到微观，以地标作为城市的一个进入点，对城市进行时空解构，定义了人类学意义上的城市——多元的空间组合，它重叠着各具象征的地理标志，是一个时空的构成体，并以望江公园的历史演变为例，通过地理地标的讨论，在时空解构中，演绎了对西南城市的一个理解。

中山大学的杨小柳教授对新时代中国都市人类学的新发展进行了一个导引性的发言，她的发言对中国都市人类学研究的脉络、前瞻、现状进行了一

个全局和宏观的梳理。杨小柳认为，构建新时代中国特色的都市人类学可以从移民研究的突破和创新、城镇化研究理论的提升以及应用研究的突破这三方面入手。其中，移民研究中要重点把握人口迁移的动向、民族地区的移民、大城市中的国际移民等内容；城镇化研究理论通过对城镇化模式的理论提炼，对不同区域、不同层级城市发展模式进行讨论，对移民社会文化转型的研究进行提升；而在其应用研究层面，则可以从多点民族志、数据搜集分析方法、研究对象以及应用层面的突破等方面入手。

人类学产生本身就是应用的结果，在复杂的都市人类学研究中，关注其应用性符合学科内在发展与社会外在变迁。美国佛罗里达大学（University of Florida）人类学系的 Gerald F. Murray 教授认为，通过应用研究，人类学家可以选择介入甚至影响中国的发展，在此过程中，他们必须提出并且传播令人信服的关于社会问题的研究，他相信人类学可以对迅速发展的中国提出新的见解。在发言中，Murray 教授不但介绍了应用人类学的演变及其丰富性，还以在海地 Hispaniola 岛的应用人类学研究为例，指出在当地从砍伐森林（deforestation）到重造森林（reforestation）的过程中，他作为人类学家，实际上是在居民和机构之间扮演着类似文化经纪人（culture - broker）的角色。为了推动应用人类学的发展，他认为首先将大学作为一个推广基地，加强对学生的训练，这或许是一个可行之策。

二、都市人类学的经典议题：时空与社区

时空与社区作为人们日常生产生活与互动的基本载体，时常引发人类学家尤其是都市人类学家对其的关注与研究。本次论坛中有诸多学者对这一经典议题展开探讨。在主题演讲中，来自复旦大学的潘天舒教授首先向大家介绍了他关于上海的“士绅化”（gentrification）实践进行的研究，潘教授尤其关注士绅化（gentrification）语境中的石库门意义世界，他在这里纳入了赫兹菲尔德（Michael Herzfeld）提出的“社会时间”（social time）和“纪念碑时间”（monumental time）两个概念来对他的研究进行说明，指出最近 20 年以来围绕石库门的精英话语转变与日常生活实践的巨大脱节。在此基础上，他根据自己的研究经验和上海的社会特点，指出上海都市田野研究的 3 条主要路径应该是都市人类学、商业和技术人类学、医学人类学。

中山大学的孙九霞教授对亚运会背景下的荔枝湾的城市社区空间再生产进行研究，为大家展现了荔枝湾在亚运会前后的人文建构以及多声道协商的过程。她通过“事件性过程”将荔枝湾的空间生产分为前亚运时期（2009 年之前）、亚运筹备期（2009—2010 年）、亚运进行时（2010 年）、后亚运时期（2010 年以来）这几个阶段。她的研究说明，大型活动往往可以成为空间生产的关键时间点，大型活动举办前具有急剧性特点，举办后作用力减弱。此

外，从荔枝湾的个案中也可以看出，空间实践、空间再现以及再现空间三者并不是孤立存在的，其相互之间存在一种张力，对荔枝湾的构想心灵空间，不仅包含着由上到下的政府的构想，也包含着由下到上的居民与使用者的构想，个体对此的感受，尤其是他们的时间感也是穿梭于其间的。

香港中文大学的张展鸿教授对香港的都市人类学进行了梳理，回顾了早期 Barbara Ward、Maurice Freedman、James Watson 等人类学家的新界研究。在此基础上以香港新界元朗地区为田野调查点，探讨香港沿岸污染问题在从 20 世纪 70 年代发生以来，如何影响了传统的稻米生产、淡水渔业和牡蛎养殖等行业的发展，他关注渔民如何应对这些变迁，从而找出解决办法。张教授通过香港新界元朗地区的牡蛎养殖，突出社会复原力、适应和转型对于理解灾后重建和社区参与的各种经验和策略的重要性。

年轻学子对都市中的时空与社区议题十分感兴趣，并且带来了精彩的研究。其中，来自华东师范大学的罗文宏博士为大家展现了一个更加具体的城市地标性建筑——现代博物馆的研究。她首先指出，近年来中国兴起一股强烈的“盛世修史”和“盛世收藏”传统文化热潮，博物馆运动在各个城市进行得轰轰烈烈。她以当代博物馆运动的再造为例，来展现在此过程中，如何具体地理解并且实践出文化的空间感，同时形成一种对文化的时间意识。或者说，在当下的现实中展开对过去的想象，将其在当下挪用、重构和展演。山东大学的本科生闫冰主要对济南宽厚里这一公共空间进行研究。指出济南宽厚里如何利用诸如建筑和戏剧等技术，将“宽厚里”这一公共空间从最初的老街拆迁空地建设为官方宣传的“老济南风情一条街”，她运用想象工程理论（Imagineering），分析了宽厚里这一空间对“老济南”这一文化象征的生产和还原，以及这一活动如何迎合大众消费的过程。

三、都市转型过程中的新移民与城镇化研究

人类学一直致力于解决现实的、当下的问题，新移民与城镇化就是这样一个既立足于当下，又有宏大关怀的问题。在本届论坛中，多位学者对都市转型过程中出现的新移民、城镇化和基层社会治理等问题进行了讨论。

云南大学的朱凌飞研究员、王越平副教授和湘潭大学的张恩讯老师分别以中老边境磨憨口岸、中越边境河口县“越南街”和老挝琅勃拉邦省 N 县为例，探讨了人口流动、新移民与城镇化的相互影响。朱凌飞认为城镇化本身就是一种流动，流动性成为城镇和乡村最为本质也最为明显的差别。随着昆曼公路的全线贯通、中老磨憨—磨丁经济合作区的建设与发展，流动性在磨憨城镇化过程中表现得更为强烈。在这一过程中，“当地人”地理空间、日常生活和社会文化受到冲击，地方性的意义不断被消解；与此同时，外来人口的流动则进一步强化了“非地方”的意义。朱凌飞认为，作为边境口岸的磨

憨在未来发展中中介、联通、流动的价值和意义将不断得到强化，其城镇化进程中流动的现代性特征也将愈加显著。

王越平认为，全球化时代空间的建构与展演已成为地方和全球互动的重要手段和呈现方式，而在“例外空间”可以呈现出多种力量对全球化进程的参与。位于中越边境的云南河口县“越南街”这一独特的商街就是这样一个“例外空间”，从自发的边民互市点发展成为越南商贸城，参与这一过程的越南商人、中国商人、越南商品和消费者共同参与到空间内涵和空间结构转化之中，不断强化和明晰“越南街”与周边社区的界线，逐渐形成“越南街”的象征隐喻和地方感。

自中国和老挝恢复外交关系后，以云南农场和湘中小商品市场为依托的湖南商贩开始赴老挝经商，对当地环境和经济产生冲击。张恩讯从历史视角分析了中国新移民在琅勃拉邦 N 县的发展历程，将中国新移民所扮演的角色归纳为引入廉价的中国商品、推广现代生产生活工具、推广农业养殖种植技术、改变传统生活方式和普及集体贸易体系，并反思中国新移民为融入当地所做的努力。

人口流动不仅体现在边境地区和国家之间，城乡间的人口流动也为人类学所关注，参与本次论坛的两位青年学子研究的即是进城务工人员与城镇化的关系。安徽大学的刘辰东通过对以拉面为业的青海籍新生代农民工群体的研究，发现在其市民化过程中面临着经济生活、政治参与、社会交往、文化接纳和心理认同 5 个方面的困境，各类社会组织——包括政府组织、政府设立的民族工作组织、半官方的职能性社会组织和民间组织——发挥了稳定、引导、协调管理、培养教育等作用，帮助少数民族新生代农民工适应并融入城市。云南省迪庆藏族自治州羊拉乡是一个劳务输出历史悠久的地方，云南农业大学的孙秀清通过调研，归纳出当地劳务输出产业化、外出务工比例较大、离乡不离土的转移方式和依靠亲缘网络的务工形式等特点，认为劳务输出改善了当地生计的脆弱性，增加了人力资本，影响了新农村建设，但同时也加剧了不同民族间的“二元社区”，建议对农村劳动力加强技术性培训、政府引导劳务输出，并发挥留守妇女的创业技能。

南京理工大学的李晓斐副教授以河南的两个小城镇为例，重新审视了费孝通先生提出的关于小城镇建设中最具代表性的两大策略，即规模经营与家庭工业在具体实践过程中所面临的困境与挑战。他认为，对小城镇理论的理解必须建立在工农城乡是连续整体而非割裂对立的理论框架下，从认知层面打破环境和文化二元对立的观念，将小城镇中的产业发展与经济行为视为自然环境的一部分，从根本上理解城镇化、工业化与乡村振兴之间的内在联系。

随着城镇化的不断推进，人口和资本不断向城镇汇集，对原有的基层社会治理模式产生了冲击，也提出了新的要求。本次论坛上多位学者从基层社会治理的角度对城镇化进行研究。武汉大学的李翠玲副教授在对一个珠三角村庄进行田野调查的基础上，认为以个人自愿参与为基本特征的民间信仰，不仅实现了宗教活动的公共性转型，帮助其寻求存在感和归属感，还提供了培育公民道德、能力和责任的有效途径，一定程度上推动了公民对基层社会治理的参与。她认为，民间信仰的公共性总体上局限于村落范围，建立在个人意志上的民间信仰有着巨大的功利性，不具备普遍的社会关怀和公共参与。中国幅员辽阔，社会文化差异显著，其他地区的民间信仰能否产生公共性很难判断。

任职于中山大学的詹虚致博士以广东省顺德区为例，从女性参与基层治理的实践路径研究出发，指出随着女性受教育程度的提高与基层民主建设的完善，女性作为一支重要力量，需要积极参与到基层治理中，但目前女性参与基层治理面临着许多问题，诸如女性社会地位偏低，对男性的依附强，基层治理参与度不高等。她最后尝试提出借鉴和推广，如推动妇女团体向女性社会组织转化、引入社工和社会组织的参与等。

四、都市人类学中的艺术与民俗研究

在都市的生活行为中，音乐、艺术与民俗是一个重要的组成部分，人类学中已有一个艺术人类学的分支研究，本届论坛也收纳了十余篇有关音乐、艺术与民俗的研究，此处选取其中五篇进行一下梳理。

浙江音乐学院的南鸿雁副教授对古琴在当下都市中的文化意涵进行了研究。她指出，21 世纪以来，随着被联合国授予“非遗”身份，古琴在都市生活中逐渐成为传统精英文化的代表，与之相关的各种文化与教学活动争奇斗艳。四川大学的韦仁忠教授对城市里的“花儿”进行研究，指出“花儿”在从本土化发展，到通过城镇化和现代媒介语境进入城镇的过程中，其传承方式发生了变化，城镇化背景下的“花儿”是次生态的，是打上时代烙印的变相存在和其生命的再次延续，而新的传承方式和场域是“花儿”文化生态的移植与延展。南京艺术学院的杨曦帆教授以都市里的一座藏传佛教寺院的宗教艺术为例，研究了少数民族音乐在现代社会中的文化认同问题。杨教授认为，少数民族音乐在现代都市社会中的文化认同问题，不仅是对音乐的选择，更是少数民族在现代都市中寻找文化身份的努力。内蒙古师范大学的访问教授 Stefan Krist 研究了布里亚特蒙古族（Buryat - Mongolian）的传统体育比赛过去和现在在城市环境中所扮演的角色。赛马、布里亚特摔跤和布里亚特射箭这三个“男子汉气概的比赛”（manly games）是布里亚特男子自古以来在草原上练习的运动，然而，从 20 世纪 20 年代以来，他们的竞争在城市中发挥了重要作用，并且延续至今，被用于政治和其他宣传目的，其中最有效的是建立或加强生活在城市中的布里亚特人的民族、种族、区域和专业等身份认同。任职于南京大学的邱月博士聚焦于川西北羌族地区震后十年间羌绣发展，指出在大地震后羌绣历经了被关注、资本征用和规范化，最后又回归妇女日常生活的过程。

对于本届论坛增设“都市音乐与艺术”分论坛，杨曦帆教授赞赏有加，认为这样的交流有助于人们重新理解都市中的艺术，以及音乐与人的关系。同时提议从事音乐和艺术研究的学者要多学习人类学知识，进而将人类学的理论与方法进一步贯彻在对艺术的研究之中。

五、他我之间：都市人类学中的观照镜

对“他者”（other）的研究是人类学的学科传统，也是都市人类学的一个重要分析框架。上海复旦大学的娄云鹤副教授将新加坡作为“城市文明”研究的活态样本，解读了新加坡建国53年来，从渔村发展到港口，再发展到城市的过程。中山大学的夏循祥副教授以基础设施的延伸概念“公民基础设施”为出发点，探讨了香港市区重建中作为城市基础设施的社会组织及其网络，并以香港利东街的经验进行了一个简单的说明。他指出，形式多元、层次丰富的社会组织成为（公民）基础设施，对城市进行有效治理，这些组织既能够为个体提供物质和精神上的帮助，也在一定程度上限制了暴力和暴政发生的可能。刘谦副教授认为夏老师的研究与娄老师的研究有异曲同工之妙，他们都是站在基础设施和社会网络的层面来谈城市，香港研究和新加坡研究的共通之处在于，可以用基础设施这种硬件的存在，去承载其中的权力关系和制度建设。华东师范大学的刘琪副教授通过对两个西南边疆小城镇——独克宗和阿墩子的历史由来、空间格局、人群结构与仪式体系的梳理，发现这两个城镇都具有很强的混乱性。她进一步思考，在一个人员如此密集和混杂的场域中，城市是以怎样的方式来进行人们的连接，来产出人们的秩序和智慧的？她认为，混杂与整合、内与外之间的张力，是这两个城市的典型特征，对边疆城镇的考察，未尝不能对更广泛意义上的城市研究带来思考。中山大学的姬广绪副研究员聚焦对线上非洲人刻板印象的研究。他发现基于内容文本的相关性算法和基于用户网络画像的相关性算法，忽视了多元文本的呈现，民众在这个过程中看到的内容是被筛选过的。最后他对算法的伦理问题进行了反思，他呼吁算法应该强调不同变数：增加奇遇、多添一些人性，对微妙的身份差异多些敏感，算法应该担当起宣传公共议论、培养公民精神的责任。

六、结语

在圆满完成各项议程后，第十七届人类学高级论坛于11月4日上午闭幕。在闭幕仪式上，徐杰舜教授宣布了人类学高级论坛学术委员第十一次会议通过的几项决议：第一，决定2019年3月22—24日，在中山大学举办“乔健学术思想与中国人类学发展研讨会”；第二，2019年9月20—22日，在

云南农业大学举办第十八届人类学高级论坛，主题是“人类学与乡村振兴”；第三，决定改组人类学高级论坛学术委员会，组建主席团，选举王明珂、张展鸿、范可、周大鸣、徐新建、彭兆荣、简美玲为主席团主席，选举徐杰舜为荣誉主席。此外，还增补赵树冈、潘天舒等 7 人为学术委员会委员，杨小柳等 3 人为青年学术委员会委员。

总而言之，第十七届人类学高级论坛所探讨的议题都是都市人类学研究中的重要议题，诸多学者或从宏观处对都市人类学的学科架构进行整体性把握，或从都市文明中的时空、城镇化、新移民、艺术民俗等不同剖面进行分析，既体现了人类学的与时俱进，又体现了人类学的人文关怀。总体而言，学者们都看到了人类社会发展至今，人类学都市研究的重要性和必要性，并有志于进一步深入都市文明研究。

作者简介：杨秋月，南京大学社会学院人类学所博士研究生；常小竹，南京大学社会学院人类学所博士研究生。